珍稀植物王国

奇禽异兽乐园

赣东北

珍稀濒危树种资源

主编简介

曹晓平　江西省樟树市人，上饶市林业科学研究所园林高级工程师，1989年毕业于南京林业大学，长期从事林业科研与行政管理工作，目前主要致力于珍稀濒危树种资源的保护与利用研究。

早期主持了观赏蝶类资源开发利用研究系列项目，设计的蝴蝶工艺品获得国家专利和首届中国林业博览会金奖。1995年创办科技经济实体，成立蝴蝶工艺研究所；其间筹建了江西省首个蝴蝶科普流动馆并在全省做巡回展出，曾接受过省内多家媒体专访。

2015年发起和提出“开展赣东北珍稀濒危树种资源现状调查，充分挖掘资源潜力，有效保护与合理利用珍稀濒危树种资源”的建议并立项，继而组建“赣东北珍稀濒危树种资源调查收集评价与利用”项目创新团队。现已全面查清资源家底，编制出台了赣东北重点开发和优先保护珍稀濒危树种名录，形成了系统完整和较为翔实的资源本底资料，并逐步发展和构建了以资源调查、收集、评价与利用为主要内容的赣东北珍稀濒危树种资源保护与利用研究技术体系。发表学术论文、主编和参与编写学术专著10余篇（部），申请专利2项。

图书在版编目(CIP)数据

赣东北珍稀濒危树种资源 / 曹晓平主编. -- 北京：中国林业出版社, 2018.12

ISBN 978-7-5038-9850-1

Ⅰ. ①赣… Ⅱ. ①曹… Ⅲ. ①珍贵树种－江西 Ⅳ. ①S79

中国版本图书馆CIP数据核字(2018)第260839号

中国林业出版社·生态保护出版中心

策划编辑　刘家玲

责任编辑　刘家玲　宋博洋

出　版　中国林业出版社
（100009　北京市西城区德内大街刘海胡同7号）

网　址　www.lycb.forestry.gov.cn

发　行　中国林业出版社

电　话　(010) 83143519

印　刷　固安县京平诚乾印刷有限公司

版　次　2018年12月第1版

印　次　2018年12月第1次

开　本　889mm×1194mm　1/16

印　张　23.25

字　数　730千字

定　价　400.00元

赣东北
珍稀濒危树种资源

GAN DONG BEI ZHEN XI BIN WEI SHU ZHONG ZI YUAN

曹晓平　主编

中国林业出版社
China Forestry Publishing House

珍稀、濒危及特有树种资源
安全抢救保护与利用研究，
功在当代，利在千秋。

曹福亮

二零一八年七月

中国工程院院士、南京林业大学原校长曹福亮教授题词

抢救和保护濒临灭绝的珍
稀植物种质資源是世界范
围内的重大课题

湯庚国

二零一八年八月四日

中国林学会树木学分会原理事长、南京林业大学博士生导师汤庚国教授题词

项目组

主持单位
上饶市林业局

实施单位
上饶市林业科学研究所

领导小组
组　长：余接成
副组长：周启水　张国庆　朱　恒
成　员：姜文祥　吴开水　谢贤君
　　　　赵　文　黄素红　肖文彪
　　　　徐振宇　曹晓平

领导小组办公室
主　任：徐振宇

主持人
曹晓平

主要研究人员
杨森兴　陈　慧　邹　芸
黄宇潮　洪元华　吴永光
沈爱民　于　宏　彭　勇
王　建　汪涛涌

《赣东北珍稀濒危树种资源》

编委会

序言

PREFACE

赣东北属中亚热带季风湿润气候，热量充足，雨量充沛；境内地形地势复杂，山川秀丽，生态环境优越，生物遗传基因丰富，珍稀濒危树种资源种类繁多。

上饶市长期以来就非常重视珍稀濒危树种资源的保护与利用研究，早在20世纪70~80年代，上饶市林业科学研究所就曾相继组织过赣东北珍贵树种资源的调查与挖掘工作，并对生长快、材质好、用途广的120个珍贵树种进行了进一步分析，编写出版了《优良速生珍贵树种》一书。该书是一部既有学术价值又极具生产指导意义的通俗读物，在当时对推动珍贵树种造林和普及营林技术发挥了重要的作用，产生了强烈的反响。21世纪以来，上饶市林业局、上饶市林业科学研究所及市内各县、市（区）林业局科技人员在珍贵阔叶树种质资源收集、良种壮苗培育、造林抚育技术等领域做了许多卓有成效的研究和技术示范推广工作。

为了进一步系统研究、保护与开发赣东北珍稀濒危树种资源，充分发挥上饶市林业科研的优势和特色，2015年2月，上饶市林业科学研究所曹晓平高工在长期调研的基础上，针对赣东北珍稀濒危树种资源家底不清、利用不明的现状，瞄准当今国际社会重点关注的“种质安全”与“珍贵树种发展”问题，提出了“深入开展赣东北珍稀濒危树种资源现状调查、充分挖掘资源潜力、有效保护和合理利用珍稀濒危树种资源”的建议。基于上饶市林业局党组的卓识和远见以及余接成局长的极力推动，项目很快得以批准立项，成立了“赣东北珍稀濒危树种资源调查收集评价与利用”项目组，并拨专款资助研究。三年多来，在项目团队的组织实施下，全市有100多位林业科技人员参与了赣东北珍稀濒危树种资源的调查研究工作，共踏查树种分布样点3000余个，拍摄照片上万张，采集标本近千份。经整理，鉴定出上饶市境内省级以上珍贵、稀有、濒危及保护树种共159种（含变种），分属53科97属；其中包括全国极小种群野生树种4种、国家珍稀濒危保护树种30种、国家珍贵树种19种以及国家重点保护野生树种27种等。通过对野外调查数据的整理统计，结合查阅大量资料文献和系统分析，编撰完成了《赣东北珍稀濒危树种资源》专著。

全书对每个树种的分类、形态与识别特征、地理分布与生境、树种特性与受危因素、资源现状与典型群落、主要价值与用途等作了详细记述，提出了各树种保护与利用建议，并对珍稀濒危树种的种类组成、分布特征、价值用途的多样性和资源的利用潜力、受威胁等级及资源的可持续利用保护对策等进行了深入的分析探讨和评价；该书充分吸收了以往的研究成果，具有历史传承和学术发展的特点，是赣东北珍稀濒危树种资源现状的一部种类齐全、内容全面、资料丰富、数据翔实、分析独特的学术论著。

该书是“赣东北珍稀濒危树种资源调查收集评价与利用”项目基础性研究的主要科研成果，可为当前或未来赣东北林木良种培育、从事林木种质资源开发与利用研究以及制定林木种质资源中长期保护与优先发展规划等提供资源信息、数据支撑与决策参考；同时，该书也是大、中、小学生及青年科技工作者从不同知识层面了解树种知识，培养科研兴趣，增强环保意识，宣传生态文明理念的有益科普读物。

从项目立题、资料搜集、野外调查及内业整理和编排、编撰过程，我多有了解，并多次参与讨论，也有幸先期拜读了全文，感触颇深。以曹晓平高工为主编的作者们踏遍全域山野，调查考察涉及的所有树种，分析整理纷繁资料，为该书的编撰和出版奠定了坚实的基础。

书籍编排合理、条目清晰、文字精炼、图文并茂，是一部成功之作，应主编所邀，欣然作序。一是作为江西的老林业科技工作者，表达我读后的学习体会；二是对所有参与研究和编撰的科技工作者所做出的贡献表示感谢和敬意；三是期望该书的出版有助于推动赣东北育林事业、全省生态文明先行示范区创建、美丽中国“江西样板”打造、国家生态文明试验区建设和乡村振兴战略实施等，以及对全省乃至全国相似地域珍稀濒危树种资源的保护和发展有所参考和借鉴；四是建议加快该成果的应用性研究。

高等学校国家级教学名师
江西省林学会副理事长
江西农业大学原副校长、教授、博士生导师　杜天真

2018年8月8日

前　言

FOREWORD

珍稀濒危树种是森林遗传资源的重要组成部分，蕴涵着人类社会可持续发展的资源潜力，是经济建设、环境绿化和社会未来发展的活资源，在生态文明建设中具有特殊的作用。许多珍稀濒危树种具有很高的经济价值和观赏价值，是重要的用材、经济和绿化树种；有的又是自然科学和社会科学的研究材料，具有重要的科研价值；有的资源还是重要的历史文化遗产。

随着人类社会的发展和技术进步，人们向自然界索取植物资源（如木材、药用、经济、观赏植物资源）越来越多，甚至是掠夺式利用，加上工业大发展带来的环境污染问题，导致森林面积急剧缩减、植被破坏、生境恶化，致使许多植物失去了赖以生存的自然环境，处于濒危状态，甚至灭绝。资料显示，目前我国有800~1000种乔灌木树种或种群的生存处于受威胁或濒临灭绝的境地，近100种树木已经灭绝或即将灭绝。

在全球森林面积锐减、物种濒危加速、森林健康受到威胁、森林功能严重衰退的情况下，加强林木种质资源特别是珍稀濒危树种资源的保护和利用研究，已成为全球应对发展问题的共识，也是人类共同的意愿。

赣东北素有“珍稀植物王国，奇禽异兽乐园”的美誉。据统计，仅上饶市境内木本植物就有100多科、约300属、800余种，其中包括列入国家珍稀濒危及重点保护野生植物的银杏、水松、南方红豆杉、伯乐树、闽楠、华东黄杉等，以及2008年种子随“神七”飞天的孑遗单种属植物长柄双花木、我国特有种白豆杉、东亚—北美间断分布种银钟花等珍稀名贵品种。如此众多的珍稀濒危树种资源孕育着极为丰富的种质基因，它不仅是赣东北森林资源的宝贵财富、是不可取而代之的遗传改良材料，也是上饶市林业生产力发展的基础性、战略性资源。

赣东北珍稀濒危树种资源保护与利用研究起始于20世纪70年代末。早在1978年，上饶市林业科学研究所就曾组织过优良速生珍贵树种资源的调查与树种挖掘工作，后又有省内外众多高等院校与科研院所的专家教授慕名来此开展了不同层面的科学考察、教学实践及利用研究。1978年，原江西大学林英教授和江西农业大学施兴华教授在三清山考察时首次发现了华东黄杉；2003年，臧敏等在《武汉植物学研究》（第06期）发表了“江西三清山珍稀濒危植物考察研究”；2007年，杨艳容等在《安徽农业科学》（第06期）发表了“武夷山自然保护区野生观赏植物资源及园林应用”；2009年，芦建国等在《福建林业科技》（第36卷02期）发表了“武夷山自然保护区山茶科观赏植物应用初探”；2009年，涂业苟等在《江西林业科技》（第02期）发表了“江西铜钹山自然保护区动植物资源调查”；2012年，刘勇等在《江西科学》（第30卷04期）发表了“江西铜钹山自然保护区药用植物资源研究”；2016年，裘利洪等在《南方林业科技》（第44卷01期）发表了“铜钹山自然保护区珍稀濒危保护植物研究”。此外，还有各级林业主管部门申报设立自然保护区、森林公园等开展的综合科学考察，配合上级林业部门开展的全国重点保护野生植物与古树名木调查以及各类项目开展的种质资源收集、良种培育、造林技术研究等试验推广工作。

从整体上看，赣东北珍稀濒危树种资源保护与利用研究依然缺乏系统性、全面性，特别是在资源基础性调查研究方面，至今也没有完整的可供公布、交流与利用的资料参考。赣东北到底有多少种类的珍稀濒危树种，它们的分布、生长状况如何，濒危程度怎样，又有哪些潜在的开发价值……这仍是一个空白。由于资源家底长期不清、利用不明，大批性状优良的树种资源长期身处闺山，无人问津，这在一定程度上制约了赣东北珍稀濒危树种资源的开发研究，影响着上饶市的生态安全与林业发展后劲。

为了系统研究、保护和利用赣东北珍稀濒危树种资源，充分发挥上饶市林业科研的优势与特色，2015 年 9 月，上饶市林业局启动了“赣东北珍稀濒危树种资源调查收集评价与利用”项目，旨在深入开展赣东北珍稀濒危树种资源现状调查，充分挖掘资源潜力，有效保护与合理利用珍稀濒危树种资源。3 年多来，项目已在资源调查与评价、苗木引种繁育与种质收集、重要树种研究与推广等方面取得了阶段性成果，初步发展和构建了以调查、收集、评价与利用为主要内容的技术研究体系。

本书是“赣东北珍稀濒危树种资源调查收集评价与利用”项目基础性研究的一项重要科研成果。项目通过对每个目的树种的分布、生境、生长状况、受危因素、群落特征、利用潜力等进行全面的调查、分析探讨和资源评价，编制出台了赣东北重点开发利用和优先保护珍稀濒危树种名录，提出了可持续发展与保护利用建议，形成了一整套系统完整和较为翔实的资源本底资料，可为赣东北珍稀濒危树种资源的保护与利用研究提供资源信息、数据支撑与决策指导。

本书是凝聚集体智慧的结晶。在开展调查和编写过程中得到了中国林学会、中国林业科学研究院、南京林业大学、江西省林业科学院等科研、教学、机关及社会团体单位 40 余位专家教授的支持与指导以及各县、市（区）林业局、森林公园、自然保护区等调查单位的积极配合。中国工程院院士、南京林业大学原校长曹福亮教授和中国林学会树木学分会原理事长汤庚国教授分别为本书题词；全国教学名师、江西农业大学原副校长杜天真教授为本书作序；中国林学会树木学分会理事长、南京林业大学博士生导师方炎明教授受邀对婺源古树名木、弋阳水松群落进行了实地考察；江西省林业科学院黄小春研究员、江西省林木种苗与林场管理局游环宇教授级高工、中国林业科学研究院亚热带林业研究所周志春研究员长期为项目提供技术指导与咨询服务；厦门大学李振基教授、赣南师范大学刘仁林教授、江西农业大学裘利洪教授为项目鉴定部分疑难标本；浙江农林大学叶喜阳教授、中国科学院庐山植物园高浦新博士提供了部分树种照片；江西省林业科学院刘光正研究员、曹展波副研究员为项目野外调查进行实地指导；江西省林业有害生物防治检验检疫局刘良源教授级高工、九江森林植物标本馆谭策铭教授级高工参与了部分野外调查；江西省林业科学院俞东波高级工程师、徐林初研究员、周诚研究员以及上饶市林业局周启水高级工程师、王志强高级工程师、楼志文高级工程师和上饶市林业科学研究所徐福华高级工程师对本书文稿进行了审阅并提出了许多具体建议；上饶市林业科学研究所朱恒教授级高工负责了全书的总校审工作。特此，编著者谨向大家致以诚挚的感谢。

由于编著者水平有限，篇中若有错误与不足之处，希望读者批评指正。

编者

2018 年 6 月

目 录

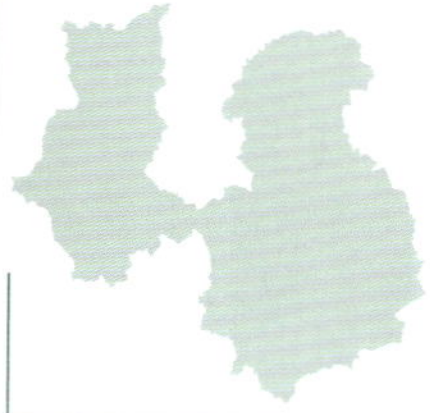

CONTENTS

赣东北珍稀濒危树种资源各论

裸子植物

被子植物

编写说明

NOTES OF EDITION

1. 本书树种按《中国植物志》采用的分类系统进行归科、排序与命名。科内属、种原则上按拉丁名的首字字序排列。

2. 本书收录树种为分布于赣东北上饶市境内且列入以下10个名录和专著中的所有乡土木本植物，共159种(含变种)。名录和专著分别是:《珍稀濒危保护植物名录(第一批)》、《国家珍贵树种名录(第一批)》、《国家重点保护野生植物名录（第一批)》、《中国主要栽培珍贵树种参考名录（2017年版)》、《江西省重点保护野生植物名录》、《江西珍贵稀有濒危树种》、《江西主要栽培珍贵树种参考名录》、《中国植物红书——稀有濒危植物（第一册)》、《中国物种红色名录（第1卷)》及《全国极小种群野生植物拯救保护工程规划（2011—2015年)》。

3. 全书共分“资源总论”和“树种各论”两大部分。“总论”部分对赣东北珍稀濒危树种资源的种类组成、分布特征及价值用途的多样性和资源的利用潜力、受威胁等级等进行了系统的分析探讨和资源评价，编制出台了赣东北重点开发利用和优先保护珍稀濒危树种名录，提出了可持续发展保护与利用策略。“各论”部分以图文并茂的形式，详细记述了收录树种的分类、形态与识别特征、地理分布与生境、树种特性与受危因素、资源现状与典型群落、主要价值与用途等，提出了树种保护与利用建议；相同属的近缘种，有的除代表种采取上述树种的记述格式外，其他种以附录形式进行描述，不作独立文稿编排。

4. 本书为每个树种作了形态识别特征标识和比较，同属树种列有分种检索表，所有记录树种均附有不同季节的形态特征图。

5. 本书标注了每个树种在名录中的保护等级、珍贵稀有和濒危类别。其中Ⅰ、Ⅱ和Ⅲ分别表示Ⅰ级、Ⅱ级和Ⅲ级；中国物种红色名录等级根据世界自然保护联盟分级标准的要求确定，LC为无危，NT为近危，VU为易危，EN为濒危，CR为极危；中国植物红皮书划分类别的标准，主要根据国际上通用的标准，endangered（简写EN）表示濒危，rare表示稀有，vulnerable（简写VU）表示渐危；没有级别和等级的，则用“✓”表示该树种属于本名录中的物种。

6. 书中为每一树种绘制了分布图。树种分布信息主要以县一级行政区划为单元，具体包括信州区、上饶县、广丰区、玉山县、横峰县、弋阳县、铅山县、德兴市、婺源县、万年县、余干县、鄱阳县、三清山管委会。武夷山国家级自然保护区单独设立一分布单元。分布的文字描述以分布单元进行表述，若树种分布于风景名胜区、森林公园或自然保护区内，则表述到具体的山（地）名。

7. 树种描述文稿末尾注有编写人和摄影人的姓名。书末附有参考文献、树种中文名称及拉丁学名索引。参考文献按中文名拼音字母字序排列，每种树种参考文献可根据树种描述文稿末提供的文献作者及发表（出版）年份检索。

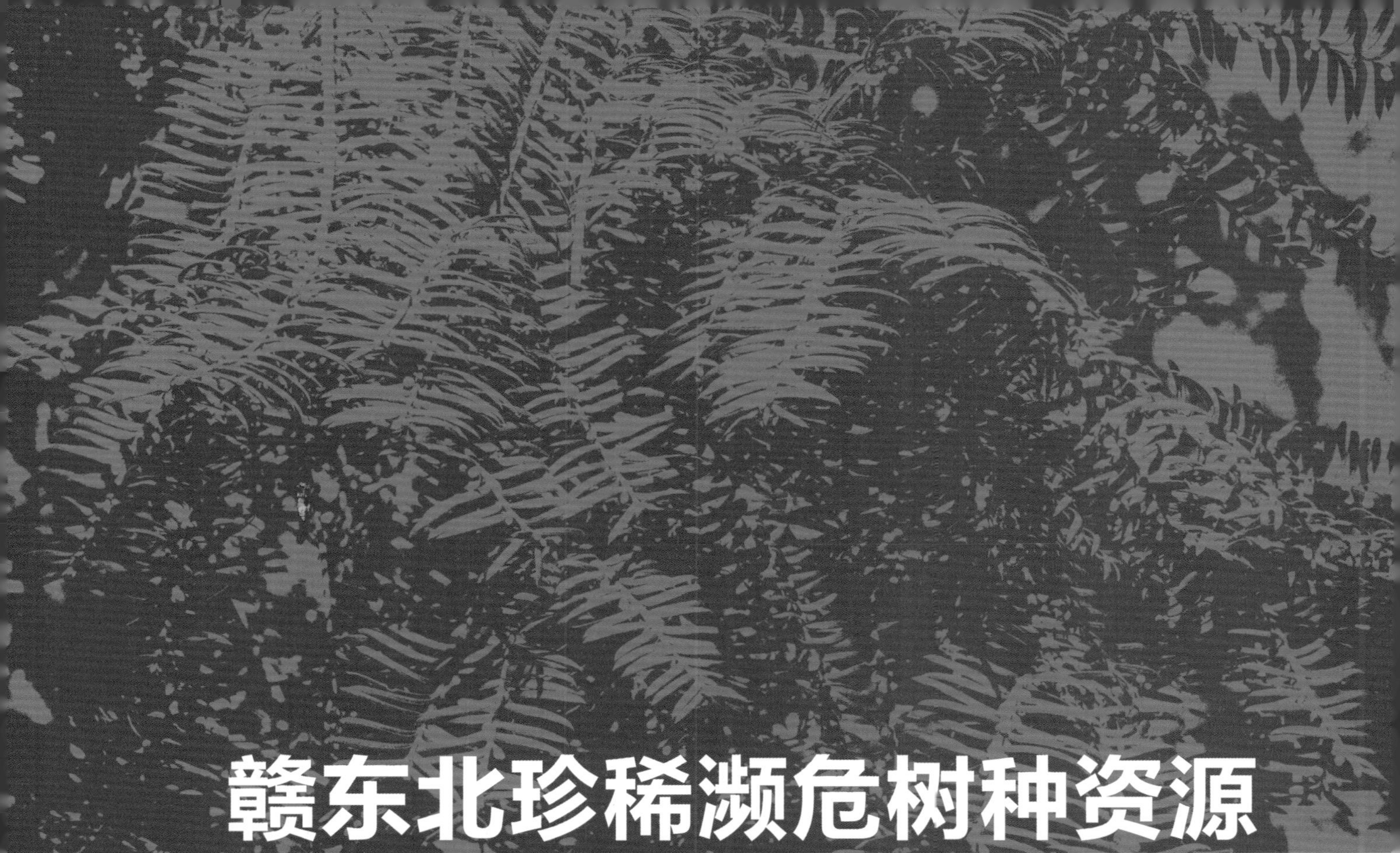

赣东北珍稀濒危树种资源

总论

第一章
赣东北自然生态环境

1.1 自然地理概况

1.1.1 地理位置

赣东北，地理名词，指江西省东北部（图 1.1）的上饶市、景德镇市、鹰潭市三个地级市，位于北纬 27° 35′ ~29° 56′，东经 116° 13′ ~118° 28′，南北最长约 218 公里，东西最宽约 210 公里，东临浙江，南连福建，西濒鄱阳湖，北毗安徽，土地总面积 31603 平方公里，其中上饶 22791 平方公里，景德镇 5256 平方公里，鹰潭 3556 平方公里。

1.1.2 地质与地形

赣东北地貌有山地、丘陵和平原，以丘陵为主。北东南三面环山，东部为三清山，属怀玉山脉；北部是大鄣山，属黄山余脉的五龙山脉；南部是武夷山脉，华东第一峰、千峰之首的黄岗山（海拔 2158 米）位于山脉内；西部为广袤的中国第一大淡水湖鄱阳湖平原；中部怀玉山脉横亘其间，丘陵广布。地形为南东高、北西低，山地集中分布在东北部和东南部，且地势呈东北向西南倾斜的趋势（图 1.2）。

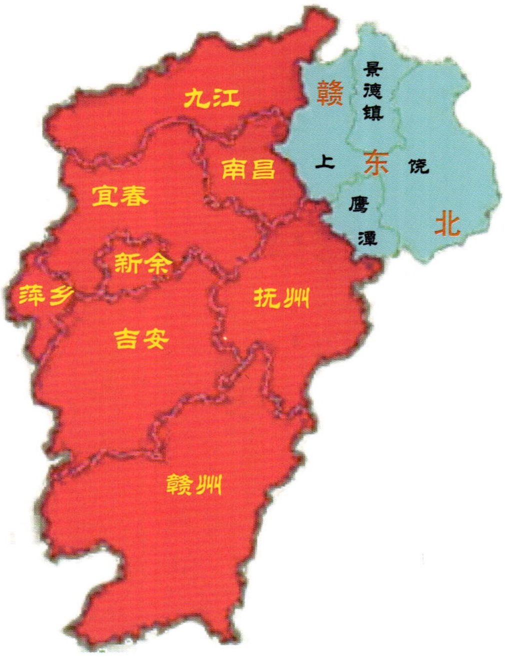

图 1.1　赣东北区位图

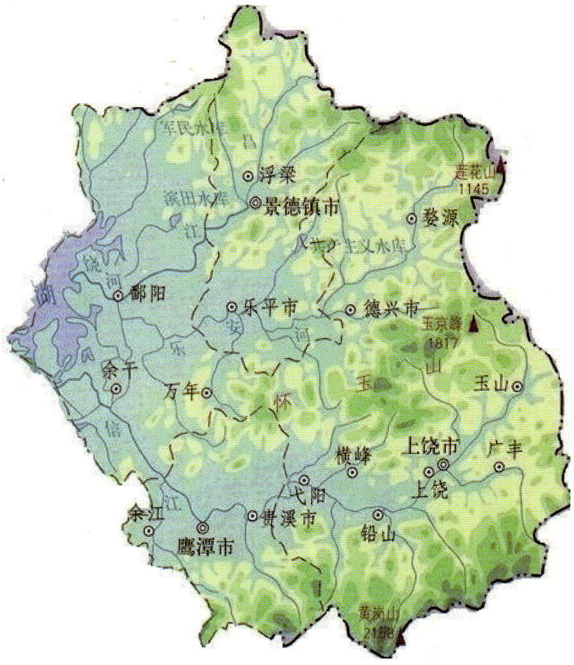

图 1.2　赣东北地形地貌图

1.1.3 气候特点

赣东北地处中亚热带湿润季风区，气候温和，四季分明，春秋短、冬夏长。日照充足，年平均日照时数＞1700小时，年平均气温16.7~18.4℃，年平均最低气温3.3~5.9℃（1月），极端最低气温-10~-5℃(-14.3℃，余干)，年平均最高气温28~34.9℃（7月），极端最高气温43.3℃，无霜期240~317天。雨量充沛，年降水量在1600~1880毫米，降水量的分布受地形影响很大，以怀玉山区各县降水量为最大，年降水量都在1800毫米左右，湖滨地区的余干为最少，降雨集中在每年4~6月，6月最多。

1.1.4 水文

境内水系发达，河流众多。上饶市主要河流为信江、饶河，纵贯上饶市，汇入鄱阳湖；景德镇有昌江、西河、南河，昌江为最大河流，西河、南河为昌江支流，于景德镇市区注入昌江；鹰潭河流主要为信江，水域面积占总面积6%，支流有白塔河、罗塔河、童家河、白露河、泗沥河。

1.1.5 土壤

赣东北成土母质以泥质岩、花岗岩、石英石、红砂岩和第四纪红黏土为主。土壤以红壤、黄红壤、黄壤为主，土层厚度一般在50~100厘米之间，表土有机质为1.78%，pH值6.3，具有土层深厚、颗粒小、质地较黏、水分状况和透水性较好的特点。

1.2 资源概况及植被

赣东北自然条件优越，气候宜人，地形复杂，山川秀美，土壤肥沃，森林茂盛，境内自然保护区、世界自然遗产、森林公园、湿地公园、地质公园、风景名胜区密布，森林覆盖率高，野生动植物资源繁多，物种多样性丰富，素有“珍稀植物王国，奇禽异兽乐园”的美誉。据不完全统计，仅上饶市境内就有种子植物约4000种，蕨类植物420种，已发现的药用植物有1600多种，木本植物达100多科近300属约800种，其中有列入国家一级珍稀濒危与重点保护野生植物的南方红豆杉、银杏、水松、伯乐树等和二级的华东黄杉、香果树、南方铁杉、白豆杉、连香树、花榈木、鹅掌楸、闽楠等及2008年种子随“神七”飞天的长柄双花木、中国特有种青钱柳、东亚—北美间断分布种银钟花等众多珍稀名贵树种。森林植被类型主要有常绿阔叶林、常绿与落叶阔叶混交林、针阔混交林、针叶林、竹林和高山矮丛。主要树种以樟、木荷（*Schima superba*）、甜槠、苦槠、青冈、杉木（*Cunninghamia lanceolata*）、马尾松（*Pinus massoniana*）、湿地松（*Pinus elliottii*）、毛竹（*Phyllostachys heterocycla*）为主。

1.3 植物保护现状

随着社会的发展、科技的进步和人类向自然界的频繁索取，赣东北最典型的原始森林植被——中亚热带常绿阔叶林几乎破坏殆尽，现在山区保存着的多为天然次生林，主要分布在自然保护区、森林公园、风景名胜区及村旁水口林等生态公益林中，若对这些成片的天然次生林加大保护力度并进行科学的经营管理，将有望加速天然次生林的演替及植被的恢复重建，在维系生态系统平衡、保护生物多样性方面发挥着重要作用。

自然保护区是保护生态环境、生物多样性和自然资源最重要、最经济、最有效的场所。赣东北地区的自然保护区建设始建于20世纪80年代。早在1981年，赣东北首批建立了江西武夷山自然保护区，2002年晋升为国家级自然保护区。进入21世纪前后，赣东北加大了保护区建设的力度，2004年广丰县级自然保护区成立，2010年晋升为省级自然保护区，2014年又晋升为国家级自然保护区；1998年贵溪阳际峰县级自然保护区成立，2004年批准设立省级自然保护区，2012年正式晋升为国家自然保护区；2001年景德镇瑶里省级自然保护区成立；2011年和2014年，以保护亚热带常绿阔叶林生态系统为主要目的的玉山信江源省级自然保护区和上饶县五府山省级自然保护区相继成立。截至目前，赣东北地区共建立各种类型的自然保护区 19 个，总面积为 158899 公顷，约占赣东北土地面积的 5.0%。赣东北地区各自然保护区的简要情况见表 1.1。

江西武夷山国家级自然保护区位于赣东北铅山县南沿，武夷山脉北段西北坡，东南部与福建以山脊为界，有华东屋脊之称的山脉主峰黄岗山就坐落在保护区内。保护区地处中亚热带，属海洋性气候和大陆性气候的过渡地带，森林覆盖率达 95% 以上，是江西极罕见的原始状态森林的主要分布区域，也是中国东南大陆现存面积最大、保留最为完整的中亚热带森林生态系统和目前世界同纬度保存最完整的中亚热带森林生态系统。保护区植物资源十分丰富，保存了江西 50% 以上的高等植物，共记录 2840 种，其中列入国家重点保护濒危植物名录的有 21 种，属江西省重点保护的植物有 72 种，具有特殊保护意义的植物群体有面积 400 公顷的南方铁杉、天然柳杉林、红豆杉群落等。

铜钹山国家级自然保护区位于上饶市广丰区南部，属武夷山脉东段北麓。保护区以保护中亚热带北缘常绿阔叶林森林生态系统为主，森林覆盖率高达 98.8%，境内有原始森林 3 万亩[①]，分布有面积达 2000

表 1.1　赣东北自然保护区分布现状

	自然保护区名称	级别	所在地	主要保护对象	批准文号	批建面积（公顷）
上饶市	（1）武夷山自然保护区	国家级	铅山县	中亚热带高山针阔混交林生态系统	国办发 [2002]34 号	16007.0
	（2）广丰铜钹山自然保护区	国家级	广丰区	中亚热带常绿阔叶林生态系统	国办发 [2014]61 号	10800.0
	（3）婺源森林鸟类自然保护区	国家级	婺源县	森林生态系统	国办发 [2016]33 号	12992.7
	（4）玉山信江源自然保护区	省级	玉山县	亚热带常绿阔叶林生态系统	赣府字 [2011]72 号	4535.0
	（5）上饶县五府山自然保护区	省级	上饶县	亚热带常绿阔叶林生态系统	赣府字 [2014]34 号	5104.2
	（6）饶河源自然保护区	县级	婺源县	亚热带常绿阔叶林生态系统	婺府字 [2004]252 号	11595.8
	（7）余干康山湖区候鸟保护区	县级	余干县	越冬珍禽候鸟和湿地生境	干府字 [2001]10 号	35000.0
	（8）上饶县远泉白鹭洲保护区	县级	上饶县	湿地候鸟及其生境	饶县府字 [2010]98 号	278.0
景德镇市	（9）浮梁瑶里自然保护区	省级	浮梁	森林	赣府字 [2001]91 号	3627.0
	（10）浮梁黄字号黑麂省级自然保护区	省级	浮梁	动物	赣府字 [2010]120 号	17356.2
	（11）乐平共库自然保护区	市级	乐平	湿地	乐府字 [1999]44 号	5704.0
	（12）浮梁茶宝山自然保护区	县级	浮梁	动物	浮府字 [2001]65 号	2533.1
	（13）浮梁八字脑自然保护区	县级	浮梁	动物	浮府字 [2001]65 号	5783.7
	（14）浮梁黄牛信自然保护区	县级	浮梁	动物	浮府字 [2001]65 号	5334.1
	（15）浮梁大岭培自然保护区	县级	浮梁	动物	浮府字 [2001]65 号	5279.0
	（16）浮梁青龙尖自然保护区	县级	浮梁	动物	浮府字 [2001]65 号	3853.5
鹰潭市	（17）贵溪阳际峰然保护区	国家级	贵溪	森林	国办发 [2012]7 号	10946.0
	（18）鹰潭龙虎山中华秋沙鸭自然保护区	县级	龙虎山风景区	动物	龙管字 [2007]18 号	1862.0
	（19）余江九峰水库森林自然保护区	县级	余江	森林	余府字 [2009]80 号	308.0

① 1 亩 =1/15 公顷，下同。

亩的国家一级保护树种南方红豆杉群落，以及毛红椿群落、伯乐树群落、香果树群落、蛛网萼群落等众多珍稀濒危保护树种。

阳际峰国家级自然保护区位于鹰潭市贵溪境内，武夷山脉中段西北坡，森林覆盖率高达 99.7%，保存有 6000 多公顷的原生性较强的常绿阔叶林，区内已查明高等植物 1847 种，有国家珍稀濒危保护植物 14 种，国家重点保护植物 15 种，其中的长序榆群落为江西省首次发现。

婺源森林鸟类自然保护区位于江西、浙江、安徽三省交界处婺源县境内的黄山、天目山、怀玉山脉与鄱阳湖盆地间过渡带的丘陵山地，森林覆盖率高达 93.3%，保存有大面积亚热带森林鸟类赖以栖息的原生性中亚热带常绿阔叶林。保护对象主要为蓝冠噪鹛、白腿小隼、中华秋沙鸭、黄腹角雉、鸳鸯等珍稀鸟类种群及其栖息地，境内有著名的珍贵树种闽楠、浙江楠、花榈木、亮叶桦和江西省首个赤皮青冈群落等。

根据我国自然保护区的分类，赣东北自然保护区多属于以保护森林植物及其生态系统为目的的森林系统类型，共 9 个，其中国家级自然保护区 4 个，省级自然保护区 3 个，市、区（县）级 2 个，面积 75915 公顷，占自然保护区总面积的 47.8%；内陆湿地与水域类型的自然保护区有 3 个，面积 40982 公顷，占自然保护区总面积的 25.8%；野生动物类的自然保护区有 7 个，面积 42000 公顷，占自然保护区总面积的 26.4%。由于自然地理条件及地域等诸多因素，决定了赣东北生物多样性及丰富性的差异，形成了自然保护区主要集中分布于北部、东部和南部山区的基本格局。从行政区划看，上饶市境内的保护区面积最大，为 96312.7 公顷，占赣东北自然保护区总面积的 60.6%；景德镇次之，面积为 49417 公顷，占赣东北自然保护区总面积的 31.1%；鹰潭最小，面积仅为 13116 公顷，占赣东北自然保护区总面积的 8.3%。

以上饶市为例，全市林地面积 2072.8 万亩，森林覆盖率 62.44%，森林面积 1960.53 万亩；境内建有国家级自然保护区 3 个，各级森林公园 29 个，其中国家级森林公园 9 个，拥有 3 个世界自然遗产地，3 个 5A 级和 22 个 4A 级风景名胜区；全市生态公益林面积 769.36 万亩，其中国家级 432.02 万亩，省级 337.34 万亩。上饶市自然保护区拥有数量、分布面积和占国土面积的比例与上饶市森林资源现状和景区景点建设规模相比，显得极不相称。加快自然保护区的建立，加强森林资源的重点保护，任重而道远。

第二章 赣东北珍稀濒危树种范围界定与研究方法

2.1 珍稀濒危树种的定义

目前国内还没有统一的珍稀濒危树种的定义。综合各专家观点，做出如下定义：珍稀濒危树种包括珍贵树种、稀有树种和濒危树种三层含义。在很多情况下，一个树种既是珍贵树种、稀有树种又是濒危树种。珍贵树种是泛指具有特殊经济价值、科研价值的少量树种，如亚热带的珙桐（*Davidia involucrata*）、热带的桫椤（*Alsophila spinulosa*）等；稀有树种通常是指我国特有的单科属种，单属种或少科属种的树种或分布区域比较狭窄、生态环境比较特殊或分布范围虽广但数量比较少见的种类，如银杏、水杉、水松、白豆杉等；濒危树种系指处在灭绝危险中的树种，它的植株已经减少到快要灭绝的临界水平，如长序榆、长柄双花木、伯乐树等。

珍稀濒危树种是森林资源的重要组成部分，是经济建设、环境绿化和社会发展的宝贵财富。许多珍稀濒危树种具有很高的经济价值和观赏价值，是重要的用材、经济及绿化树种；有的又是重要的自然科学和社会科学的研究材料，具有重要的科研价值；有的还是重要的历史文化遗产。

2.2 研究对象的确定和依据

各层面的珍稀濒危树种都具有其对应的参考名录，本项目确定研究对象标准依据目前国家、地方、学术组织与各级林业管理部门颁布和出版的珍贵、稀有、濒危与保护植物名录和专著。具体名录和专著分别为《珍稀濒危保护植物名录（第一批）》（1984 年 7 月 24 日，国务院环境保护委员会 [1984] 国环字第 002 号）、《国家珍贵树种名录（第一批）》（1992 年 10 月 1 日，林业部）、《国家重点保护野生植物名录（第一批）》（国务院 1999 年 8 月 4 日批准，1999 年 9 月 9 日发布实施）、《中国主要栽培珍贵树种参考名录（2017 年版）》、《江西省重点保护野生植物名录》（江西省林业厅 2005 年 8 月 31 日公布）、《江西珍贵稀有濒危树种》（1986，《江西森林》）、《江西主要栽培珍贵树种参考名录》、《中国植物红皮书——稀有濒危植物（第一册）》、《中国物种红色名录》（第一卷）和《全国极小种群野生植物抢救保护工程规划（2011—2015 年）》。研究对象为列入上述名录和专著中的赣东北上饶市境内的所有乡土木本植物。

2.3 研究方法与目的

项目于 2015—2018 年植物生长季节，针对赣东北境内不同的地形、生境条件及植被类型的珍稀濒危树种，采取典型线路踏查、访问调查与重点区域样方调查和实测调查及面上综合调查与补充调查等相结合的方法进行。

调查范围覆盖各级自然保护区、森林公园、风景名胜区、国有林场、水口林等。调查内容为珍稀濒危树种的种类、分布、生境、数量、生长状况、受危因素、群落特征等，每种树种均需采集标本和现场拍摄不同季节的特征照片。

通过对野外调查及访问调查的数据资料进行整理统计，对采集的标本进行鉴定，结合查阅相关资料、文献，对每个调查树种的分类、形态与识别特征、地理分布与生境、树种特性与受危因素、资源现状与典型群落、主要价值与用途进行详细记述，提出各树种保护与利用建议；在此基础上，对赣东北珍稀濒危树种资源的种类组成、分布特征及价值用途的多样性和资源的利用潜力、受威胁等级等进行系统的分析探讨和资源评价，编制出台赣东北重点开发利用珍稀濒危树种名录和优先保护树种名录，提出可续持续发展与保护利用策略，形成一整套系统完整的赣东北珍稀濒危树种资源的本底资料，建立赣东北珍稀濒危树种资源信息库，为赣东北珍稀濒危树种资源的保护与利用研究，提供资源信息、数据支撑与决策指导。

第三章

赣东北珍稀濒危树种资源现状

3.1 珍稀濒危树种的种类组成

经过野外实地调查确认和对所采集疑难标本请专家进行鉴定的基础上，对照确立的 10 个研究对象名录和专著，并结合前人相关研究成果，确定分布于赣东北的珍稀濒危树种共计 53 科 97 属 159 种(含变种)，其中裸子植物 7 科 14 属 17 种，被子植物 46 科 83 属 142 种（表 3.1），各树种科属构成及所属名录类别见附录一和表 3.2。

表 3.1　赣东北珍稀濒危树种类别统计表

分类统计	种类组成统计			珍稀濒危类别统计																										
分类群	科	属	种	名录一			名录二		名录三		名录四			名录五			名录六			名录七			名录八			名录九			名录十
				Ⅰ	Ⅱ	Ⅲ	Ⅰ	Ⅱ	Ⅰ	Ⅱ	Z	C	L	Ⅰ	Ⅱ	Ⅲ	Ⅰ	Ⅱ	Ⅲ	H	C	L	EN	RA	VU	EN	VU	NT	
裸子植物	7	14	17	1	5	1	4	2	5	4	4	0	0	0	2	4	3	4	6	0	7	1	3	1	3	3	6	6	0
被子植物	46	83	142	0	8	15	2	11	1	17	0	16	29	0	14	66	5	16	38	1	25	25	2	12	8	3	20	3	4
总计	53	97	159	1	13	16	6	13	6	21	4	16	29	0	16	70	8	20	44	1	32	26	5	13	11	6	26	9	4
				30			19		27		49			86			72			59			29			41			

注：1. 名录一代表国家珍稀濒危保护植物；名录二代表国家珍贵树种；名录三代表国家重点保护野生植物；名录四代表中国主要栽培珍贵树种；名录五代表江西省重点保护野生植物；名录六代表江西珍贵稀有濒危树种；名录七代表江西主要栽培珍贵树种；名录八代表中国植物红皮书树种；名录九代表中国物种红色名录树种；名录十代表全国极小种群野生植物。

2. 表中Ⅰ、Ⅱ、Ⅲ代表所在名录中的保护等级分别为一级、二级、三级；Z 代表针叶类，C 代表常绿硬木类，L 代表落叶硬木类，H 代表红木类；EN 代表濒危，RA 代表稀有，VU 代表渐危（近危），NT 代表易危。

表 3.2　赣东北珍稀濒危树种所属名录类别

种　名	名录一	名录二	名录三	名录四	名录五	名录六	名录七	名录八	名录九	名录十
(1) 银杏 *Ginkgo biloba*	二级	一级	一级	针叶		二级	落叶硬木	濒危	濒危	
(2) 华东黄杉 *Pseudotsuga gaussenii*	二级		二级			二级		渐危		
(3) 南方铁杉 *Tsuga chinensis* var. *tchekiangensis*	三级				二级	三级		渐危	近危	
(4) 柳杉 *Cryptomeria fortunei*					三级	三级			近危	
(5) 水杉 *Metasequoia glyptostroboides*	一级	一级	一级					稀有	濒危	✓
(6) 水松 *Glyptostrobus pensilis*	二级	一级	一级			一级		濒危	濒危	✓
(7) 柏木 *Cupressus funebris*							常绿硬木		易危	
(8) 福建柏 *Fokienia hodginsii*	二级	二级	二级			一级	常绿硬木	渐危	易危	

（续）

种 名	名录一	名录二	名录三	名录四	名录五	名录六	名录七	名录八	名录九	名录十
(9) 侧柏 *Platycladus orientalis*							常绿硬木		近危	
(10) 罗汉松 *Podocarpus macrophyllus*					二级	二级				
(11) 竹柏 *Podocarpus nagi*					三级	二级	常绿硬木		近危	
(12) 三尖杉 *Cephalotaxus fortunei*					三级	三级	常绿硬木		近危	
(13) 粗榧 *Cephalotaxus sinensis*					三级	三级			近危	
(14) 白豆杉 *Pseudotaxus chienii*	二级	二级	二级			一级		濒危	易危	
(15) 南方红豆杉 *Taxus chinensis* var. *mairei*		一级	一级	针叶		三级	常绿硬木		易危	
(16) 红豆杉 *Taxus chinensis*			一级	针叶					易危	
(17) 榧树 *Torreya grandis*			二级	针叶		二级	常绿硬木		易危	
(18) 草珊瑚 *Sarcandra glabra*					三级					
(19) 青钱柳 *Cyclocarya paliurus*				落叶硬木	三级	二级				
(20) 少叶黄杞 *Engelhardtia fenzlii*				落叶硬木						
(21) 野核桃 *Juglans cathayensis*					三级	三级				
(22) 亮叶桦 *Betula luminifera*					三级	三级	落叶硬木			
(23) 锥栗 *Castanea henryi*				落叶硬木			落叶硬木			
(24) 苦槠 *Castanopsis sclerophylla*				常绿硬木			常绿硬木			
(25) 米槠 *Castanopsis carlesii*				常绿硬木			常绿硬木			
(26) 甜槠 *Castanopsis eyrei*				常绿硬木			常绿硬木			
(27) 栲 *Castanopsis fargesii*				常绿硬木			常绿硬木			
(28) 毛锥 *Castanopsis fordii*				常绿硬木			常绿硬木			
(29) 钩锥 *Castanopsis tibetana*							常绿硬木			
(30) 赤皮青冈 *Cyclobalanopsis gilva*				常绿硬木	三级	二级	常绿硬木			
(31) 青冈 *Cyclobalanopsis glauca*				常绿硬木			常绿硬木			
(32) 大叶青冈 *Cyclobalanopsis jenseniana*					三级					
(33) 小叶青冈 *Cyclobalanopsis myrsinifolia*				常绿硬木						
(34) 水青冈 *Fagus longipetiolata*				落叶硬木			落叶硬木			
(35) 光叶水青冈 *Fagus lucida*				常绿硬木			常绿硬木			
(36) 柯 *Lithocarpus glaber*							常绿硬木			
(37) 木姜叶柯 *Lithocarpus litseifolius*					三级		常绿硬木			
(38) 麻栎 *Quercus acutissima*				落叶硬木			落叶硬木			
(39) 栓皮栎 *Quercus variabilis*				落叶硬木			落叶硬木			
(40) 白栎 *Quercus fabri*				落叶硬木			落叶硬木			
(41) 槲栎 *Quercus aliena*				落叶硬木			落叶硬木			
(42) 糙叶树 *Aphananthe aspera*				落叶硬木						
(43) 青檀 *Pteroceltis tatarinowii*	三级				三级	二级	落叶硬木	稀有	近危	
(44) 杭州榆 *Ulmus changii*							落叶硬木			

（续）

种　名	名录一	名录二	名录三	名录四	名录五	名录六	名录七	名录八	名录九	名录十
(45) 兴山榆 *Ulmus bergmanniana*				落叶硬木			落叶硬木			
(46) 长序榆 *Ulmus elongata*	三级		二级					濒危	濒危	✓
(47) 榔榆 *Ulmus parvifolia*				落叶硬木			落叶硬木			
(48) 大叶榉树 *Zelkova schneideriana*		二级	二级	落叶硬木			落叶硬木			
(49) 榉树 *Zelkova serrata*				落叶硬木			落叶硬木			
(50) 青皮木 *Schoepfia jasminodora*					三级	三级				
(51) 连香树 *Cercidiphyllum japonicum*	二级	二级	二级	落叶硬木		二级	落叶硬木	稀有		
(52) 猫儿屎 *Decaisnea insignis*					三级	三级				
(53) 鹅掌楸 *Liriodendron chinense*	二级	二级	二级	落叶硬木		二级	落叶硬木	稀有	易危	
(54) 黄山木兰 *Magnolia cylindrica*	三级				三级	三级		渐危	易危	
(55) 天目木兰 *Magnolia amoena*	三级				三级	二级		渐危	易危	
(56) 玉兰 *Magnolia denudate*					三级	三级			易危	
(57) 紫玉兰 *Magnolia liliiflora*					三级				易危	
(58) 凹叶厚朴 *Magnolia officinalis* subsp. *biloba*	三级		二级			三级		稀有	易危	
(59) 厚朴 *Magnolia officinalis*	三级	二级	二级							
(60) 天女木兰 *Magnolia sieboldii*	三级				三级	三级		渐危	易危	
(61) 乳源木莲 *Manglietia yuyuanensis*					三级		常绿硬木			
(62) 木莲 *Manglietia fordiana*					三级	三级				
(63) 深山含笑 *Michelia maudiae*					三级	三级				
(64) 乐昌含笑 *Michelia chapensis*					二级	三级	常绿硬木			
(65) 紫花含笑 *Michelia crassipes*					三级	二级				
(66) 含笑花 *Michelia figo*					三级					
(67) 乐东拟单性木兰 *Parakmeria lotungensis*	三级				三级	二级	常绿硬木	渐危	易危	
(68) 柳叶蜡梅 *Chimonanthus salicifolius*					三级	三级				
(69) 山蜡梅 *Chimonanthus nitens*									近危	
(70) 樟 *Cinnamomum camphora*			二级				常绿硬木			
(71) 香桂 *Cinnamomum subavenium*					三级	三级				
(72) 阴香 *Cinnamomum burmanni*					三级	三级				
(73) 天竺桂 *Cinnamomum japonicum*	三级					三级				
(74) 豹皮樟 *Litsea coreana* var. *sinensis*					三级					
(75) 黑壳楠 *Lindera megaphylla*					三级	三级				
(76) 红楠 *Machilus thunbergii*				常绿硬木	三级	三级	常绿硬木			
(77) 薄叶润楠 *Machilus leptophylla*					三级					
(78) 刨花润楠 *Machilus pauhoi*				常绿硬木			常绿硬木			
(79) 闽楠 *Phoebe bournei*	三级	二级	二级	常绿硬木		三级	常绿硬木	渐危	易危	
(80) 浙江楠 *Phoebe chekiangensis*	三级	二级	二级	常绿硬木			常绿硬木	渐危	易危	

（续）

种　名	名录一	名录二	名录三	名录四	名录五	名录六	名录七	名录八	名录九	名录十
(81) 湘楠 *Phoebe hunanensis*					三级	三级	常绿硬木			
(82) 白楠 *Phoebe neurantha*				常绿硬木			常绿硬木			
(83) 紫楠 *Phoebe sheareri*							常绿硬木			
(84) 檫木 *Sassafras tzumu*				落叶硬木						
(85) 伯乐树 *Bretschneidera sinensis*	二级	一级	一级	落叶硬木		一级		稀有	濒危	
(86) 蛛网萼 *Platycrater arguta*			二级			二级		稀有	易危	
(87) 蕈树 *Altingia chinensis*					三级	三级				
(88) 细柄蕈树 *Altingia gracilipes*					三级	三级				
(89) 长柄双花木 *Disanthus cercidifolius* var. *longipes*	二级	二级	二级			一级		濒危	濒危	
(90) 半枫荷 *Semiliquidambar cathayensis*	二级		二级			二级		稀有	易危	
(91) 水丝梨 *Sycopsis sinensis*					三级	三级				
(92) 杜仲 *Eucommia ulmoides*	二级	二级		落叶硬木	二级	二级		稀有	易危	
(93) 樱桃 *Cerasus pseudocerasus*							落叶硬木			
(94) 椤木石楠 *Photinia davidsoniae*				常绿硬木						
(95) 黄山花楸 *Sorbus amabilis*	三级				三级			渐危	易危	
(96) 紫荆 *Cercis chinensis*					三级	三级				
(97) 香槐 *Cladrastis wilsonii*					三级	三级				
(98) 黄檀 *Dalbergia hupeana*				落叶硬木	三级		红木			
(99) 皂荚 *Gleditsia sinensis*							落叶硬木			
(100) 花榈木 *Ormosia henryi*		二级	二级	常绿硬木		一级	常绿硬木		易危	
(101) 紫藤 *Wisteria sinensis*					三级					
(102) 东方古柯 *Erythroxylum sinensis*					三级	三级				
(103) 毛红椿 *Toona ciliata* var. *pubescens*			二级			二级	落叶硬木		易危	
(104) 香椿 *Toona sinensis*				落叶硬木			落叶硬木			
(105) 重阳木 *Bischofia polycarpa*					三级					
(106) 黄杨 *Buxus sinica*					三级	三级	常绿硬木			
(107) 南酸枣 *Choerospondias axillaries*							常绿硬木			
(108) 黄连木 *Pistacia chinensis*				落叶硬木	三级		落叶硬木			
(109) 铁冬青 *Ilex rotunda*					三级					
(110) 冬青 *Ilex chinensis*							常绿硬木			
(111) 枸骨 *Ilex cornuta*					三级					
(112) 大叶冬青 *Ilex latifolia*					二级					
(113) 永瓣藤 *Monimopetalum chinense*	二级		二级			一级		稀有	易危	
(114) 瘿椒树 *Tapiscia sinensis*	二级				三级	三级		稀有	易危	
(115) 省沽油 *Staphylea bumalda*					三级	三级				
(116) 三角槭 *Acer buergerianum*					三级					

（续）

种 名	名录一	名录二	名录三	名录四	名录五	名录六	名录七	名录八	名录九	名录十
(117) 樟叶槭 *Acer cinnamomifolium*					三级					
(118) 色木槭 *Acer mono*				落叶硬木	三级					
(119) 五裂槭 *Acer oliverianum*					三级					
(120) 鸡爪槭 *Acer palmatum*					三级					
(121) 无患子 *Sapindus mukorossi*					三级					
(122) 杜英 *Elaeocarpus decipiens*					二级					
(123) 中华杜英 *Elaeocarpus chinensis*					二级					
(124) 褐毛杜英 *Elaeocarpus duclouxii*					二级					
(125) 秃瓣杜英 *Elaeocarpus glabripetalus*					二级					
(126) 日本杜英 *Elaeocarpus japonicus*					二级					
(127) 山杜英 *Elaeocarpus sylvestris*					二级					
(128) 猴欢喜 *Sloanea sinensis*					三级	三级				
(129) 椴树 *Tilia tuan*		二级								
(130) 密花梭罗 *Reevesia pycnantha*					三级	三级				
(131) 中华猕猴桃 *Actinidia chinensi*						三级				
(132) 浙江红山茶 *Camellia chekiangoleosa*					三级					
(133) 山茶 *Camellia japonica*					三级					
(134) 红淡比 *Cleyera japonica*					三级					
(135) 天目紫茎 *Stewartia gemmata*					三级					
(136) 紫茎 *Stewartia sinensis*	三级				三级	三级		渐危	易危	
(137) 厚皮香 *Ternstroemia gymnanthera*					三级					
(138) 小果石笔木 *Tutcheria microcarpa*					三级	三级				
(139) 山拐枣 *Poliothyrsis sinensis*						二级				
(140) 紫薇 *Lagerstroemia indica*					二级					
(141) 南紫薇 *Lagerstroemia subcostata*					二级					
(142) 喜树 *Camptotheca acuminata*			二级							✓
(143) 蓝果树 *Nyssa sinensis*				落叶硬木	三级	三级				
(144) 赤楠 *Syzygium buxifolium*					三级					
(145) 轮叶蒲桃 *Syzygium grijsii*					三级					
(146) 刺楸 *Kalopanax septemlobus*		二级		落叶硬木	二级		落叶硬木			
(147) 光皮梾木 *Swida wilsoniana*				落叶硬木		三级	落叶硬木			
(148) 云锦杜鹃 *Rhododendron fortunei*					三级	三级				
(149) 江西杜鹃 *Rhododendron kiangsiense*					三级	三级				
(150) 黄山杜鹃 *Rhododendron maculiferum*						二级				
(151) 毛果杜鹃 *Rhododendron seniavinii*						三级				

（续）

种 名	名录一	名录二	名录三	名录四	名录五	名录六	名录七	名录八	名录九	名录十
（152）九管血 *Ardisia brevicaulis*					二级					
（153）粉叶柿 *Diospyros glaucifolia*							落叶硬木			
（154）君迁子 *Diospyros lotus*				落叶硬木						
（155）银钟花 *Halesia macgregorii*	三级				二级	二级		稀有	易危	
（156）木犀 *Osmanthus fragrans*					二级					
（157）厚壳树 *Ehretia thyrsiflora*					三级					
（158）楸 *Catalpa bungei*				落叶硬木						
（159）香果树 *Emmenopterys henryi*	二级	一级	二级	落叶硬木		一级	落叶硬木	稀有	近危	

3.1.1 珍稀濒危保护树种

珍稀濒危保护树种为列入1984年7月24日国务院环境保护委员会[1984]国环字第002号颁布的我国《珍稀濒危保护植物名录（第一批）》中的树种，赣东北共有19科30种（附录二），其中Ⅰ级保护1种，即水杉；Ⅱ级保护13种，即银杏、华东黄杉、白豆杉、连香树、鹅掌楸、伯乐树、长柄双花木、半枫荷、杜仲、永瓣藤、香果树、水松和福建柏；Ⅲ级保护16种，即南方铁杉、青檀、长序榆、黄山木兰、天目木兰、凹叶厚朴、厚朴、天女木兰、乐东拟单性木兰、天竺桂、闽楠、浙江楠、黄山花楸、瘿椒树、紫茎和银钟花。

3.1.2 国家珍贵树种

国家珍贵树种为列入《国家珍贵树种名录（第一批）》（1992年10月1日，林业部）中的树种，赣东北共有15科19种（附录三），其中Ⅰ级6种，即银杏、水杉、水松、南方红豆杉、伯乐树和香果树；Ⅱ级13种，即福建柏、白豆杉、大叶榉树、连香树、鹅掌楸、厚朴、闽楠、浙江楠、长柄双花木、杜仲、花榈木、椴树和刺楸。

3.1.3 国家重点保护野生树种

国家重点保护野生树种为列入国家林业局、农业部令第4号，国务院于1999年8月4日批准的《国家重点保护野生植物名录（第一批）》中的树种，赣东北共有18科27种（附录四），其中Ⅰ级重点保护野生树种6种，即银杏、水杉、水松、南方红豆杉、红豆杉和伯乐树；Ⅱ级重点保护野生树种21种，即华东黄杉、福建柏、白豆杉、榧树、长序榆、大叶榉树、连香树、鹅掌楸、凹叶厚朴、厚朴、樟、闽楠、浙江楠、蛛网萼、长柄双花木、半枫荷、花榈木、毛红椿、永瓣藤、喜树和香果树。

3.1.4 中国主要栽培珍贵树种

中国主要栽培珍贵树种为列入《中国主要栽培珍贵树种参考名录（2017年版）》中的树种，赣东北共有22科49种（附录五），其中无红木类；针叶类4种，即银杏、南方红豆杉、红豆杉和榧树；常绿硬木类16种，代表种有苦槠、米槠、赤皮青冈、光叶水青冈、小叶青冈、红楠、闽楠、刨花楠和花榈木等；落叶硬木类28种，代表种有青钱柳、光皮梾木、锥栗、水青冈、麻栎、糙叶树、榔榆、榉树、连香树和鹅掌楸等。

3.1.5 江西省重点保护野生树种

江西省重点保护野生树种为列入2005年8月31日江西省林业厅颁布的《江西省重点保护野生植物名录》中的树种，赣东北共有41科86种（附录六），其中无Ⅰ级重点保护野生树种；Ⅱ级重点保护野生树种16种，即南方铁杉、罗汉松、乐昌含笑、杜仲、大叶冬青、杜英、中华杜英、褐毛杜英、秃瓣杜英、日本杜英、山杜英、紫薇、南紫薇、九管血、银钟花和木犀；Ⅲ级重点保护野生树种 70 种，代表种有柳杉、竹柏、三尖杉、粗榧、草珊瑚、青钱柳、野核桃、亮叶桦、蓝果树和赤楠等。

3.1.6 江西珍贵稀有濒危树种

江西珍贵稀有濒危树种为列入 1986 年刊登于《江西森林》上的《江西珍贵稀有濒危树种名录》中的树种，赣东北共有 37 科 72 种（附录七），其中Ⅰ级珍贵稀有濒危树种 8 种，即水松、福建柏、白豆杉、伯乐树、长柄双花木、花榈木、永瓣藤和香果树；Ⅱ级珍贵稀有濒危树种 20 种，即银杏、华东黄杉、罗汉松、竹柏、榧树、青钱柳、连香树、鹅掌楸、天目木兰、紫花含笑、乐东拟单性木兰、赤皮青冈、青檀、蛛网萼、山拐枣、黄山杜鹃和银钟花等；Ⅲ级珍贵稀有濒危树种 44 种，代表种有南方铁杉、柳杉、三尖杉、粗榧、南方红豆杉、猫儿屎、黄山木兰、玉兰、凹叶厚朴、天女木兰和木莲等。

3.1.7 江西主要栽培珍贵树种

江西主要栽培珍贵树种为江西省林业厅颁布的《江西主要栽培珍贵树种参考名录》中的树种，赣东北共有 21 科 59 种（附录八），其中红木类 1 种，即黄檀；常绿硬木类 32 种，代表种有柏木、福建柏、竹柏、南方红豆杉、榧树、甜槠，苦槠、赤皮青冈、青冈、木姜叶柯等；落叶硬木类 26 种，代表种有毛红椿、香椿、黄连木、连香树、大叶榉树、栓皮栎、麻栎、榔榆、榉树、鹅掌楸等。

3.1.8《中国植物红皮书》树种

《中国植物红皮书》树种为列入《中国植物红皮书——稀有濒危植物（第一册)》中的树种，赣东北共有 19 科 29 种（附录九)，其中濒危 5 种，即水松、白豆杉、长序榆、长柄双花木、银杏；稀有 13 种，即水杉、青檀、连香树、鹅掌楸、凹叶厚朴、伯乐树、蛛网萼、半枫荷、杜仲、永瓣藤、瘿椒树、银钟花、香果树；渐危 11 种，即华东黄杉、南方铁杉、福建柏、黄山木兰、天目木兰、天女木兰、乐东拟单性木兰、闽楠、浙江楠、黄山花楸、紫茎。

3.1.9《中国物种红色名录》树种

《中国物种红色名录》树种为列入《中国物种红色名录(第一卷)》中的树种，赣东北共有 23 科 41 种(附录十)，其中濒危 6 种，即银杏、水杉、水松、长序榆、伯乐树和长柄双花木；易危 26 种，代表种有柏木、福建柏、白豆杉、南方红豆杉、红豆杉、榧树、鹅掌楸、黄山木兰、天目木兰和玉兰等；近危 9 种，即南方铁杉、柳杉、侧柏、竹柏、三尖杉、粗榧、青檀、山蜡梅（*Chimonanthus nitens*）和香果树。

3.1.10 全国极小种群野生树种

全国极小种群野生树种为列入《全国极小种群野生植物抢救保护工程规划(2011—2015 年)》中的树种。赣东北共有 4 种，即水松、水杉、长序榆和喜树。

3.2 珍稀濒危树种属的分布区类型

根据吴征镒对中国种子植物属的分布区类型（吴征镒，1991）的划分方法，对赣东北珍稀濒危树种 97 属进行统计（表 3.3)，结果表明，赣东北珍稀濒危树种属划为 11 个分布区类型，缺少世界分布、热带亚洲至热带非洲分布、温带亚洲分布和中亚分布 4 个分布区类型，其中东亚—北美间断分布、中国特有种和北温带分布属占有较大比例，分别为 17 属、17 属和 16 属，占该区域分布总属的 17.5%、17.5% 和 16.5%；其次是热带亚洲分布和泛热带分布均有 13 属，各约占该区域分布总属的 13.4%；东亚分布类型的属也有较大数量，有 10 属，占该区域分布总属的 10.3%。各分布区类型讨论如下。

(1) 世界分布

世界分布包括几乎遍布世界各大洲而没有特殊分布中心的属，常常在区系地理成分的比较分析中扣除。赣东北无该分布区类型的属。

(2) 泛热带分布

泛热带分布指包括普通分布于东、西半球热带和在全世界热带范围内有一个或数个分布中心，有不少属广布于热带、亚热带甚至温带。赣东北该分布类型共有 13 属 23 种，占赣东北珍稀濒危树种分布总属的 13.4%，分别是红淡比属（*Cleyera*）、厚皮香属（*Ternstroemia*）、杜英属（*Elaeocarpus*）、古柯属（*Erythroxylum*）、黄檀属（*Dalbergia*）、红豆属（*Ormosia*）、黄杨属（*Buxus*）、冬青属（*Ilex*）、青皮木属（*Schoepfia*）、紫金牛属（*Ardisia*）、糙叶树属（*Aphananthe*）、柿属（*Diospyros*）和罗汉松属（*Podocarpus*）。

(3) 热带亚洲和热带美洲间断分布

包括间断分布于美洲和亚洲温暖地区的热带属，在东半球从亚洲可能延伸到澳大利亚东北部或西太平洋岛屿。该分布区类型共有 4 属 8 种，占赣东北珍稀濒危树种分布总属的 4.1%，分别是木姜子属（*Litsea*）、楠属（*Phoebe*）、猴欢喜属（*Sloanea*）和无患子属（*Sapindus*）。

(4) 旧世界热带分布

旧世界热带分布指亚洲和大洋洲热带地区及其邻近岛屿，其起源于古南大陆。赣东北共有 2 属 3 种，占赣东北珍稀濒危树种分布总属的 2%，即蒲桃属（*Syzygium*）和厚壳树属（*Ehretia*）。

(5) 热带亚洲至热带大洋洲分布

指旧世界热带分布的东翼，西端可达马达加斯加，但不到非洲大陆。该分布区类型共有 3 属 8 种，占赣东北珍稀濒危树种分布总属的 3.1%，分别是樟属（*Cinnamomum*）、紫薇属（*Lythraceae*）和香椿属（*Toona*）。

(6) 热带亚洲至热带非洲分布

指旧世界热带分布区的西翼，赣东北无该类型属的分布。

(7) 热带亚洲分布

主要为旧世界热带分布中心（印度—马来西亚）。赣东北分布较丰富，共有 13 属 24 种，占赣东北珍稀濒危树种分布总属的 13.4%，分别是木莲属（*Manglietia*）、含笑属（*Michelia*）、山胡椒属（*Lindera*）、润楠属（*Machilus*）、草珊瑚属（*Sarcandra*）、山茶属（*Camellia*）、梭罗树属（*Reevesia*）、青冈属（*Cyclobalanopsis*）、福建柏属（*Fokienia*）、黄杞属（*Engelhardtia*）、蕈树属（*Altingia*）、水丝梨属（*Sycopsis*）和秋枫属（*Bischofia*）。

(8) 北温带分布

广泛分布于亚欧、北美洲温带地区。此分布区在赣东北区系中所占比例较大，共有 16 属 31 种，占赣东北珍稀濒危树种分布总属的 16.5%，分别是柏木属（*Cupressus*）、红豆杉属（*Taxus*）、花楸属（*Sorbus*）、桦木属（*Betula*）、水青冈属（*Fagus*）、榆属（*Ulmus*）、槭树属（*Acer*）、胡桃属（*Juglans*）、杜鹃属（*Rhododendron*）、樱属（*Cerasus*）、栗属（*Castanea*）、椴树属（*Tilia*）、梾木属（*Swida*）、栎属（*Quercus*）、紫荆属（*Cercis*）和省沽油属（*Staphylea*）。

(9) 东亚—北美间断分布

间断分布东亚和北美温带及亚热带地区。赣东北共 17 属 30 种，占赣东北珍稀濒危树种分布总属的 17.5%，分别是铁杉属（*Tsuga*）、榧树属（*Torreya*）、鹅掌楸属（*Liriodendron*）、木兰属（*Magnolia*）、紫茎属（*Stewartia*）、香槐属（*Cladrastis*）、紫藤属（*Wisteria*）、柯属（*Lithocarpus*）、蓝果树属（*Nyssa*）、银钟花属（*Halesia*）、木犀属（*Osmanthus*）、黄杉属（*Pseudotsuga*）、檫木属（*Sassafras*）、石楠属（*Photinia*）、锥属（*Castanopsis*）、梓树属（*Catatpa*）和皂荚属（*Gleditsia*）。

(10) 旧世界温带分布

指广泛分布于欧亚中—高纬度的温带和寒带的属。赣东北仅 1 属 1 种，为榉属（*Zelkova*）。

(11) 温带亚洲分布

这一类型主要分布于亚洲温带，一般包括中亚至亚洲东北部。我国主要在西南、华北至东北，少数延伸至热带。赣东北无此类型属分布。

(12) 地中海区、西亚至中亚分布

赣东北该类型属仅 1 属 1 种，即黄连木属（*Pistacia*）。

(13) 中亚分布

赣东北无该分布区类型的属。

(14) 东亚分布

指主要分布在东喜马拉雅一直到日本的属。赣东北共有 10 属 11 种，占赣东北珍稀濒危树种分布总属的 10.3%，分别是柳杉属（*Cryptomeria*）、三尖杉属（*Cephalotaxus*）、蛛网萼属（*Platycrater*）、刺楸属（*Kalopanax*）、双花木属（*Disanthus*）、猕猴桃属（*Actinidia*）、侧柏属（*Platycladus*）、猫儿屎属（*Decaisnea*）、连香树属（*Cercidiphyllum*）和南酸枣属（*Choerospondias*）。

(15) 中国特有分布

其分布特点是以西南各省为中心，向四周方向辐射并逐渐减少，区域大致为秦岭—山东以南的亚热带和热带地区。赣东北共有 17 属 18 种，占赣东北珍稀濒危树种分布总属的 17.5%，分别是石笔木属（*Tutcheria*）、蜡梅属（*Chimonanthus*）、伯乐树属（*Bretschneidera*）、青钱柳属（*Sarcandra*）、喜树属（*Camptotheca*）、永瓣藤属（*Monimopetalum*）、香果树属（*Emmenopter*）、杜仲属（*Eucommia*）、白豆杉属（*Pseudotaxus*）、银杏属（*Ginkgo*）、拟单性木兰属（*Parakmeria*）、山拐枣属（*Poliothyrsis*）、青檀属（*Pteroceltis*）、水杉属（*Metasequoia*）、水松属（*Glyptostrobus*）、半枫荷属（*Semiliquidambar*）和瘿椒树属（*Tapiscia*）。

3.3 珍稀濒危树种特点

珍稀濒危树种大多数经历了历史时期的地质、地貌和气候变迁，某种程度上能反映区系演化的区域特点。通过对赣东北珍稀濒危树种的系统学和区系学分析（表 3.3、表 3.4），大致说明其珍稀濒危种具有特殊性。

表 3.3　赣东北珍稀濒危树种属的分布区类型统计

分布区类型	属数	占总属数(%)	所含种数	占总种数(%)	属 名
2. 泛热带分布	13	13.4	23	14.5	红淡比属、厚皮香属、杜英属、古柯属、黄檀属、红豆属、黄杨属、冬青属、青皮木属、紫金牛属、糙叶树属、柿属、罗汉松属
3. 热带亚洲和热带美洲间断分布	4	4.1	8	5.0	木姜子属、楠属、猴欢喜属、无患子属
4. 旧世界热带分布	2	2.0	3	1.8	蒲桃属、厚壳树属
5. 热带亚洲至热带大洋洲分布	3	3.1	8	5.0	樟属、紫薇属、香椿属
7. 热带亚洲分布	13	13.4	24	15.1	木莲属、含笑属、山胡椒属、润楠属、草珊瑚属、山茶属、梭罗树属、青冈属、福建柏属、黄杞属、蕈树属、水丝梨属、秋枫属
8. 北温带分布	16	16.5	31	19.5	柏木属、红豆杉属、花楸属、桦木属、水青冈属、榆属、槭树属、胡桃属、杜鹃属、樱属、栗属、椴树属、梾木属、栎属、紫荆属、省沽油属
9. 东亚—北美间断分布	17	17.5	30	18.9	铁杉属、榧树属、鹅掌楸属、木兰属、紫茎属、香槐属、紫藤属、柯属、蓝果树属、银钟花属、木犀属、黄杉属、檫木属、石楠属、锥属、梓树属、皂荚属
10. 旧世界温带分布	1	1	2	1.2	榉属
12. 地中海区、西亚至中亚分布	1	1	1	0.6	黄连木属
14. 东亚分布	10	10.3	11	6.9	柳杉属、三尖杉属、蛛网萼属、刺楸属、双花木属、猕猴桃属、侧柏属、猫儿屎属、连香树属、南酸枣属
15. 中国特有分布	17	17.5	18	11.3	石笔木属、蜡梅属、伯乐树属、青钱柳属、喜树属、永瓣藤属、香果树属、杜仲属、白豆杉属、银杏属、拟单性木兰属、山拐枣属、青檀属、水杉属、水松属、半枫荷属、瘿椒树属

表 3.4　赣东北珍稀濒危树种分布生境与树种特点

种名	分布生境	生活型	A	B	C	D
银杏	海拔 300~1100 米天然林和山谷中	落叶乔木	✓		✓	✓
华东黄杉	海拔 100~1500 米山坡和谷地	常绿乔木			✓	✓
南方铁杉	海拔 600~2100 米针阔混交林中	常绿乔木			✓	✓
柳杉	生于气候温暖湿润的山地	常绿乔木				✓
水杉	海拔 750~1500 米的山谷、山麓湿润或稍存积水之地	落叶乔木	✓		✓	✓
水松	喜温暖湿润的气候及水湿的环境	常绿乔木	✓		✓	✓
柏木	喜温暖湿润气候	常绿乔木				✓
福建柏	散生于中亚热带至南亚热带的针阔混交林	常绿乔木	✓		✓	✓
侧柏	海拔 2600 米以下天然林内	常绿乔木	✓			✓
罗汉松	喜温暖湿润气候	常绿乔木				
竹柏	海拔 1600 米以下的中下坡及沟谷旁	常绿乔木			✓	
三尖杉	山坡疏林、溪谷	常绿乔木			✓	✓
榧树	温凉、湿润气候的山地	常绿乔木			✓	✓
白豆杉	散生于阔叶林中	常绿乔木	✓		✓	✓
南方红豆杉	海拔 1000~1200 米以下的山谷、溪边及缓坡山林	常绿乔木			✓	✓
红豆杉	海拔 1000~1200 米以上的高山上部	常绿乔木			✓	
榧树	散生于谷地，忌积水低洼地	常绿乔木				✓
草珊瑚	海拔 420~1500 米山坡、沟谷林下阴湿处	常绿灌木				
青钱柳	海拔 420~2500 米的山区、溪谷、林缘、林内或石灰岩山地	落叶乔木	✓		✓	✓
少叶黄杞	海拔 400~1000 米的林中或山谷	常绿乔木				
野核桃	海拔 800~2000 米的山谷林中及溪旁	落叶乔木				
亮叶桦	海拔 500~2500 米的向阳山坡、林缘及林中	落叶乔木				✓
锥栗	海拔 100~1800 米的丘陵与山地	落叶乔木				
湘楠	海拔 500 米以上沟谷或水边	常绿乔木				
白楠	海拔 1000~2400 米常绿阔叶林中	常绿乔木				
紫楠	海拔 1000 米以下的阴湿山谷和杂木林中	常绿乔木				
檫木	800 米以下的山地及丘陵坡地的中部至下部及坡麓	落叶乔木				
伯乐树	沟谷坡地或溪旁的常绿阔叶与落叶阔叶混交林中	落叶乔木	✓		✓	✓
蛛网萼	喜生于溪涧边、阴湿裸岩旁或岩洞口	落叶灌木	✓			
蕈树	海拔 600~1000 米的亚热带常绿林中	常绿乔木				
细柄蕈树	低海拔常绿阔叶林内	常绿乔木				
长柄双花木	海拔 630~1300 米的低山或中山	落叶灌木			✓	
半枫荷	海拔 950 米以下的林中或溪旁疏林内	常绿乔木				✓
水丝梨	高海拔山林中	常绿乔木				
杜仲	海拔 300~500 米的低山、谷地或低坡的疏林中	落叶乔木	✓		✓	✓
樱桃	山坡阳处或沟边	落叶乔木				
椤木石楠	海拔 600~1000 米山林中	常绿乔木				
黄山花楸	常绿落叶阔叶混交林中	落叶乔木				✓
紫荆	阔叶混交林中	落叶乔木				✓
香槐	海拔 1000 米的山坡杂木林缘或林中	落叶乔木				
黄檀	山区、丘陵、平原、山沟溪旁	落叶乔木				
皂荚	平原、山谷及丘陵地区	落叶乔木				✓
花榈木	山地杂木林中或山坡灌丛中	常绿乔木				
紫藤	阔叶混交林中	落叶藤本				
东方古柯	海拔 230~2200 米的山地、路旁、谷地树林中	落叶乔木				
毛红椿	低海拔至中海拔的山地密林或疏林中	落叶乔木				✓

（续）

种名	分布生境	生活型	A	B	C	D
苦槠	海拔1000米以下山地杂木林	常绿乔木				
米槠	山地或丘陵常绿或落叶阔叶混交林中	常绿乔木				
甜槠	山地或丘陵常绿或落叶阔叶混交林中	常绿乔木				
栲	海拔200~2100米山地杂木林中	常绿乔木				
毛锥	海拔1200米以下山地灌木或乔木林中	常绿乔木				
钩锥	海拔200~1600米的山地杂木林中	常绿乔木				
赤皮青冈	海拔700米以下山谷、山洼、阴坡下部及河边平地	常绿乔木				
青冈	山坡、沟谷	常绿乔木				
大叶青冈	海拔300~1700米的山坡、山谷、沟边杂木林中	常绿乔木				
小叶青冈	海拔760~2500米的沟边、斜坡杂木林中	常绿乔木				
水青冈	海拔300~2400米山地杂木林中	落叶乔木				✓
光叶水青冈	海拔800~2000米的落叶阔叶林中	落叶乔木				✓
柯	海拔400~1000米山地阔叶林中	常绿乔木				
木姜叶柯	低山密林中	常绿乔木				
麻栎	山地或丘陵林中	落叶乔木				
栓皮栎	海拔3000米以下阳坡	落叶乔木				
白栎	海拔1900米以下丘陵山区杂木林中	落叶乔木				
槲栎	海拔100~2000米向阳坡	落叶乔木				
糙叶树	海拔500~1000米的山谷、溪边林中	落叶乔木				
青檀	常生于山麓、林缘、沟谷、河滩、溪旁及峭壁石隙等处	落叶乔木	✓			✓
杭州榆	海拔200~800米的山坡、谷地及溪旁阔叶林中	落叶乔木				✓
兴山榆	海拔1500~2600米的山地及溪边的阔叶林中	落叶乔木				✓
长序榆	海拔700~900米山谷、沟边或山坡下部阔叶林中	落叶乔木				

种名	分布生境	生活型	A	B	C	D
香椿	1800米以下的山地和广大平原地区	落叶乔木				✓
重阳木	海拔1000米以下山地林中	落叶乔木				✓
黄杨	海拔1200~2600米高山峻岭和悬崖陡壁及山地和多石的地方	常绿乔木				
南酸枣	海拔300~2000m的山坡、丘陵或沟谷林中	落叶乔木	✓			
黄连木	生于低山丘陵及平原	落叶乔木				✓
铁冬青	海拔400~1100米的山坡常绿阔叶林中和林缘	常绿灌木				
冬青	海拔800米以下的沟谷、丘陵及山坡	常绿乔木				
枸骨	山坡、谷地、溪边杂木林或灌丛中	常绿灌木				
大叶冬青	海拔200~1300米的沟谷、林缘、溪流两岸或阴湿山坡地带	常绿乔木				
永瓣藤	海拔150~1000米的山谷、沟边或山坡林中	落叶藤本	✓			✓
瘿椒树	山麓地带或林缘	落叶乔木			✓	✓
省沽油	200米以上的路旁、沟壑、山地的丛林中	落叶灌木				
三角槭	海拔300~1000米的阔叶林中	落叶乔木				✓
樟叶槭	海拔300~1200米山区	常绿乔木				
色木槭	针阔混交林中	落叶乔木				✓
五裂槭	海拔1500~2000米的林边或疏林中	落叶乔木				
鸡爪槭	低海拔的林边或疏林中	落叶乔木				
无患子	阔叶林内	落叶乔木				
杜英	海拔400~2000米山区疏林内、灌丛中	常绿乔木				
中华杜英	阔叶混交林中	常绿乔木				
褐毛杜英	海拔700~950米的常绿林中	常绿乔木				
秃瓣杜英	海拔400~750米的常绿阔叶林中	常绿乔木				
日本杜英	海拔400~1300米的常绿林中	常绿乔木				

（续）

种名	分布生境	生活型	A	B	C	D
榔榆	海拔200~800米的山坡、谷地及溪旁阔叶林中	落叶乔木				✓
大叶榉树	海拔200~1100米的溪涧水旁或山坡土层较厚的疏林中	落叶乔木				
榉树	海拔500~1900米的河谷、溪边疏林中	落叶乔木				
青皮木	海拔1700米以下的林区山谷、溪边的密林或疏林中	落叶乔木				
连香树	海拔650~2700米的山谷边缘或林中开阔地的杂木林中	落叶乔木	✓		✓	
猫儿屎	阴山坡或山沟的杂木林下阴湿处	落叶灌木	✓			
鹅掌楸	海拔900~1000米的山地林中或林缘	落叶乔木			✓	✓
黄山木兰	海拔600~1700米的山坡、沟谷疏林或山顶灌丛中	落叶乔木				
天目木兰	海拔200~2400米的林中	落叶乔木				✓
玉兰	常绿阔叶林和落叶阔叶混交林中	落叶乔木				
紫玉兰	海拔300~1600米的山坡林缘	落叶乔木				✓
凹叶厚朴	海拔300~1400米的林中	落叶乔木				✓
厚朴	海拔300~1500米的山地林间	落叶乔木				
天女木兰	高海拔山林阴坡和湿润山谷	落叶乔木			✓	
乳源木莲	海拔1300米以下沟谷台地，山沟中、下部的山坡	常绿乔木				
木莲	海拔1200米以下花岗岩、沙质岩山地丘陵	常绿乔木				
深山含笑	海拔500~1500米林中	常绿乔木				✓
乐昌含笑	喜温暖湿润气候	常绿乔木				
紫花含笑	海拔300~1000米的山谷密林中	常绿乔木				
含笑花	生于阴坡杂木林中	常绿灌木				✓
乐东拟单性木兰	海拔700~1400米的温湿常绿阔叶林中	常绿乔木				✓
柳叶蜡梅	生于狭长沟地阳坡路旁及林缘	常绿灌木				✓
山杜英	海拔1000米以下之山地杂木林中	常绿乔木				
猴欢喜	海拔700~1000米的常绿林中	常绿乔木				
椴树	散生于阔叶林内	落叶乔木				
密花梭罗	海拔280米的村边杂木林中和林缘	落叶乔木				
中华猕猴桃	林缘、溪旁、路边潮湿地带	落叶藤本				✓
浙江红山茶	海拔500~1000米的山地林中或林缘	常绿乔木				
山茶	阔叶树林内	常绿乔木				
红淡比	海拔200~1200米的山地、沟谷林中或山坡沟谷溪边灌丛	常绿乔木				
天目紫茎	海拔900~1500米的山地杂木林中	落叶乔木				
紫茎	海拔600~1900米常绿阔叶林或常绿落叶阔叶混交林林中或林缘	落叶乔木				✓
厚皮香	海拔200~1400米的山地林中、林缘路边或近山顶疏林中	常绿乔木				
小果石笔木	散生于海拔500米左右常绿阔叶林中	常绿乔木				
山拐枣	海拔400~1500米的山坡、山脚常绿阔叶混交林和落叶阔叶混交林中	落叶乔木	✓			✓
紫薇	生于山地林中、林缘及溪旁	落叶灌木				
南紫薇	生于山地林中、林缘及溪旁	落叶乔木				
喜树	海拔1000米以下的林边溪旁	落叶乔木	✓			✓
蓝果树	生于山谷、山坡的常绿阔叶林内	落叶乔木				
赤楠	生于低山疏林或灌丛	常绿灌木				
轮叶蒲桃	生于杂木林下	常绿灌木				
刺楸	生于山地疏林中	落叶乔木	✓			
光皮梾木	海拔130~1130米的森林中	落叶乔木				
云锦杜鹃	生于海拔1000米地带山区林中	常绿灌木				✓

（续）

种名	分布生境	生活型	A	B	C	D	种名	分布生境	生活型	A	B	C	D
山蜡梅	海拔 300~2900 米的山地疏林中及石灰岩山地	常绿灌木				✓	江西杜鹃	生于海拔 1100 米的山坡	常绿灌木				✓
樟	广布于中亚热带常绿阔叶林中	常绿乔木					黄山杜鹃	海拔 750~1700 米的林缘、绝壁上以及山谷旁或密林中	常绿灌木				✓
香桂	海拔 400~2500 米山坡和山谷常绿阔叶林中	常绿乔木					毛果杜鹃	海拔 300~1400 米的丘陵地带	半常绿灌木				
阴香	疏林、密林、灌丛或溪边路旁	常绿乔木					九管血	海拔 270~1150 米的山谷、山坡林下阴湿处	常绿灌木				
天竺桂	海拔 300~1000 米的常绿阔叶林内	常绿乔木					粉叶柿	生长于山坡、山谷混交疏林、密林中，或在山谷涧畔	落叶乔木				
豹皮樟	海拔 900 米以下的山地杂木林中或林缘及旷野、沟边	常绿乔木					君迁子	海拔 500~2300 米左右的山地、山坡、山谷的灌丛中，或在林缘	落叶乔木				
黑壳楠	海拔 1600~2000 米的阴湿常绿阔叶林山坡和谷地中	常绿乔木					银钟花	间断星散分布在海拔 300 米以上山顶瘠薄、空气湿度大的坡地林窗中	落叶乔木				✓
红楠	亚热带常绿阔叶林内	常绿乔木					木犀	生于阔叶林中	常绿乔木				
薄叶润楠	海拔 450~1200 米阴坡谷地混交林中的山地阴湿沟谷	常绿乔木				✓	厚壳树	海拔 100~1700 米丘陵、平原疏林、山坡灌丛及山谷密林中	落叶乔木				
刨花润楠	海拔 800 米以下的丘陵山区、沟谷	常绿乔木					楸	生于阔叶林中	常绿乔木				✓
闽楠	200~1000 米的常绿阔叶林中	常绿乔木				✓	香果树	生于常绿阔叶林中或生于常绿阔叶与落叶阔叶混交林中	落叶乔木			✓	✓
浙江楠	山地阔叶林中	常绿乔木				✓							

注：A 代表单种属植物；B 代表东亚—北美间断分布树种；C 代表孑遗植物；D 代表我国特有植物

（1）单（寡）种属植物占有很大比例，大部分为较原始的种类

单（寡）种属植物是指某科植物中只有一种或极少种属的植物。据统计，赣东北单种属植物共有 18 种（表 3.4），占珍稀濒危树种总数的 11.3%，分别为银杏、水杉、水松、福建柏、侧柏、白豆杉、青钱柳、青檀、连香树、猫儿屎、伯乐树、蛛网萼、杜仲、南酸枣、永瓣藤、山拐枣、喜树、刺楸。从树种起源和生活型看，大部分为较原始的古老属，如银杏、水松、伯乐树、福建柏、白豆杉、青钱柳、连香树、杜仲等，除永瓣藤、蛛网萼、猫儿屎外，大部分为原始乔木树种。此外，寡种属也占有较大比例，其中双花木属、拟单性木兰属、榧属等在赣东北仅 1 种。拟单性木兰属在三清山分布是我国分布的最北界。

（2）东亚—北美间断分布树种分布广泛

间断分布又称不连续分布，是植物地理学中普遍的分布现象，指某一分类群体分布在两个或两个以上彼此隔离的区域，即分布区是分隔的、不连续的。华东地区是东亚—北美间断分布属的集中地，赣东北分布也较为广泛，仅三清山就有 62 属，占华东地区东亚—北美间断分布属总数的 71.3%。据统计（表 3.4），赣东北珍稀濒危树种有东亚—北美间断分布属 17 属，占华东地区东亚—北美间断分布属总数的 20%。从树种分析看，有分布大量且起源古老的类型，如华东黄杉在三清山就有 160 公顷的天然纯林；南方铁杉在武夷山连片分布的面积就达 400 公顷，且平均树龄都在 300 年以上，物种较为古老；其他如榧树、山蜡梅、天目紫茎等均有成片分布的群落出现，而甜槠、苦槠、栲、柯、银钟花等则为赣东北山地优势种。

（3）存在很多古老、原始的孑遗植物

孑遗植物也称活化石植物。该类植物起源久远，在新生代第三纪或更早有广泛的分布而大部分已经因为地质、气候的变化而灭绝，只生存在很小的范围内，这些植物的形状和在化石中发现的植物基本相同，保留了其远古祖先的原始形状，且其近缘类群多已灭绝，因此比较孤立、进化缓慢。赣东北珍稀濒危树种共有孑遗植物 21 种，占总数的 13.46%，代表种有银杏、华东黄杉、水杉、水松、福建柏、竹柏、南方红豆杉、天女木兰、伯乐树、杜仲、瘿椒树、香果树等，其中白豆杉和南方红豆杉是典型的第三纪孑遗种，隶属于裸子植物红豆杉科，在侏罗纪就已经存在，第三纪得到延续和繁衍。另外，被子植物中较原始古老的类群多心皮类的代表木兰科，在赣东北有濒危种天目木兰、黄山木兰、天女花、凹叶厚朴及乐东拟单性木兰的分布。此外，金缕梅科、杜仲科被认为是柔荑花序的原始代表，其中长柄双花木和杜仲也是古老的孑遗种。

（4）我国特有属、特有种较为丰富

关于中国特有属的概念，项目采用吴征镒（1991，1993）的观点，即以中国整体的自然地理区为中心而分布界限不越出国境很多者，均列入中国特有的范畴，相当于属的分布区类型中的中国特有分布类型。据统计，赣东北的中国特有属共 17 属，各属的分布特点如表 3.5 所示，其中的银杏属（*Ginkgo*）、水杉属（*Metasequoia*）、水松属（*Glyptostrobus*）、伯乐树属（*Bretschneidera*）、杜仲属（*Eucommia*）、香果树属（*Emmenopterys*）、瘿椒属（*Tapiscia*）、青钱柳属（*Sarcandra*）、白豆杉属（*Pseudotaxus*）等，均为非常原始的乔木属，并且其中有 11 属为单型属，占赣东北特有属的 64.7%，这些单型属是进化上比较原始和古老的成分。这说明了赣东北特有属的丰富性和古老性。

赣东北珍稀濒危树种特有种也较为丰富，经统计，赣东北共有中国特有种 32 科 46 属 58 种（表 3.6），

表 3.5　赣东北珍稀濒危树种中的中国特有属

科	属	种数	习性	分布区
银杏科	银杏属	1 / 1 / 1	乔木	浙江西部
杉科	水杉属	1 / 1 / 1	乔木	湖北、重庆、湖南三省市交界的局部地区
	水松属	1 / 1 / 1	乔木	华南、西南地区
红豆杉科	白豆杉属	1 / 1 / 1	乔木	浙江南部
胡桃科	青钱柳属	1 / 1 / 1	乔木	长江以南各地
榆科	青檀属	1 / 1 / 1	乔木	东北、华北、西北、中南
木兰科	拟单性木兰属	1 / 1 / 5	乔木	中国热带至中亚热带
蜡梅科	蜡梅属	2 / 3 / 6	灌木	安徽东南部及江西西北部、浙江中南部等山区
伯乐树科	伯乐树属	1 / 1 / 1	乔木	浙江、江西、福建、湖北、湖南、广东、广西、云南等省区
金缕梅科	半枫荷属	1 / 2 / 6	乔木	中国东南部及南部
杜仲科	杜仲属	1 / 1 / 1	乔木	中国西部、西南、南方、中部各地均有
卫矛科	永瓣藤属	1 / 1 / 1	藤本	局限于皖赣接壤狭长地带
省沽油科	瘿椒树属	1 / 1 / 3	乔木	江南各地
山茶科	石笔木属	1 / 2 / 25	乔木	长江以南各地
大风子科	山拐枣属	1 / 1 / 2	乔木	秦岭以南各地
蓝果树科	喜树属	1 / 1 / 1	乔木	长江流域及南方各地
茜草科	香果树属	1 / 1 / 1	乔木	西部、西南、南方、中部各地均有分布

说明：种数是指本地珍稀濒危树种数 / 本地分布总数 / 我国分布总数。

表 3.6　赣东北珍稀濒危树种中含中国特有种的科及其特有化程度

科名	特有种 / 属	所有种数	特有化程度 %	科 名	特有种 / 属	所有种数	特有化程度 %
（1）银杏科	1/1	1	100	（17）蔷薇科	1/3	3	33.3
（2）松科	2/2	2	100	（18）豆科	2/6	6	33.3
（3）杉科	3/3	3	100	（19）楝科	2/1	2	100
（4）柏科	3/3	3	100	（20）大戟科	1/1	1	100
（5）三尖杉科	2/1	3	66.7	（21）漆树科	1/2	2	50
（6）红豆杉科	3/3	4	75	（22）卫矛科	1/1	1	100
（7）胡桃科	1/3	3	33.3	（23）省沽油科	1/2	2	50
（8）桦木科	1/1	1	100	（24）槭树科	2/1	5	40
（9）壳斗科	2/6	19	10.5	（25）猕猴桃科	1/1	1	100
（10）榆科	4/4	8	50	（26）山茶科	1/5	8	12.5
（11）木兰科	8/5	17	47.1	（27）大风子科	1/1	1	100
（12）蜡梅科	2/1	2	100	（28）蓝果树科	1/2	2	50
（13）樟科	3/6	15	20	（29）杜鹃花科	3/1	4	75
（14）伯乐树科	1/1	1	100	（30）安息香科	1/1	1	100
（15）金缕梅科	1/4	5	20	（31）紫葳科	1/1	1	100
（16）杜仲科	1/1	1	100	（32）茜草科	1/1	1	100

占赣东北珍稀濒危树种总数的 36.5%。

特有化程度是指某一科中特有数量与该科总种数的比例，体现了该科珍稀濒危树种的分化具明显的中国中亚热带特点。从表 3.6 中可以看出，含有中国特有种较多的科有木兰科 8 种、榆科 4 种；特有化程度较高的科有银杏科、松科、杉科、柏科、桦木科、蜡梅科、伯乐树科、杜仲科、楝科、大戟科、卫矛科、猕猴桃科、大风子科、安息香科、紫葳科和茜草科，均为 100%。

3.4 珍稀濒危树种生活型

赣东北珍稀濒危树种按其生活类型的不同可分为常绿乔木、落叶乔木、灌木和藤本 4 种类型，其中常绿乔木 71 种，占总数的 44.7%，代表种有华东黄杉、南方铁杉、水松、侧柏、白豆杉、少叶黄杞、苦槠、柯、青冈、水丝梨、冬青等；落叶乔木 67 种，占总数的 42.1%，代表种有银杏、野核桃、锥栗、杭州榆、榉树、鹅掌楸、香椿、樱桃、杜仲、伯乐树、檫木、楸等；灌木有 18 种，占总数的 11.3%，代表种有草珊瑚、猫儿屎、山蜡梅、蛛网萼、长柄双花木、铁冬青、枸骨、省沽油、赤楠等；藤本仅 3 种，即永瓣藤、中华猕猴桃、紫藤，占总数的 1.9%。

3.5 珍稀濒危树种分布生境特点

通过对赣东北珍稀濒危树种分布生境（表 3.4）的分析，将其特点归纳为以下五点。

（1）分布于山坡谷地，多喜温暖湿润、土壤富含腐殖质的林地环境，生态适应性较差。如天竺桂、阴香、鹅掌楸、乳源木莲、乐东拟单性木兰、山拐枣、薄叶润楠等。

（2）分布于沟壑杂木林地，生长在海拔 700~800 米以上空气湿润荫蔽的山沟、河溪两旁的杂木林地。如香果树、瘿椒树、薄叶润楠、野核桃、红豆杉、椴树等。

（3）生于林下荫蔽的环境中，喜湿润耐阴、怕风、不耐直射光照，常生长在天然林灌下或灌丛中。如九管血、草珊瑚、蛛网萼、永瓣藤、猫儿屎、天女木兰等。

（4）生于半阳陡峭岩缝、石缝之中。如青檀、银钟花、黄山木兰、黄杨、厚皮香、粗榧、黄山杜鹃、南方铁杉、猴欢喜等。

（5）生境条件要求不严，个体数量较多，自然繁殖力较强，分布面较广的种类。如栲、青冈、锥栗、糙叶树、柯、白栎等。

3.6 珍稀濒危树种各调查单元树种分布与特征

3.6.1 各调查单元珍稀濒危树种分布概况

赣东北珍稀濒危树种调查单元的划分以县一级行政区划为主，具体包括信州区、上饶县、广丰区、玉山县、德兴市、婺源县、鄱阳县、余干县、万年县、弋阳县、横峰县、铅山县和三清山风景名胜区管委会。武夷山国家级自然保护区单独设立一调查单元，赣东北共划分 14 个分布区。

根据各分布区以往资源普查成果资料及本项目调查成果，确立各分布区珍稀濒危树种分布种类（附录十一）。经统计，信州区共有 51 种，其中野生分布 19 种，代表种有樟、苦槠、栲、青冈、糙叶树等；上饶县共有 118 种，其中野生分布 103 种，代表种有南方铁杉、水松、三尖杉、南方红豆杉、野核桃、山茶、蛛网萼、银钟花、黄山木兰、椴树等；广丰区共有 113 种，其中野生分布 103 种，代表种有伯乐树、柳杉、少叶黄杞、水青冈、香果树、长序榆、深山含笑、柳叶蜡梅、半枫荷、毛红椿等；玉山县共有 86 种，其中野生分布 66 种，代表种有榧树、山拐枣、山蜡梅、铁冬青等；德兴市共有 105 种，其中野生分布 91 种，代表种有栓皮栎、竹柏、麻栎、楸、鹅掌楸、乳源木莲、永瓣藤、闽楠、浙江楠、椴树、山蜡梅、厚皮香、华杜英等；婺源县共有 120 种，其中野生分布 111 种，代表种有闽楠、密花梭罗、光皮梾木、天女木兰、花榈木、栓皮栎、亮叶桦、赤皮青冈、兴山榆、南紫薇、榧树等；鄱阳县共有 56 种，其中野生分布 34 种，代表种有木犀、玉兰、紫藤、檫木、榔榆、苦槠、栲、紫荆等；余干县共有 34 种，其中野生分布 10 种，代表种有樟、苦槠、青冈、白栎、黄檀等；万年县共有 48 种，其中野生分布 18 种，代表种有樟、黄檀、苦槠、花榈木、黄连木、枸骨等；弋阳县共有 61 种，其中野生分布 42 种，代表种有水松、竹柏、木姜叶柯、苦槠、杜英、黄檀、小果石笔木等；横峰县共有 50 种，其中野生分布 29 种，代表种有重阳木、闽楠、木姜叶柯、樟等；铅山县共有 97 种，其中野生分布 87 种，代表种有青钱柳、毛红椿、鹅掌楸、水松、伯乐树、香椿、榧树等；三清山共有 119 种，其中野生分布 109 种，代表种有华东黄杉、福建柏、天女木兰、黄山花楸、长柄双花木、白豆杉、黄山杜鹃、水丝梨、香果树、乐东拟单性木兰、榉树、浙江红山茶、粗榧等；武夷山自然保护区共有 139 种，其中野生分布 129 种，代表种有南方铁杉、柳杉、瘿椒树、伯乐树、亮叶水青冈、江西杜鹃、黄杨、天女木兰、粉叶柿、青檀、连香树、紫玉兰、香槐、厚朴、东方古柯等。各调查单元树种分布数量统计见表 3.7。

3.6.2 珍稀濒危树种的分布特征

根据树种在赣东北境内的分布区数量，将珍稀濒危树种的分布划分为三个类型。

（1）广布型

广布型（分布区大于等于 9 个单元）的树种共有 43 种，占 27.0%。广布型树种数量多、分布广泛，常见于温性针阔混交林、暖性针阔混交林、落叶阔叶林、常绿落叶阔叶混交林、常绿阔叶林，这也是赣东北最为常见的 5 种基本森林类型。生境内土层肥厚、气候湿润、森林结构合理，适合大多数树种生长。其中壳斗科、木兰科、樟科是这些森林类型的重要组成部分，伴生树种常见的有枫香、拟赤杨、马尾松、杉木、毛竹、化香、木荷等。主要代表种有锥栗、苦槠、米槠、甜槠、栲、钩锥柯、木姜叶柯、玉兰、乳源木莲、黄山木莲、樟、豹皮樟、红楠、薄叶润楠、刨花润楠、紫楠、檫木等。

（2）区域型

区域型（分布区于 4~8 个单元内，对生境有一定的要求）的树种共有 54 种，占 40.3%。代表种有福建柏、大叶榉树、黄山木兰、木莲、黑壳楠、花榈木、厚皮香等。

表 3.7 各分布区珍稀濒危树种统计

分布区	种数 ※	代表种
(1) 信州区	32/19/51	樟、苦槠、栲、青冈、糙叶树等
(2) 上饶县	15/103/118	南方铁杉、水松、三尖杉、南方红豆杉、野核桃、山茶、蛛网萼、银钟花、黄山木兰、椴树等
(3) 广丰区	10/103/113	伯乐树、柳杉、少叶黄杞、水青冈、香果树、长序榆、深山含笑、柳叶蜡梅、半枫荷、毛红椿等
(4) 玉山县	20/66/86	香榧、山拐枣、山蜡梅、铁冬青等
(5) 德兴市	14/91/105	栓皮栎、竹柏、麻栎、楸、鹅掌楸、乳源木莲、永瓣藤、闽楠、浙江楠、椴树、山蜡梅、厚皮香、华杜英等
(6) 婺源县	9/111/120	闽楠、密花梭罗、光皮梾木、天女木兰、花榈木、栓皮栎、亮叶桦、赤皮青冈、兴山榆、南紫薇、香榧、玉兰等
(7) 鄱阳县	22/34/56	木犀、玉兰、紫藤、檫木、榔榆、苦槠、栲、紫荆等
(8) 余干县	24/10/34	樟、苦槠、青冈、白栎、黄檀等
(9) 万年县	30/18/48	樟、黄檀、苦槠、花榈木、黄连木、枸骨等
(10) 弋阳县	19/42/61	水松、竹柏、木姜叶柯、苦槠、杜英、黄檀、小果石笔木等
(11) 横峰县	21/29/50	重阳木、闽楠、木姜叶柯、樟等
(12) 铅山县	10/87/97	青钱柳、毛红椿、鹅掌楸、水松、伯乐树、香椿、榧树等
(13) 三清山	10/109/119	华东黄杉、福建柏、天女木兰、黄山花楸、长柄双花木、白豆杉、黄山杜鹃、水丝梨、香果树、乐东拟单性木兰、榉树、浙江红山茶、粗榧等
(14) 武夷山	10/129/139	南方铁杉、柳杉、瘿椒树、伯乐树、亮叶水青冈、江西杜鹃、黄杨、天女木兰、粉叶柿、青檀、连香树、紫玉兰、香槐、厚朴、东方古柯、浙江红山茶等

※ 代表该分布区的栽培种数 / 野生种数 / 总种数。

(3) 局域型

局域型(分布区少于 4 个单元，生境特殊)的树种共有 49 种，占 30.8%。代表种有华东黄杉、水松、白豆杉、红豆杉、赤皮青冈、乐东拟单性木兰、长序榆、蛛网萼、长柄双花木、黄山花楸、东方古柯、永瓣藤、瘿椒树、楸等。

该类型的珍稀濒危树种因为对生境要求严格、自身更新困难和生境的破坏等原因，导致其数量稀少，分布点也少，有的仅有 1 处或 2~3 处，多数为稀有的濒危树种。如华东黄杉为华东地区特有种，第三纪孑遗植物，喜温暖湿润气候，土壤为红壤与山地黄壤，幼树需耐阴，一般 15 年开花结果，由于长期采伐利用，加以种子可孕率极低、更新能力弱，林木日益减少，资源成濒危状态，赣东北仅三清山有分布；白豆杉为雌雄异株，生于林下的雌株往往不能正常授粉，天然更新困难，加之植被破坏、生境恶化，导致分布区逐渐缩小，资源日趋枯竭，植株仅在三清山发现有极其稀少的分布；长序榆果实的传播距离不如其他榆树，而且又必须在全光照条件下才能正常更新，因此，虽然其结实量大，种子的发芽率也很高，但在天然更新中，其竞争能力远不如那些稍耐阴的常绿阔叶树种，这是长序榆在产地内个体较少、分布狭窄处于濒危状态的主要原因；鹅掌楸是我国特有的珍稀孑遗植物，为异花授粉种类，有孤生殖现象，雌蕊往往在含苞欲放时即已成熟，开花时，柱头已枯黄，失去授粉能力，在未受精的情况下，雌蕊虽能继续发育，但种子生命弱，发芽率很低，成为濒危树种之一。

3.7 珍稀濒危树种价值用途的多样性

珍稀濒危树种价值用途很广，有的树种用材十分珍贵；有的树种叶会随季节变换色彩，具有丰富森林景观色彩的作用；有的还具有药用和食用价值；有的又具有防护和生态环保功能等。根据功能用途，将赣东北珍稀濒危树种划分为用材林、经济林、防护林、环境保护林与观赏林五大类（附录十二），各类型树种统计见表 3.8。

表 3.8　赣东北各价值用途类型树种统计

类　型		科数	属数	种数	代表种
用 材 林		42	76	129	银杏、水杉、水松、南方红豆杉、亮叶桦、赤皮青冈、麻栎、栓皮栎、青檀、榉树、皂荚、苦槠、青冈、柯、樟、小叶青冈、闽楠、浙江楠、黄檀、花榈木、毛红椿、椴树、刺楸、香果树
经济林	食用油料林	11	14	18	竹柏、榧树、野核桃、麻栎、杭州榆、猫儿屎、重阳木、省沽油、浙江红山茶、山茶、紫茎、天目紫茎、小果石笔木、光皮桤木
	果用林	13	14	17	银杏、南方红豆杉、红豆杉、榧树、野核桃、锥栗、樱桃、南酸枣、无患子、杜英、中华猕猴桃、蓝果树、赤楠、粉叶柿
	工业原料林	27	43	60	南方铁杉、柏木、福建柏、竹柏、三尖杉、青钱柳、少叶黄杞、玉兰、厚朴、凹叶厚朴、樟、香桂、黑壳楠、薄叶润楠、无患子、杜英、喜树、杜仲、皂荚、光皮梾木、君迁子、香果树
	药材林	50	78	109	南方红豆杉、红豆杉、三尖杉、草珊瑚、青钱柳、木姜叶柯、玉兰、紫玉兰、黄山木兰、厚朴、凹叶厚朴、柳叶蜡梅、山蜡梅、半枫荷、杜仲、东方古柯、九管血、花榈木、南酸枣、连香树、木莲、紫花含笑、伯乐树、喜树、云锦杜鹃、厚壳树
	其他经济林	26	42	68	木姜叶柯、青钱柳、柳叶蜡梅、山蜡梅、东方古柯、香椿、木犀、玉兰、黄檀、糙叶树、青檀、长序榆、栲、蕈树
防 护 林		15	23	40	银杏、水杉、水松、榉树、紫楠、皂荚、苦槠、华杜英、重阳木、铁冬青、青冈、樟、小叶青冈、蕈树、无患子、福建柏
环境保护林		20	29	42	银杏、水杉、竹柏、南方红豆杉、玉兰、鹅掌楸、厚皮香、木犀、紫薇、山杜英、甜槠、糙叶树、榉树、黑壳楠、椤木石楠、紫荆、皂荚、重阳木、无患子、紫藤、阴香、天竺桂、白栎
观赏林	观花树种	28	43	63	鹅掌楸、黄山木兰、天目木兰、玉兰、紫玉兰、凹叶厚朴、天女木兰、乳源木莲、深山含笑、紫花含笑、蛛网萼、黄山花楸、江西杜鹃、黄山杜鹃、紫藤、香槐、紫荆、檫木、伯乐树、紫薇、天目紫茎、密花梭罗、刺楸、银钟花、永瓣藤、香果树
	观果树种	33	43	64	银杏、罗汉松、南方红豆杉、白豆杉、草珊瑚、青钱柳、红楠、猫儿屎、黄山花楸、花榈木、东方古柯、铁冬青、冬青、省沽油、三角槭、杜英、猴欢喜、瘿椒树、青皮树、银钟花、九管血、楸
	观叶树种	23	32	43	银杏、福建柏、白豆杉、白栎、槲栎、鹅掌楸、凹叶厚朴、闽楠、红楠、刨花楠、半枫荷、三角槭、鸡爪槭、杜英、山杜英、华杜英、青檀、刺楸、榉树、厚皮香、小果石笔木、黄连木、重阳木、蓝果树、枸骨、粉叶柿、厚壳树、楸、香果树
	观形树种	45	78	123	华东黄杉、南方铁杉、闽楠、刨花楠、红楠、赤楠、福建柏、亮叶桦、伯乐树、厚皮香、黄连木、榉树、蓝果树、杜英、小叶青冈、米槠、香果树、草珊瑚、连香树、黄山木兰、豹皮樟、光皮梾木、榔瑜、紫薇、南紫薇、紫茎、天目紫茎、花榈木

3.7.1 用材林

用材林是以生产木材为主要目的的林种，可分为一般用材林和专用用材林两种。前者指培育大径通用材种（主要是锯材）为主的森林；后者指专门培育某一材种的用材林，包括坑木林、纤维造纸林、胶合板材林等。赣东北珍稀濒危树种用材林种类多、数量大、分布普遍、材质好、用途广。经统计，共有42 科 76 属 129 种，占赣东北珍稀濒危树种总数的 81.1%，其中一般用材林主要代表种有银杏、水杉、亮叶桦、赤皮青冈、麻栎、榉树、皂荚、苦槠、青冈、樟、闽楠、浙江楠、黄檀、花榈木、毛红椿、椴树、刺楸、香果树等；专用用材林代表种有供制造国内外书画宣纸优质原料的青檀，根部木质可做救生圈、瓶塞等软木用具的水松、栓皮栎，可做胶合板的竹柏，可做水土工程优良用材的南方红豆杉，可作为造纸及纤维原料的青钱柳，可用作枕木的锥栗、柯、小叶青冈，适宜木雕、乐器及工艺美术品的黄杨，可做牛鼻栓的枸骨，可做栽培香菇的良好段木的杜英、栲等。

3.7.2 经济林

经济林是以生产除木材以外的果品、食用油料、工业原料和药材等林产品为主要目的的森林。根据用途，划分赣东北珍稀濒危树种为食用油料林、果用林、工业原料林、药材林和其他经济林五类。经统计，食用油料林共有 11 科 14 属 18 种，占赣东北珍稀濒危树种总数的 11.3%，主要代表种有竹柏、榧树、野核桃、麻栎、杭州榆、猫儿屎、重阳木、省沽油、浙江红山茶、山茶、紫茎、天目紫茎、小果石笔木、光皮梾木等；果用林共有 13 科 14 属 17 种，占赣东北珍稀濒危树种总数的 10.7%，主要代表种有银杏、南方红豆杉、红豆杉、榧树、野核桃、锥栗、樱桃、南酸枣、无患子、杜英、中华猕猴桃、蓝果树、赤楠、粉叶柿等；工业原料林共有 27 科 43 属 60 种，占赣东北珍稀濒危树种总数的 37.8%，主要代表种有南方铁杉、柏木、福建柏、竹柏、三尖杉、青钱柳、少叶黄杞、玉兰、厚朴、凹叶厚朴、樟、香桂、黑壳楠、薄叶润楠、无患子、杜英、喜树、杜仲、皂荚、光皮梾木、君迁子、香果树等；药材林共有 50 科 78 属 109 种，占赣东北珍稀濒危树种总数的 68.6%，主要代表种有南方红豆杉、红豆杉、三尖杉、草珊瑚、青钱柳、木姜叶柯、玉兰、紫玉兰、黄山木兰、厚朴、凹叶厚朴、柳叶蜡梅、山蜡梅、半枫荷、杜仲、东方古柯、九管血、花榈木、南酸枣、连香树、木莲、紫花含笑、伯乐树、喜树、云锦杜鹃、厚壳树等；其他经济价值的珍稀濒危树种共有 26 科 42 属 68 种，占赣东北总数的 42.8%，代表种有以用叶制茶和饮品为主要目的的木姜叶柯、青钱柳、柳叶蜡梅、山蜡梅、东方古柯，以用芽为目的的香椿（取食嫩芽），以用花为目的的木犀（花作糖槽，供食品工业用）、玉兰（花做食材烹制美食）、黄檀（花可吸引蜂蝶，也可放紫胶虫），还有糙叶树叶可作马饲料，干叶面可供铜、锡等摩擦用，枝皮纤维供人造棉、绳索用，长序榆树皮纤维可作绳索、麻袋，栲及蕈树枝干、木屑可培养香菇等。

3.7.3 防护林

防护林是指以防御自然灾害、维护基本设施、保护生产、改善环境和维护生态平衡等为目的的主要林种。一般包括水源涵养林、水土保护林、防风林、防火林、防止水害林、风景防护林等。赣东北共计15科23属40种，占珍稀濒危树种总数的25.2%，代表种有银杏、水杉、水松、榉树、紫楠、皂荚、苦槠、华杜英、重阳木、铁冬青、青冈、樟、小叶青冈、蕈树、无患子、福建柏等。

3.7.4 环境保护林

该类型的林木以净化空气、防止污染、降低噪音、改善环境为主要目的。赣东北共有 20 科 29 属 42 种，占珍稀濒危树种总数的 26.4%，主要代表种有银杏、水杉、竹柏、南方红豆杉、玉兰、鹅掌楸、厚皮香、木犀、紫薇、山杜英、甜槠、糙叶树、榉树、黑壳楠、椤木石楠、紫荆、皂荚、重阳木、无患子、紫藤、阴香、天竺桂、白栎等。

3.7.5 观赏林

观赏林是专门培植用来供观赏的植物，一般都有美丽的花或形态比较奇异的果、叶和树形。赣东北的观赏植物非常丰富，经统计，仅珍稀濒危树种就有 46 科 87 属 145 种，占赣东北珍稀濒危树种总数的 91.2%，除极少数树种外，均具有较高的观赏价值。根据观赏部位与观赏价值，将其划分为观花树种、观果树种、观叶树种、观形树种四大类。

（1）观花树种

花部器官具有鲜艳的花色或有特殊的花型，以其为观赏价值的树种归入观花树种。赣东北共有 28 科 43 属 63 种，占珍稀濒危树种总数的 39.6%。较为典型的有鹅掌楸、黄山木兰、天目木兰、玉兰、紫玉兰、凹叶厚朴、天女木兰、乳源木莲、深山含笑、紫花含笑、蛛网萼、黄山花楸、江西杜鹃、黄山杜鹃、紫藤、香槐、紫荆、檫木、伯乐树、紫薇、天目紫茎、密花梭罗、刺楸、银钟花、永瓣藤、香果树等。

（2）观果树种

该类树种具有鲜艳的果实或独特的果型，并且一般挂果时间较长。部分树种观赏的是种子，如南方红豆杉、花榈木等也列入此类。赣东北共有 33 科 43 属 64 种，占珍稀濒危树种总数的 40.3%，代表种有银杏、罗汉松、南方红豆杉、白豆杉、草珊瑚、青钱柳、红楠、猫儿屎、黄山花楸、花榈木、东方古柯、铁冬青、冬青、省沽油、三角槭、杜英、猴欢喜、瘿椒树、青皮树、银钟花、九管血、楸等。

（3）观叶树种

观叶树种一般指叶形特殊，生长期中部分或全部呈现绿色以外颜色的植物，也有少量叶色特别光亮的植物。赣东北此类树种共有 23 科 32 属 43 种，占珍稀濒危树种总数的 27.0%，代表种有银杏、福建柏、白豆杉、白栎、槲栎、鹅掌楸、凹叶厚朴、闽楠、红楠、刨花楠、半枫荷、三角槭、鸡爪槭、杜英、山杜英、华杜英、青檀、刺楸、榉树、厚皮香、小果石笔木、黄连木、重阳木、蓝果树、枸骨、粉叶柿、厚壳树、楸、香果树等。

（4）观形树种

此类树种一般指株形优美、树干奇特的种类。赣东北共有 45 科 78 属 123 种，占珍稀濒危树种总数的 77.4%。观株形树种代表种有华东黄杉、南方铁杉、闽楠、刨花楠、红楠、赤楠、福建柏、亮叶桦、伯乐树、厚皮香、黄连木、榉树、蓝果树、杜英、小叶青冈、米槠、香果树、草珊瑚、连香树、黄山木兰、豹皮樟、光皮梾木、榔瑜、紫薇、南紫薇、紫茎、天目紫茎、花榈木；观干树种代表种有豹皮樟、光皮梾木、榔瑜、紫薇、南紫薇、紫茎、天目紫茎、花榈木等。

第四章 赣东北珍稀濒危树种资源评价

4.1 珍稀濒危树种资源利用潜力与重点开发综合评价

影响野生植物资源利用前景的因素很多，因此要客观地判断其经济价值的重要性与利用潜力，就不是某一指标所能概括的，而要有一个综合的评价。根据野外实地调查，并参考相关资料及其他专家学者对野生植物资源的评价体系，结合对本次调查发现的 159 种珍稀濒危树种的了解，最终确定生境、分布、价值用途、技术程度、利用现状 5 项作为赣东北珍稀濒危树种资源的评价指标，然后，各项指标分成 3 个等级分（表 4.1），每个树种在 5 个指标中的等级分相加，作为赣东北珍稀濒危树种利用潜力与重点开发的总估计值（表 4.2）。总估计值越大，说明利用潜力越大，可优先重点开发。

树种利用潜力与重点开发综合评价分类标准见表 4.3。第一类珍稀濒危树种利用潜力与重点开发综合评价得分为各项总分之和的 60%以下（≤ 9），对于该类目前利用潜力不大的树种资源，应该以保存种质为主，以免资源的消失。该类植物共有 23 科 30 属 35 种(附录十三)，分别占赣东北珍稀濒危树种资源科、属、种的 43.4%、30.9%、22.0%。主要代表种有华东黄杉、南方铁杉、白豆杉、红豆杉、水丝梨、水青冈、山茶、红淡比、半枫荷、樱桃、天目木兰、紫花含笑等。

表 4.1　评价指标划分等级标准

评价指标	等级划分	等级标准
生境	1	生态幅度极窄，对生境要求严格
	2	生态幅度较宽，对生境有一定要求
	3	生态幅度宽，对生境无甚要求
分布	1	分布单元少于4个或数量稀少
	2	分布单元4~8个或数量较多
	3	分布单元9个以上或数量多
价值用途	1	价值用途少于3项且无特殊重要价值用途
	2	价值用途3~5项，或具有1项以上主要价值用途
	3	价值用途6项以上，或具有1项以上重要价值用途
技术程度	1	无技术或技术探索之中
	2	技术不成熟，还有待研究
	3	技术成熟
利用现状	1	各种价值用途大量被利用
	2	利用较多，但仍有重要价值开发潜力
	3	开发利用初期，以试验研究为主

表 4.2 赣东北珍稀濒危树种利用潜力与重点开发综合评价得分一览表

序号	种名	评价因素等级打分					总估计计值
		生境	分布	价值用途	技术程度	利用现状	
1	银杏	2	3	2	2	2	11
2	华东黄杉	1	2	2	1	3	9
3	南方铁杉	1	2	2	1	3	9
4	柳杉	2	2	2	2	3	11
5	水杉	2	3	2	3	1	11
6	水松	3	2	3	2	3	13
7	柏木	2	2	2	2	3	11
8	福建柏	2	1	3	2	3	11
9	侧柏	3	2	2	2	2	11
10	罗汉松	3	2	2	2	2	11
11	竹柏	2	2	2	2	2	10
12	三尖杉	2	2	2	1	3	10
13	粗榧	2	1	2	1	3	9
14	白豆杉	1	1	2	1	3	8
15	南方红豆杉	2	3	3	2	2	12
16	红豆杉	1	1	3	1	3	9
17	榧树	2	2	2	2	2	10
18	草珊瑚	2	3	2	2	3	12
19	青钱柳	2	2	3	2	2	11
20	少叶黄杞	2	1	2	2	3	10
21	野核桃	2	1	2	1	3	9
22	亮叶桦	3	2	3	1	3	12
23	锥栗	3	2	3	1	3	12
24	苦槠	3	3	3	1	3	13
25	米槠	3	3	3	1	3	13
26	甜槠	3	3	3	1	3	13
27	栲	3	3	2	1	3	12
28	毛锥	3	2	2	1	3	11
29	钩锥	2	3	2	1	3	10
30	赤皮青冈	3	2	3	2	3	13
31	青冈	3	3	3	2	3	14
32	大叶青冈	2	1	3	1	3	10
33	小叶青冈	3	3	3	1	3	13
34	水青冈	2	1	2	1	3	9
35	光叶水青冈	2	1	2	1	3	9
36	柯	3	3	3	1	3	13
37	木姜叶柯	3	3	3	1	3	13
38	麻栎	2	1	3	1	3	10
39	栓皮栎	2	1	3	1	3	10
40	白栎	3	3	3	1	3	13

序号	种名	评价因素等级打分					总估计计值
		生境	分布	价值用途	技术程度	利用现状	
41	槲栎	3	1	2	1	3	10
42	糙叶树	3	3	2	1	3	12
43	青檀	2	1	3	1	3	10
44	杭州榆	3	1	2	1	3	10
45	兴山榆	3	1	2	1	3	10
46	长序榆	2	1	2	1	3	9
47	榔榆	3	2	2	1	3	11
48	大叶榉树	3	2	3	2	2	12
49	榉树	3	2	3	2	2	12
50	青皮木	2	1	1	1	3	8
51	连香树	2	1	3	1	3	10
52	猫儿屎	2	1	1	1	3	8
53	鹅掌楸	2	3	3	2	2	12
54	黄山木兰	2	2	2	1	3	10
55	天目木兰	2	1	2	1	3	9
56	玉兰	3	2	3	2	1	11
57	紫玉兰	3	1	3	2	1	10
58	凹叶厚朴	3	2	3	2	2	12
59	厚朴	3	2	3	2	2	12
60	天女木兰	2	1	3	1	3	10
61	乳源木莲	3	3	2	2	3	13
62	木莲	3	1	2	1	3	10
63	深山含笑	3	1	2	2	2	10
64	乐昌含笑	3	1	2	2	2	10
65	紫花含笑	2	1	2	1	3	9
66	含笑花	3	2	2	2	2	11
67	乐东拟单性木兰	2	1	3	1	3	10
68	柳叶蜡梅	3	3	2	2	2	12
69	山蜡梅	3	3	2	2	2	12
70	樟	3	3	3	2	2	13
71	香桂	3	2	2	1	3	11
72	阴香	2	2	2	1	3	10
73	天竺桂	2	1	2	1	3	9
74	豹皮樟	3	3	2	1	3	12
75	黑壳楠	3	2	2	1	3	11
76	红楠	3	3	3	1	3	13
77	薄叶润楠	2	2	2	1	3	10
78	刨花润楠	2	3	3	2	2	12
79	闽楠	2	3	3	2	3	13
80	浙江楠	2	2	2	2	2	10

（续）

序号	种名	评价因素等级打分					总估计计值
		生境	分布	价值用途	技术程度	利用现状	
81	湘楠	2	1	1	1	3	8
82	白楠	2	1	1	1	3	8
83	紫楠	2	3	2	1	3	11
84	檫木	3	3	2	2	2	12
85	伯乐树	3	2	3	2	3	13
86	蛛网萼	1	2	2	1	3	9
87	蕈树	3	1	2	1	3	10
88	细柄蕈树	3	1	2	1	3	10
89	长柄双花木	2	1	2	1	3	9
90	半枫荷	2	1	2	1	3	9
91	水丝梨	1	2	1	1	3	8
92	杜仲	3	2	3	2	2	12
93	樱桃	2	2	1	1	3	9
94	椤木石楠	3	2	2	1	3	11
95	黄山花楸	1	1	3	1	3	9
96	紫荆	3	1	2	2	2	10
97	香槐	2	1	2	1	3	9
98	黄檀	2	3	3	1	3	12
99	皂荚	3	1	2	1	3	10
100	花榈木	2	3	3	1	3	13
101	紫藤	3	2	3	1	3	12
102	东方古柯	2	1	1	1	3	8
103	毛红椿	3	1	2	1	3	10
104	香椿	3	3	3	2	2	13
105	重阳木	3	2	2	2	3	12
106	黄杨	3	1	2	3	2	11
107	南酸枣	3	3	2	2	2	12
108	黄连木	3	3	2	1	3	12
109	铁冬青	3	2	3	2	2	12
110	冬青	3	2	3	2	2	12
111	枸骨	3	2	2	2	2	11
112	大叶冬青	2	1	2	1	3	9
113	永瓣藤	1	1	2	1	3	8
114	瘿椒树	2	1	2	1	3	9
115	省沽油	3	1	3	1	3	11
116	三角槭	3	1	3	2	3	13
117	樟叶槭	3	1	2	1	3	10
118	色木槭	3	1	2	1	3	10
119	五裂槭	3	1	2	1	3	10
120	鸡爪槭	3	1	2	2	2	10
121	无患子	3	1	2	2	2	10
122	杜英	3	2	3	2	1	11
123	中华杜英	3	1	3	1	3	11
124	褐毛杜英	3	1	3	1	3	11
125	秃瓣杜英	3	1	3	2	2	11
126	日本杜英	3	1	3	1	3	11
127	山杜英	3	1	3	1	3	11
128	猴欢喜	3	2	3	1	3	12
129	椴树	2	1	3	1	3	10
130	密花梭罗	2	1	3	1	3	10
131	中华猕猴桃	2	3	2	2	2	11
132	浙江红山茶	2	3	3	2	2	12
133	山茶	2	1	3	2	1	9
134	红淡比	2	2	1	1	3	9
135	天目紫茎	2	1	3	1	3	10
136	紫茎	2	1	3	1	3	10
137	厚皮香	3	2	3	2	3	13
138	小果石笔木	3	1	2	2	3	11
139	山拐枣	2	1	1	1	3	8
140	紫薇	3	1	3	2	1	10
141	南紫薇	3	1	1	1	3	9
142	喜树	3	2	3	2	2	12
143	蓝果树	3	2	3	2	3	13
144	赤楠	2	2	3	1	3	11
145	轮叶蒲桃	2	2	3	1	3	11
146	刺楸	3	1	3	1	3	11
147	光皮梾木	3	2	3	2	3	13
148	云锦杜鹃	2	2	3	1	3	11
149	江西杜鹃	1	1	2	1	3	8
150	黄山杜鹃	1	1	2	1	3	8
151	毛果杜鹃	1	1	2	1	3	8
152	九管血	2	1	2	1	3	9
153	粉叶柿	3	2	3	1	3	12
154	君迁子	3	1	3	1	3	11
155	银钟花	2	1	3	1	3	10
156	木犀	3	2	3	2	1	11
157	厚壳树	3	1	3	1	3	11
158	楸	2	1	3	1	3	10
159	香果树	2	1	3	1	3	10

表 4.3　价值利用潜力与重点开发综合评价分类标准

等　级	评价分数	保护利用建议
第一类	总估计值为各项总分之和 60% 以下（≤ 9）	综合利用潜力不大，以重点保存种质为主
第二类	总估计值为各项总分之和 60%~80%（9~12）	适当关注，加强研究，发掘价值潜力
第三类	总估计值为各项总分之和 80% 以上（≥ 12）	可重点加强开发利用

第二类珍稀濒危树种综合评价得分在各项总分之和的 60% ~80%（9~12）之间，对于这类树种资源应适当关注，加强研究，发掘其潜在利用价值，做到开发利用与资源保护同步进行。该类树种共有 36 科 53 属 76 种（附录十四），分别占赣东北珍稀濒危树种资源科、属、种的 67.9%、54.6%、47.8%。主要代表种有竹柏、少叶黄杞、大叶青冈、麻栎、黄山木兰、香果树、柏木、福建柏、紫楠、五裂槭、椴树、阴香、薄叶润楠、密花梭罗、青钱柳等。

第三类珍稀濒危树种综合得分为各项总分之和的 80% 以上（≥ 12），对于该类型利用潜力大、重要性高、可为当地经济带来增长的树种资源，可重点加强利用研究。该类树种把它分成第一批可重点开发利用的树种和第二批可重点开发利用的树种，共有 23 科 37 属 48 种（附录十五、附录十六），分别占赣东北珍稀濒危树种资源科、属、种的 43.4%、38.1%、30.2%。主要代表种有水松、苦槠、赤皮青冈、小叶青冈、木姜叶柯、闽楠、伯乐树、白栎、花榈木、厚皮香、蓝果树、光皮梾木等。

4.2 珍稀濒危树种资源受威胁状况与优先保护评价

植物珍贵稀有和受威胁程度是评价其优先保护次序的基础。珍稀濒危植物分为自然因素引起的稀有种和由人类活动产生的稀有种。前者是在历史自然演化过程中，由于它们分布区域或生境局限，产生生物学上的脆弱或不能适应进化的竞争，阻止了它们的发展；后者是因人类活动，直接或间接地改变了它们原来的生境条件，使它们的种群变小成为稀有濒危植物。因而，在进行树种受威胁评价时，就应当考虑树种的分布状况、更新情况、生境条件、自然环境改变、人类活动和植物价值等因素。

任何一个地区的植物资源总评价都必须从最基本的个体种的具体评价开始。项目在大量调查研究的基础上，并参考有关资料，以树种资源总量、分布位置数、吸引度、保护指数、接近度、生境条件变异、栽培利用状况、珍稀濒危级别 8 个指标来构成综合评价的因素。根据这些指标评定，把最后的综合估分总值定名为“珍稀濒危指数”，依据指数的大小来确定受威胁状况和优先保护次序。指数越大，受保护的次序越先。各树种受威胁与优先保护状况评价分类等级标准以及具体评价指标、评分标准和各树种估分总值见表 4.4、表 4.5 和表 4.6。

赣东北珍稀濒危树种资源受威胁与优先保护状况评价第一类树种共有 43 科 63 属 80 种（附录十七），分别占本区域珍稀濒危树种科、属、种的 81.1%、64.9%、50.3%。主要代表种有水松、杜仲、红豆杉、凹叶厚朴、白豆杉、青钱柳、闽楠、浙江楠、长柄双花木、兴山榆等。第二类树种共有 33 科 54 属 79 种（附录十八），分别占本区域珍稀濒危树种科、属、种的 62.3%、55.7%、49.7%。主要代表种有大叶青冈、长序榆、浙江红山茶、厚皮香、云锦杜鹃、银杏、南方铁杉、蓝果树、柳杉、水杉等。无第三类树种，说明赣东北珍稀濒危树种资源受威胁程度均较高，应加强保护。

表 4.4　受威胁与优先保护状况评价分类等级标准

等级	评价分数	保护利用建议
第一类	珍稀濒危指数为各项指标总分之和 3/4 以上（≥ 18）	资源受威胁程度高，应重点加以保护
第二类	珍稀濒危指数为各项指标总分之和在 1/2~3/4（12~18）	资源受威胁程度较高，在利用的同时应合理保护
第三类	珍稀濒危指数为各项指标总分之和在 1/2 以下（≤ 12）	资源受威胁程度低，只需一般性保护

表 4.5　受威胁与优先保护状况评价指标及评分标准

评价指标	等级划分	等级划分标准
树种资源总量	1	总量丰富
	2	总量较多
	3	总量极少
分布位置数	1	分布区数目占总分布区 80% 以上
	2	分布区数目占总分布区 30%~80%
	3	分布区数目占总分布区 30% 以下
吸引度	1	无吸引力
	2	中等程度吸引力
	3	高程度吸引力
保护指数	1	60% 以上受到保护
	2	30%~60% 受到保护
	3	30% 以下受到保护
接近度	1	不易到达和接近
	2	中等程度易到达和接近
	3	容易到达和接近
生境条件变异	1	无变化
	2	中等变化
	3	变化大
栽培利用状况	1	利用较广
	2	试验阶段
	3	自然状态
珍稀濒危级别	1	无任何珍稀保护级别
	2	列入省级珍稀濒危及保护树种名录
	3	列入国家珍稀濒危及同级别相关保护树种名录

表 4.6　赣东北珍稀濒危树种资源受威胁评价指数表

序号	种名	树种资源总量	分布位置数	吸引度	保护指数	接近度	生境条件变异	栽培利用状况	珍稀濒危级别	估分总值
1	银杏	1	1	2	2	3	2	2	3	16
2	华东黄杉	2	3	1	2	2	2	3	3	18
3	南方铁杉	2	3	1	2	1	1	3	3	16
4	柳杉	2	2	1	2	2	2	2	2	15
5	水杉	1	1	1	3	3	2	1	3	15
6	水松	3	3	2	3	3	3	3	3	23
7	柏木	3	2	2	3	2	2	2	3	19

（续）

序号	种名	树种资源总量	分布位置数	吸引度	保护指数	接近度	生境条件变异	栽培利用状况	珍稀濒危级别	估分总值
8	福建柏	3	3	2	2	1	2	3	3	19
9	侧柏	3	2	2	3	2	2	2	1	17
10	罗汉松	3	3	2	3	1	2	2	2	18
11	竹柏	3	3	2	2	2	2	2	3	19
12	三尖杉	3	2	2	2	2	2	3	3	19
13	粗榧	3	3	2	2	1	2	3	3	19
14	白豆杉	3	3	2	2	1	2	3	3	19
15	南方红豆杉	2	1	3	2	3	2	2	3	18
16	红豆杉	3	3	3	2	1	2	3	3	20
17	榧树	3	3	2	2	3	2	2	3	20
18	草珊瑚	2	2	3	3	2	2	2	2	18
19	青钱柳	3	3	3	2	2	2	2	2	19
20	少叶黄杞	3	3	1	2	1	1	3	1	15
21	野核桃	3	3	2	2	1	2	3	2	18
22	亮叶桦	3	3	2	3	1	2	3	2	19
23	锥栗	2	2	3	3	2	2	3	1	18
24	苦槠	1	1	2	2	2	2	3	1	14
25	米槠	1	1	2	2	2	2	3	1	14
26	甜槠	1	1	2	2	2	2	3	1	14
27	栲	1	1	2	2	2	2	3	1	14
28	毛锥	3	3	1	2	2	2	3	1	17
29	钩锥	2	2	1	2	2	2	3	1	15
30	赤皮青冈	3	3	2	2	3	2	2	2	19
31	青冈	1	1	2	2	2	2	3	1	14
32	大叶青冈	3	3	2	2	1	2	3	1	17
33	小叶青冈	1	1	2	2	2	2	3	1	14
34	水青冈	3	3	1	2	1	1	3	1	15
35	光叶水青冈	3	3	1	2	1	1	3	1	15
36	柯	2	1	2	2	2	2	3	1	15
37	木姜叶柯	2	2	3	3	2	2	3	1	18
38	麻栎	3	3	1	2	2	2	3	1	17
39	栓皮栎	3	3	1	2	2	2	3	1	17
40	白栎	2	1	1	3	3	2	3	1	16
41	槲栎	3	3	1	2	2	2	3	1	17

（续）

序号	种名	树种资源总量	分布位置数	吸引度	保护指数	接近度	生境条件变异	栽培利用状况	珍稀濒危级别	估分总值
42	糙叶树	2	1	1	3	3	2	3	1	16
43	青檀	3	3	2	2	2	1	3	3	19
44	杭州榆	3	3	1	2	3	2	3	1	18
45	兴山榆	3	3	1	2	3	2	3	1	18
46	长序榆	3	3	1	2	1	1	3	3	17
47	榔榆	2	3	2	3	2	2	3	1	18
48	大叶榉树	3	3	2	2	3	2	2	3	20
49	榉树	3	3	2	2	3	2	2	3	20
50	青皮木	3	3	1	2	1	1	3	2	16
51	连香树	3	3	1	2	1	2	3	3	18
52	猫儿屎	3	3	1	2	1	1	3	2	16
53	鹅掌楸	3	3	2	2	2	2	2	3	19
54	黄山木兰	3	3	2	2	1	2	3	3	19
55	天目木兰	3	3	2	2	1	2	3	3	19
56	玉兰	3	2	3	2	1	2	1	2	16
57	紫玉兰	3	3	3	2	1	1	2	2	17
58	凹叶厚朴	3	3	3	2	2	2	2	3	20
59	厚朴	3	3	3	2	2	2	2	3	20
60	天女木兰	3	3	3	2	2	2	3	3	21
61	乳源木莲	3	2	2	2	1	2	3	2	17
62	木莲	3	2	2	2	1	2	3	2	17
63	深山含笑	3	3	3	2	1	1	2	2	17
64	乐昌含笑	3	3	3	2	1	1	2	2	17
65	紫花含笑	3	3	3	2	1	1	3	2	18
66	含笑花	3	3	3	2	1	1	1	2	16
67	乐东拟单性木兰	3	3	2	2	2	1	3	3	19
68	柳叶蜡梅	3	2	2	3	3	2	2	2	19
69	山蜡梅	3	2	2	3	3	2	1	3	19
70	樟	1	1	1	2	3	3	1	3	15
71	香桂	2	2	2	2	1	2	3	2	16
72	阴香	3	3	2	2	1	2	3	2	18
73	天竺桂	3	3	2	2	1	2	3	2	18
74	豹皮樟	1	1	1	2	2	2	3	2	14
75	黑壳楠	3	2	1	2	2	2	3	2	17

（续）

序号	种名	树种资源总量	分布位置数	吸引度	保护指数	接近度	生境条件变异	栽培利用状况	珍稀濒危级别	估分总值
76	红楠	2	1	2	2	2	2	3	2	16
77	薄叶润楠	2	2	1	2	2	2	3	2	16
78	刨花润楠	2	2	2	2	2	2	3	1	16
79	闽楠	2	2	3	2	2	2	3	3	19
80	浙江楠	3	3	2	2	1	2	3	3	19
81	湘楠	3	3	1	2	1	2	3	2	17
82	白楠	3	3	1	2	1	2	3	1	16
83	紫楠	2	2	2	2	2	2	3	1	16
84	檫木	2	2	1	3	2	2	2	1	15
85	伯乐树	3	3	1	2	1	2	3	3	18
86	蛛网萼	3	3	1	2	2	2	3	3	19
87	蕈树	3	3	1	2	1	1	3	2	16
88	细柄蕈树	3	3	1	2	1	1	3	2	16
89	长柄双花木	3	3	2	2	1	2	3	3	19
90	半枫荷	3	3	3	2	1	1	3	3	19
91	水丝梨	3	3	1	2	1	2	3	2	17
92	杜仲	3	3	3	3	2	2	3	3	22
93	樱桃	2	2	2	2	2	2	3	1	16
94	椤木石楠	3	3	1	2	1	2	3	1	16
95	黄山花楸	3	3	2	2	1	2	3	3	19
96	紫荆	3	3	2	2	1	2	2	2	17
97	香槐	3	3	2	2	1	1	3	2	17
98	黄檀	2	1	2	3	3	2	3	2	18
99	皂荚	3	3	1	2	2	2	3	1	17
100	花榈木	2	2	2	2	2	2	3	3	18
101	紫藤	3	3	2	2	1	2	2	2	17
102	东方古柯	3	3	2	2	1	1	3	2	17
103	毛红椿	3	3	2	2	1	2	3	3	19
104	香椿	2	2	3	3	2	2	2	1	17
105	重阳木	3	3	1	2	2	2	3	1	17
106	黄杨	3	3	2	1	1	2	1	2	15
107	南酸枣	1	1	2	2	2	2	3	1	14
108	黄连木	3	2	1	2	2	2	3	2	17
109	铁冬青	3	2	2	2	2	2	3	2	18

（续）

序号	种名	树种资源总量	分布位置数	吸引度	保护指数	接近度	生境条件变异	栽培利用状况	珍稀濒危级别	估分总值
110	冬青	3	2	2	2	2	2	3	1	17
111	枸骨	2	1	2	3	3	2	2	2	17
112	大叶冬青	3	2	2	3	1	2	3	2	18
113	永瓣藤	3	3	1	3	2	3	3	3	21
114	瘿椒树	3	3	1	3	1	2	3	3	19
115	省沽油	3	3	2	3	1	1	3	2	18
116	三角槭	3	3	1	3	1	2	3	2	18
117	樟叶槭	3	3	1	3	1	2	3	2	18
118	色木槭	3	3	1	3	1	2	3	2	18
119	五裂槭	3	3	1	3	1	2	3	2	18
120	鸡爪槭	3	3	2	3	1	2	1	2	17
121	无患子	3	3	2	3	1	2	1	2	17
122	杜英	2	2	1	3	2	2	1	2	15
123	中华杜英	3	3	1	3	1	2	2	2	17
124	褐毛杜英	3	3	1	3	1	2	3	2	18
125	秃瓣杜英	2	2	1	2	2	2	1	2	14
126	日本杜英	2	3	1	2	2	2	2	2	16
127	山杜英	3	3	1	1	1	2	3	2	16
128	猴欢喜	2	3	2	1	1	2	3	2	16
129	椴树	3	3	2	2	1	2	3	1	17
130	密花梭罗	3	3	2	3	2	2	3	2	20
131	中华猕猴桃	2	1	3	3	2	2	2	2	17
132	浙江红山茶	2	2	3	3	1	2	2	2	17
133	山茶	3	3	3	3	1	2	1	2	18
134	红淡比	2	2	2	3	1	2	3	2	17
135	天目紫茎	3	3	2	2	1	2	3	3	19
136	紫茎	3	3	2	2	1	2	3	3	19
137	厚皮香	2	2	2	3	1	2	3	2	17
138	小果石笔木	3	3	1	3	1	2	3	2	18
139	山拐枣	3	3	1	3	1	2	3	3	19
140	紫薇	3	3	2	3	1	2	1	2	17
141	南紫薇	3	3	2	3	1	2	3	2	19
142	喜树	3	3	2	3	1	2	2	3	19
143	蓝果树	2	2	2	2	1	2	3	2	16

（续）

序号	种名	树种资源总量	分布位置数	吸引度	保护指数	接近度	生境条件变异	栽培利用状况	珍稀濒危级别	估分总值
144	赤楠	2	2	3	3	2	2	3	2	19
145	轮叶蒲桃	2	2	3	3	2	2	3	2	19
146	刺楸	3	3	2	3	1	2	3	2	19
147	光皮梾木	3	3	2	3	1	2	3	2	19
148	云锦杜鹃	2	3	2	2	1	2	3	2	17
149	江西杜鹃	3	3	2	2	1	2	3	2	18
150	黄山杜鹃	3	3	2	2	1	2	3	2	18
151	毛果杜鹃	3	3	2	2	1	2	3	2	18
152	九管血	3	3	2	3	2	2	3	2	20
153	粉叶柿	3	3	2	3	1	2	3	1	18
154	君迁子	3	3	2	3	1	1	3	1	17
155	银钟花	3	3	2	2	1	2	3	3	19
156	木犀	3	2	2	3	1	2	1	2	16
157	厚壳树	3	3	1	3	1	2	3	2	18
158	楸	3	3	2	3	2	2	3	1	19
159	香果树	3	2	2	2	1	2	3	3	18

第五章 赣东北珍稀濒危树种资源致濒因素与保护对策

5.1 珍稀濒危树种资源致濒因素

赣东北珍稀濒危树种尽管种类繁多，但个体数量却常常稀少、分布区域狭窄，部分种类正处于濒危甚至到了灭绝的境地。追溯其原因主要有人为因素和自然因素两个方面。

5.1.1 人为因素

人为因素包括人类各种生产、生活活动中引起的致使植物生存受到威胁的不利因素。这常常是短期内造成植物濒危的最直接原因。

（1）毁灭性的过度开发

野生植物是人类物质生活的重要来源，长期以来，人们把野生植物当作食物、医药、娱乐、原材料等加以利用。由于很多植物具有较高的经济、药用价值或特殊用途，人们为了追求经济利益，采取毁灭性的手段进行开发，资源很快趋于枯竭。

对于一些原本分布较广、种群数量较大的珍贵用材树种，如南方红豆杉、柳杉、樟树、闽楠、浙江楠、花榈木、榉树、南方铁杉、毛红椿、香果树、喜树等，由于以前过度砍伐，致使这些树种数量急剧减少，现仅有极少数大树残存于深山老林里的常绿阔叶林中，而成为了濒危树种。

一些珍贵药用及经济价值较高的树种，人为滥采挖则是造成该类树种致濒甚至灭绝的主要原因。如半枫荷、血党、草珊瑚等被长期采挖，甚至是毁灭性的采挖，致使野生资源遭到严重破坏，其中半枫荷已很难找到野生种群。又如凹叶厚朴、厚朴、杜仲、香桂等为珍贵的木本药用和香料植物，常被掠夺性的剥皮而使植株枯死，导致其野生资源锐减甚至灭绝。珍稀濒危树种中，很多具有较高的观赏价值。21世纪以来，一些城市盲目追求一夜成林的景观效果，大量收购野生的古树、大树及古桩盆景材料进城，使得资源一度遭受到了严重的破坏。如珍稀濒危树种中的樟树、桂花、玉兰、紫薇、罗汉松等因观赏价值高，是园林绿化中的重要树种，是被盗挖的重点，现资源都非常稀少，均列入了保护名录；又如杜英科杜英属的树种原在江西省分布普遍、种群多，正因为盗挖现象严重致使资源日益枯竭，杜英属的所有种类才列入了江西省重点保护野生植物名录中。

（2）生态环境的严重破坏

生态环境的破坏主要包括两个方面：生境的丧失和生境的破碎化。大规模的工农业生产以及商业活动，如毁林造田、森林采伐、城市及道路建设、开矿等，限制了树种的生长扩散，导致了许多物种生境的丧失，成为了树种濒危和灭绝的主要原因之一。生境的破碎化是指大面积连续分布的生境变成空间上相对隔离的小生境的现象。还有许多生境可能没有丧失或破碎，但该生境内的植物群落也可能因为环境污染而引起栖息地退化。这些污染主要包括工业和人类居住地释放的大量杀虫剂、污水、废气等。污染对水体和空气质量甚至气候造成很大影响，从而威胁着许多物种的生存。大规模现代农业生产改变了自然生态系统，也使得生态系统环境趋于单一，易于发生病虫害。

5.1.2 自然因素

由于某些树种自身的生物学和生态学特性所限制或自然灾害等，导致在天然状态下的种群数量稀少。

（1）繁殖力低

有些树种的繁殖能力低、天然更新差是其致濒的主要因素。如青钱柳的果皮（种皮）坚硬不易吸水、难发芽，所以分布点的幼树和幼苗极少；又如鹅掌楸为异花授粉的种类，存在孤生殖现象，雌蕊往往在含苞待放时即已成熟，开花时，柱头已枯黄，失去授粉能力，在未受精的情况下，雌蕊虽能继续发育，但种子生命弱，故发芽率低，是濒危树种之一。此外，还有像南方红豆杉、南方铁杉、长序榆等都是因为自身繁殖能力的问题而造成种群数量的稀少。

（2）边缘效应的影响

赣东北是东西、南北植物区系成分过渡的关键地段，植物在向本区域迁移过程中常出现间断或形成新的种系，因而与这些植物的分布中心相比显得孤立、稀少。如蛛网萼、浙江楠、长序榆、柳叶蜡梅、永瓣藤等。

（3）生境片断化的影响

某些树种，如伯乐树、香果树、天目紫茎、南方铁杉等的生长需特殊的生态条件，从分布区看，均成狭长或岛屿状，因各地生产经营活动造成的生境片断化，容易使这些树种种群数量稀少而处于濒危状态。

（4）自然灾害的影响

自然灾害对当地的植被和树种资源会造成不同程度的破坏，有时甚至是毁灭性的。调查过程中发现，2008 年的冰雪灾害造成多数乔木种类的珍稀濒危树种出现断梢现象，严重影响这些树种的生长发育，导致它的繁殖能力降低；冰雪过后，森林中的枯枝、断梢和翻兜树体覆盖地表，也使处于地被层生长的珍稀濒危植物生长受到严重影响。此外，森林病虫害大发生时会影响珍稀濒危树种的开花、授粉，危害它的果实及种子，使得那些原来就更新困难的物种更新更难，同时严重的病虫害会使大面积的森林遭受破坏，危及濒危树种。

5.2 珍稀濒危树种资源保护对策

保护珍稀濒危植物是生物多样性保护的一个重要方面，“一个基因可以影响一个国家的兴衰，一个物种可以左右一个国家的经济命脉”。因此，“拯救植物就是拯救人类本身”。加强珍稀濒危植物的保护，不仅可实现生物资源的可持续利用，而且对人类文明建设、国家经济发展、探索地质年代的变化与植物界的发展演化规律都有着十分重要的意义。一种野生植物的形成需要几十万年乃至几百万年，是经过长期繁衍、进化和生存竞争才得以留存下来的，但其毁灭可能就发生在很短的时间。根据国际自然和自然资源保护同盟所属保护监测估计，当前全世界有 5 万 ~ 6 万种植物，每隔 5 分钟就有 1 种植物的生存遭到威胁，物种正以每天 1 种的速度在消失。物种一旦灭绝，就不可复活，人类将永远失去利用它的可能性。据统计，我国有 800~1000 种的乔灌木树种或群落的生存处于受威胁或濒危灭绝的境地，近百种树木已经灭绝或即将灭绝。由于物种之间组成了一条有机的生命链，其中每一环节的破坏都将会极大影响到其他环节的生存，影响到整个自然界的和谐与平衡，进而人类就不可避免遭受一个又一个灾难的打击。

拯救和保护受威胁植物已成为人类共同面临的全球性战略任务之一。野生珍稀濒危植物的保护工作，不仅十分必要，而且迫在眉睫，也任重道远。根据赣东北珍稀濒危树种资源的现状、开发潜力与受威胁等级特点，提出以下保护与利用建议。

5.2.1 建设珍稀濒危树种园，进行迁地保护

迁地保护是种质资源保护和保存的重要形式之一，对于那些失去生存繁育条件，在自然环境中无法保存的物种，对其进行迁地保护可能是唯一的途径；植物园、树木园、公园及资源收集区等又是迁地保护的重要场所。然而，目前上饶市还没有这一类型的专类场所，对种质资源的保存具有一定的困难。建议加紧筹建珍稀濒危树种园，配套成立区域性珍稀濒危树种引种繁育中心，积极开展引种试验与种源收集，

把树种园建成集旅游、休憩、科研、教学、种质保存为一体的种质资源基地。

5.2.2 深入调查，摸清家底，开展资源监测管理

要不断深入全面开展资源调查，不留死角，逐步查清不同物种与环境之间的关系及其种群现状，如生境、分布、形态特征、种群大小、生态学和遗传学特征等。建立起每种珍稀濒危树种的技术档案，选择珍稀濒危树种集中的地点，设置定位观测点，进行生态资源观测研究，掌握珍稀濒危树种的发生规律、再生能力、天然更新或人工促进天然更新研究，探讨繁殖机制，提出适应幅度，达到恢复和扩大种群数量的目的。

5.2.3 积极开展科学研究

珍稀濒危树种的保护与管理应以科学研究为依据，要针对珍稀濒危树种资源的实际情况有目的、有重点地开展科研工作，为各项保护工作提供科学依据。

（1）开展部分树种只开花不结实或受孕率低、种子不饱满等原因研究，如水松、香果树、长序榆等珍稀濒危树种。

（2）着重开展树种生殖生态学与繁殖生物学等内部濒危原因的研究。

（3）回归大自然种群重建研究。比如，上饶市已开展的伯乐树种质回归试验已有明显的效果。

（4）模拟自然生境，建立一定的种群结构，开展保护方法的研究。

（5）建立迁地保护的信息网络系统，加强国内、国际间的物种交换和合作关系。

（6）开发利用研究。充分挖掘珍稀濒危树种种质资源的经济价值、生态价值和社会价值，掌握苗木繁育与栽培技术，积极建立采种林分和种子生产基地，并在试验基础上有步骤地选育和试验推广，丰富园林绿化与山上造林树种，从而更有效地保存树种。如“活化石”银杏，由于人们广泛营建人工林，使该树种得到了有效的保护和发展，其较高的经济价值和观赏价值也得到了充分的挖掘与利用。还有水杉，科技部门成功地解决了该树种的无性繁殖技术，现在该树种已在我国多个省份和世界四大洲 70 多个国家和地区引种栽培成功，成为我国长江中游平原湖区的主要造林树种。

5.2.4 加强珍稀濒危植物保护意识的宣传

全社会公民的参与是植物保护工作最为重要的部分，需要开展各部门参加的宣传活动，大力宣传保护珍稀濒危树种的基础知识和保护资源的重大意义及有关政策、法规等。在保护点设立介绍保护物种、遗传多样性和树木生境重要意义等基本知识的宣传牌，不断提高全民的法律和植物保护意识，使之成为珍稀濒危植物的自觉保护者和支持者。

5.2.5 建立自然保护小区，保护原有生境

保护现有原生境目的是保护物种或居群的进化和适应的潜在能力。对于珍稀濒危植物其遗传结构最好在自然环境中保存，使其能继续与所处的环境发生作用，以保持其遗传多样性与遗传结构的完整性。建议在现有的自然保护区、森林公园、风景名胜区及国有林场和风景林基础上，针对特定的树种和群落划定保护小区或生境小区，开展就地保护。在这些特定的小区，严禁一切人为活动，保护好野生植物生境不受侵害，比如赤皮青冈、伯乐树、水松、蛛网萼、永瓣藤等树种和群落。

5.2.6 确定优先保护名录，进行重点保护

在资源调查的基础上，对资源进行分析评价，根据资源受威胁程度、遗传多样性损失大小及物种价值等方面因素，确定本区域优先保护的树种名录，制定相关保护措施。必要时，开展异地保护，同时进行人工繁殖等方面的研究，扩大种质资源数量。

赣东北珍稀濒危树种资源

各论

国家珍稀濒危保护植物	国家珍贵树种	国家重点保护野生植物	中国主要栽培珍贵树种	江西省重点保护野生植物	江西珍贵稀有濒危树种	江西主要栽培珍贵树种	中国植物红皮书	中国物种红色名录	全国极小种群野生植物
II	I	I	✓		II	✓	rare	EN	

001 银杏

银杏科 Ginkgoaceae　别名：白果树、公孙树、蒲扇

Ginkgo biloba L.

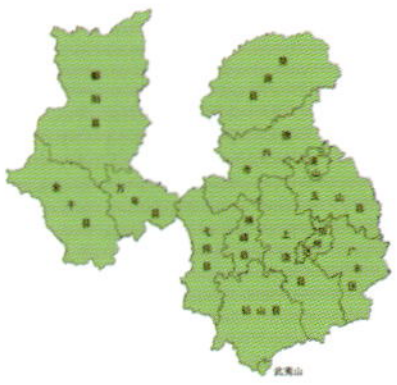

【主要形态与识别特征】

落叶乔木，胸径可达 4 米；幼树树皮近平滑；大树树皮不规则纵裂；有长枝与生长缓慢的短枝。叶互生，在长枝上辐射状散生，在短枝上 3~5 枚成簇生状，有细长的叶柄，扇形，两面淡绿色。球花雌雄异株，单性，生于短枝顶端的鳞片状叶的腋内，呈簇生状。种子核果状，外种皮肉质，中种皮骨质，内种皮膜质。4 月开花；10 月成熟。

【地理分布与生境】

银杏科仅 1 属 1 种。银杏最早出现于 3.45 亿年前的石炭纪。中生代侏罗纪，银杏曾广泛分布于北半球的欧、亚、美洲，白垩纪晚期开始衰退，至 50 万年前，在欧洲、北美和亚洲绝大部分地区灭绝，只有中国自然条件优越，才奇迹般地保存下来。

野生状态的银杏现仅存于中国浙江西部等极少数山区，生于海拔 300~1100 米酸性黄壤、排水良好地带的天然林内和山谷中，常与柳杉、榧树、蓝果树等针阔叶树种混生。

银杏分布大都属于人工栽培区域，各地栽培的银杏有数百年或千年以上的老树；主要大量栽培于中国、法国和美国南卡罗莱纳州。

【树种特性与受危因素】

喜光树种，深根性，对气候、土壤的适应性较宽，能在高温多雨及雨量稀少、冬季寒冷的地区生长，但生长缓慢或不良；能生于酸性土壤、石灰性土壤及中性土壤上，但不耐盐碱土及过湿的土壤；以海拔 1000 米以下，气候温暖湿润，年降水量 700~1500 毫米，土层深厚、肥沃湿润、排水良好的地区生长最好。

银杏生长较慢，寿命极长，自然条件下从栽种到结果要 20 多年，40 年后才能大量结果，因此别名“公孙树”，有“公种而孙得食”的含义，是树中的老寿星。银杏树的果实俗称白果，因此银杏又名白果树。

银杏为中生代孑遗的稀有树种，系中国特产，是第四纪冰川运动后遗留下来的最古老的裸子植物，是世界上十分珍贵的树种之一，因此被称为“活化石”、“植物界的熊猫”。银杏个体稀少，雌雄异株，人为砍伐严重，若不严格保护和促进天然更新，残存林分将被取代。

【资源现状与典型群落】

赣东北各地山区、村旁风水林中及庙宇旁均有上千年的大树、古树生长。鄱阳县莲花山海拔 131 米山地林中水溪旁平坦地，树高达 25 米，胸径 165 厘米，树体高耸，生长旺盛，树龄近千年，主要伴生种有青冈、苦槠、枫香（*Liquidambar formosana*）、棕榈（*Trachycarpus fortunei*）等。德兴市海拔 133 米村旁黄红壤，土层肥沃、深厚，树高达 30 米，胸径 2.3 米，树体卵形，枝叶浓密，生长健壮，估测树龄千年以上。婺源海拔 254 米村旁河岸边沙壤土，树高约 20 米，胸径 2.3 米，估测树龄也在千年以上，目前树势渐衰，已挂牌保护。此外，各地均有少量人工栽培，主要用于行道和风景林建设。

【主要价值与用途】

食用价值：种子供食用及药用；银杏果营养丰富，具有很高的食用价值。

材用价值：木材优质，价格昂贵，素有“银香木”或“银木”之称。银杏材质具光泽，纹理直，结构细，易加工，不翘裂，耐腐性强，易着漆，并有特殊的药香味，抗蛀性强，可供建筑、家具、器具、雕刻、绘图板及其他工艺用。

观赏价值：树体高大，树干通直，姿态优美，春夏翠绿，深秋金黄，叶形古雅，寿命绵长，适应性强，抗烟尘，抗火灾，抗有毒气体，被列为中国四大长寿观赏树种；银杏树是著名的长寿树种，生命力强，叶形奇特，易于嫁接繁殖和整形修剪，也是制作盆景的优质材料。

生态价值：适应能力强，是速生丰产林、农田防护林、护路林、护岸林、护滩林、护村林、林粮间作及四旁绿化的理想树种。

药用价值：可降低人体血液中胆固醇水平，防止动脉硬化，对动脉硬化引起的老年性痴呆症亦有一定疗效。

科研价值：由于银杏具有许多原始性状，对研究裸子植物系统发育、古植物区系、古地理及第四纪冰川气候有重要价值。

其他价值：银杏是具有抗活性基因能力的树种之一，在保护脂质免受自由基伤害方面很有效，可以降低脂质过氧化水平，减少雀斑、润泽肌肤、美丽容颜。

【保护与利用建议】

1. 银杏的保护。①就地保护。浙江省西天目山野生银杏生产地已建立了自然保护区。其他地方的一些古树，同样要采取措施加强保护。②种群重建。通过引种繁育苗木，建立种源收集区，把人工培育的银杏品种栽种到原有的生态环境中，使其回归到野生状态。③加强宣传，完善保护法制建设。我们的祖先用“风水树”一套迷信方法保存了不少银杏古树，现在我们更应该用法律手段，保护好这些自然遗产。

2. 银杏的利用。①增加科技含量，选育优良品种。组织科技人员进行检测和鉴定，对已确定为优良的母树，应建立良种采穗园，加速良种繁育，并通过组织培养和嫁接等无性繁殖方法，培养大量优质、高产、高效的品种，从而生产出高品质的产品。②立足长远，合理布局。在栽培模式上，要开拓思路，长短结合。既要发展采叶圃，又要发展果用林、果材兼用林；既要营造片林，又要合理套种。做到结构合理，增强抵御市场风险的能力。③发展银杏系列产品。应该充分利用自身丰富的银杏资源，引进世界先进设备和技术，生产出一流的产品，打入国际市场，以取得最佳的经济效益。④加强宏观调控与产业引导。在产业发展中，应坚持以科技为先导，以市场为中心，以深加工为龙头，实行产业化的规模经营，走种植、加工、科研相互促进，相互推动的路子，推动我国银杏产业健康稳定发展。

【参考文献】

林长松，2001；孙玮等，2016；郑万钧，1983；中国植物志编辑委员会，1978。

（编写：曹晓平　摄像：黄宇潮）

国家珍稀濒危保护植物	国家珍贵树种	国家重点保护野生植物	中国主要栽培珍贵树种	江西省重点保护野生植物	江西珍贵稀有濒危树种	江西主要栽培珍贵树种	中国植物红皮书	中国物种红色名录	全国极小种群野生植物
II		II			II		VU		

002 华东黄杉

松科 Pinaceae　　别名：野杉树、浙皖黄杉

Pseudotsuga gaussenii Flous

【主要形态与识别特征】

常绿乔木，高达 40 米，胸径达 1 米；小枝淡黄灰色，侧枝密生褐色毛。叶辐射伸展或不规则二列，线形，先端凹缺，上面绿色，下面有 2 条白色气孔带，边带绿色。雄球花单生叶腋；雌球花单生侧枝顶端。球果下垂，苞鳞长而外露，露出部分向后反伸。花期 4~5 月；果 10 月成熟。

华东黄杉与南方铁杉较为相似，两者的区别在于后者为铁杉属，球果较小，苞鳞不外露，叶较短、小。

【地理分布与生境】

黄杉属，约 18 种，产亚洲东部及北美。我国 5 种；产中亚热带温暖山区，星散分布。赣东北仅华东黄杉 1 种。

华东黄杉产于我国东部中亚热带地区的安徽南部、江西东北部、浙江西部及南部海拔 100~1500 米处的酸性黄壤丘陵山坡和谷地。

【树种特性与受危因素】

分布区的气候温凉湿润，土壤为红壤与山地黄壤，pH 值 5.5~6.5；中性树种，幼树期需要庇荫，壮龄期对光照的要求较高；深根性，侧根粗大，伸展力强，一般 15 年生开花结实。

华东黄杉为我国华东地区特有种、第三纪孑遗植物。由于长期采伐利用，加以种子可孕率极低，更新能力很弱，林木日益减少。

【资源现状与典型群落】

赣东北仅三清山发现有分布。在海拔 1200~1500 米针阔叶混交林内，保留着大片的原生树，面积达 8000 余亩，与黄山松（*Pinus taiwanensis*）、南方铁杉、青冈、枫香等混生。该群落最早由原江西大学林英教授和江西农业大学施兴华教授于 60 年代首次发现。其数量之多、树身之高直，均为全国罕见。三清山也因此被称为中国最大的华东黄杉自然生长基地。

2007 年 4 月，三清山申报世界自然遗产工作领

导小组汇集省内知名生物学专家在三清山考察时，又发现了一棵高约24米、胸径达1米的华东黄杉，这是三清山迄今为止发现的最大的华东黄杉。专家推测，树龄已逾300年。

此次发现的华东黄杉王在海拔1300余米的庐泉井附近，随其往西推进，还有大片华东黄杉林分布，其面积有待进一步开展资源调查确定。

【主要价值与用途】

科研价值：黄杉属间断分布东亚和北美，保护好本种，对研究植物区系有一定的学术意义。

材用价值：木材硬度适中，纹理直，不翘不裂，耐久用，是珍贵的用材树种。

观赏价值：树形优美，树姿挺拔耸直，为“颜值”超高的观赏树种。

【保护与利用建议】

已在浙江临安县本种分布较集中的上溪乡交由当地负责保护。其他分布地区，建议当地林业部门采取措施，保护母树，促进天然更新和研究人工造林技术，扩大种植。杭州植物园已引种栽培。

郭微等的研究结果显示，三清山华东黄杉群落处于衰退状态，除自然因素外，作为旅游景区的三清山，人为干扰特别大。根据这一现状，专家为三清山华东黄杉的保护与利用提出了措施。

1. 加强相关法规的宣传，优化旅游道路设计，并采取设置护栏或专人看护等措施降低人为干扰。

2. 在旅游开发中应以保护自然生态为第一位，以经济效益为第二位，达到可持续发展和生态旅游的目的。

3. 与相关科研院所合作，加强对华东黄杉群落的进一步研究。开展资源调查、繁殖生物学和生殖生态学研究；收集种质资源，开展人工育种及造林技术研究；同时应对华东黄杉群落的分布格局、种间联结、种群间的遗传多样性及利用价值，进行深入研究，为华东黄杉的保护与利用提供技术依据。

【参考文献】

傅立国，1992；郭微等，2007；汤艺峰等，1990；汪松等，2004；郑万钧，1983。

（编写：曹晓平　摄像：钟方华）

国家珍稀濒危保护植物	国家珍贵树种	国家重点保护野生植物	中国主要栽培珍贵树种	江西省重点保护野生植物	江西珍贵稀有濒危树种	江西主要栽培珍贵树种	中国植物红皮书	中国物种红色名录	全国极小种群野生植物
III				II	III		VU	NT	

003 南方铁杉

松科 Pinaceae　　别名：铁杉、刺柏、华铁杉

Tsuga chinensis（Franch.）Pritz. var. *tchekiangensis*（Flous）Cheng et L. K. Fu

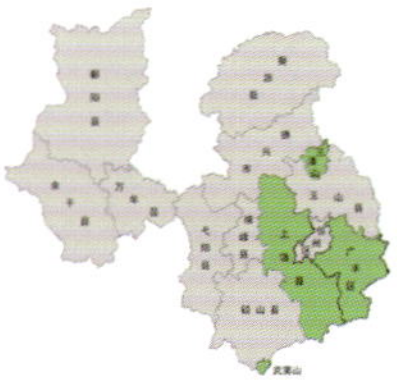

【主要形态与识别特征】

常绿针叶乔木，通常树高 25~30 米，胸径 40~80 厘米；树皮片状剥落，褐灰色；树冠直立高大，侧枝展开。叶在枝上螺旋状排列，展开呈二列；叶线形，顶端有凹缺，中脉凹陷，叶背沿中脉两侧有白色气孔带。雄球花生叶腋，雌球花单生侧枝顶端。球果卵圆形，下垂，黄褐色，种鳞楔状方形或楔状圆形，苞鳞小，不露出。4~5 月开花；10 月球果成熟。

南方铁杉为铁杉的变种，两者的主要区别为前者叶的背面具有粉白色气孔带，球果中部的种鳞常呈圆楔形、方楔形或楔状短矩圆形，稀近圆形或近方形；后者叶的背面气孔带常无白粉，球果中部的种鳞五边状圆形、近圆形或近方形，稀微呈短矩圆形。20 世纪 70 年代末，上饶地区林业科学研究所出版的《优良速生珍贵树种》一书中，将武夷山上的一种铁杉属树种，认定为铁杉，实为南方铁杉。这一点，叶新年已在 20 世纪 80 年代《江西林业科技》发文予以说明更正。

【地理分布与生境】

铁杉属，约 16 种，分布于亚洲东部，西至喜马拉雅以及北美洲。我国有 7 种 1 变种，产于秦岭、长江以南，主要分布于西南地区。赣东北仅南方铁杉 1 种。

南方铁杉分布于安徽南部黄山，浙江西北部临安与南部龙泉、庆元、遂昌、松阳、缙云、仙居，福建西北部崇安、泰宁与西南部上杭，江西东北部铅山与西部安福、遂川，广东北部乳源，广西兴安、大瑶山，湖南东部酃县、桂东与南部宜章、新宁、桑植，贵州中部贵阳及云南东南部马关、麻栗坡等地；生于海拔 600~2100 米地带的局部地区，散生于针阔混交林中。

【树种特性与受危因素】

分布区地跨中亚热带至北热带，多数生于中山上部，气候特点是夏凉冬寒，雨量多，云雾重，湿度大，成土母质为熔结凝灰岩残积物，土壤属红黄

壤，pH 值 5.4。为耐阴树种，幼树阶段畏强烈日照，成年树可在林缘生长；根系发达，抗风，抗雪压，生长慢，寿命长。

本种是我国中亚热带中山山地针叶林及针阔混交林中的优势种或残存的伴生树种，为地质年代第三纪以后残留的少数植物之一，我国中亚热带地区特有，属第三纪孑遗植物。由于森林过度砍伐，导致环境恶化，影响天然更新，目前多为零星分布。

【资源现状与典型群落】

赣东北南方铁杉主要分布于三清山、武夷山、广丰铜钹山、德兴大茅山等地的高海拔地区。三清山海拔 1100~1700 米，多与华东黄杉、青冈、福建柏、黄山松、猴头杜鹃等混生。铜钹山自然保护区主要在里平溪主峰上部，与台湾松（*Pinus taiwanensis*）、多脉青冈（*Cyclobalanopsis multinervis*）、猴头杜鹃（*Rhododendron simiarum*）、木荷、雷公鹅耳枥（*Carpinus viminea*）等形成针阔混交林。武夷山海拔 1000~1900 米地带分布较为普遍，以 1600~1800 米较为集中，总面积达 1560 公顷。其中连片分布的面积 400 余公顷，平均树龄 300 年以上，树种较为古老，最大胸径超 1 米，最高达 30 米。资料显示，该群落为全国面积最大的南方铁杉群落。

【主要价值与用途】

材用价值：材质优良，纹理细致美观，坚实耐久用，可供建筑、航空工业、造船、家具等用。

观赏价值：树形高大通直，枝叶浓密，树姿优美，为珍贵观赏树种。

科研价值：为我国中亚热带地区特有的第三纪残遗树种，对生物的发展史有重要的研究作用。

其他价值：树皮含单宁，可提制栲胶。

【保护与利用建议】

1. 加强资源保护。①已在福建武夷山，浙江凤阳山、九龙山，湖南莽山及广西猫儿山等产地建立自然保护区。②江西武夷山自然保护区管理局为保护南方铁杉群落，将南方铁杉原始林进行区划，在核心区外围划出 2021 公顷缓冲区和 9151 公顷实验区，从而形成天然屏障，并严格限制引入森林火种，限制外来物种的进入。③其他分布地区，建议当地林业部门也应积极采取措施，保护母树，促进更新，并繁殖栽培。

2. 积极开展人工栽培技术研究。①扦插繁殖较为困难，可于春季挖掘母树下的幼苗进行移栽繁殖。②研究结实的生物学特性，试行人工采种，并探索种子发芽特性，育苗繁殖。

【参考文献】

傅立国，1992；李晓铁等，2008；祁红艳等，2014；汪松等，2004；叶新年，1986；袁荣斌等，2012；郑万钧，1983。

（编写：陈慧　摄像：陈凤彬、程林）

国家珍稀濒危保护植物	国家珍贵树种	国家重点保护野生植物	中国主要栽培珍贵树种	江西省重点保护野生植物	江西珍贵稀有濒危树种	江西主要栽培珍贵树种	中国植物红皮书	中国物种红色名录	全国极小种群野生植物
				III	III			NT	

004 柳杉

杉科 Taxodiaceae　别名：长叶孔雀松

Cryptomeria fortunei Hooibrenk ex Otto et Dietr.

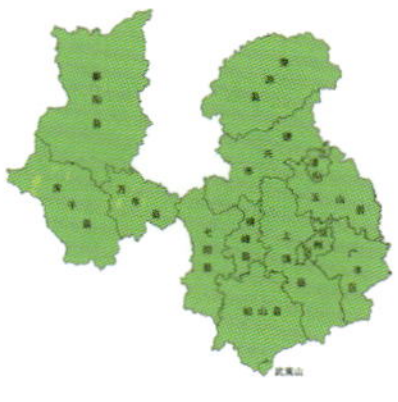

【主要形态与识别特征】

常绿乔木，高达 48 米，胸径可达 2 米多；树冠狭圆锥形或圆锥形；树皮红棕色，纤维状，裂成长条片状脱落；大枝近轮生，平展或斜展；小枝细长，常下垂，绿色，枝条中部的叶较长，常向两端逐渐变短。叶钻形略向内弯曲，先端内曲。雄球花单生叶腋，长椭圆形，长约 7 毫米，集生于小枝上部，成短穗状花序；雌球花顶生于短枝上。球果圆球形或扁球形；种子褐色，近椭圆形，扁平，边缘有窄翅。花期 4 月；球果 10 月成熟。

柳杉和日本柳杉的主要区别在于后者叶直伸，先端通常不内曲，球果较大，每种鳞 2~5 种子。

【地理分布与生境】

柳杉属 2 种，即柳杉和日本柳杉，分布于我国及日本。赣东北 1 种，1 栽培种。

柳杉分布于长江流域以南至广东、广西、云南、贵州、四川等地；生于海拔 400~2500 米的山谷边，山谷溪边潮湿林中，山坡林中。江苏南部、安徽、山东、河南等地均有栽培。浙江天目山、江西庐山、云南昆明有数百年的古树。

【树种特性与受危因素】

中等喜光，幼龄能稍耐阴，在温暖湿润的气候和土壤酸性、肥厚而排水良好的山地生长较快，在寒凉较干、土层瘠薄的地方生长不良；柳杉根系较浅，侧根发达，主根不明显，抗风力差；对二氧化硫、氯气、氟化氢等有较好的抗性。

中国特有种，常遭人为砍伐严重，资源受到严重威胁。

【资源现状与典型群落】

赣东北武夷山、广丰铜钹山、上饶县五府山及婺源有残存古树。铜钹山海拔 625 米南方红豆杉群落中，有一株被誉为“华东柳杉之王”的古树，树高达 51 米，胸径为 1.3 米，树干通直参天，曾于2000年前后死亡，目前还高高地矗立在那，仍显得宏伟壮观。五府山海拔732米村庄附近，东北坡林缘小溪旁，共5株，平均胸径约1.8米，高约20米，树冠浓密，生长非常旺盛，主要伴生种有银杏、毛竹等。武夷山海拔1400~1800米山地黄壤，山坡及山谷，与南方铁杉混生或成小块纯林，最高达25米，最大胸径达1.5米，高耸挺拔，色泽浓绿。

【主要价值与用途】

药用价值：可解毒，杀虫，止痒。

观赏价值：常绿乔木，树姿秀丽，纤枝略垂，孤植、群植均极为美观，是一个良好的绿化和环保树种，可作庭荫树或行道树。

材用价值：木材纹理直，材质轻软，结构粗，可供建筑、桥梁、造船、造纸、家具、蒸笼器具等用，是重要用材树种。

【保护与利用建议】

1. 保护柳杉古树资源。①赣东北山区柳杉资源曾广泛分布，但因受利益驱使，资源遭受了严重的破坏，目前仅在深山老林及部分风水林中残存少数大树、古树，多处于自生自灭状态，有的出现明显衰退现状。②积极开展古树复壮、病虫防治、种群变异程度研究及通过嫁接与种子繁殖建立基因库等，来缓解生存危机。

2. 开展人工造林，扩大种植范围。①柳杉生长快、寿命长、用途广，为江西省重点保护的高山地区推广种植珍贵用材树种，前景广阔。②天然柳杉资源急剧下降，人工造林面积少，资源受到严重威胁。③可开展造林地选择、整地技术、丰产栽培、混交模式等高山造林技术研究。

【参考文献】

郝云庆等，2008；罗明永等，1998；阮兴盛，2004；宋艳等，2012；汪松等，2004。

（编写：沈建群　摄像：曹晓平）

国家珍稀濒危保护植物	国家珍贵树种	国家重点保护野生植物	中国主要栽培珍贵树种	江西省重点保护野生植物	江西珍贵稀有濒危树种	江西主要栽培珍贵树种	中国植物红皮书	中国物种红色名录	全国极小种群野生植物
I	I	I					rare	EN	✓

005 水杉 | 杉科 Taxodiaceae　别名：梳子杉

Metasequoia glyptostroboides Hu et Cheng

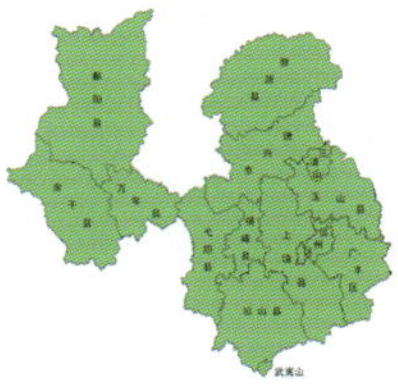

【主要形态与识别特征】

落叶乔木；小枝对生，下垂。叶线形，交互对生，假二列成羽状复叶状，长 1~1.7 厘米，下面两侧有 4~8 条气孔线。雌雄同株。球果下垂，近球形，微具 4 棱，长 1.8~2.5 厘米，有长柄；种鳞木质，盾形，每种鳞具 5~9 种子，种子扁平，周围具窄翅。花期 2 月下旬；球果 11 月成熟。

水杉与本科其他属树种的区别在于后者树种的叶和种鳞均为螺旋状排列。

【地理分布与生境】

水杉属在中生代白垩纪及新生代约有 10 种，曾广布于我国东北、日本、北美、西伯利亚、欧洲及格陵兰，北达北纬 82°。第四纪冰期之后，全部绝灭，现仅有 1 孑遗种。20 世纪 40 年代，中国植物学家在湖北与四川交界的谋道溪，首次发现了幸存的水杉巨树，曾引起世界的轰动，也被视为植物学的重大发现。

原生水杉仅分布在湖北、重庆、湖南三省交界的利川、石柱、龙山三县的局部地区；垂直分布一般为海拔 750~1500 米的山谷或山麓附近地势平缓，土层深厚、湿润或稍存积水之地。自 1948 年水杉首次引种欧美，中国水杉的子孙已遍及中国和亚洲、非洲、欧洲、美洲、拉丁美洲等世界上 50 多个国家和地区。现在全国许多地区都已引种，尤以东南各省和华中各地栽培最多。

【树种特性与受危因素】

喜气候温暖、湿润，不耐贫瘠和干旱，耐寒性强，耐水湿能力强，在轻盐碱地可以生长；为喜光树种，根系发达，生长的快慢常受土壤水分的支配，在长期积水排水不良的地方生长缓慢，树干基部通常膨大和有纵棱。

水杉为杉科水杉属唯一现存种，中国特产，世界上珍稀的孑遗珍贵树种，有植物王国“活化石”之称，被誉为“中国的国宝”、“植物界的大熊猫”。由于生态环境的恶化，现存的原生水杉资源受到了严

重威胁。据湖北省1972—1974年，1982—1984年和2002—2004年三次对利川境内的水杉原生母树群落进行系统编号、挂牌、登记、建档等调查结果，发现1983—2003年的20年间，利川水杉原生母树数量及生长情况发生了很大变化，其中水杉原生母树死亡386株，现仅存5360株，水杉林分也由20世纪40年代的混交林变为现在的纯林，资源形势极为严峻。

【资源现状与典型群落】

赣东北水杉的引种栽培极为广泛，无论在湖滨、堤岸、池畔及庭院、行道都能见到水杉的踪迹，已成为了本地广为种植的乡土树种，生长表现良好。

【主要价值与用途】

材用价值：边材白色，心材褐红色，材质轻软，结构稍粗，不耐水湿，可供建筑、板料、造纸、造器具及室内装饰用。

观赏价值：可用作庭院绿化或成片栽植营造风景林。

生态价值：可用于堤岸、湖滨、池畔种植防护林；对二氧化硫有一定的抵抗能力，也可作为工矿区环保绿化的优良树种。

科研价值：水杉对于古植物、古气候、古地理和地质学以及裸子植物系统发育的研究均有重要意义。

【保护与利用建议】

针对原产地保护现状和存在问题，有专家提出了四条具体的措施。

1. 加强以水杉保护为主要目的的国家级自然保护区建设，重点保护原生母树及其生境。

2. 要把有关水杉保护的法规和措施落到实处。

3. 建立基因保存林，对现有水杉原生母树基因进行全面保存。

4. 积极协调环保、林业、教育等科研单位的关系，加强分工合作，开展科学研究，加强学术交流，共同促进水杉的保护与利用。

【参考文献】

傅立国，1992；李改英，2012；汪松等，2004；王希群等，2005；于晌等，2013；于泽波，2008；张乃华等，2013；郑万钧，1983。

（编写：杨森兴　摄像：曹晓平）

国家珍稀濒危保护植物	国家珍贵树种	国家重点保护野生植物	中国主要栽培珍贵树种	江西省重点保护野生植物	江西珍贵稀有濒危树种	江西主要栽培珍贵树种	中国植物红皮书	中国物种红色名录	全国极小种群野生植物
II	I	I			I		EN	EN	✓

006 水松

杉科 Taxodiaceae　　别名：水帝松、水杉松

Glyptostrobus pensilis（Staunt.）Koch

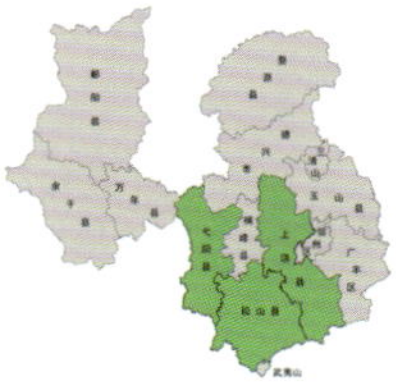

【主要形态与识别特征】

半常绿乔木，高达 25 米；树干基部膨大成柱槽状，并且有伸出土面或水面的吸收根。树干有扭纹；树皮褐色或灰白色而带褐色，纵裂成不规则的长条片；枝条稀疏，大枝近平展。叶多型；鳞形叶螺旋状着生于多年生或当年生的主枝上，冬季不脱落；条形叶常成二列，背面中脉两侧有气孔带；条状钻形叶，辐射伸展或列成三列状；条形叶及条状钻形叶均于冬季连同侧生短枝一同脱落。球果倒卵圆形；种鳞木质，扁平；苞鳞与种鳞几全部合生。花期 1~2 月；球果秋后成熟。

水松与池杉（落羽杉属）的形态较接近，其主要区别在于后者球果球形，种鳞盾形，叶为长而柔软的锥形叶，微内曲，下部贴近小枝。

【地理分布与生境】

水松属，仅 1 种，我国特产，分布于华南、西南地区。

水松作为世界著名的“活化石”植物，在中生代时曾广泛分布于北半球，第四纪冰期以后，由于自然地理因素和人为活动的影响，欧洲、北美、东亚及我国东北等地的种群均已灭绝。现主要分布在广东东部及西部、福建西部及北部和江西东北部；多生于河流两岸、堤围及田埂上。此外南京、武汉、庐山、上海、杭州等地有栽培。

【树种特性与受危因素】

半常绿乔木，喜光树种，喜温暖湿润的气候及水湿的环境，耐水湿，对土壤的适应性强，以水分较多的冲渍土上生长最好。

水松为单种属植物，为古老的残存种，是中国特有珍稀孑遗树种。因主产区地处人口稠密地区，人为破坏严重，现存植株多系零散生长。根据 IUCN 红色名录报告指出，鉴于目前数量的下跌趋势，在不久的将来水松可能成为野外灭绝物种。

【资源现状与典型群落】

赣东北为水松资源的主产区，江西省野生水松资源仅分布于弋阳、贵溪和铅山三地。根据江西省林业厅野生动植物管理局2015年对江西省境内野生水松生存现状的调查结果统计，江西省共有野生水松386株，其中弋阳309株、鹰潭70株、铅山7株。弋阳主要集中分布在圭峰镇、清湖乡、朱坑镇、南岩镇和湾里乡的农田、水库、山地沼泽地及池塘区域。随着项目组2017年在上饶县发现了两株野生水松资源新分布，全省野生水松资源分布则达到了四个县域，总数增加到388株。根据项目组对水松资源的全面调查结果统计，其生存、生长状况令人担忧。目前，全省80%的水松资源遭到寄主植物的侵害和人为因素的干扰，树下小苗更新困难，种子不孕成分增加，保护方法不当，利用研究滞后，树体长势明显减弱。以弋阳“十八罗汉”水松群落为例，县志记载，清湖乡陈家塘村原来生长着古水松18株，名闻远近，群众称为“十八罗汉”，这些水松为南宋淳熙年间栽植，树龄在800年以上。经过千年的风雨洗礼，目前变得枝叶稀疏、长势衰弱，其中5株已濒临死亡。对比弋阳县林业局2002年对该群落的报道及所附照片，这一惊人变化，仅发生在十余年间。

【主要价值与用途】

材用价值：木材淡红黄色，材质轻软，纹理细，可作建筑、桥梁、家具等用材；根部的木质轻松，比重小，浮力大，可做救生圈、瓶塞等软木用具。

工业价值：种鳞、树皮含单宁，可染鱼网或制皮革。

生态价值：根系发达，可栽于河边、堤旁，作固堤护岸和防风之用。

观赏价值：树形优美，耐水湿，可作湿地及庭院景观树种。

科研价值：水松为中国特有的单种属植物，为古老的残存种，对研究杉科植物的系统发育、古植物学及第四纪冰期气候等都有较重要的科学价值。

药用价值：具有祛风祛湿、通络止痛的作用；可以治疗风湿骨痛、高血压类疾病；对于腰痛或者皮炎都有疗效；水松浸出液具有很好的驱虫作用；水松还有不错的抑菌作用。

【保护与利用建议】

赣东北水松资源分布之广与数量之多，在全国举足轻重，俨然已成为上饶市林业的一张绿色名片。

为了保护和利用好这一宝贵的树种资源，项目组首次对上饶市境内的水松资源进行了全面的调查、分析与评价研究，以期为科学保护及合理利用提供资源信息、数据支撑与技术参考。

1. 保护其现有居群。①水松大多为小居群，小居群极易灭绝，不但对人类干扰极为敏感，而且随机因素对居群有重要影响。②目前，资源分布区树种保护还主要依靠村民的自觉行为，其有效保护难以得到落实和保证。③建议地方政府加大资金投入，建立自然保护小区，严禁人为因素的干扰。

2. 开展迁地保护。①水松种群数量少，种子资源有限，幼苗存活率低，种群多以百年老树为主，基本没有林下更新，种群结构片段化严重，在现有生境下自然繁衍十分困难。②开展迁地保护，可使种群得到有效保护和恢复。一方面，为增加遗传变异水平和促进基因交流，迁地保护应尽可能从不同地方引种，以增加种源，扩大种群的异质性。另一方面，为避免遗传多样性的丧失，可选取遗传差异明显的种群进行人工控制杂交。

3. 加强水松科学研究。通过大量人工培育，提高繁殖系数，利用种子引种驯化或育苗返野是保护水松种质资源的有效途径。

【参考文献】

陈雨晴等，2016；傅立国，1991；傅立国，1992；韩丽娟等，1996；李发根等，2004；欧阳均浩等，1991；汪松等，2004；徐英宝等，1980；郑万钧，1983。

（编写：杨森兴　摄像：曹晓平）

国家珍稀濒危保护植物	国家珍贵树种	国家重点保护野生植物	中国主要栽培珍贵树种	江西省重点保护野生植物	江西珍贵稀有濒危树种	江西主要栽培珍贵树种	中国植物红皮书	中国物种红色名录	全国极小种群野生植物
						✓		VU	

007 柏木 | 柏科 Cupressaceae　别名：香扁柏、扫帚柏、柏树

Cupressus funebris Endl.

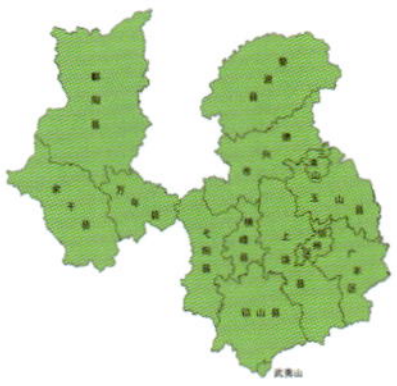

【主要形态与识别特征】

常绿乔木，高达 35 米，胸径 2 米。小枝细长下垂，生鳞叶的小枝扁，排成一平面。鳞叶二型，先端锐尖，中央之叶的背部有条状腺点，两侧的叶对折，背部有棱脊。球果圆球形；顶端为不规则五角形，有尖头。花期 3~5 月，种子翌年 5~6 月成熟。

本种与侧柏（侧柏属）较相近，其主要区别在于侧柏小枝直伸或斜展，扁平，排成一平面，叶子有一种被压扁的感觉，特别不平整、不完美；柏木叶有一种圆圆的感觉，整个叶子看上去非常饱满充实。

【地理分布与生境】

柏木属约 20 种，分布于北美南部、亚洲东部、喜马拉雅山区及地中海等温带及亚热带地区。我国产 5 种，产于秦岭以南及长江流域以南，引入栽培 4 种。赣东北 1 种。

柏木分布很广，产于浙江、福建、江西、湖南、湖北西部、四川北部及西部大相岭以东、贵州东部及中部、广东北部、广西北部、云南东南部及中部等地，以四川、湖北西部、贵州栽培最多，生长旺盛。柏木在华东、华中地区分布于海拔 1100 米以下，在四川分布于海拔 1600 米以下，在云南中部分布于海拔 2000 米以下，均长成大乔木；喜生于温暖湿润的各种土壤地带，尤以石灰岩山地钙质土生长良好。

【树种特性与受危因素】

喜温暖湿润气候条件，对土壤适应性广，中性、微酸性及钙质土均能生长；耐干旱瘠薄，也稍耐水湿，特别是在上层浅薄的钙质紫色土和石灰土也能正常生长；生长需有充分光照条件，也能耐侧方庇荫；主根浅细，侧根发达；耐寒性较强，少有冻害发生。

中国特有珍贵用材树种，是长江以南石灰岩山地的荒山绿化、疏林改造的先锋树种。因过度砍伐，破坏严重，天然林日趋减少。

【资源现状与典型群落】

赣东北广丰铜钹山、三清山及婺源等地有分布，现野生资源极为少见，多为人工栽培，常见于庙宇、殿堂、庭院及村旁，少量用于园林绿化，山上造林较少。婺源江湾镇海拔574米庙宇旁山地黄壤有2株，高均为14米，平均胸径28厘米，树干通直，尖圆锥形，生长良好。铜钹山海拔520米大丰源林场办公楼前有十余株，平均树高约8米，胸径16厘米，因人为因素影响，生长一般。三清山海拔389米村旁路边有1株柏木古树，树高约17米，胸径105厘米，生长一般，受人为干扰严重。

【主要价值与用途】

材用价值：加工容易，切削面光洁，油漆后光亮性特好，胶粘容易，握钉力强；其坚固耐用，经数百年而无损，可选作制造船舶，称为“柏木船”，经久不坏。

工业价值：枝叶、树干、根蔸都可提炼精制柏木油，柏木油可作多种化工产品；树根提炼柏木油后的碎木，经粉碎后还可用作香料。

药用价值：其球果、根、枝叶均可作药用。

观赏价值：树冠浓密、枝叶下垂、树姿优美，常栽为庭院观赏树。

【保护与利用建议】

1. 扩大柏木资源培育。①柏木是我国亚热带代表性针叶树种之一，自然分布广，树干直，适应性广，能在一些石灰岩发育的山地及中性土生长，为我国特有的优良造林、珍贵绿化树种，值得应用发展。②造林数量有限，栽培范围狭窄，资源总量不足，资源价值用途未能得到充分应用。③加强良种选育、混交造林模式及开展石灰岩山地造林、林相改造和园林应用领域技术研究，为产业化发展提供支撑。

2. 深度开展柏木木材和柏木油、柏木脑、柏木粉等的综合开发，以达到柏木资源的可持续发展和利用，充分发挥柏木的经济、生态和社会效益。

【参考文献】

何军，2016；谭小梅等，2014；徐海燕，2011；余启国等，2006；张正香等，1999。

（编写：陈慧　摄像：黄宇潮）

国家珍稀濒危保护植物	国家珍贵树种	国家重点保护野生植物	中国主要栽培珍贵树种	江西省重点保护野生植物	江西珍贵稀有濒危树种	江西主要栽培珍贵树种	中国植物红皮书	中国物种红色名录	全国极小种群野生植物
II	II	II			I	✓	VU	VU	

008 福建柏

柏科 Cupressaceae　别名：建柏、滇柏

Fokienia hodginsii（Dunn）Henry et Thomas

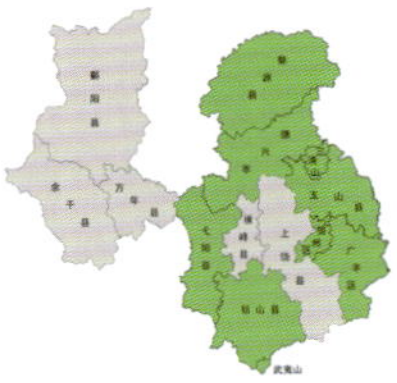

【主要形态与识别特征】

常绿乔木，高可达 17 米；树皮紫褐色；小枝扁平，排成一平面。鳞叶 2 对，交叉对生，成节状，生于幼树或萌芽枝上的中央之叶呈楔状倒披针形，上面之叶蓝绿色，下面之叶中脉隆起，两侧具凹陷的白色气孔带，侧面之叶对折，近长椭圆形。球果近球形，熟时褐色。花期 3~4 月；果期翌年 10~11 月。

本种与柏木属、扁柏属树种的区别在于本种鳞叶较大，两侧的鳞叶长 4~6 毫米，球果具 6~8 对种鳞，种子上部具两个大小不等的翅；其他属种鳞叶小，长 2 毫米以内，球果具 4~8 对种鳞，种子两侧具窄翅。

【地理分布与生境】

福建柏属，仅 1 种，分布于越南及我国西南部、南部至东部；产于福建、浙江、江西和湖南南部、广东及广西北部、四川、贵州东南部等，以福建中部最多；多散生于中亚热带至南亚热带的针阔混交林中，在个别地方偶有小片纯林。

【树种特性与受危因素】

为浅根性喜光树种，主根不明显，侧根发达；幼年能耐一定的庇荫，在林冠下能天然更新，长成小树后，需光量逐渐增加；在生境优越、水肥充足、土层深厚、排水良好的立地条件生长迅速，喜生于雨量充沛、空气湿润的地方，具有一定的耐寒能力；正常结实在 20 年前后。

福建柏是集经济价值、药用价值、生态价值和观赏价值为一体的珍稀乡土树种，我国特有单种属植物，第三纪古孑遗植物。因过度采伐，更新能力弱，天然林面积日益缩小，现散生数量不多。

【资源现状与典型群落】

福建柏在赣东北分布范围较狭小，主产三清山、武夷山，德兴大茅山有少量残存；多生于山地阔叶林中。在三清山主要分布在海拔 900~1300 米山

坡、谷地、岩石上，呈星散或小块状分布，与华东黄杉、台湾松、小叶青冈、甜槠、鹅耳枥（*Carpinus turczaninowii*）、天目木兰、木荷、猴头杜鹃等组成针阔混交林，其中最大胸径可达 60 厘米，高达 18 米。

【主要价值与用途】

科研价值：福建柏为中国特有的单种属植物，在研究柏科植物系统发育方面有科学价值。

材用价值：材质轻软，有弹性，纹理直，结构细，耐腐力强，为优良的建筑、家具、仪器、细木工用材。

观赏价值：树形优美，树干通直，叶片绿色有光泽，树形美观，是我国南方地区良好的观赏树种和庭园绿化树种。

生态价值：有较强的抗风能力，可以用作保持水土、抗击台风的有效树种。

工业价值：树根、树桩可蒸馏挥发油，为制造香皂之香料。

药用价值：心材含挥发油，味苦、辛，性寒。

【保护与利用建议】

1. 在以福建柏为优势的群落，如三清山福建柏集中分布区域，应划定相应的绝对保护地段，严禁生境遭受破坏，对于个别大树，应作为采种母树加以重点保护。

2. 积极采种育苗，研究繁育技术，开展造林试验，探索配套关键技术，扩大营造人工林规模。福建安溪半林林场在杉木迹地上营造福建柏，并选留杉木萌芽条形成福建柏与杉木混交林，不论混交林经营密度大小，福建柏生长均比纯林好，而且大、中密度组的福建柏生长比萌芽杉木快。福建安溪目前已种有较大面积的福建柏人工林。

3. 加强种质资源的收集，建立福建柏种质资源库，为不同目的的良种选育及产业化发展奠定种质资源基础。福建安溪白濑林场通过逐年的收集与嫁接工作，已收集种质资源 582 份，成为全国最大的福建柏种质资源库。

【参考文献】

陈澜等，2015；傅立国，1992；国家中医药管理局《中华本草》编委会，1999；黄树军等，2015；侯伯鑫等，2005；林赞祥，2007；汪松等，2004；杨清培等，2009；郑仁华，2005；郑万钧，1983。

（编写：曹晓平　摄像：刘仁林）

国家珍稀濒危保护植物	国家珍贵树种	国家重点保护野生植物	中国主要栽培珍贵树种	江西省重点保护野生植物	江西珍贵稀有濒危树种	江西主要栽培珍贵树种	中国植物红皮书	中国物种红色名录	全国极小种群野生植物
						✓		LC	

009 侧柏

柏科 Cupressaceae　　别名：柏树、扁柏、香柏

Platycladus orientalis（L.）Franco

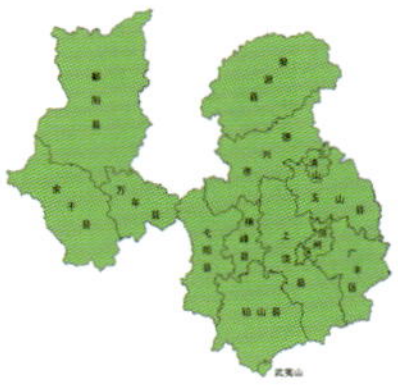

【主要形态与识别特征】

常绿乔木，高 15~20 米；生鳞叶的小枝细，向上直展或斜展，扁平，排成一平面。叶小，鳞片状，紧贴小枝上，呈交叉对生排列，叶背中部具腺槽。雌雄同株，花单性；雄球花黄色。球果当年成熟，种鳞木质化，开裂。花期 3~4 月；球果 10 月成熟。

本种与柏木较为相似，两者的区别可参阅柏木树种的描述。

【地理分布与生境】

侧柏属仅侧柏 1 种，产于我国北部及西南部，栽培遍布全国。常见的栽培变种有千头柏、金黄球柏、金塔柏等。朝鲜也有分布。

我国为次要分布区，产于内蒙古南部、东北南部，经华北向南达广东、广西北部，西至陕西、甘肃，西南至四川、云南、贵州。在吉林分布于海拔 250 米以下；华北可达海拔 1000~1200 米；河南、陕西可达海拔 1500 米；至云南中部及西北部可达海拔 2600 米。现多为人工林，河北兴隆、山西太行山区、陕西渭河流域及云南澜沧江流域山谷中有天然林。

【树种特性与受危因素】

喜光，幼时稍耐阴，适应性强，对土壤要求不严，在酸性、中性、石灰性和轻盐碱土壤中均可生长；耐干旱瘠薄，萌芽能力强，耐寒力中等，耐强太阳光照射，耐高温，浅根性，抗风能力较弱。

侧柏是中国应用最广泛的园林绿化树种之一，为中国特有种，自古以来就常栽植于寺庙、陵墓和庭园中。因长期过度砍伐，成片林分极为罕见。若不采取保护措施，有可能被灌丛所更替。

【资源现状与典型群落】

在赣东北被广泛栽培；常见于寺庙、陵园及庭院中，也用于山上造林。婺源大鄣山海拔 240

米石灰岩陡坡山地 40 年生纯林，平均树高 13 米，胸径 25~35 厘米，种植密度 2 米 ×3 米，成活率 90% 以上，面积约 500 亩，生长普遍良好。

【主要价值与用途】

观赏价值：可用于行道、庭园、大门两侧、绿地周围、路边花坛及墙垣内外，均极美观。

材用价值：木材淡黄褐色，富含树脂，材质细密，纹理斜行，耐腐力强，坚实耐用，可供建筑、器具、家具、农具及文具等用材。

药用价值：种子、根、枝叶、树皮均可供药用，种子（柏子仁）有滋补强壮、养心安神、润肠通便、止汗等功效；枝叶能收敛止血、利尿、健胃、解毒散瘀。

【保护与利用建议】

1. 重点加强侧柏在荒山、石灰岩山地造林及城市风景林建设方面的推广应用。①侧柏树形美观，寿命长，适应性强，抗严寒，耗水量小，极耐干旱瘠薄。同时，还具有较强的抗有毒气体的能力，花、果、枝都能分泌具有强烈芳香的挥发物质，是荒山造林重要的生态林建设树种、石灰岩山地造林先锋树种及城市生态风景林建设的优良树种，应用前景极为广阔。②作为绿化苗木，侧柏还具有成本低廉、移栽成活率高、苗源广泛、造林技术成熟等优点，易于推广。

2. 在传统木材、枝叶、种子等功能利用的基础上，开展侧柏资源深层次商品功能的开发，对树体内含物活性成分进行深入研究。①当前，天然产物有效成分的研究与开发方兴未艾，从中提取分离的有效成分应用于医药、食品添加剂、保健品以及化妆品等行业，深受消费者青睐。②充分挖掘侧柏产品的药用价值，进行更深层次的研究开发，研究出高附加值的侧柏活性成分产品，具有广阔的发展前景。

【参考文献】

陈莉，2015；郜红霞，2013；李克家等，1998；谢复旦等，1995；郑万钧，1983；周素侠等，2012。

（编写：曹晓平　摄像：黄宇潮）

国家珍稀濒危保护植物	国家珍贵树种	国家重点保护野生植物	中国主要栽培贵树种	江西省重点保护野生植物	江西珍贵稀有濒危树种	江西主要栽培珍贵树种	中国植物红皮书	中国物种红色名录	全国极小种群野生植物
				II	II				

010 罗汉松

罗汉松科 Podocarpaceae　别名：罗汉杉、土杉

Podocarpus macrophyllus（Thunb.）D. Don

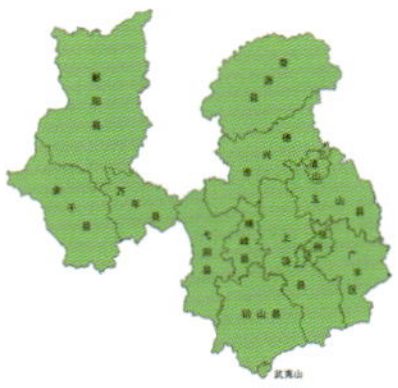

【主要形态与识别特征】

常绿针叶乔木，高达 20 米，胸径达 60 厘米；树皮浅纵裂，成薄片状脱落；枝开展或斜展，较密。叶螺旋状着生，条状披针形，微弯，上面深绿色，有光泽，中脉显著隆起，下面带灰白色。雄球花穗状、腋生，常 3~5 个簇生于极短的总梗上；雌球花单生叶腋，有梗。种子核果状，卵圆形，成熟时呈紫红色，似头状，种托似袈裟，全形如披袈裟的罗汉，故名“罗汉松”。花期 4~5 月；种子 8~9 月成熟。

罗汉松和短叶罗汉松（*Podocarpus macrophyllus*）均为我国庭园中最常见的树种，其主要区别在于后者叶短而密生，长 2.5~7 厘米，宽 3~7 毫米，先端钝圆。

【地理分布与生境】

罗汉松属约 100 种，分布于亚热带、热带及南温带，多产于南半球。我国有 13 种 3 变种，分布于长江以南各省区及台湾。赣东北 3 种，罗汉松组 2 种，即罗汉松和短叶罗汉松。

罗汉松产于江苏、浙江、福建、安徽、江西、湖南、四川、云南、贵州、广西、广东等省区；生于海拔 1000 米以下山地，多栽培于庭园作观赏，野生树木极少。模式标本产地为海拔 2500~7000 米地带的阴湿地。日本也有分布。

【树种特性与受危因素】

喜温暖湿润气候，耐寒性弱，耐阴性强，喜排水良好湿润的沙质壤土，对土壤适应性强，对二氧化硫、硫化氢、二氧化氮等多种污染气体抗性较强，抗病虫害能力强。

罗汉松为我国著名的园林景观与盆景制作珍贵树种。因长期采挖、移植利用，现资源已面临枯竭。

【资源现状与典型群落】

赣东北山区有极少数散生，三清山、婺源有零星残存的大树、古树，林下更新小苗极为少见。婺源海拔 247 米的溪水岸边有人工栽培，树高 11 米，

胸径1.5米，形似蘑菇；家谱记载树龄约900年，现枝叶浓密，生长旺盛。三清山海拔400米盘山公路旁的山地沙壤，树高约13米，胸径75厘米，因人为干扰与藤本侵蚀，树体长势偏弱。现各地普遍栽植，供园林绿化观赏。

【主要价值与用途】

材用价值：质地致密，富含油脂，能耐水湿，抗腐蚀，不易受虫害，是建筑、器具的良材。

观赏价值：盆景树姿葱翠秀雅，苍古矫健，叶色四季鲜绿，有苍劲高洁之感。

生态价值：对二氧化硫、硫化氢、二氧化碳等有毒气体均有较强的抗性，可作为厂矿区环境绿化的优良环保树种。

药用价值：球形果具有益气的作用，中医一般用罗汉松的球形果来治血虚、面色萎黄；罗汉松的根皮具有活血止痛的功效，还有杀虫的作用，用来治疗跌打损伤及一些癣类疾病。

【保护与利用建议】

1. 加强罗汉松野生古树资源的原地保护，开展生物多样性研究，为种质资源的保存与利用提供依据。

2. 研究快繁技术，解决制约高效开发利用的瓶颈问题，促进良种苗木快繁现代化，为规模化生产提供技术支撑。

3. 加大苗木培育的力度，加强栽培技术试验，总结绿化苗木成功移植经验，探索园林景观配置和造景方式，充分发挥其景观效果和生态效益。

4. 罗汉松四季常青，针叶狭长，色泽深绿，枝干苍劲，寿命较长，是制作盆景常用的树种。开展盆景制作与养护技术研究，具有广阔的利用前景。

5. 深层次开展罗汉松植物化学成分研究，加速资源的综合开发利用。从罗汉松中分离出来的双内酯，具有抗肿瘤、抗病毒、抑制作物生长的作用，可用作杀虫剂；张永杰研究还发现罗汉松各个器官和组织中存在着丰富的抗肿瘤内生菌等。这些都为我国新型药物的开发提供了依据。

【参考文献】

吴鲁东等，2012；夏聪等，2015；郑万钧，1983；张永杰，2002。

（编写：杨森兴　摄像：曹晓平）

国家珍稀濒危保护植物	国家珍贵树种	国家重点保护野生植物	中国主要栽培珍贵树种	江西省重点保护野生植物	江西珍贵稀有濒危树种	江西主要栽培珍贵树种	中国植物红皮书	中国物种红色名录	全国极小种群野生植物
				III	II	✓		NT	

011 竹柏

罗汉松科 Podocarpaceae　别名：罗汉柴、山杉

Podocarpus nagi（Thunb.）Zoll. et Mor ex Zoll.

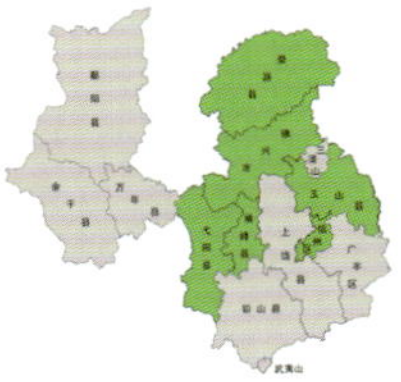

【主要形态与识别特征】

常绿乔木，树高达 20 米，胸径 50 厘米。叶对生，革质，有多数并列的细脉，无中脉，基部楔形或宽楔形，向下窄成柄状。雄球花穗状圆柱形，单生叶腋，常呈分枝状；雌球花单生叶腋，稀成对腋生。种子圆球形，有白粉。花期 3~4 月；种子 10 月成熟。

竹柏与窄叶竹柏（*Podocarpus formosensis*）很相似，两者的主要区别为后者叶窄椭圆状披针形，先端钝，截状，雄球花近球形，8~10 簇生。

【地理分布与生境】

罗汉松属地理分布可参阅罗汉松树种的描述。竹柏组仅 1 种。

竹柏产于浙江、福建、江西、湖南、广东、广西、四川等省区海拔 1600 米以下的中下坡及沟谷旁，多与常绿阔叶树混生成林。长江流域有栽培；日本也有分布。

【树种特性与受危因素】

适生于温暖、湿润、土壤深厚疏松的环境及砂页岩、花岗岩、变质岩发育的深厚、疏松、湿润肥沃的酸性沙壤土至轻黏土地带；耐阴性强，林冠下天然更新良好；在贫瘠干旱、浅薄土壤上生长很慢，石灰岩山地不能适应。

竹柏为古老的裸子植物，起源中生代白垩纪，被人们称为“活化石”。由于长期砍伐、保护不力、种植稀少，现有资源逐渐枯竭。

【资源现状与典型群落】

赣东北弋阳分布较为广泛，南北各乡、镇山区，均有零星或小片状分布。初步统计，龟峰景区大小总计有上千株，胸径以 6~8 厘米为主，其中最大植株位于龟峰景区海拔 400 米天女散花附近的岩石缝中，树高 16 米，胸径约 50 厘米，生长良好，主要伴生种为枫香、木荷、杜英、壳斗

科植物等；朱坑有一竹柏群落，生于海拔50米平原山地沙壤，面积约为18亩，共23株，集中分布，平均胸径约34厘米，最大胸径为48厘米，最小胸径为12厘米，平均树高达20米，与杜英组成建群种，主要伴生种有木荷、青冈、桃叶石楠（*Photinia prunifolia*）、轮叶蒲桃等。德兴大茅山海拔600米山地也发现有小片状分布，最大胸径达30厘米。

【主要价值与用途】

观赏价值：枝叶青翠而有光泽，树冠浓郁，树形美观，为庭园、住宅小区、街道等地段绿化的优良风景树。

生态价值：叶片和树皮具有净化空气、抗污染和强烈驱蚊的效果。

药用价值：根、茎、叶及种子含有多种化学成分，可以舒筋活血。

材用价值：其木材纹理通直、细密，加工性能好，干燥后不变形不开裂，切口平滑，年轮美观，是雕刻、制作家具、胶合板的优良用材。

其他价值：竹柏果可做工业用油，经处理可成为优质食用油。

【保护与利用建议】

我国有关竹柏的研究已经从观赏价值的应用扩展到药用价值和经济价值的开发上，建议可从以下方面进行研究与推广。

1. 重视对现有天然林竹柏群落的保护与改造，建立采种母树林，保存物种遗传多样性。

2. 加强其作为燃料油树种的种植开发。竹柏具有种实含油率及单产面积高、成熟整齐、采摘容易、成本低的优点，可以结合其景观与材用，与其他树种混交或散植于庭院，实现木材利用、景观绿化、生态功能与能源利用的有机结合。

3. 加强良种选育与栽培技术标准化研究。开展以种实产量高、含油率高及速生为主要目标性状的良种单株选择，建立基因库和采穗圃，开展系列造林技术试验，掌握其不同定向培育的关键技术。

4. 开展山地造林技术研究。主要研究混交造林树种选择，荒山、荒地树种混交及林下造林技术试验，探索利用新途径，以充分实现其生态与经济效益。

5. 加强竹柏盆景的应用与研究开发。竹柏树身似柏，叶形似竹，枝叶浓郁、发亮，加上其前期生长缓慢，又具耐阴性与环保功能，是制作室内盆景的优良树种，可开展苗木基质配方、快繁技术及产品应用形式等方面的研究，以价廉物美占据市场。

【参考文献】

曹人智，2001；李丹等，2014；林立等，2014；郑达华，2015；郑万钧，1983；周俊新，2008；周早弘，2002。

（编写：曹晓平　摄像：祝群欢）

国家珍稀濒危保护植物	国家珍贵树种	国家重点保护野生植物	中国主要栽培珍贵树种	江西省重点保护野生植物	江西珍贵稀有濒危树种	江西主要栽培珍贵树种	中国植物红皮书	中国物种红色名录	全国极小种群野生植物
				III	III	✓		NT	

012 三尖杉

三尖杉科 Cephalotaxaceae　别名：狗尾松、三尖松、山榧树

Cephalotaxus fortunei Hook. f.

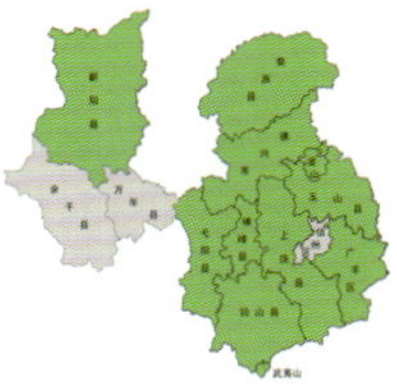

【主要形态与识别特征】

常绿灌木或小乔木。因叶形似杉，但柔软不刺手，枝端冬芽呈三个排列，春天小枝分三叉生长，故名三尖杉。树高达 20 米；小枝对生，枝条较细长，稍下垂。叶排成两列，披针状条形，通常微弯，上面深绿色，中脉隆起，下面气孔带白色。种子椭圆状卵形或近圆球形。花期 4 月；种子 8~10 月成熟。

三尖杉与粗榧同属，两种形态较相近，其主要区别为前者叶长 4~13 厘米，先端渐尖，成长尖头，披针状条形，质地厚；后者叶较短，长 1.5~5 厘米，先端微急尖或渐尖，叶排列较疏，上面平，中脉明显，叶基部圆形或圆截形。

【地理分布与生境】

三尖杉科 1 属 9 种，产于亚洲东部。我国 7 种 3 变种。赣东北 3 种 1 变种。

三尖杉产于我国秦岭及黄河以南各地；多分布于亚热带常绿阔叶林中，生于山坡疏林、溪谷湿润而排水良好的地带，多为散生的树木。

【树种特性与受危因素】

喜半湿润、干湿季节交替较为明显、气温的日变化及年变化较大、热量条件较差的气候和耐土层瘠薄的生境；在林下光照强度较差的环境条件，也能正常生长和更新。

三尖杉为中国亚热带特有古老孑遗植物。因天然更新极为困难，加之人为过度砍伐利用，三尖杉属植物资源总量日趋稀少。

【资源现状与典型群落】

赣东北各地山区均有生长，以零星或小片状分布；生于溪旁湿润地带及阔叶林中及林缘，多为小乔木及灌木丛，大树稀少。三清山海拔 689 米西南坡山谷溪旁共 5 株，平均树高 3.5 米，胸径 6 厘米，枝叶翠绿，生长良好，与拟赤杨、木荷、马尾松、青冈、箬竹（*Indocalamus tessellatus*）、杉木、紫楠等

混生。婺源海拔519米村旁风景林中共4株，散生，平均树高3米，胸径10厘米，树体伞形，生长良好，与枫香、椤树、三角槭（*Acer buergerianum*）、小叶青冈等组成针阔混交林。武夷山海拔600~1000米山谷溪流两旁，呈带状分布，多为10厘米以下小乔木，生长普遍良好，生于阔叶林中及林缘。

【主要价值与用途】

材用价值：木材黄褐色，纹理细致，材质坚实，韧性强，有弹性，可供建筑、桥梁、舟车、农具、家具及器具等用材。

药用价值：三尖杉是重要药原植物，从植物体中提取的植物碱对于癌症治疗具有一定疗效。

工业价值：种子可榨油，供制肥皂、油漆、硬化油和蜡等用。

观赏价值：树姿婆娑，端庄秀丽，形态奇特，叶背有两条银白色的气孔带，微风吹拂，银光耀眼，具有独特风姿，是优良的园林观赏树种。

【保护与利用建议】

1. 开展资源就地保护。三尖杉属植物多混生于常绿阔叶林中，保护各地现存的常绿阔叶林与生境是保护资源的关键措施。

2. 加大资源培育。①开展科学研究，进行人工育苗、栽培试验，破解幼树成林慢生等繁育、培植难题。②建立不同培植目标（如药用、材用、观赏等）的人工种植基地，逐步实现人工栽培资源的利用。

3. 加强资源药用价值成分的深层次研究，为药用产品的开发提供依据，促进资源的利用与产业化发展。

国家珍稀濒危保护植物	国家珍贵树种	国家重点保护野生植物	中国主要栽培珍贵树种	江西省重点保护野生植物	江西珍贵稀有濒危树种	江西主要栽培珍贵树种	中国植物红皮书	中国物种红色名录	全国极小种群野生植物
				III	III			NT	

粗 榧

别名：中国粗榧、粗榧杉

Cephalotaxus sinensis（Rehd.et Wils.）Li

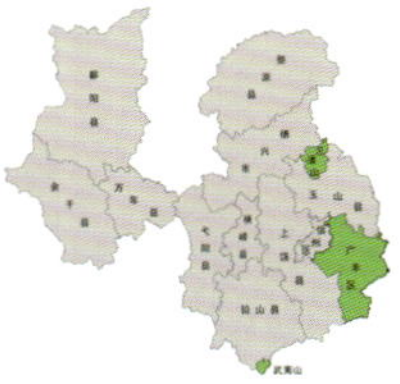

灌木或小乔木，高达 15 米，少为大乔木。叶条形，排列成两列，通常直，基部近圆形，几无柄，下面有 2 条白色气孔带，较绿色边带宽 2~4 倍。雄球花 6~7 聚生成头状。种子通常 2~5 个着生于轴上。花期 3~4 月；种子 8~10 月成熟。

耐阴树种，喜温凉、湿润气候及黄壤、黄棕壤、棕色森林土的山地，喜生于富含有机质的土壤中，抗虫害能力很强；生长缓慢，有较强的萌芽力。

粗榧属于第三纪孑遗植物，自然分布于长江流域及以南地区；多数生于海拔 600~2200 米的花岗岩、砂岩及石灰岩山地。赣东北武夷山、三清山、广丰铜钹山有极少数分布。在三清山生于海拔 900~1100 米的山地岩石缝间，小乔木，生长一般。

粗榧的园林、药用、油用、材用等利用价值高。木材坚实，可作农具及工艺品等用；叶、枝、种子、根可提取多种植物碱，对治疗白血病及淋巴肉瘤等有一定疗效；粗榧树冠整齐，针叶粗硬，有较高的观赏价值，可作盆栽或孤植造景，叶宜作鲜切花叶材用。此外，粗榧对烟害的抗性强，适合用于工矿区绿化。

【参考文献】

傅立国，1992；郭文杰等，1998；潘标志，2009；汪松等，2004；王有生等，1992；杨永生，2002；郑万钧，1983。

（编写：曹晓平　摄像：吴光喜）

国家珍稀濒危保护植物	国家珍贵树种	国家重点保护野生植物	中国主要栽培珍贵树种	江西省重点保护野生植物	江西珍贵稀有濒危树种	江西主要栽培珍贵树种	中国植物红皮书	中国物种红色名录	全国极小种群野生植物
II	II	II			I		EN	VU	

013 白豆杉

红豆杉科 Taxaceae　　别名：短水松

Pseudotaxus chienii（Cheng）Cheng

【主要形态与识别特征】

常绿灌木或小乔木，高达 4 米；枝条轮生，小枝近对生或近轮生。叶螺旋状排列，基部扭转呈二列，线形，直或微弯，先端骤尖，基部近圆形，下延生长，具短柄，两面中脉隆起，上面光绿色，下面有 2 条白色气孔带。雌雄异株，球花单生叶腋。种子坚果状，卵圆形，稍扁，长 5~7 毫米，着生于肉质、白色、杯状的假种皮中，基部有宿存苞片，具短梗或几无梗。花期 3~5 月；种子 10 月成熟。

本种与红豆杉属树种的区别在于后者叶背中脉两侧气孔带淡黄绿色，假种皮肉质红色、杯状，种子露出可见。

【地理分布与生境】

白豆杉属 1 种，我国特产，星散分布，产于浙江南部龙泉山海拔 1000 米，凤阳山海拔 1400 米，瑞昌九龙山海拔 1300~1400 米，江西井冈山、湖南南部及西北部、广东北部、广西临桂及大明山海拔 800 米以下山地；散生于阔叶林中，数量不多。

位于浙江衢州境内紫微山国家森林公园大源尾山区海拔 740~1400 米的山坡杂木林和山谷中，有白豆杉连续分布 4000 多亩，其中密集分布区域在海拔 900~1400 米之间，面积约 1300 多亩，是迄今为止我国白豆杉天然分布最北、面积最大的一处。

【树种特性与受危因素】

白豆杉生于亚热带中山地区的林下，气候温凉湿润，云雾重，光照弱。土壤属山地黄壤，强酸性，pH 值 4.2~4.5，有机质含量 5.4%~18.4%，肥力较高。群落外貌多为常绿阔叶与落叶阔叶混交林。白豆杉为耐阴树种，一般喜生长于郁闭度较高的林荫下，在干热和强光照下生长萎缩，干形弯曲；根系发达，岩缝内也可扎根，但成丛生灌木，幼年生长缓慢；雌株结实常不稳定，受孕率低，种子具休眠期，需隔年发芽；冬芽于 3 月中旬膨大，4 月上旬展叶；花于 3 月下旬至 4 月上旬开放；种子于9月下旬至10月上旬成熟。

白豆杉为单种属植物，我国特产，星散分布，个体稀少，又是雌雄异株，生于林下的雌株往往不能正常授粉，天然更新困难，加之植被破坏，生境恶化，导致分布区逐渐缩小，资源日趋枯竭。

【资源现状与典型群落】

赣东北仅在三清山发现有分布；植株位于海拔1300米的金女线陡坡深谷密林底下的悬崖上，树高约3米，在悬崖上树干横着向外生长，与猴头杜鹃、台湾松、小叶青冈、木荷、黑柃（*Eurya macartneyi*）、厚叶红淡比（*Cleyera pachyphylla*）组成混交林。该株白豆杉是2007年，国内外生物专家在三清山风景名胜区实地科学考察中首次发现的。此外，根据1992年出版的《中国植物红皮书》记载，江西东北部德兴也有白豆杉的地理分布，但本次调查未能找到实物。

【主要价值与用途】

科研价值：白豆杉是第三纪残遗于中国的单种属植物，对研究植物区系与红豆杉科系统发育有科学价值。

观赏价值：树形优美，四季常青，肉质白色的假种皮，别致可观，果熟时珍珠般雪白晶莹透亮，可作园景树等用，是庭院、行道、广场绿化和室内观赏的新型热门树种。

药用价值：枝、叶、皮可用于提取抗癌药物紫杉醇。

【保护与利用建议】

1. 加强资源保护。本种分布的浙江凤阳山、紫微山、九龙山、江西井冈山、湖南张家界等已建立自然保护区和森林公园，将珍稀物种列为重点保护。

2. 开展繁殖育苗试验。有研究证明，白豆杉在生境相似的林冠下播种育苗和在圃地进行扦插，若在遮阴及经常保湿的条件下，成活率在85%以上。利用红豆杉植株的嫩茎、针叶、树皮、形成层、假种皮、胚等作为外植体，通过接种还可进行组织培养，可在实验室批量育苗。杭州植物园、凤阳山自然保护区已引种和繁殖栽培。

【参考文献】

傅立国，1992；钱汝明等，2012；汪松等，2004；徐晓婷等，2008；郑万钧，1983。

（编写：曹晓平　摄像：黄宇潮）

国家珍稀濒危保护植物	国家珍贵树种	国家重点保护野生植物	中国主要栽培珍贵树种	江西省重点保护野生植物	江西珍贵稀有濒危树种	江西主要栽培珍贵树种	中国植物红皮书	中国物种红色名录	全国极小种群野生植物
	I	I	✓		III	✓		VU	

014 南方红豆杉

红豆杉科 Taxaceae　别名：红豆杉、美丽红豆杉

Taxus chinensis（Pilger）Rehd.var. *mairei*（Lemee et Levl.）Cheng et L.K.Fu

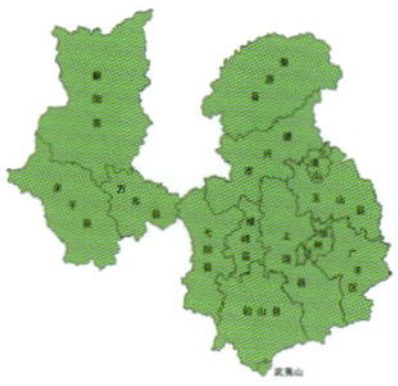

【主要形态与识别特征】

常绿乔木，树高达30米，胸径60~100厘米；树皮灰褐色、红褐色或暗褐色，裂成条片脱落。叶排列成两列，条形，微弯或较直，上面深绿色，有光泽，下面淡黄绿色，有两条气孔带，中脉带上有局部成片或零星具圆形角质乳头状突起点，与气孔带颜色相异。种子生于杯状红色肉质的假种皮中，常呈卵圆形，微扁或圆。

南方红豆杉和红豆杉的主要区别为前者叶较宽长，披针状条形，常呈弯镰状，下面中脉带的色泽与气孔带不同，中脉带上局部成片或零星具角质乳头状突起点，种子微扁，呈倒卵圆形，稀柱状矩圆形；后者叶较短，条形，微呈镰刀状或较直，下面中脉带上密生均匀而微小圆形原角质乳头状突起点，其色泽与气孔带相同，种子多呈椭圆形，稀呈倒卵圆形。

【地理分布与生境】

红豆杉属约11种，产北半球。我国4种1变种。赣东北产南方红豆杉和红豆杉2种。

南方红豆杉产于中国长江流域以南，生于海拔1000~1200米以下的山谷、溪边，缓坡腐殖质丰富的酸性土壤山林中。模式标本产地在贵州梵净山。

【树种特性与受危因素】

南方红豆杉是中国亚热带至暖温带特有成分之一，在阔叶林中常有分布。耐阴树种，喜温暖湿润的气候；耐干旱瘠薄，不耐低洼积水；对气候适应力较强；具有较强的萌芽能力，树干上多见萌芽小枝，但生长比较缓慢；很少有病虫害，寿命长。

红豆杉属植物，是近年来植物界走红的“明星”。因为它可提炼紫杉醇，是国际公认的防癌抗癌药剂，同时被全世界42个有红豆杉的国家称为“国宝”，联合国也明令禁止采伐，是名副其实的“植

物大熊猫”。红豆杉属植物是经过第四纪冰川遗留下来的古老孑遗树种，在地球上已经有250万年的历史，在我国的一些地区有着“神树”的美誉。20世纪80年代以来，红豆杉属植物遭到了毁灭性的破坏，包括林木砍伐、环境改变、林地面积缩减，加之植株再生能力差且生长速度慢，很快就处于濒危状态。

【资源现状与典型群落】

南方红豆杉在赣东北各地山区均有分布，以婺源、三清山、广丰铜钹山居多，分布区内以星散生长为主，也有群落，古树、大树居多；生于山谷、溪边及平原村庄周边、路旁等。铜钹山海拔700米缓坡山地，集中分布区面积约200亩，为南方红豆杉群落；根据样方调查，每亩株数43株，平均胸径为32厘米，树高为13米，其中最大一株胸径1.9米，树高达20米；群落下木层优势种不明显，有毛八角枫（*Alangium kurzii*）、草珊瑚、绒毛润楠（*Machilus velutina*）、荚蒾（*Viburnum dilatatum*）、青冈等。上饶县望仙乡海拔354米缓坡山地路旁，黄壤，乔木优势种为枫香，伴生种为紫楠、杉木、桂花（*Osmanthus fragrans*）、柃木等，树高达20米，胸径1.96米，生长良好。三清山海拔678米村庄后背山，缓坡，土层肥沃、深厚，共5株，平均树高约16米，平均胸径为60厘米，普遍生长良好，与蓝果树、玉兰、小叶青冈、厚朴、红楠、枫香、野核桃等组成针阔混交林。

【主要价值与用途】

材用价值：材质坚硬，刀斧难入，有“千枞万杉，当不得红榧一枝桠”之称。其边材黄白色，心材赤红，质坚硬，纹理致密，形象美观，不翘不裂，耐腐力强，可供建筑、高级家具、室内装修、车辆、铅笔杆等用；又因其耐水湿，不易腐朽，为水土工程的优良用材。

观赏价值：枝叶浓郁，四季常青，树形优美。结实时，果多色艳，绚烂夺目，食味鲜美，逗人喜爱。适合在庭院一角孤植点缀，亦可在建筑背阴面的门庭或路口对植，山坡、草坪边缘、片林边缘丛植。

药用价值：从红豆杉属植物根、茎、叶中提取的紫杉醇具有防癌抗癌的作用，而且无明显的不良反应，是近年来国际上公认的植物提纯的抗

癌药物，临床应用对多种癌症有较好的效果，对卵巢和乳腺癌有突出的疗效，因此，紫杉醇被称为“治疗癌症的最好一道防线”。

生态价值：能昼夜增氧、净化空气。

【保护与利用建议】

红豆杉属植物分布较广泛，多属鸟类取食后传播，故很分散、零星。由于材质好、色泽美观、药用价值高、用途广泛，资源遭受破坏越来越严重。因在自然条件下植株生长速度缓慢，再生能力差，所以很长时间以来，世界范围内还没有形成大规模的原料林基地。加强对现有资源的保护，同时积极开展繁育研究试验，扩大栽培，是资源保护与利用工作的重点。

1. 在野生资源分布相对集中的区域，如铜钹山南方红豆杉群落，选建自然保护点，营建野生红豆杉母树林。

2. 优良品种的选育。野生植物种间和种内群体，群体内家系间存在丰富的遗传变异，通过林木选择和杂交育种完全有可能培育出生长快、生物量大、紫杉醇含量高，且繁殖栽培容易的优良品种。

3. 加强人工林培育技术研究。①资源开发不能仅靠野生资源，要逐步从利用野生资源向开展人工培育方向过渡。②资源规模化发展仍以扦插育苗为主，辅以种子育苗，攻关组培繁殖。人工繁育栽培红豆杉，营造规模化的近自然经济林（药用、观赏园艺和材用）是主要的持续利用途径。③红豆杉属植物为偏阴性须根性中速树种，萌蘖能力强，易灼伤，对立地条件与周边环境要求苛刻，在现有天然林中，生长在土层深厚、湿润肥沃的沟谷、山脚及溪涧两旁的红豆杉长势最好。无论作为培育大中径用材，或作为庭院观赏树种栽培还是盆景培育都是适宜的，但必须严格选择造林地，宜区划山区半山区的阴坡或半阴坡和山谷阔叶林迹地及日照相对较短之地，尽量避免平原阳光充足、干旱地带种植，同时必须集约化经营和管理，否则树木生长不良，叶色不艳，影响美观，达不到预期目的。④在借鉴成功示范基地经验基础上，结合开展区域性试验，再逐步推广。⑤ 2018 年 1 月，红豆杉研发已列为国家战略。

国家珍稀濒危保护植物	国家珍贵树种	国家重点保护野生植物	中国主要栽培珍贵树种	江西省重点保护野生植物	江西珍贵稀有濒危树种	江西主要栽培珍贵树种	中国植物红皮书	中国物种红色名录	全国极小种群野生植物
		I	✓					VU	

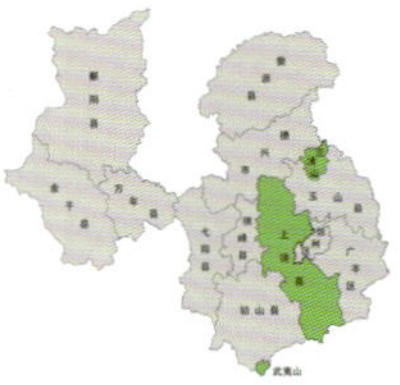

红豆杉

别名：紫杉

Taxus chinensis（Pilger）Rehd.

红豆杉形态特征与南方红豆杉极为相似，主要区别可参阅南方红豆杉树种描述部分。

红豆杉在中国南北各地均适宜种植，具有喜阴、耐旱、抗寒的特点，要求土壤 pH 值在 5.5~7.0，多见于以红壤为主的针阔混交林内；生于山顶多石或瘠薄的土壤上，多呈灌木状。原产地年均气温 2~7℃，年均降水量 750~1000 毫米，多散生于阴坡或半阴坡的湿润、肥沃的针阔混交林下；性喜凉爽湿润气候，可耐 -30℃以下的低温，抗寒性强，最适温度 20~25℃；属耐阴树种，喜湿润但怕涝，适于在疏松湿润排水良好的沙质壤土上种植。

红豆杉广泛分布在湖南、广东、陕西、湖北、安徽西部以至四川、贵州铜仁市梵净山和佛顶山地区、重庆西南大部分地区以及酉阳大板营原始森林、甘肃南等地；垂直分布一般较南方红豆杉高，常生于海拔 1000~1200 米以上的高山上部。庐山有引种栽培。赣东北在三清山、武夷山、上饶县灵山海拔 1000 米以上山地有极少数零星分布，小乔木状。

红豆杉与南方红豆杉的价值用途相似。

【参考文献】

傅瑞树等，2003；李延红，2007；罗建勋等，2003；伍文强，2008；郑万钧，1983。

（编写：陈慧　摄像：黄宇潮）

国家珍稀濒危保护植物	国家珍贵树种	国家重点保护野生植物	中国主要栽培珍贵树种	江西省重点保护野生植物	江西珍贵稀有濒危树种	江西主要栽培珍贵树种	中国植物红皮书	中国物种红色名录	全国极小种群野生植物
		II	✓		II	✓		VU	

015 榧树

红豆杉科 Taxaceae　别名：香榧、野榧、羊角榧

Torreya grandis Fort. et Lindl.

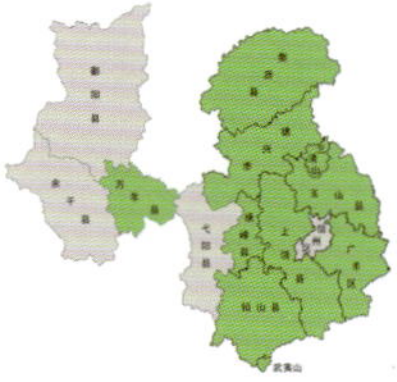

【主要形态与识别特征】

常绿针叶乔木，高达25米，胸径2米；树干挺直，树冠广卵形。叶条形，成两列，通常直，先端凸尖，上面光绿色，无隆起的中脉，下面淡绿色，气孔带常与中脉带等宽。种子椭圆形、卵圆形、倒卵圆形或长椭圆形，长2~4.5厘米，宽1.5~2.5厘米，熟时假种皮淡紫褐色，有白粉。花期4月；种子翌年10月成熟。

榧树与红豆杉属树种很相似，野外常用手掌触碰叶尖来辨别，若有刺痛感则为榧树，反之则为红豆杉植物。

【地理分布与生境】

榧树属，共7种，分布于北半球，北美产2种，日本1种。我国产4种，另引入栽培1种。赣东北1种、1变种及1栽培种。

榧树产于江苏南部、浙江、福建北部、江西北部、安徽南部，西至湖南西南部及贵州松桃等地；生于海拔1400米以下，温暖多雨，黄壤、红壤、黄褐土地区；常散生于土层深厚的黄壤谷地，忌积水低洼地。模式标本采自浙江。

【树种特性与受危因素】

榧树喜光而好凉爽湿润的环境，干旱瘠薄处生长不良，能耐寒，寿命长，树龄200年而不衰。

中国特有种，著名干果，是一种极具开发价值的保健食品。因生态环境破坏，人为砍伐，自然繁殖力弱，成年植株越来越少。

【资源现状与典型群落】

赣东北武夷山、三清山、广丰铜钹山、玉山、婺源等地均有生长，多为大树、古树，呈散生分布。武夷山多生于600~1500米的山坳、沟谷、山脚坡地、毛竹林缘；常与柳杉、福建山樱花（*Prunus campanulata*）、瘿椒树、华桑（*Morus cathayana*）、光皮桦（*Betula luminifera*）、小叶白辛（*Pterostyrax corymbosus*）、毛竹（*Phyllostachys edulis*）等混生。

婺源多分布于村旁及风景林中；位于海拔550米风景林缘，2株，土层深厚、肥沃，树高均为18米，平均胸径1.6米，与乌桕（*Sapium sebiferum*）、三角槭、山槐（*Albizzia kalkora*）、枫香、南方红豆杉等混生，枝繁叶茂，生长良好。三清山村庄四旁及风景林中、玉山怀玉山山顶及沟谷均有大树、古树生长。玉山有小面积引种栽培。

【主要价值与用途】

材用价值：边材白色，心材黄色，纹理直，结构细，硬度适中，有弹性，有香气，耐水湿，为建筑、造船、家具等的优良木材。

食用价值：种子为著名的干果，仁肉清香浓郁，是上等的美味佳品；亦可榨食用油。

药用价值：榧树成熟干燥的种子“榧子”作为中国传统的中药始载于《神农本草经》，是广谱驱虫药，具有杀虫、消积、润肠、通便之功效；最近研究证明其具有抗肿瘤和抗艾滋病毒的作用。

观赏价值：树形优美，四季常青，可作为庭院绿化观赏树木栽培，也是良好的盆景素材树种。

其他价值：榧树果实含有丰富的氨基酸、矿物质、维生素，具有一定的降血压和降血脂的作用，是一种极具开发价值的保健食品。

【保护与利用建议】

1. 重视资源的保护。①榧树资源多以大树、古树为主，自然繁殖力弱，林下更新苗极少。②榧树生长以村旁、路边居多，生境极易遭受人为干扰和破坏，身居深山老林的榧树因长期处于野生状态，多数树木生长势下降。③以原地保护为主，以异地保护为辅。

2. 开展种质资源收集。①榧树古树众多，种内性状变异复杂，不同单株间种子的单粒质量、种核单粒质量、出核率、核形指数及营养成分等变异大，存在一些综合性状优良、品质达到或超过榧树的优株。②应主要收集一些种子具有综合优良性状、特殊性状和有潜在利用价值的榧树单株。

3. 加强榧树化学成分与药理作用的进一步研究，推动市场开拓与资源的开发利用。

【参考文献】

程晓建等，2007；程晓建等，2009；徽州香榧联合调查组，1992；刘学斐等，2011；易官美等，2013；郑万钧，1983。

（编写：曹晓平　摄像：黄宇潮）

国家珍稀濒危保护植物	国家珍贵树种	国家重点保护野生植物	中国主要栽培珍贵树种	江西省重点保护野生植物	江西珍贵稀有濒危树种	江西主要栽培珍贵树种	中国植物红皮书	中国物种红色名录	全国极小种群野生植物
				III					

016 # 草珊瑚

金粟兰科 Chloranthaceae　　别名：满山香、观音茶

Sarcandra glabra (Thunb.) Nakai

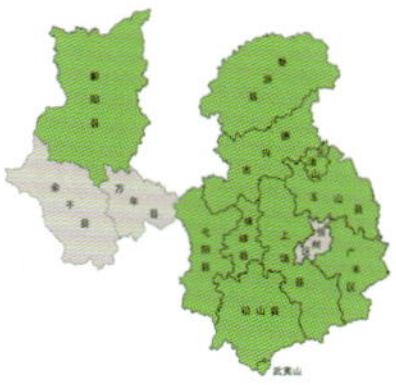

【主要形态与识别特征】

多年生常绿亚灌木，高 50~120 厘米；茎与枝均有膨大的节。叶革质，椭圆形、卵形至卵状披针形，长 6~17 厘米，宽 2~6 厘米，边缘具粗锐锯齿，齿尖有一腺体；叶柄基部合生成鞘状；托叶钻形。穗状花序顶生，通常分枝，多少成圆锥花序状，连总花梗长 1.5~4 厘米；苞片三角形；花黄绿色。核果球形，直径 3~4 毫米，熟时红色。花期 6 月；果期 8~10 月。

【地理分布与生境】

草珊瑚属 3 种，分布于亚洲东部至印度。我国有 2 种，产于西南部至东南部。赣东北 1 种。

草珊瑚主产安徽、浙江、江西、福建、台湾、广东、广西、湖南、四川、贵州和云南；生于海拔 420~1500 米山坡、沟谷林下阴湿处。国外分布于朝鲜、日本、马来西亚、菲律宾、越南、柬埔寨、印度、斯里兰卡。

【树种特性与受危因素】

适宜温暖湿润气候，喜阴凉环境，忌强光直射和高温干燥；喜腐殖质层深厚、疏松肥沃、微酸性的沙壤土，忌贫瘠、板结、易积水的黏重土壤。

草珊瑚是一种广谱、名贵、优美的中草药材，随着开发利用的不断扩展，需求量剧增，广大药农在利益的驱使下，往往是连根拔起，致使野生资源日趋贫乏。

【资源现状与典型群落】

赣东北各地山区均有分布，婺源、三清山较为普遍。婺源海拔 150~700 米阔叶林中常见片状分布；镇头镇海拔 154 米东北坡下部的常绿阔叶林中，土层深厚为黄红壤，集中生长，植株高为 0.5~1.5 米，面积约 100 亩，生长良好，群落乔木层树种极为丰富，主要为甜槠、米槠、杜英、红楠、厚皮香（*Ternstroemia gymnanthera*）、冬青、

淋漓锥（*Castanopsis uraiana*）及栲等。三清山多生于800米以下阔叶林中；海拔442米阔叶林北坡下部，呈较大面积星散分布，数量近千株，植株高为0.4~1.0米，生于南酸枣、拟赤杨、柯、紫楠、甜槠等组成的混交林下，生长良好。

【主要价值与用途】

药用价值：全株供药用，能清热解毒，祛风活血，消肿止痛，抗菌消炎。

观赏价值：形态秀丽，四季馨香，具有极高的观赏价值。春夏时节，绿意盎然，花香不断，给人以赏心悦目的自然美感；秋冬之际，红珠满树，吉祥富贵。草珊瑚适应性强，既可制作清雅小巧的盆栽，置于室内观赏，也可用于园林、庭院的绿化点缀。

【保护与利用建议】

草珊瑚的药用价值及绿化应用已经被业界人士所看好，是值得去研究和推广的乡土植物。

1. 加强苗木繁殖方法与技术的研究。①民间常采用野外挖苗再分株繁殖的方法来获取资源，因繁殖系数低，需苗量大，对资源破坏性大。②开展草珊瑚属植物资源播种、扦插等繁殖技术研究，可以有效地保护和科学利用草珊瑚植物野生资源。

2. 在医药领域需进一步加强对其化学成分、药理作用和临床应用研究。

3. 在植物学领域重视并深入开展种质资源遗传多样性评价研究。

4. 草珊瑚资源可持续利用和人工丰产栽培技术与经营模式，是今后研究的重要方向。

【参考文献】

林秀香等，2009；徐艳琴等，2011；郁建生等，2005；中国植物志编辑委员会，1982。

（编写：杨军　摄像：曹晓平）

国家珍稀濒危保护植物	国家珍贵树种	国家重点保护野生植物	中国主要栽培珍贵树种	江西省重点保护野生植物	江西珍贵稀有濒危树种	江西主要栽培珍贵树种	中国植物红皮书	中国物种红色名录	全国极小种群野生植物
			✓	III	II				

017 青钱柳

胡桃科 Juglandaceae　别名：摇钱树、麻柳、青钱李

Cyclocarya paliurus（Batal.）Iljinsk.

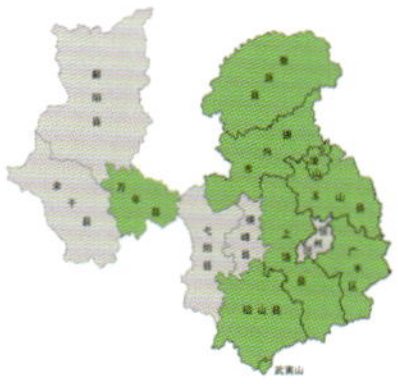

【主要形态与识别特征】

落叶乔木，高达 10~30 米；老树皮深纵裂。奇数羽状复叶，叶轴被白色弯曲毛及褐色腺鳞；小叶纸质，具细锯齿，侧生小叶具短柄，顶生小叶叶柄长达 1 厘米，小叶基部偏斜，下面网脉明显凸起。雄性柔荑花序生于 1 年生叶腋内；雌性柔荑花序单独顶生。果实扁球形，果实中部围有水平方向的革质圆盘状翅。花期 4~5 月；果期 7~9 月。

本种与枫杨为相近属树种，两者的主要区别在于后者果翅向两侧伸展，雄花序常单生叶腋。

【地理分布与生境】

青钱柳属现存仅 1 种，为我国特有，分布于长江以南各省区。在中亚及欧洲发现有一化石种。

青钱柳产于长江以南，分布范围很广，南至华南，东达台湾，西至西南；多生于海拔 420~1100 米（东部）或 420~2500 米（西部）的山区、溪谷、林缘、林内或石灰岩山地。

【树种特性与受危因素】

喜光，幼苗稍耐阴；要求深厚、风化岩湿润土质；耐旱，萌芽性强，抗病虫害，生长中速。

青钱柳乃第四纪冰川幸存下来的珍稀树种，仅存于中国，被誉为“植物界的大熊猫”、“医学界的第三棵树”，是集药用、材用、园林观赏等多种用途于一身，有较高开发利用价值的珍贵树种。由于过量砍伐，森林面积急剧缩减，现仅残存极少数大树。

【资源现状与典型群落】

赣东北武夷山、三清山、玉山怀玉山、广丰铜钹山、婺源等山区有生长。武夷山海拔 700~1200 米，怀玉山 300~1000 米的沟谷、山麓、溪旁有零星分布；武夷山海拔 940 米石灰山地林缘，2 株，树高约 14 米，胸径分别为 32 厘

米和25厘米，生长良好，伴生种有樱桃、枫香、杉木、瘿椒树、野核桃、香椿、刨花润楠、灯台树（*Bothrocaryum controversum*）、木荷、青冈等。三清山多处有大树生长，其中一株位于海拔480米村庄旁的山脚平坦地带，树高达25米，胸径为1.31米，树势生长偏弱，与玉兰、毛竹、紫楠等混生。在婺源多生于海拔800米的风景林中。在铜钹山海拔500~1000米，阳光充足，土壤肥厚、湿润地段有少量分布，常与紫楠、拟赤杨和灯台树组成阔叶林群落。

【主要价值与用途】

观赏价值：树姿壮丽，枝叶舒展，果有水平圆形翅，金黄色，每一果梗上串有十几个果实，形似串串铜钱，迎风摇曳，妙趣横生，具有很高的庭院观赏价值。

经济价值：木材轻软，有光泽，纹理交错，结构略细，加工容易，胶黏性和油漆性能好，是家具良材；树皮含鞣质及纤维，为橡胶及造纸原料，亦可提制栲胶，作纤维原料。

药用价值：青钱柳叶具清热解毒的功效；青钱柳树皮、叶、根有杀虫止痒、消炎止痛祛风之功效。中医临床用于治疗糖尿病。

其他价值：青钱柳茶具有降糖、降脂、降压、提高免疫力等诸多功效。

【保护与利用建议】

青钱柳是集多种功能于一身，具有广阔开发利用前景的珍贵树种。然而，目前国内外尚无大量人工繁殖和栽培青钱柳的成功经验，严重影响了青钱柳的开发利用和产业化进程。

1. 青钱柳优良品种（地理种源、家系）的筛选。青钱柳分布广泛，由于突变、隔离及自然选择等原因，分化并产生了种内有差别的地理生态种源和家系。通过种源收集和种源试验，可为不同培育目标（药用、材用、观赏等）的人工林筛选出优良的地理种源（家系），并使其得到快速扩繁，形成优良青钱柳苗木的产业化生产，满足市场对不同优良性状青钱柳种苗的需求。

2. 青钱柳苗木的快繁技术和无性系化。在筛选出青钱柳优良地理种源（家系）的基础上，深入研究青钱柳的扦插繁殖和组织培养技术，为青钱柳的产业化开发利用做好技术储备。

3. 研究筛选出优化的青钱柳人工林的定向培育模式。

4. 青钱柳新产品的开发。①甜味剂。开发青钱柳中的青钱柳甙类天然甜味剂，充分利用我国青钱柳这一特有资源，造福于人类，是将来研究开发的重点之一。②新型的保健品和药物。可开发一些以青钱柳为原料的新型的营养保健品和药物剂型，为研制功能食品或药品奠定基础。

【参考文献】

方升佐等，2003；胡冬南等，2005；黄海明，2015；黄新亚等，2013。

（编写：曹晓平　摄像：陈凤彬）

国家珍稀濒危保护植物	国家珍贵树种	国家重点保护野生植物	中国主要栽培珍贵树种	江西省重点保护野生植物	江西珍贵稀有濒危树种	江西主要栽培珍贵树种	中国植物红皮书	中国物种红色名录	全国极小种群野生植物
			✓						

018 少叶黄杞

胡桃科 Juglandaceae　　别名：茶木、黄榉

Engelhardtia fenzlii Merr.

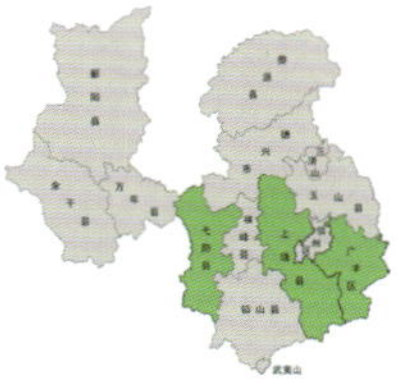

【主要形态与识别特征】

常绿乔木，高 5~18 米，全株无毛；幼枝有盾状锈褐色或橙黄色圆形腺体；枝条灰白色，实心。偶数羽状复叶；小叶 1~2 对，对生或近对生，全缘，基部歪斜。雌雄同株或稀异株；雌雄花序常生于枝顶端而成圆锥状或伞形状花序束，顶端 1 条为雌花序，下方数条为雄花序。坚果基部具三裂苞片。花期 7 月；果期 9~10 月。

本种和黄杞的区别在于本种的枝条灰白色，羽状复叶的小叶仅 1~2 对；黄杞的枝条暗褐色或黑褐色，羽状复叶的小叶通常 3~5 对。两者的开花期与分布区也有较大差别。

【地理分布与生境】

黄杞属约 17 种，分布于东亚热带和亚热带及中美。我国约 8 种 1 变种，产于长江以南。赣东北 1 种。

少叶黄杞产于广东、福建、浙江、江西、湖南和广西；生于海拔 400~1000 米的林中或山谷。模式标本采自广东东北部。

【树种特性与受危因素】

中性喜光，好生于土壤比较肥沃、疏松潮润之地，是一种生长中速的硬木类用材珍贵树种。常遭人为砍伐，现资源稀少。

【资源现状与典型群落】

赣东北广丰铜钹山、弋阳、上饶县五府山、德兴、玉山等地有分布。在铜钹山生于海拔 800~1000 米地带的常绿阔叶林中或溪旁、路边，呈带状零散分布，树高 8~15 米，胸径为 10~20 厘米，最大胸径达 60 厘米，常与木荷、杜英、青冈、刨花润楠、冬青、猴欢喜等混生。弋阳平原田野的小溪旁，单株，树高约 15 米，胸径为 65 厘米，枝繁叶茂，长势旺盛。其他各地均以散生为主。

【主要价值与用途】

材用价值：为生长中速的用材树种，木材横断

面生长轮明显，心边材区别略明或不明，材色淡黄，边材色较浅，心材色较深，纹理直，结构尚细，少翘裂，材质亲柔，富有弹性，加工容易，油漆性质良好，可供制家具和板材。

其他价值：树皮纤维质量好，可制人造棉，亦含鞣质可提栲胶；叶有毒，制成溶剂能防治农作物病虫害，亦可毒鱼。

【保护与利用建议】

少叶黄杞是一种重要的用材商品林，用途广泛，极具经济价值与药用价值。长期以来，黄杞属植物均处于野生、天然更新状态，一直没有引起人们的重视，导致资源未能得到有效开发和利用。

1. 加大资源培育。①开展苗木繁殖方法与培育技术的研究，优选育苗方案，规模化培育出优质壮苗，以满足生产需求。②通过选择适宜的立地类型，建立人工造林示范基地，研究速生丰产造林技术体系，为丰富造林树种选择和加快商品林基地建设提供技术支撑。

2. 加强药用价值开发。黄杞属资源丰富，其叶、皮均为《中华本草》所收载，在民间作为茶饮料已广泛应用，与其他饮料最不同之处在于具有非常好的降血糖、降血脂作用。大连大学药物所已着手开展药用机理和有效成分方面的研究。

【参考文献】

黄文标，2015；江西省上饶地区林业科学研究所，1983；王永奇等，2012；杨众家，2011；于宏等，2014。

（编写：林昌勇　摄像：曹晓平）

国家珍稀濒危保护植物	国家珍贵树种	国家重点保护野生植物	中国主要栽培珍贵树种	江西省重点保护野生植物	江西珍贵稀有濒危树种	江西主要栽培珍贵树种	中国植物红皮书	中国物种红色名录	全国极小种群野生植物
				III	III				

019 野核桃

胡桃科 Juglandaceae　　别名：山核桃、胡桃楸

Juglans cathayensis Dode

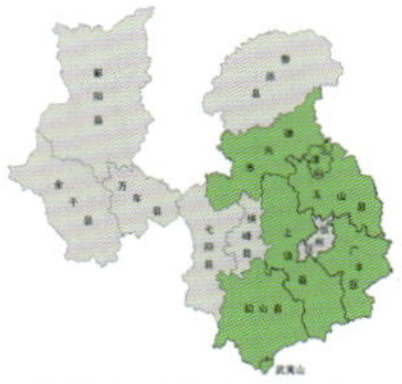

【主要形态与识别特征】

落叶乔木或小乔木，高达 12~25 米，胸径达 1.5 米；顶芽裸露，密生毛。奇数羽状复叶，叶柄及叶轴均被毛；小叶近对生，无叶柄。果实卵形或卵圆状，外果皮密被腺毛，内果皮坚硬，有 6~8 条纵向棱脊，壳厚，种仁小。花期 4~5 月；果期 9~10 月。

本种与本属其他种的主要区别为本种小叶长成后下面密被短柔毛及星芒状毛，果序长而下垂。

【地理分布与生境】

核桃属约 18 种，分布于亚洲、欧洲、美洲温带及热带地区。我国有 4~5 种、1 变种，引入栽培种 2 种。赣东北有野核桃 1 种和华东野核桃 1 变种。

野核桃分布于江苏、江西、浙江、四川、贵州、甘肃等地；垂直分布于海拔 800~2000 米的山谷林中及溪旁。新疆维吾尔自治区西北部伊犁河谷地巩留县有一个野核桃自然保护区。

【树种特性与受危因素】

耐寒性强，不耐湿热，要求阳光充足，为喜光树种；对土壤肥力要求较高，不耐瘠薄，喜肥沃、湿润、排水良好的微酸性土至微碱性土。由于分布区狭窄，多零星分布，自然更新困难，人为破坏严重，植株日趋减少。

【资源现状与典型群落】

赣东北武夷山、广丰铜钹山、德兴大茅山、上饶县五府山、三清山等山区有分布。武夷山海拔 700~1100 米呈散生和小片状分布，多生于山谷、溪旁、山脚的阔叶林中，常与瘿椒树、青钱柳、香椿、臭椿、连香树、槭树、栎类等混生。五府山海拔 754 米的山谷溪流两旁，呈带状分布，面积约 50 亩，共 65 株，为建群种，平均胸径 21 厘米，平均树高约 12 米，与华桑、红楠、珊瑚朴（*Celtis julianae*）、三尖杉（*Cephalotaxus fortunei*）、银叶柳等混生，生长良好。铜钹山、大茅山、三清山有少量散生，生于阔叶林中。

【主要价值与用途】

经济价值：种子油可食用、制肥皂及作润滑油；木材坚实，经久不裂，可作各种家具；树皮和外果皮含鞣质，可作栲胶原料；内果皮厚，可制活性炭；树皮的韧皮纤维可作纤维工业原料。

药用价值：野核桃油润肠通便、杀虫、敛疮；野核桃仁润肺化痰、温肾助阳、润肤、通便。

【保护与利用建议】

核桃属植物全身是宝，除果实可食用外，其叶、枝、皮、壳、花等均可入药，具有重要的经济价值和药用价值。目前，对核桃属植物的开发利用，在材质和果实方面的利用较为全面，而有关药用价值方面的研究多集中在果实和青皮上，叶方面的研究却少见报道。

1. 重点加强核桃属植物叶的化学成分及生物活性研究。①核桃属叶的药理作用早已引起了人们的注意并在民间医药上广为应用，尚需进一步研究其药用机理和活性成分，拓展在医药界的应用范畴。②探索利用核桃属叶的化学成分及化感物质，研制开发新型的无公害植物生长调节剂、杀菌剂、植物源农药等。③加强其叶用综合利用研究，期望在医药、农业和食品等方面有更广阔的发展空间。

2. 作为营造用材林及用作嫁接胡桃砧木等方面的研究利用，也值得关注。

【参考文献】

高岳芳等，2010；江西省上饶地区林业科学研究所，1979；刘仁林，2011；薛婧乐等，2011；郑万钧，1983。

（编写：陈慧　摄像：曾根成）

国家珍稀濒危保护植物	国家珍贵树种	国家重点保护野生植物	中国主要栽培珍贵树种	江西省重点保护野生植物	江西珍贵稀有濒危树种	江西主要栽培珍贵树种	中国植物红皮书	中国物种红色名录	全国极小种群野生植物
			✓	III	III	✓			

020 亮叶桦

桦木科 Betulaceae　　别名：光皮桦、桦角、花胶树

Betula luminifera H. Winkl.

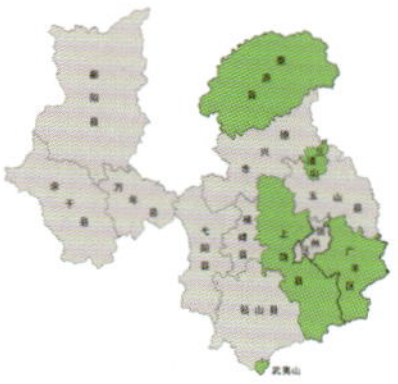

【主要形态与识别特征】

落叶乔木，高达 25 米，胸径 80 厘米；树干修直；树皮褐色，平滑且有光泽，富含油脂，皮孔横列，有清香气味。叶广卵形，长 4.5~10 厘米；叶缘具重锯齿，齿端长尖。小枝及叶两面密生毛；冬芽紫红色。花单性，雌雄同株。果序单生，长圆柱形，下垂。花期 3~4 月；果期 5 月。

由于亮叶桦树皮灰白色，似樱桃，山区人们称为樱桃树；其叶卵形或宽卵形，先端尖或渐短尖，基部圆或心形，具锯齿，又酷似桑叶。但三者在分类上还是很有区别，樱桃为蔷薇科樱属落叶乔木；桑则为桑科桑属落叶乔木或灌木。

【地理分布与生境】

桦木属约 100 种，主要分布于北温带，少数种类分布至北极区内。我国产 29 种 6 变种，全国均有分布。赣东北仅亮叶桦 1 种。

亮叶桦分布于云南、贵州、四川、陕西、甘肃、湖北、江西、浙江、广东、广西；生于海拔 500~2500 米的向阳山坡、林缘及林中空地。

【树种特性与受危因素】

性喜光，萌芽力强，喜温暖湿润气候及肥沃酸性土壤，也能耐干旱瘠薄，在火烧迹地上常与其他喜光树种组成次生混交林；速生，树高生长年平均达 1 米以上，直径生长 1~1.5 厘米；深根性，根系发达，萌芽性较强，天然更新良好；3~4 年生即开花结实，果实成熟期短。

亮叶桦为我国特有优良速生珍贵阔叶树种，具有适应性强、生长快、材质优良、用途广泛、栽培容易、病虫害少等一系列优良性状，为我国及江西省主要栽培参考珍贵树种。由于经济价值高，市场供不应求，木材被大量采伐利用，致使天然林资源破坏相当严重，基因资源保护已迫在眉睫。

【资源现状与典型群落】

赣东北武夷山、广丰铜钹山、玉山怀玉山、婺源有分布。在怀玉山、铜钹山星散分布于海拔 300 米阔叶林山地。在武夷山垂直分布于海拔 600~1700 米，以海拔 1000~1400 米之间较为集中，多生于向阳干燥的山坡，与木荷、栎类、鹅耳枥、化香树(*Platycarya strobilacea*）等混生，或与鹅掌楸、青冈、黄山松、南方铁杉等组成针阔混交林。婺源阔叶次生林中分布较为普遍，风水林中有大树生长和小面积群落；位于海拔 580 米庙宇周边风水林中，面积约 5 亩，南坡，山地黄壤，土层深厚，最大植株胸径 86 厘米，高达 22 米，主要伴生种有蓝果树、甜槠、柏木、枫香、木荷、鹅耳枥等。

【主要价值与用途】

材用价值：材质优良，为淡黄色或淡红褐色，纹理细致，木材坚硬，切面光滑，不挠不裂，干燥性能良好，供枪托、航空、建筑、家具、造纸等用。

工业价值：树皮、嫩枝在工业上可提取桦皮油，作化妆品及食物的香料或代替松节油。

观赏价值：树皮具有光泽，皮孔横列有序，斑驳雅致，引人注目；花序长达 10 厘米以上，累累下垂，迎风摆舞，别具一格。

【保护与利用建议】

1. 重视遗传资源的收集与保存。目前天然资源锐减，可利用资源极少，处于渐危状态。①注意天然优秀林分的选择。②加强嫁接技术的研究。

2. 加速快繁技术研究与推广应用。①亮叶桦树种采种难，实生苗变异大，难以保持优良遗传特性。②目前对亮叶桦的组织培养与扦插技术研究尚属起步阶段，达到生产上大规模的应用，还需解决技术难题。

3. 加强壮苗培育和栽培技术研究。①设置若干典型区域与试验点，利用选优种、家系、无性系开展栽培试验和示范。②研究立地因子对亮叶桦生长的影响，了解优良种质生长性状，适应性表现，探讨生态稳定性强、经济效益高的栽培模式及其关键技术。

4. 研究亮叶桦天然更新规律，形成完整的亮叶桦近自然经营体系。

【参考文献】

董建文等，2001；冯育才等，2006；梁瑞龙等，2008；潘新建，2000；唐全忠等，2010；郑万钧，1985；钟建军等，2009。

（编写：洪元华　摄像：曹晓平）

国家珍稀濒危保护植物	国家珍贵树种	国家重点保护野生植物	中国主要栽培珍贵树种	江西省重点保护野生植物	江西珍贵稀有濒危树种	江西主要栽培珍贵树种	中国植物红皮书	中国物种红色名录	全国极小种群野生植物
			✓			✓			

021 锥栗

壳斗科 Fagaceae　　别名：尖栗、箭栗、棒栗

Castanea henryi（Skan）Rehd. et Wils.

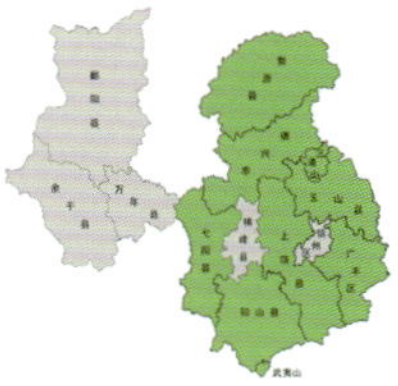

【主要形态与识别特征】

落叶乔木，高达30米，胸径达1.5米。叶互生，顶部尾状长尖，叶缘锯齿具芒尖。雄花序生小枝下部叶腋，雌花序生小枝上部叶腋。壳斗球形，带刺；坚果单生于壳斗，卵圆形。花期5~7月；果期9~10月。

锥栗与板栗、茅栗同为栗属，形态相近，其分种检索表如下。

1. 每壳斗具2~3果，果径大于高或几相等；叶下面被短柔毛或腺鳞：
    2. 叶下面被灰白或灰黄色短柔毛；果径1.5~3厘米 ························ 板栗 *C. mollissima*
    2. 叶下面被腺鳞；果径不及1.5厘米 ································ 茅栗 *C. seguinii*
1. 每壳斗具1果，果高大于径；叶无毛，先端尾状，叶柄细长 ······················ 锥栗 *C. henryi*

【地理分布与生境】

栗属12~17种，分布亚洲、欧洲南部及其以东地区、非洲北部、北美东部。我国4种及1变种，其中1种为引进栽培。赣东北有板栗、茅栗、锥栗3种。

锥栗原产于我国中部，分布于秦岭、淮河以南的浙江、安徽、福建、江西等省地，尤以闽北和浙南山区资源分布最为集中；生于海拔100~1800米的丘陵与山地，常见于落叶或常绿的混交林中。模式标本采自湖北巴东县。

【树种特性与受危因素】

喜温暖湿润环境，雨量充沛，土壤肥沃，适生于年平均气温11~20℃，年降水量1000~1500毫米的气候条件；喜光、耐旱，要求排水良好；病虫害少，生长较快，喜混交。

锥栗为我国重要的木本粮油植物与优良速生珍贵用材树种，也是我国名特优经济林干果和天然的绿色食品。因生态环境破坏和遭人为砍伐，现资源日趋减少。

【资源现状与典型群落】

赣东北各主要山区零星分布于海拔1000米以下的山脊、山坡、山坳处，偶有小片纯林，也有大树分布。三清山海拔660米村庄周边生长着多株古树，树龄均在200年以上，胸径70~100厘米，平均树高约18米，有的孤植于村边、路旁；有的与蓝果树、玉兰、小叶青冈、红楠、南方红豆杉组成针阔混交林。婺源海拔289米山地黄壤，有一片占地约20亩的野生锥栗群落，近纯林，平均胸径23厘米，高6~12米，其中最大植株胸径达1.3米，主要伴生种有油茶、杉木、毛竹等，生长普遍良好，产量较高，有大小年现象。

【主要价值与用途】

经济价值：木材和树皮含大量鞣质，可提制栲胶；材质坚实，耐水湿，又是枕木、建筑、造船、家具的速生优质用材树种；锥栗是中国重要木本粮食植物之一，果实可制成栗粉或罐头。

药用价值：《本草纲目》记载，锥栗有补肾益气，治腰脚不遂、内寒腹泻、活血化瘀等作用。叶和壳斗苦、涩、平，用于湿热、泄泻；种子甘、平，用于肾虚、痿弱、消瘦。

【保护与利用建议】

1. 开展良种选育研究。①赣东北锥栗资源丰富，大树、古树众多，其中不乏非常优良的种质基因。②通过选优、无性繁殖、栽培比较试验，筛选出遗传性状较稳定、产量和质量都达到优良的品种。③建瓯是中国第一个“名特优经济林锥栗之乡”，“建瓯锥栗”获国家地理标志保护产品，锥栗的栽培面积达42万亩，在锥栗的栽培品种、面积、产量上均居全国首位。

2. 重视锥栗的栽培技术研究。①采用良种壮苗造林是实现高产、稳产、优质的基础。②经营管理集约化，创造锥栗林生长良好的立地环境。③适当扩大种植面积，实现规模经营，建立高产示范园和丰产基地。④加强林果、果蔬套种技术研究，实现效益的最大化。

3. 加强珍贵用材树种或材果兼用林定向培育技术研究。①锥栗不仅是重要的经济类树种，同时也是一种非常优良的速生珍贵用材树种。②目前，珍贵用材培育技术仍缺乏经验，可开展造林立地选择、混交树种与造林模式方面的研究，为丰富造林树种的选择，积累技术经验。

【参考文献】

陈增华等，2007；范辉华，1998；黄铭利等，2001；江西省上饶地区林业科学研究所，1979；郎萍等，1999；马海泉等，2013；夏瑞满等，2008；郑诚乐等，1998；郑万钧，1985；周连第，2005。

（编写：洪元华　摄像：曹晓平）

国家珍稀濒危保护植物	国家珍贵树种	国家重点保护野生植物	中国主要栽培珍贵树种	江西省重点保护野生植物	江西珍贵稀有濒危树种	江西主要栽培珍贵树种	中国植物红皮书	中国物种红色名录	全国极小种群野生植物
			✓			✓			

022 苦槠

壳斗科 Fagaceae　别名：槠栗、苦槠子

Castanopsis sclerophylla（Lindl.）Schott.

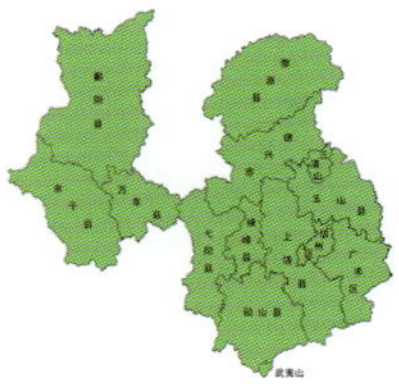

【主要形态与识别特征】

常绿乔木，高达 15 米，胸径可达 50 厘米；树皮浅纵裂，枝、叶二列均无毛。叶片革质，通常一侧略短且偏斜，叶缘在中部以上有锯齿状锐齿，成长叶叶背淡银灰色。雄穗状花序通常单穗腋生。壳斗有坚果 1 个，偶有 2~3 个，近圆球形，顶部短尖，果脐位于坚果的底部。4~5 月开花；10~11 月开始结果成熟。

苦槠、甜槠、米槠、钩栲、栲及南岭栲同为栲属，并全为江西省及我国主要栽培珍贵树种。其分种检索表如下。

1. 壳斗开裂，壳斗壁较薄；果基部与壳斗壁联生，果脐较小；壳斗全包或顶部微露…………………………………………………… 苦槠 *C. sclerophylla*
1. 壳斗被锐刺，果翌年成熟：
  2. 壳斗连刺径 4 厘米以上，四瓣裂：
    3. 叶全缘，稀上部疏生锯齿；叶柄粗短，叶柄、叶下面、果序轴被毛…………………………………………… 南岭栲 *C. fordii*
    3. 叶缘具锯齿，叶厚革质，下面被绣色或银灰色鳞秕………………… 钩栲 *C. tibetana*
  2. 壳斗连刺径 4 厘米以下，不规则瓣裂：
    4. 壳斗密被刺；老叶两面绿色；叶基部不对称……………………… 甜槠 *C. eyrei*
    4. 壳斗被疏刺：
      5. 叶下面被紧贴黄灰或淡灰白色蜡鳞；壳斗被瘤状突起 ……… 槠 *C. carlesii*
      5. 叶下面被松散鳞秕，暗红色，红褐色，稀淡棕色；壳斗带刺…………………………………………… 栲 *C. fargesiigo*

【地理分布与生境】

锥属，约 130 种，产亚洲热带及亚热带地区。我国约有 63 种 2 变种，产长江以南各地，主产西南及南部。赣东北约 12 种。

苦槠产于长江中下游以南各地，但西南地区

和五岭南坡以南均不产；生于海拔1000米以下山地杂木林中，为低山常绿阔叶林常见树种之一，与马尾松、木荷、青冈、毛竹、甜槠等混生，偶见纯林。

【树种特性与受危因素】

喜温暖、湿润气候，喜光，也能耐阴；喜深厚、湿润土壤，也耐干旱、瘠薄；深根性，萌芽性强，抗污染，寿命长；生长速度中等，54年生天然林，树高15.8米，胸径24.6厘米。

苦槠为丘陵与亚高山常绿阔叶林的主要树种，也是中国南方主要的珍贵用材林树种。因生境破坏、人为砍伐，现成年植株日趋减少。

【资源现状与典型群落】

赣东北各地低山丘陵、山区、平原以及村旁、路边均有生长，常与马尾松、栲、青冈、木荷、毛竹等混生。婺源分布较为普遍，多生于房前屋后及风景林中，以大树、古树为主，也有纯林；沱川海拔234米村旁，树高18米，胸围达10米，一蔸3株，树干内空，因生境受人为影响严重，树种生长明显衰退；江湾海拔298米村旁风景林，占地约8亩，地处山谷，土层肥厚，共45株，近纯林，其中最大植株高达22米，胸径为1.8米，枝下高约8米，树体高大通直，绿荫如盖，生长旺盛。上饶县五府山海拔550米山地林缘，缓坡，土层深厚，树高约17米，胸径1.6米，枝叶浓密，形如蘑菇，生长旺盛。

【主要价值与用途】

生态价值：具有良好的森林防火作用；苦槠树枯落叶多，能改良土壤，增加土壤肥力，具有保持水土，涵养水源的功能，是营造水源涵养林的先锋树种。

观赏价值：树干高耸，枝叶茂密，四季常绿，寿命长，宜庭园中孤植、丛植、混交栽植或作风景林。

材用价值：木材生长轮和心边材区分不明显，纹理直，结构细密，材质坚韧，富有弹性，耐湿抗腐，可作建筑、桥梁、运动器材、家具、农具等用材。

药用价值：通气解暑，去滞化淤，特别是对痢疾和止泻有独到的疗效。

其他价值：坚果含淀粉，浸水脱涩后可做苦

槠豆腐、苦槠粉皮、苦槠粉丝、苦槠糕等多种原生态食品。

【保护与利用建议】

苦槠是集生态造林、园林绿化、高档木材、有机食品、耐瘠抗旱于一身的优良珍贵树种。目前大多数资源处于野生和半野生状态，尚未引起足够的重视。

1. 开展“近自然经营法”。①栲属资源最大的优点就是萌芽力强、能进行种子和萌芽天然更新，合理经营有极高的产量和生态效益。②重点研究不同目的树种和经营目的的采伐年龄、方式、保留密度、经营措施等。

2. 进行良种选育。栲属资源分布广泛，遗传变异丰富，良种选育具有十分显著的效果。广西林科院开展红锥种源（家系）试验表明，3 年生最大单株树高 5.5 米，胸径 6 厘米，但有 10% 左右的植株树高在 1.5 米以下，差异十分明显。

3. 加强造林技术研究。①栲属植物主根明显，须根少，造林成活率低，当年生长缓慢，难以推广。②重点开展混交造林、丰产栽培、大苗培育、防火林带人工种植等不同经营目标的造林技术研究，为规模化推广种植提供技术支撑。

4. 栲属坚果食用与药用价值的研究也具有广阔的前景。

国家珍稀濒危保护植物	国家珍贵树种	国家重点保护野生植物	中国主要栽培珍贵树种	江西省重点保护野生植物	江西珍贵稀有濒危树种	江西主要栽培珍贵树种	中国植物红皮书	中国物种红色名录	全国极小种群野生植物
			✓			✓			

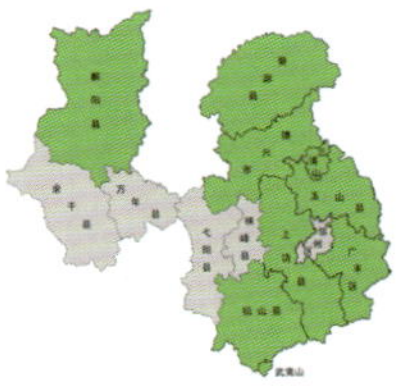

I 米 槠

别名：小红栲

Castanopsis carlesii（Hemsl.）Hay.

高可达 20 米。叶披针形，叶全缘，或兼有少数浅裂齿，嫩叶叶背有红褐色或棕黄色稍紧贴的细片状蜡鳞层，成长叶呈银灰色或多少带灰白色。雄圆锥花序近顶生。壳斗近圆球形或阔卵形；坚果近圆球形或阔圆锥形，果脐位于坚果底部。3~6 月开花；翌年 9~11 月结果成熟。

喜雨量充沛和温暖气候，能耐阴，喜深厚、湿润的中性和酸性土，亦耐干旱和贫瘠。

主产我国长江以南各地，是南方常绿阔叶林组成树种之一；生于山地或丘陵常绿或落叶阔叶混交林中。赣东北各地山区海拔 800 米以下山脊、山坡腹地或溪谷两旁向阳处均有生长。婺源分布较为广泛，多以群落出现；海拔 153 米风景林中，面积约 80 亩，黄红壤、土层深厚，建群种米槠，最高达 19 米，胸径 60 厘米，伴生种以樟、毛竹、绒毛润楠、黄瑞木（*Adinandra millettii*）、亮叶山矾（*Symplocos lancifolia*）为主，群落结构稳定。上饶县华坛山海拔 190 米风景林，缓坡，黄壤，土层肥沃，近纯林，占地约 60 亩，平均树高达 18 米，胸径 45 厘米，生长旺盛。

米槠是一种以用材为主，兼收木本粮食的珍贵树种；米槠树体高大、美观，早期生长迅速，适应能力强，抗风力强，又耐烟尘、抗污染并能杀菌，在庭院观赏及营造防火林带中有着广阔的应用前景和发展潜力。

国家珍稀濒危保护植物	国家珍贵树种	国家重点保护野生植物	中国主要栽培珍贵树种	江西省重点保护野生植物	江西珍贵稀有濒危树种	江西主要栽培珍贵树种	中国植物红皮书	中国物种红色名录	全国极小种群野生植物
			✓			✓			

II 甜　槠

别名：园槠、反刺槠、锥子

Castanopsis eyrei（Champ.）Tutch.

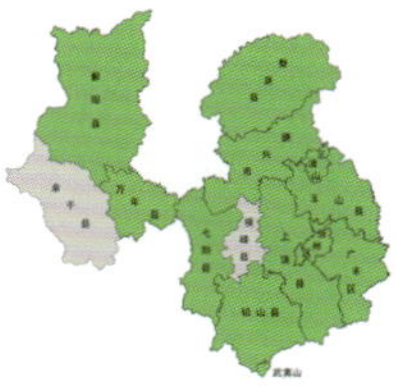

常绿大乔木，高达 20 米，胸径 50 厘米；大树的树皮纵深裂，厚达 1 厘米，块状剥落；小枝有皮孔甚多。叶革质，卵形，披针形或长椭圆形，当年生叶两面同色，2 年生叶的叶背常带淡薄的银灰色。雄花序穗状或圆锥花序，花序轴无毛。壳斗有 1 个坚果，壳斗顶部的刺密集而较短。花期 4~6 月；果实翌年 9~11 月成熟。

适于气候温暖多雨地区的肥沃、湿润的酸性土上生长，在瘠薄的石砾土上也能生长；幼年耐阴，成年则需一定的光照；深根性，萌芽力强，抗污染，寿命长。

分布于长江以南各地。赣东北各山区均有分布，多与米槠、木荷、马尾松、青冈、苦槠等混交成林。婺源以群落为主，多为建群种，也有纯林；阆山海拔 780 米高山地有矮化的纯林群落，平均树高约 10 米，平均胸径 55 厘米，蘑菇状，生长良好，但该群落正在日益遭受毛竹林的侵蚀。上饶县华坛山海拔 438 米及梧风洞景区海拔 480 米山地，呈小面积块状分布，与栲、苦槠、拟赤杨、杜英、木荷组成混交林。

甜槠是常绿阔叶林的主要树种之一。树干通直，枝叶茂密，四季常绿，材质良好，用途广，繁殖容易，适应性强，可作营造针阔叶混交林的树种和次生林抚育时的主要留养树种，宜庭园中孤植、丛植或混交栽植或作风景林、沿海防风林及工厂区绿化树种应用；果实种仁可食或制粉丝、酿酒；树皮及壳斗可提取栲胶。

国家珍稀濒危保护植物	国家珍贵树种	国家重点保护野生植物	中国主要栽培珍贵树种	江西省重点保护野生植物	江西珍贵稀有濒危树种	江西主要栽培珍贵树种	中国植物红皮书	中国物种红色名录	全国极小种群野生植物
			✓			✓			

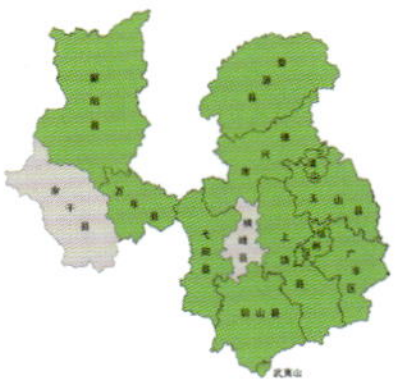

III 栲　别名：栲树、锥、丝栗栲

Castanopsis fargesii Franch.

常绿乔木，高达30米，胸径60厘米；树皮浅纵裂；叶下面、幼枝及幼叶柄被粉状鳞秕，枝叶无毛。叶长椭圆形或卵状椭圆形，全缘或在中部以上具锐齿。雄花序长达20厘米。果序长达18厘米；壳斗具1果，球形，瓣裂。花期4~5月；果期翌年8~10月。

喜生于温暖湿润的地区，适宜在肥沃湿润、排水良好的酸性红壤或黄壤土上生长，也能在土层较薄的山地生长。

产于长江以南各地；生于海拔200~2100米山地杂木林中，有时成小片纯林或与甜槠、木荷、虎皮楠、柯、枫香、马尾松混交。赣东北各山区分布广泛。鄱阳莲花山海拔260米以上山地有大面积的栲群落分布，伴生种以甜槠、青冈为主。在婺源多与米槠、青冈、甜槠、罗浮栲（*Castanopsis fabri*）等组成常绿阔叶林。乐平海拔200~350米丘陵山地，面积1万余亩，为天然次生纯林，样地（20米×20米）内平均数量为19株，平均树高达18米、胸径38厘米，胸径最大的达70厘米，生长表现良好，产果量丰富。

木材纹理通直，结构略粗，加工容易，刨面光滑具光泽，油漆胶黏性能好，钉着力中等，适于建筑、家具等用材；也是栽培香菇的好材料，是优良的菇木树种；坚果味甜可食，可磨粉制面做馒头、煎饼等，是有开发前途的绿色食品；栲也是很好的绿化兼生态树种，可对其进行遗传改良，使之成为用材和城市绿化的优良树种。

国家珍稀濒危保护植物	国家珍贵树种	国家重点保护野生植物	中国主要栽培珍贵树种	江西省重点保护野生植物	江西珍贵稀有濒危树种	江西主要栽培珍贵树种	中国植物红皮书	中国物种红色名录	全国极小种群野生植物
			✓			✓			

IV 毛　锥

别名：南岭栲、毛栲、毛槠

Castanopsis fordii Hance

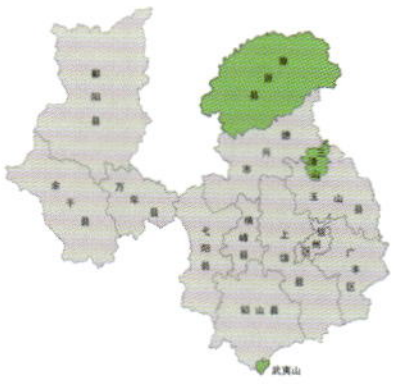

乔木，通常高8~15米，大树高达30米，胸径约1米；老树的树皮纵深裂且甚厚；芽鳞、一年生枝、叶柄、叶背及花序轴均密被棕色或红褐色稍粗糙的长绒毛，2年生枝的毛较少。叶革质，长椭圆形或长圆形；叶柄粗而短。雄穗状花序常排成圆锥花序，花密集。壳斗密聚于果序轴上，每壳斗有坚果1个。花期3~4月；果实翌年9~10月成熟。

较喜光，幼年耐阴，较速生，产浙江、江西、福建、湖南四省南部，广东、广西东南部；生于海拔1200米以下山地灌木或乔木林中，在河溪两岸有时成小面积纯林，或与刺栲、木荷、甜槠、锥栗、红皮树（*Styrax suberifolia*）、豹皮樟（*Litsea coreana* var. *sinensis*）等混生。赣东北武夷山、婺源有分布，资源稀少。婺源生于海拔94米村后山地下坡，近纯林，约10亩，平均树高12米，最大胸径为40厘米，主要伴生种为小毛竹。

材质坚重，有弹性，结构略粗，纹理直，是南方常见用材树种，用于造船、建筑装饰、包装等；也是上等栽培木耳的耳树和萌生林的先锋树种之一，值得发展。

国家珍稀濒危保护植物	国家珍贵树种	国家重点保护野生植物	中国主要栽培珍贵树种	江西省重点保护野生植物	江西珍贵稀有濒危树种	江西主要栽培珍贵树种	中国植物红皮书	中国物种红色名录	全国极小种群野生植物
						✓			

V 钩　锥　别名：钩栲、钩栗、大叶槠

Castanopsis tibetana Hance

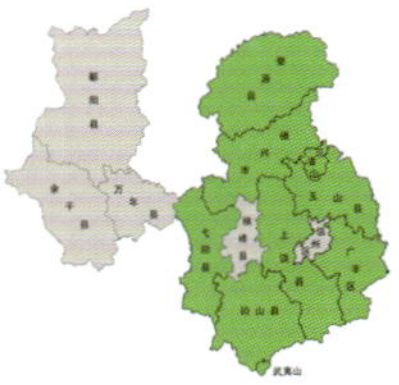

常绿乔木，高达 30 米；树皮暗灰色或红褐色，浅纵裂。叶片厚革质，叶下面被红褐色或灰棕色鳞秕，老叶下面通常灰白色。花单性，雌雄同株。壳斗具 1 果，球形，4 瓣裂；坚果为顶部压扁圆锥形。花期 4~5 月；果期翌年 8~10 月。

中性偏阴，喜生于沟谷，山麓阴湿、肥沃地带，分布于安徽、浙江、江西、福建、湖北、湖南、广东、广西、四川东部、贵州、云南东部等地；生于海拔 200~1600 米的山地杂木林中。赣东北各地山区均有分布。三清山、上饶县五府山海拔 800 米以下，有小面积纯林，多生于小溪两旁及沟谷，常与青冈、秀丽槭（*Acer elegantulum*）、冬青、杜英等混交成林。

木材供建筑、车船、家具等用材；种子含淀粉，可食用、药用或酿酒；树皮含单宁，是栲胶原料；枝叶繁茂，树冠庞大，树姿雅观，也是庭院绿化栽培的优良树种。

【参考文献】

陈启发，2013；江西省上饶地区林业科学研究所，1979；梁瑞龙等，2005；林向平，2012；戎建涛等，2014；项福元，2013；叶水冬，2016；郑万钧，1985；中国植物志编辑委员会，1998；朱晨钰，2015。

（编写：洪元华　摄像：曹晓平）

国家珍稀濒危保护植物	国家珍贵树种	国家重点保护野生植物	中国主要栽培珍贵树种	江西省重点保护野生植物	江西珍贵稀有濒危树种	江西主要栽培珍贵树种	中国植物红皮书	中国物种红色名录	全国极小种群野生植物
			✓	III	II	✓			

023 赤皮青冈

壳斗科 Fagaceae　　别名：赤皮、红椆

Cyclobalanopsis gilva（Blume）Oerst.

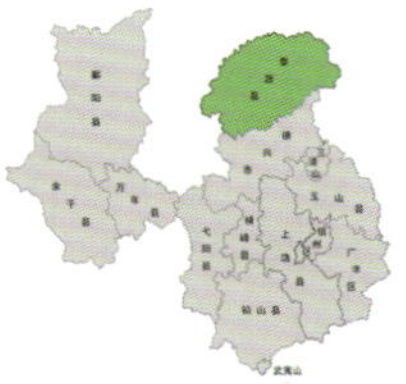

【主要形态与识别特征】

常绿乔木，高达30米，胸径1米；树皮暗褐色；小枝密生灰黄色或黄褐色星状绒毛。叶片倒披针形或倒卵状长椭圆形，叶缘中部以上有短芒状锯齿，叶背被灰黄色（锈色）星状短绒毛。壳斗碗形，包着坚果约1/4；小苞片合生成6~7条同心环带。坚果倒卵状椭圆形，果脐微凸起。花期5月；果期10月。

赤皮青冈、青冈、大叶青冈及小叶青冈同为青冈属树种，较为相近，其分种检索表如下。

1. 常绿乔木；叶全缘，两面无毛；枝有沟槽，无毛；壳斗壁薄，无绒毛……………… 大叶青冈 *C. jenseniana*
1. 常绿乔木；叶缘明显有锯齿：
   2. 叶两面无毛，叶背粉白色；小枝、叶柄无毛小叶青冈 *C. myrsinifolia*
   2. 叶背被较密的柔毛、短毛或星状毛，或后脱落近无毛：
      3. 小枝及叶背密被黄褐色星状柔毛；叶缘中部以上有短芒状锯齿………… 赤皮青冈 *C. gilva*
      3. 小枝无毛；叶背近无毛，被黄色灰末状鳞秕，叶缘中部以上具锯齿………… 青冈 *C. glauca*

【地理分布与生境】

青冈属约有150种，主要分布在亚洲热带、亚热带。我国77种及3变种，分布秦岭、淮河流域以南各地。赣东北约9种。

赤皮青冈产浙江、福建、台湾、湖南、广东、贵州等省；生于海拔300~1500米的山地。日本亦有分布。

【树种特性与受危因素】

深根性树种，根部有较强的萌生力，适生于海拔700米以下，气候温暖、湿润，土壤肥沃的地方，特别是在山谷、山洼、阴坡下部及河边平地，土层深厚疏松，排水良好，中性或微酸性的壤质土壤上，生长尤佳。造林地宜选择在红壤、山地黄壤及潮土，以沙质土、沙壤土为佳，pH值5~6。

赤皮青冈是现存壳斗科植物的原始类群，为高大乔木，常绿阔叶林主要建群种之一。其适应性强，生长迅速，素以材质优良而闻名于国内外，为江南四大名木之一。因长期遭受人为砍伐，目前国内资源十分稀少，我省也仅在个别地区发现有极少数残存的植株分布。

【资源现状与典型群落】

赣东北仅婺源有分布，为一群落；群落位于紫阳镇海拔 83 米的村庄后山风景林中，面积约 10 亩，南坡，较缓，土层深厚，共 19 株，平均胸径为 60 厘米，最大胸径近 1 米，树高达 28 米，主要伴生树种为枫香、杉木、棕榈、青冈、毛竹等，估测树龄在 300 年以上。目前，群落树种整体生长良好，但因受到毛竹林的侵蚀，个别树木生长出现衰退趋势。

【主要价值与用途】

经济价值：边材黄褐色，心材暗红褐色，纹理直，质坚重，强韧有弹性，具特有的香味，有抗虫蛀蚀、耐湿不腐等特点，为优良硬木之一；种子富含淀粉，可酿酒；树皮、壳斗可制栲胶。

观赏价值：树大，干直，雄伟，树荫浓密，树龄长，长速快，是较好的园林绿化与庭院树种。

生态价值：有观赏、防火、防风的效果，可在庭院、平原、丘陵山地用作景观及防火、护堤推广种植。

【保护与利用建议】

1. 加强资源保护。对现存赤皮青冈群落，建议作为采种母树林，加强管护，划定保护小区。

2. 积极开展苗木繁殖试验。①本项目通过地窖贮藏种子结合去种皮技术，获得了较为满意的效果，发芽早、整齐，出芽率达 90%。②青冈属树种组培及扦插繁殖技术很少有人涉及，可以尝试。

3. 研究山上造林技术与经营模式。①青冈属树种适应性强，耐干旱、瘠薄，适合大径材培育、木本粮油植物、防火林带及生态绿化树种推广种植，具有广阔的利用前景。②本项目采用 2 年生生赤皮青冈容器苗山上挖穴营造片林，成活率达 90%，造林 2 年后平均高达 1.5 米；在福建建瓯与杉木带状全垦混交造林，4 年生苗高达到 4.2 米。

4. 重视大苗培育技术研究。把园林绿化与大径材培育结合经营，做到以短养长，可充分发挥

其独特的园林观赏特性，丰富园林绿化树种，形成浓郁的地方传统特色景观。

5. 开展青冈属不同种源苗木早期评价研究。通过测定各种源生物量、生长量、抗性等指标并进行综合评价，为树种优良种源的选择与推广提供依据。

6. 青冈属种仁淀粉颗粒特性研究也值得关注。

国家珍稀濒危保护植物	国家珍贵树种	国家重点保护野生植物	中国主要栽培珍贵树种	江西省重点保护野生植物	江西珍贵稀有濒危树种	江西主要栽培珍贵树种	中国植物红皮书	中国物种红色名录	全国极小种群野生植物
			✓			✓			

I 青 冈

别名：青冈栎、青栲

Cyclobalanopsis glauca（Thunberg）Oersted

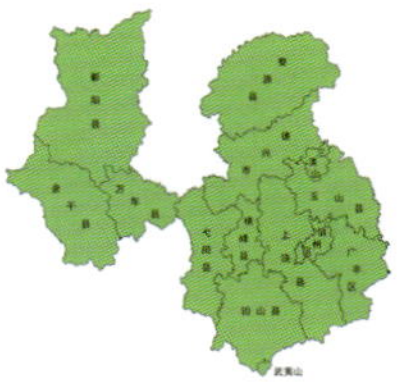

常绿乔木，高达 20 米，胸径可达 1 米。叶片革质，倒卵状椭圆形或长椭圆形，顶端渐尖或短尾状，叶缘中部以上有疏锯齿，叶背有整齐平伏白色单毛，常有白色鳞秕。壳斗碗形，包着坚果 1/3~1/2，小苞片合生成 5~6 条同心环带，环带全缘或有细缺刻。花期 4~5 月；果期 10 月。

适应性较强，酸性至碱性基岩均可生长，天然更新力强，生长中速；较耐寒，且耐阴和耐瘠薄，深根性，直根系，耐干旱，萌芽力强。

青冈为亚热带常绿乔木，是中国分布最广的树种之一。赣东北生于海拔 60~1600 米的山坡或沟谷，与柯、苦槠、紫果槭（*Acer cordatum*）、青榨槭（*Acer davidii*）、老鼠矢（*Symplocos stellaris*）、山合欢（*Albizzia kalkora*）等组成常绿或落叶混交林，以零星分布为主，有时成小片集中分布。婺源海拔 201 米山地黄壤，沟谷及两旁，占地约 10 亩，建群种青冈，伴生种为马尾松、毛竹、樟树、油茶（*Camellia oleifera*）、柃木（*Eurya japonica*）等，乔木层高 17 米，平均胸径达 40 厘米，最大株达 72 厘米，生长良好。

为重要用材树种；也可作四旁绿化、工厂绿化、防火林、防风林、绿篱、绿墙树种；种子含淀粉，是重要野生木本淀粉植物。

国家珍稀濒危保护植物	国家珍贵树种	国家重点保护野生植物	中国主要栽培珍贵树种	江西省重点保护野生植物	江西珍贵稀有濒危树种	江西主要栽培珍贵树种	中国植物红皮书	中国物种红色名录	全国极小种群野生植物
				III					

II 大叶青冈

别名：大叶青冈栎、大叶椆

Cyclobalanopsis jenseniana（Hand.-Mazz.）Cheng et T. Hong

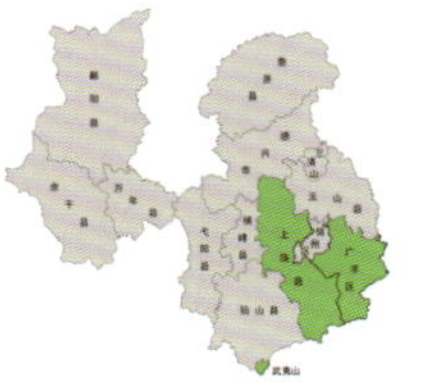

常绿乔木，高 10~30 米，胸径达 80 厘米；树皮灰褐色，粗糙；小枝粗壮，有沟槽。叶片薄革质，长椭圆形或倒卵状长椭圆形。雄花序密集，花序轴及花被有疏毛；雌花序、花序轴有淡褐色长圆形皮孔。坚果长卵形或倒卵形。花期 4~6 月；果期翌年 10~11 月。

产于我国华南和西南部分地区；生于海拔 300~1700 米的山坡、山谷、沟边杂木林中；喜湿润，生长迅速。赣东北武夷山、广丰铜钹山、上饶县五府山有零星分布，数量稀少。

材质坚重，强度甚大，收缩性强，耐腐，供桩柱、车船、桥梁、工具柄、木制机械、刨架、运动器械等用材；种子富含淀粉，可供作饲料、酿酒和工业用淀粉。

国家珍稀濒危保护植物	国家珍贵树种	国家重点保护野生植物	中国主要栽培珍贵树种	江西省重点保护野生植物	江西珍贵稀有濒危树种	江西主要栽培珍贵树种	中国植物红皮书	中国物种红色名录	全国极小种群野生植物
			✓						

III 小叶青冈 别名：青栲、细叶青栎

Cyclobalanopsis myrsinifolia（Blume）Oersted

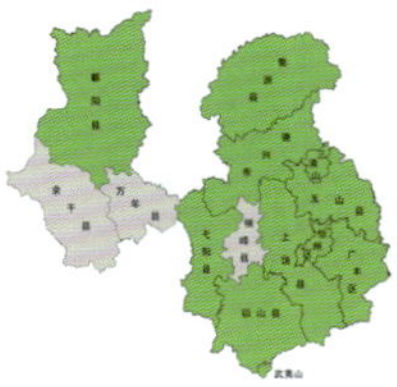

常绿乔木，高20米；小枝无毛，被凸起淡褐色长圆形皮孔。叶卵状披针形或椭圆状披针形。雄花序长4~6厘米；雌花序长1.5~3厘米。壳斗杯形，包着坚果1/3~1/2；坚果卵形或椭圆形，果脐平坦。花期6月；果期10月。

中性偏阴，喜生于土壤深厚、湿润山谷和山坡腹地；耐旱性不及青冈。在石灰岩山地及酸性土壤均有生长。

产滇西北以至滇南思茅等地；生于海拔760~2500米沟边、斜坡杂木林中。我国长江流域以南各省普遍分布。越南、老挝、日本也有。赣东北各地山区、平原地带普遍分布。在三清山多分布于海拔1200米以下的山地常绿阔叶林中，并有大树、古树生长；方塘村海拔666米后山，占地约15亩，土层肥厚，小叶青冈为建群种，与枫香、苦槠、蓝果树、红豆杉、锥栗、马尾松组成针阔混交林。灵山海拔1300米高山地带，分布较为普遍，以小乔木为主，与甜槠、交让木（*Daphniphyllum macropodum*）、黄山木兰（*Magnolia cylindrica*）、猴头杜鹃、石楠（*Photinia serrulata*）、棕脉花楸（*Sorbus dunnii*）等混交。婺源村旁风景林中也残留有大树、古树。

木材坚硬，不易开裂，富弹性，能受压，为枕木、建筑、车轴良好材料；种子含淀粉，可酿酒或浆纱；壳斗、树皮含鞣质。

【参考文献】

端木，1995；甘道义，2013；江西省上饶地区林业科学研究所，1979；李金华等，2014；林芳等，2014；刘彬彬等，2013；田苏奎等，2016；汪丽，2014；许谨，2013；郑万钧，1985；中国植物志编辑委员会，1998；中国科学院植物研究所，1994；周鑫伟等，2016。

（编写：曹晓平　摄像：杨森兴）

国家珍稀濒危保护植物	国家珍贵树种	国家重点保护野生植物	中国主要栽培珍贵树种	江西省重点保护野生植物	江西珍贵稀有濒危树种	江西主要栽培珍贵树种	中国植物红皮书	中国物种红色名录	全国极小种群野生植物
			✓			✓			

024 水青冈

壳斗科 Fagaceae　别名：山毛榉、长柄山毛榉

Fagus longipetiolata Seem.

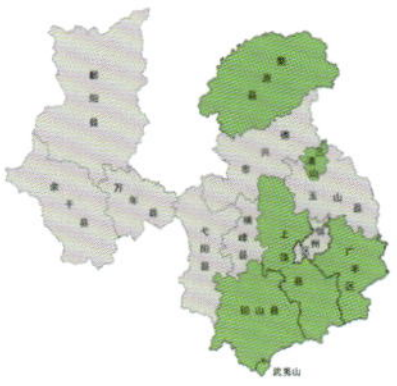

【主要形态与识别特征】

落叶乔木，高达 25 米；树干通直；冬芽长达 2 厘米；小枝具皮孔。叶薄革质，卵形或卵状披针形，长 6~15 厘米，宽 3~6.5 厘米，顶端短尖至渐尖，基部宽楔形至近圆形，略偏斜，叶缘波浪状，具疏锯齿，侧脉 9~14 对，直达齿端。成熟总苞斗瓣裂，长 1.8~3 厘米，密被褐色绒毛，苞片钻形，下弯或呈“S”形。坚果与总苞近等长或略伸出。花期 4~5 月；果熟期 8~9 月。

水青冈与光叶水青冈主要区别在于前者壳斗被条状小苞片，直立，下弯或呈“S”形弯曲，幼叶下面被平伏微绒毛；后者壳斗被鳞片状小包片，紧贴，小苞片具短尖头，如鸡爪状，嫩叶下面被长柔毛。

【地理分布与生境】

水青冈属约 10 种，分布于北半球温带及亚热带高山。我国 5 种。赣东北水青冈属有水青冈与光叶水青冈 2 种。

水青冈产秦岭以南、五岭南坡以北各地，是本属中在我国分布最广的一种；生于海拔 300~2400 米山地杂木林中，多见于向阳坡地，与常绿或落叶树混生，常为上层树种。在广东、广西、云南南部一带多与锥属、柯属、樟科及小乔木种类的杜鹃属植物混生；在四川东部与湖北西部一带，多与桦木属、鹅耳枥属、槭属、杨属、化香树属、桤木属、柯属、锥属及栎属等种类组成茂密的混交林。贵州东南和东北部及湖北西部，有残存的小片纯林，而长江中下游低海拔地区已难找寻。

【树种特性与受危因素】

喜光，喜温暖气候，适生于年平均气温 15~18℃，降水量 900~1400 毫米的丘陵及平原；对土壤适应性强，喜水湿，多生于河滩低湿地；根系发达有根瘤，固氮能力强，速生；春季开花，

雌雄同株，柔荑花序单生于新枝叶腋。

中国特有种，是组成落叶阔叶林的上层树种之一，为我国重要的珍贵用材树种。因材质优良，常遭人为砍伐，加上天然更新困难，现资源稀少，植株罕见。

【资源现状与典型群落】

赣东北三清山、广丰铜钹山、婺源、武夷山高海拔地区以零星分布为主，极少成片分布，资源稀少。婺源海拔 1100 米山脊阔叶林中有小片纯林，最大胸径为 70 厘米，高约 6 米，其余为萌生次生林，约 25 株，平均胸径为 25 厘米。在三清山生于海拔 1063 米的西北坡，单株，树高 14 米，胸径 37 米，与南酸枣、黄山松、杉木、鹿角杜鹃（*Rhododendron latoucheae*）、马银花（*Rhododendron ovatum*）、浙江红山茶（*Camellia chekiangoleosa*）、柃木等组成针阔混交林。在铜钹山生于海拔 700 米的山谷溪边，树高 9 米，胸径 16 厘米，与壳斗科树种混生，生长表现良好。

【主要价值与用途】

经济价值：种子含油量 40%~45%，供食用或作油漆。

材用价值：木材纹理直，结构细，材质较坚重，但干燥后易开裂，供农具、家具用材及楼层的地板用材。

【保护与利用建议】

水青冈是水青冈属中在我国分布最广的一种，为我国及江西省主要推广种植的珍贵树种。因资源缺乏，当前很少开展育苗种植。建议有资源分布的区域在保护好母树的基础上，积极开展采种育苗及造林技术试验，营造人工林，逐步扩大种植规模。

国家珍稀濒危保护植物	国家珍贵树种	国家重点保护野生植物	中国主要栽培珍贵树种	江西省重点保护野生植物	江西珍贵稀有濒危树种	江西主要栽培珍贵树种	中国植物红皮书	中国物种红色名录	全国极小种群野生植物
			✓			✓			

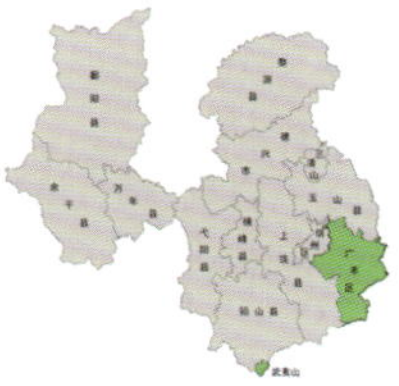

光叶水青冈

别名：亮叶水青冈

Fagus lucida Rehd. et Wils.

落叶乔木，高达25米。小枝初时被毛，有灰白色蜡层和淡褐色圆形皮孔。冬芽圆锥形，长1~1.5厘米，芽鳞多数，无毛。叶片革质，长椭圆形至披针状长椭圆形，长7~14厘米，宽1.5~4厘米，顶端急尖或短渐尖，基部楔形，全缘或顶端有2~4锯齿，侧脉直达齿端，嫩叶下面被绢质绒毛。壳斗杯形，包着坚果约1/3，幼时小苞片密集，鳞片状，具突尖头，成熟时，小苞片稀疏，有小尖头，近基部的小苞片不明显。春末夏初，花叶同放，秋季果熟。

我国特有，喜深厚、湿润、酸性黄壤及黄棕色森林土，产江苏、浙江、江西、福建、台湾、湖北、湖南、广东、广西、四川、贵州等省区；生于海拔800~2000米的落叶阔叶林中，常与米心水青冈、水青冈组成纯林或与其他落叶阔叶树混生。日本也有分布。湖南金童山光叶水青冈群落是目前国内发现的面积最大、保存最完好的光叶水青冈古树群落。赣东北广丰铜钹山、武夷山有分布记录；武夷山猪母坑、篁碧坑等地海拔1300~1600米处有片状分布。

光叶水青冈既是优良的用材林，也是良好的水源涵养林，是值得发展的优良树种。

【参考文献】

洪必恭等，1993；黄孔泽等，2007；李俊清，1996；郑万钧，1985；中国植物志编辑委员会，1998。

（编写：林昌勇　摄像：唐忠炳）

国家珍稀濒危保护植物	国家珍贵树种	国家重点保护野生植物	中国主要栽培珍贵树种	江西省重点保护野生植物	江西珍贵稀有濒危树种	江西主要栽培珍贵树种	中国植物红皮书	中国物种红色名录	全国极小种群野生植物
						✓			

025 柯

壳斗科 Fagaceae　　别名：石栎、红椆、椆木

Lithocarpus glaber（Thunb.）Nakai

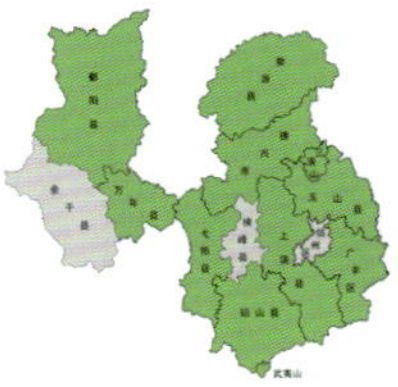

【主要形态与识别特征】

常绿乔木，高 15 米，胸径 40 厘米；树皮灰褐色、平滑；1 年生枝、嫩叶叶柄、叶背及花序轴均密被灰黄色短绒毛。叶革质或厚纸质，倒卵形、倒卵状椭圆形或长椭圆形，单叶互生，全缘或有 2~4 个小锯齿。壳斗碟状或浅碗状；坚果长椭圆形，被白粉，果脐凹下。花期 7~11 月；翌年 9~10 月果熟。

柯与木姜叶柯的区别在于后者枝叶无毛，叶基部下延成窄翅状，叶椭圆披针形，壳斗浅碟状。

【地理分布与生境】

柯属约 250 种，分布于亚洲南部及东南部，少数至东部。我国约 90 种，产秦岭南坡以南各地，主产云南、广西、广东。赣东北约 10 种。

柯产于长江以南各地；生于海拔 400~1000 米山地阔叶林中。在福建海拔 400~1000 米地带常与交让木、猴欢喜、杜英、石楠、蕈树混生；在江西海拔 500 米以下与苦槠、马尾松、白栎、木荷、枫香等混生。日本也有分布。

【树种特性与受危因素】

喜温暖气候，较耐阴；喜深厚、湿润、肥沃土壤，也较耐干旱、瘠薄；萌芽力强。

柯是我国南亚热带地区广泛分布的重要优良用材林、水源涵养林和水土保持林珍贵乡土树种，因砍伐严重，培育尚少，资源日趋减少。

【资源现状与典型群落】

赣东北山区以星散分布为主，偶有群落。三清山海拔 442 米山谷溪边，坡度陡，呈较大面积片状集中分布，与南酸枣、拟赤杨、甜槠、紫楠、野含笑等组成常绿阔叶混交林。婺源海拔 107 米，山地黄红壤，散生于米槠群落之中，分布面积约 60 亩。在德兴梧风洞景区主要散生于海拔 400~650 米沟谷溪旁，多以小乔木为主，与拟赤

杨、四照花（*Dendrobenthamia japonica*）、日本杜英、尾叶冬青（*Ilex nitidissima*）、红淡比混交成林。

【主要价值与用途】

观赏价值：枝叶繁茂，终冬不落，宜作庭荫树于草坪中孤植、丛植，或在山坡上成片种植，也可作为其他花灌木的背景树。

材用价值：心边材区别明显，心材深红褐色，边材浅黄白色，很宽，强度高，加工困难，油漆、胶粘性能好，干燥略难，易开裂翘曲，适用于重型结构、造船、枕木、桥梁、运动器材、纺织器材、家具、地板、胶合板等用材。

其他价值：种子富含淀粉和单宁，经过处理后可以食用，味道淡，略带香气和苦味；壳斗、树皮含单宁，可提制栲胶。

【保护与利用建议】

以壳斗科中常绿阔叶树种为主的森林群落是赣东北山区具有代表性的森林群落之一，也是该地区森林群落自然演替的顶级群落，它们在发挥森林生态效能和保护环境等方面较其他树种组成的森林植物群落更具优越性，具有不可替代的作用。因此，在林业生态体系建设中，应大力发展阔叶林，特别是以壳斗科树种为主的常绿阔叶林，它对于有效地改善山区生态脆弱的现状具有重要意义。而目前国内有关柯等阔叶树种的开发利用还未引起人们的足够重视，相关的研究报道也很少见。

1. 积极开展育苗繁殖试验。广东紫金县林科所近年来在全县范围内收集柯优良种源，大力开展苗木繁育工作，实现种子发芽率 80%，合格苗出圃率 96% 以上。

2. 开展山地造林配套技术研究。

3. 加大苗木推广种植力度，并广泛应用于林分改造、火烧迹地更新、城市行道和乡村振兴等绿化活动中。湖北省竹溪县把柯当作当地的乡土绿化新品种来大量推广种植。近年来，竹溪国有林场、苗木花卉大户通过采种育苗，培育出了一批柯大苗，用于城乡行道和公路绿化。因耐修剪、树形好，受到广泛好评。

【参考文献】

江西省上饶地区林业科学研究所，1979；叶钦良，2011；余林等，2013；郑万钧，1985；中国植物志编辑委员会，1998。

（编写：洪元华　摄像：曹晓平）

国家珍稀濒危保护植物	国家珍贵树种	国家重点保护野生植物	中国主要栽培珍贵树种	江西省重点保护野生植物	江西珍贵稀有濒危树种	江西主要栽培珍贵树种	中国植物红皮书	中国物种红色名录	全国极小种群野生植物
				III		✓			

026 木姜叶柯

壳斗科 Fagaceae　别名：多穗柯、甜茶

Lithocarpus litseifolius（Hance）Chun

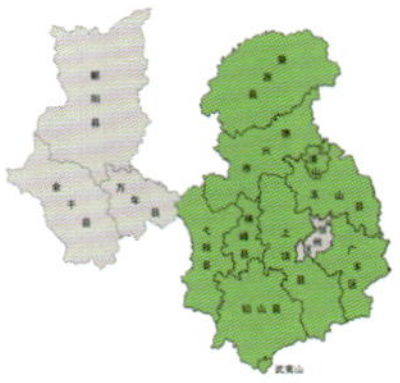

【主要形态与识别特征】

常绿乔木，高 20 米，胸径 50 厘米；1 年生枝具棱。叶互生，革质，长椭圆形或卵状长椭圆形，全缘，无毛，下面稍带灰白色；中脉在叶面凸起，叶基部下延成楔形。壳斗浅盘形，包围坚果基部；坚果扁球形，常有白粉；果脐深内陷。花期 5~9 月；果期翌年 6~10 月。

木姜叶柯和柯的区别可参阅柯树种的描述。

【地理分布与生境】

柯属地理分布可参阅柯树种的描述。

木姜叶柯以野生形式零星分布于我国长江以南各省区的低山密林中，其中湖南中西部雪峰山一带，隆回花瑶瑶山地区产量最多。印度、缅甸东北部、老挝、越南北部也有分布。

在四川攀枝花市仙山村有一棵木姜叶柯古树，高 22 米左右，树冠直径约 20 米，胸径为 2.88 米，树龄达 380 年，是目前我国所发现的较为古老的一株。

【树种特性与受危因素】

木姜叶柯的生物学特性与生态学特性很少有资料报道。从树种资源生境调查及引种树种生长表现看，木姜叶柯生长中速偏快，萌发力强，具一定的耐寒性与适应力，多喜生于温暖的山地，在土壤湿润肥沃的山谷两旁或坡地林缘生长最好。武夷山天然林 50 年生树高 13.8 米，胸径 23.5 厘米。横峰人工引种林，18 年生，高 13 米，胸径 19 厘米。

随着人们对木姜叶柯开发价值与用途认识的逐渐加深，一些产区的林农为追求经济效益，将大树砍倒采叶，采取杀鸡取卵式的极端利用方式，致使野生资源遭受严重破坏。

【资源现状与典型群落】

赣东北分布较为广泛。武夷山、三清山、广丰铜钹山、婺源、德兴、横峰、弋阳等地均有零星或

片状生长，以弋阳漆工镇一带分布较为集中。据调查，弋阳木姜叶柯分布总面积超过1万亩，主要散生于3个村委7个自然村的低丘山地针阔混交林中，与青冈、石栎、甜槠、花榈木、枫香、马尾松、小山竹等混生，植株多为胸径8~15厘米的中小乔木，生长良好。横峰葛源、德兴饶二及婺源大部分山区杂木林中原有普遍分布，因近些年大量采挖利用，现资源变得稀少。

【主要价值与用途】

药用保健价值：木姜叶柯属药食同源植物，兼具茶、糖、药三种功能。其嫩叶经浸泡后有很高的甜味，因而被称为甜茶。近年，对木姜叶柯产品成分检测发现，其甜味来自根皮苷成分，含量达12.6%。中国科学院药物研究所实验发现根皮苷可以很好地抑制肌体对糖分的吸收，同时具有修复体内胰岛素的功能。木姜叶柯具有很好的降脂、抗肿瘤、抗氧化和抗过敏功效，亦被誉为“树上的虫草”。

材用价值：心材淡褐色，边材棕色，若坚重，不甚耐腐，供建筑、框架、家具等用材。

【保护与利用建议】

木姜叶柯甜茶在我国南方，如福建、江西、湖南、湖北、四川、重庆等地民间有悠久的应用历史，随着对其研究和认识的逐渐加深，近年来已走出民间，形成了商品化。然而，对木姜叶柯的研究才刚起步，也不够深入，因而限制了其更广阔的推广和应用。建议从植物资源保护、培育、质量控制和产品深度开发等多个角度进行综合和可持续发展研究。

1. 严厉打击对野生资源采取不合理的采集利用行为，加大宣传，划定资源保护区，保护野生母树资源。

2. 进一步开展资源现状调查与生物学、生态学特性研究，全面了解资源现状及家底，掌握其生长习性，为保护与利用提供依据。

3. 加快进行资源的引种快繁技术与丰产栽培技术研究。通过示范基地的建立，探索苗木丰产栽培成套关键技术，以“公司＋农户＋基地”的运作模式，带动资源的规模化生产。

4. 科研院所要加大与企业、高等院校的产学研一体化合作，积极寻求政府支持，努力打造品牌优势，加快产业发展，为地方区域经济发展提供新动能。

【参考文献】

何春年等，2012；南京中医药大学，2006；申东等，2001；田瑞彪，2006；王国晖等，2012；中国植物志编辑委员会，1998；《中华本草》编辑委员会，1998。

（编写：于宏　摄像：汪涛涌）

国家珍稀濒危保护植物	国家珍贵树种	国家重点保护野生植物	中国主要栽培珍贵树种	江西省重点保护野生植物	江西珍贵稀有濒危树种	江西主要栽培珍贵树种	中国植物红皮书	中国物种红色名录	全国极小种群野生植物
			✓			✓			

027 麻栎 | 壳斗科 Fagaceae　别名：栎、橡碗树

Quercus acutissima Carruth.

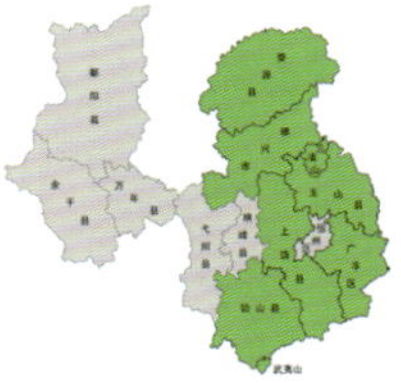

【主要形态与识别特征】

落叶乔木，高达 30 米，胸径达 1 米；树皮深灰褐色，深纵裂；幼枝被灰黄色柔毛，具淡黄色皮孔。叶片形态多样，通常为长椭圆状披针形，顶端长渐尖，基部圆形或宽楔形，叶缘具刺芒状锯齿，叶片两面同色。壳斗杯形，包着坚果约 1/2，小苞片钻形或扁条形，向外反曲。坚果卵形或椭圆形。花期 3~4 月；果期翌年 9~10 月。

麻栎与栓皮栎同为栎属麻栎组，较相近，其主要区别在于栓皮栎成熟叶背被灰白色星状毛，壳斗小苞片条形反卷。

【地理分布与生境】

栎属约 300 种，广布于亚、非、欧、美四大洲。我国有 51 种 14 变种 1 变型，引入栽培历史较长的有 2 种，分布全国各省区，多为组成森林的重要树种。赣东北约 10 种。

麻栎产于辽宁南部、河北、山西、陕西、甘肃以南，东至福建，西至四川西部，南至广东、海南、广西、云南等地，以黄河中下游长江流域较多；生于山地或丘陵林中，常与马尾松、枫香、栓皮栎、柏木、槲树、南酸枣等混交或成小面积纯林。

【树种特性与受危因素】

喜光、喜湿润气候，耐寒、耐干旱瘠薄，不耐水湿、不耐盐碱，在湿润肥沃深厚、排水良好的中性至微酸性沙壤土上生长最好，排水不良或积水地不宜种植；深根性，萌芽力强，但不耐移植；抗污染，抗尘土，抗风能力都较强；寿命长，可达 500~600 年。

麻栎是我国传统的优良硬阔叶用材树种，兼有园林观赏、药用、环保等多种功能。常遭人为砍伐，现成年植株难寻。

【资源现状与典型群落】

赣东北武夷山、三清山、婺源、德兴等山区有分布。婺源海拔 159 米的风景林中发现有多株麻栎古树，

平均树高约20米，胸径达85厘米，群落以麻栎、枫香为建群种，主要伴生种有罗浮栲、苦槠、青冈、豹皮樟、红楠、八角枫（*Alangium chinense*）等。其他各地以星散分布为主，资源稀少。

【主要价值与用途】

观赏价值：树体高大，树冠宽阔，树叶浓郁葱翠，根系非常发达，对环境的适应也不错，又有抗尘土的作用，适合作庭院树、行道树。

生态价值：对二氧化硫的抗性和吸收较好，对氯气、氟化氢的抗性也不错，同时又具有抗风、抗火能力，可以作为环境保护林与防火林带树种。

材用价值：木材坚硬，不变形，极其耐腐蚀，可以作为建筑、车船、枕木、家具等用材。

食用价值：种子含有淀粉和脂肪油，可以酿酒和作为饲料。

工业价值：种子油可以制作肥皂；树皮和壳斗可以提取栲胶；全木可以截段成段木种植香菇和木耳。

药用价值：果实及树皮、叶入药。树皮和叶苦涩，用于久泻痢疾；果实可以解毒消肿。

【保护与利用建议】

麻栎作为优良的硬阔叶能源与用材树种，在我国的栽培、利用已有悠久的历史，以其生态效益、经济效益和社会效益显著，而被群众所喜欢。但因经营管理粗放，培育目标不明确等，资源长期未能得到充分的利用。

1. 开展良种定向选育。通过种源试验，在优良种源和林分中进行优良品种的选择。

2. 定向优质壮苗培育技术研究。研究优良材料系列繁育技术，重点扦插繁殖及其配套技术，扩大繁殖系数，评价不同繁殖方式培育苗木的造林效果。

3. 栽培模式和技术体系的研究与示范。主要进行不同立地条件、不同树种混交、不同造林密度、不同经营措施、整地与造林方式以及施肥、修枝等对林分生物量产品品质的影响研究。

国家珍稀濒危保护植物	国家珍贵树种	国家重点保护野生植物	中国主要栽培珍贵树种	江西省重点保护野生植物	江西珍贵稀有濒危树种	江西主要栽培珍贵树种	中国植物红皮书	中国物种红色名录	全国极小种群野生植物
			✓			✓			

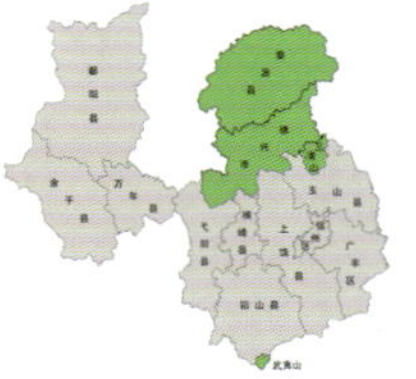

栓皮栎

别名：大叶橡、软木栎

Quercus variabilis Bl.

落叶乔木，高达 30 米，胸径达 1 米以上；树皮黑褐色，深纵裂；小枝灰棕色，无毛；芽圆锥形，芽鳞褐色，具缘毛。叶片卵状披针形或长椭圆形，叶缘具刺芒状锯齿，叶背密被灰白色星状绒毛。壳斗杯形，包着坚果 2/3；小苞片钻形，反曲，被短毛。坚果近球形或宽卵形。花期 3~4 月；果期翌年 9~10 月。

喜光，幼苗耐阴，主根发达，萌芽性强，抗旱，抗火，抗风；适应性广，对土壤要求不严，酸性土、中性土、钙质土都可生长，在向阳山麓、缓坡和土层较深厚、肥沃地方生长旺盛。

产区北自辽宁、河北、山西、陕西及甘肃东南部，南至广东、广西、云南，东至台湾、福建，西至四川西部等地；多生于海拔 3000 米以下阳坡，与马尾松、麻栎、枫香、白栎、油松（*Pinus tabuliformis*）等混生。赣东北武夷山、三清山、婺源有分布，资源稀少。婺源风景林中有残存大树，生于海拔 163 米村后毛竹林林缘，下坡，土层肥沃、深厚，树高达 26 米，胸径约 1 米，树干通直，长势旺盛。

树体高大，树冠伸展，浓荫葱郁，因其根系发达，适应性强，可作庭荫树、行道树，若与枫香、苦槠、青冈等混植，可构成城市风景林；防火、抗烟能力较强，也是营造防风林、防火林、水源涵养林的乡土树种；对二氧化硫的抗性和吸收能力较强，对氯气、氟化氢的抗性也较强；木材坚硬，不变形，耐腐蚀，作建筑、枕木、车船、家具用材；种子含淀粉和脂肪油，可酿酒和作饲料，油制肥皂；壳斗、树皮含鞣质，可提取栲胶；果入药，涩肠止泻，能消乳肿；树皮、叶煎汁治疗急性细菌性痢疾；全木可以截段成段木后种植香菇和木耳；树皮木栓层发达，是中国生产软木的主要原料。

【参考文献】

方成良等，1996；郭向昕等，2003；刘信中等，2001；刘振西，1990；刘志龙等，2009；张西强等，2016；郑万钧，1985；周建云等，2010；周守海等，2007；周元，2001。

（编写：黄宇潮　摄像：曹晓平）

国家珍稀濒危保护植物	国家珍贵树种	国家重点保护野生植物	中国主要栽培珍贵树种	江西省重点保护野生植物	江西珍贵稀有濒危树种	江西主要栽培珍贵树种	中国植物红皮书	中国物种红色名录	全国极小种群野生植物
			✓			✓			

028 白栎

壳斗科 Fagaceae　　别名：青冈树、橡栎

Quercus fabri Hance

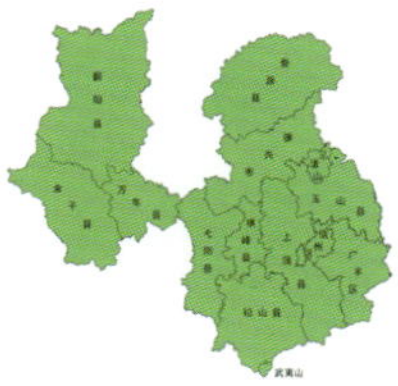

【主要形态与识别特征】

落叶乔木，树高可达 20 米；小枝密生粗毛。叶片倒卵形、椭圆状倒卵形，长 7~15 厘米，宽 3~8 厘米，顶端钝或短渐尖，基部楔形或窄圆形，叶缘具波状锯齿或粗钝锯齿，幼时两面被灰黄色星状毛，叶背支脉明显；叶柄短，长 3~5 毫米，被棕黄色绒毛。壳斗碗状，包坚果约 1/3；苞片披针形，排列紧密。花期 4 月；果期 10 月。

白栎与槲栎同为槲栎组（Sect. Robur Loud.），较为相近，其主要区别为槲栎小枝及叶背无毛，叶柄较长，1~3 厘米，壳斗包坚果约 1/2。

【地理分布与生境】

栎属的地理分布，可参阅麻栎树种的描述。

白栎产于淮河以南、长江流域至华南、西南各地；生于海拔 1900 米以下丘陵山区杂木林中；多与麻栎、枫香等混生，有时成次生矮林。

【树种特性与受危因素】

喜光、喜温暖气候，较耐阴，萌芽力强；在湿润肥沃深厚、排水良好的中性至微酸性沙壤土上生长最好，排水不良或积水地不宜种植；抗污染、抗尘土、抗风能力都较强，寿命长。

生境破坏，长期遭受人为砍伐，致使野生资源，特别是大树资源日益枯竭，种质遭受严重威胁。

【资源现状与典型群落】

赣东北各山区、丘陵以至红壤岗地普遍有生长，以灌木丛及矮林为主，多为零星分布，也有较大面积的成片灌木林与乔木林，常与槠栲类、小叶栎（*Quercus chenii*）、柯、木荷、枫香、马尾松等混生。婺源白栎资源较为丰富；城中小丘陵山地沙壤上残留有一小片原生白栎纯林，面积 5 亩左右，共 66 株，平均树高约 18 米，胸径 38 厘米，生长整齐，树体差异不大，受人为因素干扰

严重，目前生长一般；江湾海拔 400~700 米山地有较大面积的白栎灌木丛林分布，高约 0.5~1.5 米，为灌木层优势种，伴生种有杜鹃、越橘、芒（*Miscanthus sinensis*）、菝葜（*Smilax china*）等；石城、秋口海拔 450~600 米范围的山地杂木林及风景林中散生有大树，胸径 20~35 厘米，平均树高为 15 米左右，与化香、珊瑚朴、黄山紫荆、香桂（*Cinnamomum subavcnium*）、苦槠、冬青、光皮梾木、黄连木等组成阔叶混交林，德兴发现有胸径约 90 厘米的大树。

【主要价值与用途】

观赏价值：叶片大且肥厚，叶形奇特、美观，叶色翠绿油亮，枝叶稠密，属于美丽的观叶树种。

材用价值：木材具光泽，花纹美丽，纹理直，结构略粗，不均匀，重量和硬度中等，强度高，干缩性略大，耐腐，常做地板用材。

生态价值：寿命长，根系发达，能防蚀护坡，固结土壤；成片种植可防风固沙，还可吸收土壤中的重金属元素和有害气体，减少环境污染；栎树有遇火不易燃的特性，也是很好的防火林带树种。

食用价值：橡子是栎树的果实，形似蚕茧，故又称栗茧。橡子外表硬壳，棕红色，内仁如花生仁，含有丰富的淀粉，可酿酒或制豆腐、粉丝等；橡子粉富含多种对人体有益的营养成分，尤其单宁更是其他元素不可替代的珍稀上品。

药用价值：果实的虫瘿入药，治小儿疳积、大人疝气及小儿尿如米泔、火眼赤痛等。

【保护与利用建议】

1. 白栎资源尚待开发。①白栎具多种价值用途，开发潜力大。②白栎的开发利用仍处于起步阶段。国内对白栎的研究主要集中在用材方面，对于其食用价值、药用价值、观赏价值开发及相关育苗技术、种植技术研究也较少，苗源也不充分。

2. 收集种质资源，开展优树筛选工作。在保存好现有残存天然资源的基础上，要有计划地制定就地保护与迁地保护策略，建立种质资源库和种源试验林，为优质种源筛选奠定资源基础。

3. 加大苗木引种、驯化、繁育技术研究与培育力度，提高商品化程度。通过开展苗木繁育方案选择，结合容器大苗培育与苗木移栽技术，解决苗木种植成活率低的难题，从而扩大苗木种植规模。

4. 结合树种特性，寻求园林应用途径。通过建立栎树专类园，集中展示其种类、观赏习性、生态、应用价值和作为城市节水型园林首选树种等特性，加大其作为乡土树种推广应用范围。

国家珍稀濒危保护植物	国家珍贵树种	国家重点保护野生植物	中国主要栽培珍贵树种	江西省重点保护野生植物	江西珍贵稀有濒危树种	江西主要栽培珍贵树种	中国植物红皮书	中国物种红色名录	全国极小种群野生植物
			✓			✓			

槲栎 | 别名：大叶栎树、白栎树

Quercus aliena Bl.

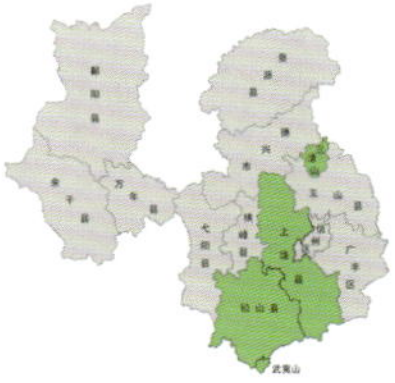

落叶乔木，高达30米；树皮暗灰色，深纵裂；老枝暗紫色，具多数灰白色突起的皮孔；小枝灰褐色，近无毛，具圆形淡褐色皮孔。叶片长椭圆状倒卵形至倒卵形，长10~20（30）厘米，宽5~14（16）厘米，顶端微钝或短渐尖，基部楔形或圆形，叶缘具波状钝齿。壳斗杯形，包着坚果约1/2，小苞片卵状披针形，排列紧密，被灰白色短柔毛。坚果椭圆形至卵形。花期4~5月；果期9~10月。

喜光，耐干旱瘠薄，多生于阳坡、山谷及荒地；萌芽性强，可进行萌芽更新。

产陕西、山东、江苏、安徽、浙江、江西、河南、湖北、湖南、广东、广西、四川、贵州、云南等地；生于海拔100~2000米的向阳山坡，常与其他树种组成混交林或成小片纯林。赣东北武夷山、三清山、上饶县灵山等各地山区有零星分布，多为小乔木状，数量稀少。灵山海拔1050米游步道的山谷岩石上散生数株，最大胸径为13厘米，高约12米，生长良好，主要伴生种有短柄枹栎（*Quercus serrata* var. *brevipetiolata*）、银钟花、粉叶柿（*Diospyros glaucifolia*）、小叶青冈、豹皮樟等。

槲栎叶片大且肥厚，叶形奇特、美观，叶色翠绿油亮，枝叶稠密，属于美丽的观叶树种，适宜浅山风景区造景之用；种子含淀粉，可酿酒，也可制凉皮、粉条和做豆腐及酱油等，还可榨油；木材坚硬，耐磨力强，可供建筑、家具等使用。

【参考文献】

郭利勇等，2008；纪雪等，2015；沈效东等，2009；孙秋芽，2010；韦晓霞等，2013；郑万钧，1985；中国森林编辑委员会，1999。

（编写：陈慧　摄像：洪元华）

国家珍稀濒危保护植物	国家珍贵树种	国家重点保护野生植物	中国主要栽培珍贵树种	江西省重点保护野生植物	江西珍贵稀有濒危树种	江西主要栽培珍贵树种	中国植物红皮书	中国物种红色名录	全国极小种群野生植物
			✓						

029 糙叶树

榆科 Ulmaceae　　别名：白鸡油、粗叶树

Aphananthe aspera（Thunb.）Planch.

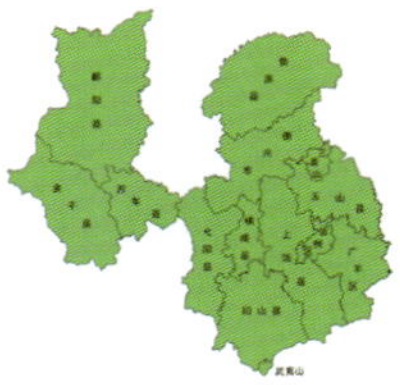

落叶乔木，高达 25 米；树皮纵裂，皮孔明显、圆形。叶卵形，边缘锯齿有尾状尖头，基部三出脉，侧脉近平行地斜直伸达齿尖，叶背疏生细伏毛，叶面被刚伏毛，粗糙。小花淡绿色；雄花成伞房花序生于新枝的下部叶腋；雌花单生于新枝的上部叶腋。核果近球形或卵球形，紫黑色。花期 3~5 月；果期 8~10 月。

糙叶树常与朴树易混淆，两者的区别为前者基部以上具锐尖单锯齿，两面平伏硬毛，糙手，侧脉伸入齿端；后者边缘中部以上具疏齿，下面叶脉及脉腋具疏毛。

【地理分布与生境】

糙叶树属约 5 种，主要分布于亚洲东部和大洋洲东部的亚热带和热带地区，马达加斯加岛和墨西哥各产 1 种。我国产 2 种 1 变种，分布西南至台湾。赣东北 1 种。

糙叶树除东北、西北地区外，全国各地均有分布，西南和中南地区生于海拔 500~1000 米的山谷、溪边林中。华东地区有栽培。朝鲜、日本和越南也有分布。山东崂山太清宫有高达 15 米、胸径 1.24 米的千年古树，当地称龙头榆。

【树种特性与受危因素】

喜光也耐阴，喜温暖湿润气候和深厚肥沃沙质壤土；对土壤的要求不严，不耐干旱瘠薄，抗烟尘和抗有毒气体。中国原产树种。因材质优良，常遭砍伐。

【资源现状与典型群落】

赣东北各地丘陵、山谷、平原及村旁、路边都有分布，常能见到大树、古树生长。婺源篁岭景区林缘，2 株，高达 20 米，胸径分别为 80 厘米和 95 厘米，枝繁叶茂，浓荫华盖；秋口湿地公园风景林中及溪旁散生多株大树，最大胸径达 90 厘米，高约 18 米，与枫杨、小叶栎、朴树、板栗

（*Castanea mollissima*）组成混交林。上饶县华坛山海拔320米村旁，风景树，胸径为72厘米，树高16米，生于路边，人为干扰严重，目前长势一般。三清山海拔230米风景林中，树高17米，胸径55厘米，主要伴生种有闽楠、青冈、山杜英、多花泡花树（*Meliosma myriantha*）、冬青等，生长旺盛。

【主要价值与用途】

观赏价值：树体高大，挺拔，枝叶茂密，生长迅速，是良好的四旁绿化与行道树种。

材用价值：木材坚硬细密，不易折裂，可供制家具、农具和建筑用。

药用价值：根皮和树皮主治腰肌劳损疼痛，可舒筋活络。

其他价值：叶可作马饲料，干叶面粗糙，供铜、锡和牙角器等摩擦用；枝皮纤维供制人造棉、绳索用。

【保护与利用建议】

1. 加强对现有古树、大树的保护。除进行挂牌保护外，还要进行宣传，增强市民的保护意识。

2. 开展定向培育技术研究。利用其生长迅速、适应性强、寿命长、耐烟尘及抗有害气体等优良性状，可重点开展以园林绿化、行道及生态防护、用材为主要目的的定向培育。通过集约经营，建设大苗培育基地，丰富乡土造林绿化树种。

3. 扩大人工林种植规模，为树种其他价值的开发利用奠定资源基础。

【参考文献】

江西省上饶地区林业科学研究所，1979；汪桂民，2010；项宗友等，2009；张佳平等，2013；郑万钧，1985。

（编写：陈慧　摄像：张凤莺）

国家珍稀濒危保护植物	国家珍贵树种	国家重点保护野生植物	中国主要栽培珍贵树种	江西省重点保护野生植物	江西珍贵稀有濒危树种	江西主要栽培珍贵树种	中国植物红皮书	中国物种红色名录	全国极小种群野生植物
III				III	II	✓	rare	NT	

030 青檀 | 榆科 Ulmaceae　别名：檀树、摇钱树

Pteroceltis tatarinowii Maxim.

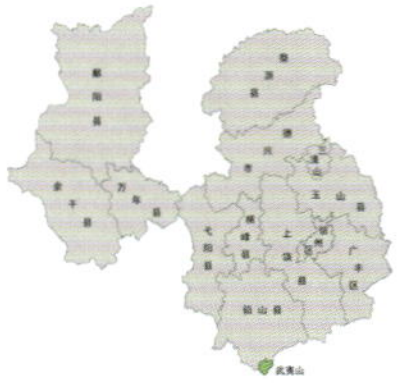

【主要形态与识别特征】

落叶乔木，高达 20 米以上；树皮不规则长片状剥落；小枝黄绿色，皮孔明显；冬芽卵形。叶纸质，宽卵形至长卵形，基部不对称，边缘有不整齐的锯齿，基部三出脉。翅果状坚果近圆形或近四方形，翅宽，有放射线条纹。花期 3~5 月；果期 8~10 月。

青檀与糙叶树属、榉属等树种最大的区别是青檀为小坚果，后者为核果或核果状。

【地理分布与生境】

青檀属 1 种，特产我国东北（辽宁）、华北、西北和中南。

青檀分布于我国大部分地区；常生于山麓、林缘、沟谷、河滩、溪旁及峭壁石隙等处，成小片纯林或与其他树种混生。

【树种特性与受危因素】

适应性较强，喜光，喜钙，喜生于石灰岩山地，也能在花岗岩、砂岩地区生长；较耐盐碱、耐干旱瘠薄，不耐水湿，根系发达，常在岩石隙缝间盘旋伸展；生长速度中等，萌蘖性强，寿命长。

中国稀有、特有种。由于自然植被的破坏，常被大量砍伐，致使分布区逐渐缩小，林相残破，资源面临濒危。

【资源现状与典型群落】

赣东北武夷山余家源等地有分布记载；生于海拔 800~1600 米山地、溪谷旁。本次调查在德兴黄柏发现有零星分布，在乐平洪岩洞景区周边发现有小面积群落。

【主要价值与用途】

经济价值：茎皮、枝皮纤维为制造驰名国内外书画宣纸的优质原料；木材坚实、致密，韧性强，耐磨损，供家具、农具、绘图板及细木工用材；可作石灰岩山地的造林树种。

药用价值：具祛风、除湿、消肿等功效。

观赏价值：树形美观，树冠球形，树皮暗灰色，片状剥落，千年古树蟠龙穹枝，形态各异，秋叶金黄，季相分明，极具观赏价值；青檀寿命长，耐修剪，也是优良的盆景观赏树种。

科研价值：青檀为中国特有单种属树种，对研究榆科系统发育有学术价值。

【保护与利用建议】

开展资源调查，摸清家底，一旦发现，积极进行保护与利用研究。

【参考文献】

崔同林等，2005；方升佐等，2001；傅立国，1992；侯嫦英等，2010；汪松等，2004；郑万钧，1985。

（编写：曹晓平　摄像：刘仁林）

国家珍稀濒危保护植物	国家珍贵树种	国家重点保护野生植物	中国主要栽培珍贵树种	江西省重点保护野生植物	江西珍贵稀有濒危树种	江西主要栽培珍贵树种	中国植物红皮书	中国物种红色名录	全国极小种群野生植物
						✓			

031 杭州榆 | 榆科 Ulmaceae

Ulmus changii Cheng

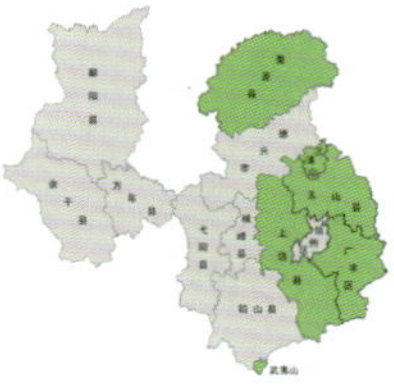

【主要形态与识别特征】

落叶乔木，高达 20 余米，胸径 90 厘米；树皮暗灰色，不裂或后期细纵裂；幼枝被密毛。叶卵形或卵状椭圆形，稀宽披针形或长圆状倒卵形，基部偏斜，叶面幼时有平伏的疏生长毛或有散生的短硬毛，老则无毛而平滑或有微凸起的毛迹或短硬毛，边缘常具单锯齿，稀兼具或全为重锯齿。翅果长圆形或椭圆状长圆形，稀近圆形，长 1.5~2.7 厘米，全被短毛。花果期 3~4 月。

杭州榆与兴山榆同为榆组榆系，两者的区别在于兴山榆叶上面被硬毛，脱落后有毛迹，粗糙，翅果近圆形、倒卵状圆形，长 1.2~1.8 厘米。

【地理分布与生境】

榆属 30 余种，产北半球。我国有 25 种 6 变种，分布遍及全国，以长江流域以北较多，另引入栽培 3 种。赣东北约 7 种。

杭州榆分布于江苏南部、浙江、安徽、福建西部、江西北部、湖南、湖北及四川；生于海拔 200~800 米的山坡、谷地及溪旁阔叶林中。

【树种特性与受危因素】

喜光，稍耐阴，喜温暖湿润气候，亦能耐 -20℃的短期低温；对土壤的适应性较广，耐干旱瘠薄，在酸性、中性和石灰性土壤的山坡、平原及溪边均能生长，生长速度中等，寿命较长；深根性、萌芽力强。

中国特有种，为中国南北方重要绿化树种。因常见于民居村落前后，易遭人为破坏，成年植株极少。

【资源现状与典型群落】

赣东北武夷山、三清山、广丰铜钹山、婺源等地山区有零星分布，多生于 800 米以下的溪流两岸、沟谷坡地，以小乔木、灌木为主，风景林中有大树生长。婺源海拔 550 米针阔混交林中，

山地黄壤，土层肥厚，胸径为 85 厘米，树高达 26 米，树干通直，枝下高超 10 米，树冠伞形，枝叶浓密，生长十分旺盛，产果量丰富，主要伴生种有大果冬青（*Ilex macrocarpa*）、南紫薇、南方红豆杉、小叶青冈、红楠等。上饶县华坛山海拔 319 米风景林林缘水溪边，共 2 株，高均为 16 米，胸径分别为 34 厘米和 38 厘米，与朴树、红楠、钩锥、檫木、南酸枣等组成阔叶混交林。

【主要价值与用途】

材用价值：木材坚重，硬度适中，力学强度较高，纹理直或斜，结构略粗，有光泽，具有韧性强、弯挠性能良好、耐磨损等优点，为上等用材。

观赏价值：栽作庭荫树、行道树或制作成盆景均有良好的观赏效果。

食用价值：嫩果和幼叶可以食用或作饲料；翅果含油率为 20%~40%。

工业价值：是医药和轻、化工业的重要原料。

【保护与利用建议】

杭州榆是一种非常优良的用材造林树种，其开发利用研究一直未能得到有关部门的重视，目前仍未开展人工引种栽培。建议加强宣传，让人们充分认识杭州榆的优良特性，并积极开展苗木培育试验与造林技术研究。

国家珍稀濒危保护植物	国家珍贵树种	国家重点保护野生植物	中国主要栽培珍贵树种	江西省重点保护野生植物	江西珍贵稀有濒危树种	江西主要栽培珍贵树种	中国植物红皮书	中国物种红色名录	全国极小种群野生植物
			✓			✓			

兴山榆

Ulmus bergmanniana Schneid.

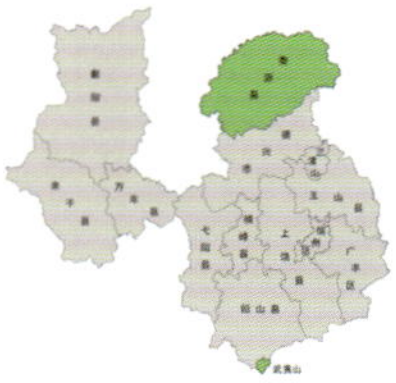

落叶乔木，高达 26 米，胸径 90 厘米；树皮灰白色，纵裂，粗糙。叶尖头边缘有明显的锯齿，基部多少偏斜，圆形、心脏形、耳形或楔形，上面幼时密生硬毛，边缘具重锯齿。花自花芽抽出，在枝上排成簇状聚伞花序。翅果宽倒卵形、倒卵状圆形、近圆形或长圆状圆形，长 1.2~1.8 厘米。花果期 3~5 月。

中国特有种，目前尚未由人工引种栽培。主要分布于安徽、湖南、湖北、陕西、四川、云南、河南、山西、甘肃、浙江、江西等地；常生于海拔 1500~2600 米地带的山坡及溪边的阔叶林中。赣东北武夷山、广丰铜钹山、婺源等山区有分布；婺源风水林及水溪边有残存胸径 1 米以上的大树生长。

木材坚实，重硬适中，纹理直，结构略粗，有光泽，耐久用，可作家具、器具、车辆及室内装修等用材。

【参考文献】

蔡云辉等，2015；傅立国，1980；刘彤等，2016；吴仕振，2017；郑万钧，1997。

（编写：洪元华　摄像：杨军）

国家珍稀濒危保护植物	国家珍贵树种	国家重点保护野生植物	中国主要栽培珍贵树种	江西省重点保护野生植物	江西珍贵稀有濒危树种	江西主要栽培珍贵树种	中国植物红皮书	中国物种红色名录	全国极小种群野生植物
III		II					EN	EN	✓

032 长序榆

榆科 Ulmaceae　　别名：中国长序榆、野榔皮

Ulmus elongata L. K. Fu et C. S. Ding

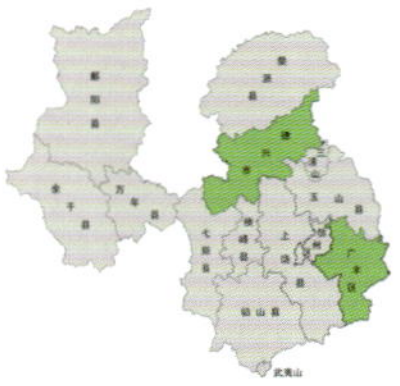

【主要形态与识别特征】

落叶乔木，高达 25~30 米，胸径 80 厘米；树干端直，树皮淡褐灰色，裂成不规则鳞状块片。叶椭圆形或披针状椭圆形，边缘具大而深的重锯齿，锯齿先端尖而内曲，外侧具 2~5 小齿。花春季开放，在去年生枝上排成总状聚伞花序，花序轴明显地伸长，下垂，有疏生毛，花梗长达花被的数倍。翅果窄长，两端渐窄而尖，似梭形。花期 3~4 月；果期 4~5 月。

本种与我国所产本属各种均不相同，其区别在于花序明显地伸长，总状聚伞花序下垂，花梗较花被长 2~4 倍，叶的边缘具粗大的重锯齿，锯齿先端尖而内弯，外缘有 2~5 小齿，翅果极窄，两端渐狭，先端 2 裂，柱头细长，基部具长子房柄，边缘密被白色长睫毛。

【地理分布与生境】

榆属的地理分布，可参阅杭州榆树种的描述。赣东北榆属长序榆组仅 1 种。

长序榆是榆属长序榆组中唯一分布于东亚的种，星散分布于浙江西南部、江西东北部和福建中部。大树已不多见，多呈孤立木状态。浙江省浙南遂昌九龙山、松阳交塘、庆元以及浙北临安顺坞等地山区，在森林植被保存较好的局部地段有零星分布，数量极少；天然生长在海拔 700~900 米山谷、沟边或山坡下部阔叶林中。

江西阳际峰国家级自然保护区核心区内的贵溪邹家岭山场，发现一处长序榆种群，共有 9 株，其中最大的一株胸围达 3 米多，高约 30 米，树冠直径超 20 米。这是江西省首个长序榆群落。

【树种特性与受危因素】

适生于温暖湿润的东南季风气候和较肥沃的山地黄壤；多生于疏林或林中开阔地，为喜光树种，常与多种植物混生。

长序榆是近几年来发现的一种稀有珍贵树种，为第三纪孑遗古老植物、国家保护的濒危树种之一。

由于长序榆果实的传播距离不如其他榆树，而且又必须在全光照条件下才能正常更新，因此，虽然其结实量大，种子的发芽率也很高，但在天然更新中，其竞争能力远不如那些稍耐阴的常绿阔叶树种，这是长序榆在产地内个体较少，处于濒危状态的主要原因。

【资源现状与典型群落】

赣东北广丰铜钹山、德兴发现有分布。铜钹山位于海拔620米的山地林缘及小溪旁，下坡、平缓，共7株，呈块状分布，最大胸径为36厘米，高约13米，平均胸径10厘米，乔木层高度8米，主要伴生种有毛八角枫、小叶白辛、枫香、灯台树、盐肤木（*Rhus chinensis*）、杉木等；人为干扰少，目前生长良好。德兴长序榆生于海拔320米毛竹林缘，为一丛被砍伐后的萌生枝，高约3米，最大枝地径约2厘米。

【主要价值与用途】

材用价值：材质优良，木材纹理直，有光泽，花纹美丽，结构略粗，年轮明显，略硬重，耐磨损，力学强度高，是优良的建筑、车辆、枕木、家具、农具等用材。

科研价值：长序榆的发现，不仅丰富了中国榆属植物资源，而且对探讨北美和东亚植物区系具有科学意义。

其他价值：枝条、根皮有胶质物，可做造纸糊料；树皮纤维坚韧，可制绳索、麻袋等。

【保护与利用建议】

1. 加强资源保护与研究。①严禁砍伐，保护现有树种资源。②在分布集中地区建立自然保护区，保护生存环境，减少人为破坏，促进天然更新。③加强长序榆致濒机理的研究，为合理保护提供理论依据。

2. 开展繁育试验，扩大人工栽培。产地林业部门应积极开展采种与扦插繁育试验，培育苗木，研究造林技术，扩大引种栽培。杭州植物园已引种栽培。

【参考文献】

傅立国，1992；蒋延生，2003；李文巧等，2010；邹高顺，1995。

（编写：林昌勇　摄像：郑明海）

国家珍稀濒危保护植物	国家珍贵树种	国家重点保护野生植物	中国主要栽培珍贵树种	江西省重点保护野生植物	江西珍贵稀有濒危树种	江西主要栽培珍贵树种	中国植物红皮书	中国物种红色名录	全国极小种群野生植物
			✓			✓			

033 榔榆 | 榆科 Ulmaceae　别名：小叶榆、豺皮榆

Ulmus parvifolia Jacq.

【主要形态与识别特征】

落叶乔木，高达 25 米，胸径可达 1 米；树冠广圆形，树皮灰色或灰褐色，不规则鳞状薄片剥落，近平滑，微凹凸不平；当年生枝密被短柔毛，深褐色。叶质地厚，基部偏斜，边缘从基部到先端有钝而整齐的单锯齿。花秋季开放，2~6 朵簇生或排成簇状聚伞花序；花柄极短，被毛。翅果椭圆形或卵状椭圆形；果核部分位于翅果的中上部。花期 8~9 月；果期 10~11 月。

榔榆与本属其他种最大的区别在于其树皮鳞片状剥落，小枝红褐色，树皮光滑。

【地理分布与生境】

榆属的地理分布，可参阅杭州榆树种的描述。赣东北榆属榔榆组仅 1 种。

榔榆分布于河北、山东、江苏、安徽、浙江、福建、台湾、江西、广东、广西、湖南、湖北、贵州、四川、陕西、河南等地；生于平原、丘陵及山区。日本、朝鲜也有分布。

目前国内最大的榔榆，在陕西省宁陕县江口回族镇南梦溪，直径达 2.1 米，伞状树冠，树龄约 3000 年，造型极其优美，枝繁叶茂。

【树种特性与受危因素】

喜光，耐干旱，在酸性、中性及碱性土上均能生长，但以气候温暖、土壤肥沃、排水良好的中性土壤为最适宜的生境；对有毒气体、烟尘抗性较强；榔榆寿命长，萌生力强，耐修剪。

我国特产，其材质优良，特别是在恶劣环境条件下表现出来的抗寒、抗旱、抗盐碱等优良特性更是其他树种所不能替代的，为造林绿化的先锋树种。由于自然植被的破坏，常遭大量砍伐，大树极少。

【资源现状与典型群落】

赣东北各山区、路旁、水边有零星分布，以小乔木及灌木为主，多为被砍伐后的萌生树，大树稀少。莲花山海拔 405 米山区村旁风水林中，生长着

一株古榔榆树，胸径为49厘米，高约22米，与小叶青冈、南方红豆杉、柿树（*Diospyros kaki*）、玉兰等混生，因藤本攀爬，长势稍弱。婺源海拔110米风水林中，有一株目前赣东北最大的榔榆树，胸径为90厘米，树高达20米，与枫香、糙叶树、朴树、枫杨（*Pterocarya stenoptera*）等组成混交林。

【主要价值与用途】

药用价值：茎、叶通络止痛；榔榆皮清热利水、解毒消肿、凉血止血等。

观赏价值：干略弯，树皮斑驳雅致，小枝婉垂，秋日叶色变红，具有较高的观赏价值，是良好的观赏树及工厂绿化、四旁绿化树种。

经济价值：边材淡褐色或黄色，心材灰褐色或黄褐色，材质坚韧，纹理直，耐水湿，可供家具、车辆、造船、器具等用材；树皮纤维细，杂质少，可作蜡纸及人造棉原料，或织麻袋、编绳索。

【保护与利用建议】

1. 开展繁殖技术研究。①榔榆野生资源较少，种子获取困难，用一般的方法扦插生根率也仅为20%~40%。②天津市城市建设学院利用高温、高湿环境下的雾插装置，提出了榔榆雾插技术，扦插生根率达95%。

2. 保护野生资源，严禁野外采挖。因繁殖困难，目前市场上人工苗木数量有限，榔榆的应用也主要集中在野生资源的盆景制作与销售上。

3. 重视育种材料的收集与保存。我国的白榆和榔榆一直被国外用作培育抗DED的育种材料而受到重视，而我们自己对这些宝贵的资源却不注意保存，以致一些优良的遗传资源正在丢失。

4. 开展种源变异及遗传育种研究。重点开展种源选择、优树选择及种子园的建立，探索地理种源间的变异，并积极开展良种选育。

【参考文献】

蔡玉成等，1990；冯显逵等，1990；顾万春等，1987；江西省林木种苗和林场管理局，2011；刘雪梅等，2005；王国枢等，2014；郑万钧，1997。

（编写：洪元华　摄像：杨军）

国家珍稀濒危保护植物	国家珍贵树种	国家重点保护野生植物	中国主要栽培珍贵树种	江西省重点保护野生植物	江西珍贵稀有濒危树种	江西主要栽培珍贵树种	中国植物红皮书	中国物种红色名录	全国极小种群野生植物
	II	II	✓			✓			

034 大叶榉树

榆科 Ulmaceae　　别名：榉树

Zelkova schneideriana Hand. -Mazz.

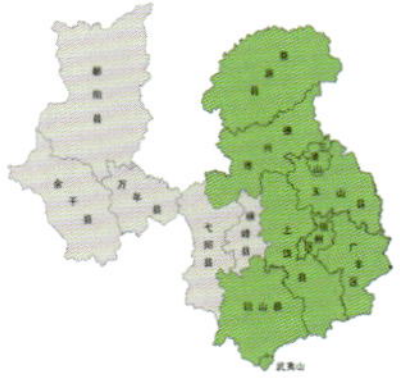

【主要形态与识别特征】

落叶乔木，树冠倒卵状伞形，树皮深灰色，不裂。小枝细，密被柔毛。叶长椭圆状卵形、长卵形或卵状披针形，基部有的稍偏斜，边缘锯齿为桃形钝尖锯齿，叶面稍粗糙，被短脱落性硬毛，下面被灰色柔毛；叶柄粗短，被短柔毛。雄花具极短的梗。核果几乎无梗，淡绿色，斜卵状圆锥形，上面偏斜，凹陷。花期 3~4 月；果期 10~11 月。

大叶榉树和榉树的主要区别在于榉树叶背面光滑，叶缘具钝尖锯齿，小枝无毛。

【地理分布与生境】

榉属约 10 种，分布于地中海东部至亚洲东部。我国 4 种，产辽东半岛至西南以东的广大地区。赣东北产 2 种，大叶榉树和榉树。

大叶榉树产于秦岭、淮河流域以南，长江中下游各地，南至广东、广西，西至贵州、云南、西藏；多散生于海拔 200~1100 米的溪涧水旁或山坡土层较厚的疏林中。在江南农村多栽植。

【树种特性与受危因素】

中等喜光，幼树耐庇荫，喜温暖湿润、肥沃的土壤，在酸性、中性、轻度盐碱土、石灰质土上均能生长，但在干燥瘠薄的地方生长不良；深根性，抗风力强，寿命较长；对烟尘、有毒气体有抗性。

大叶榉树为我国珍贵硬阔叶用材树种之一，具有较高的经济价值，尤其是用材价值。近年来其资源被过度采伐而导致日渐稀少。

【资源现状与典型群落】

在赣东北主要分布于三清山、广丰铜钹山、武夷山等山区。大多为古树，资源稀少。三清山海拔 550~700 米村庄周围风水林中及路边，生长着多株胸径为 80~110 厘米、树高达 20 米的大树、古树，树体多被藤本缠绕，长势一般，与枫香、红楠、苦槠、小叶青冈、蓝果树、玉兰等组成阔叶混交林。

【主要价值与用途】

材用价值：木材黄褐色或红褐色，纹理直，结构细，质地硬，少伸缩，抗压力强，耐水湿，耐腐朽，刨面光滑，油漆光亮度好，胶黏性能好，广泛用于造船、高级建筑、高档家具、胶合板高级饰面材等，被国家有关部门列为家具用材一类材、特级原木。

生态价值：抗风、抗烟尘，耐二氧化硫性能强，有防风、净化空气的作用，是绿化、营造防风林的好树种。

药用价值：树皮、叶入药，清热安胎。

观赏价值：树姿端庄，秋叶变成褐红色，是赏花观叶的优良树种，可用于园林建造、小区绿化、旅游风景区景观配置等。

【保护与利用建议】

1. 加强古树资源保护。目前除开展古树挂牌外，无具体保护措施，建议资源分布区林业管理部门，落实责任，重点加强母树林的管护并开展引种栽培。

2. 根据不同的选育目的，如用材、观赏、盆景等，分别选择结实多、籽粒饱满的健壮母树采种，开展良种选育研究工作。

3. 加大树种应用推广力度。①城乡四旁及园林绿化。②盆景制作与配植。③防护林带树种和水土保持树种种植。④作为混交林树种种植，充分利用土地资源和光照资源，较好地发挥防护效益，增强抵御自然灾害的能力，改善立地条件，实现经济利益最大化。

国家珍稀濒危保护植物	国家珍贵树种	国家重点保护野生植物	中国主要栽培珍贵树种	江西省重点保护野生植物	江西珍贵稀有濒危树种	江西主要栽培珍贵树种	中国植物红皮书	中国物种红色名录	全国极小种群野生植物
			✓			✓			

榉　树

别名：光叶榉

Zelkova serrata（Thunb.）Makino.

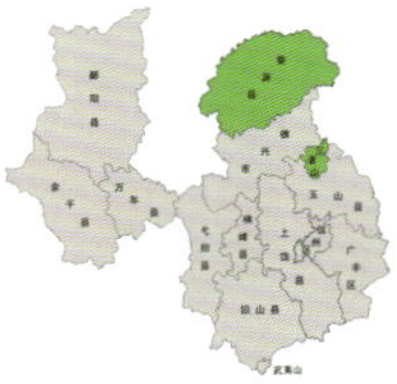

落叶乔木，高达 30 米；当年生枝紫褐色或棕褐色，疏被短柔毛，后渐脱落；冬芽圆锥状卵形或椭圆状球形。叶薄纸质至厚纸质，大小形状变异很大，叶面绿，幼时疏生糙毛，后脱落变平滑，叶背浅绿，幼时被短柔毛，后脱落，边缘有圆齿状锯齿，具短尖头。雄花具极短的梗，雌花近无梗。核果几乎无梗，淡绿色，斜卵状圆锥形。花期 4 月；果期 9~11 月。

性喜温暖至高温，生长适温约 15~28℃；不拘土质，但以肥沃的壤土或沙质壤土为佳；日照需良好，过分阴暗会落叶。

产辽宁（大连）、陕西（秦岭）、甘肃（秦岭）、山东、江苏、安徽、浙江、江西、福建、台湾、河南、湖北、湖南和广东；生于河谷、溪边疏林中，海拔 500~1900 米。在华东地区常有栽培，在湿润肥沃土壤上长势良好。日本和朝鲜也有分布。赣东北三清山风景林中有大树生长。

适合作行道树、园景树、防风树、盆景；材质鲜红坚硬，为阔叶一级木，可供制家具、地板、楼梯扶手之用；榉树皮和叶供药用。

【参考文献】

郭文平等，2014；江西省林木种苗和林场管理局，2011；李玉发等，2014；刘海龙等，2015；茹雷鸣等，2007；郑万钧，1997。

（编写：曹晓平　摄像：吴光喜）

国家珍稀濒危保护植物	国家珍贵树种	国家重点保护野生植物	中国主要栽培珍贵树种	江西省重点保护野生植物	江西珍贵稀有濒危树种	江西主要栽培珍贵树种	中国植物红皮书	中国物种红色名录	全国极小种群野生植物
				III	III				

035 青皮木

铁青树科 Olacaceae　别名：悞悞木、羊脆骨

Schoepfia jasminodora Sieb.et Zucc.

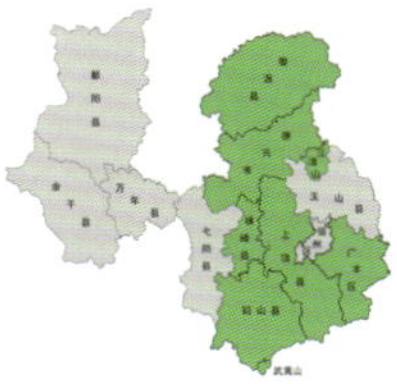

【主要形态与识别特征】

落叶乔木，高达 14 米；树皮灰褐色。叶纸质，卵形或长卵形，下面淡绿色，或带红色；叶柄红色。穗状聚伞花序 3~9 朵；花无梗，总花梗红色；花冠钟状，白色或淡黄色，有香味。果椭圆形，紫红色至紫黑色。花叶同放。花期 3~5 月；果期 4~6 月。

本种与华南青皮木的主要区别在于后者叶长椭圆形或卵状披针形，花序具 2~3 朵花或单生，花冠管状。

【地理分布与生境】

青皮木属约 40 种，分布热带、亚热带地区。我国 3 种 1 变种，主产南方各地。赣东北 1 种。

青皮木分布于江西、福建、台湾、湖南、广东、广西、四川、云南等地；生于海拔 1700 米以下的林区山谷、溪边的密林或疏林中。

【树种特性与受危因素】

青皮木为重要的药用植物。目前有关青皮木的研究资料很少见报道。受危因素主要来自于生态环境的破坏。

【资源现状与典型群落】

赣东北武夷山、广丰铜钹山、上饶县灵山、婺源有分布，以散生为主。在灵山生于海拔 900 米的山地杂木林中及林缘的岩石缝空隙，与甜槠、香桂、黄山木兰、棕脉花楸、交让木等混生。武夷山余家源、叶家厂等地有分布，生于海拔 700~1000 米的沟谷林下。

【主要价值与用途】

药用价值：根、树枝、叶，味甘、淡，性凉，归肝，肾经，具清热利湿、活血止痛功效。

观赏价值：树形漂亮，叶片优美，果实殷红，是重要的观赏与园林绿化树种。

【保护与利用建议】

青皮木是一种非常重要的珍稀树种，不仅具有较高的观赏价值，还有极为广阔的药用前景。目前有关青皮木资源的利用研究，报道得很少，有待各位专家开展深入广泛的研究。①张丽红等对青皮木的空中分段压条繁殖技术进行了研究，结果表明秋季压条效果好于春季，采用 IBA 800 毫克 / 升压条生根率达到 83%；②江国治等调查了青皮木野生资源及苗期生长规律，通过采种、贮藏、播种、管理等措施初步探索出青皮木的育苗技术。

【参考文献】

江国治，2013；张丽红等，2017；郑万钧，1997；中国植物志编辑委员会，1988。

（编写：曹晓平　摄像：刘仁林）

国家珍稀濒危保护植物	国家珍贵树种	国家重点保护野生植物	中国主要栽培珍贵树种	江西省重点保护野生植物	江西珍贵稀有濒危树种	江西主要栽培珍贵树种	中国植物红皮书	中国物种红色名录	全国极小种群野生植物
II	II	II	✓		II	✓	rare		

036 连香树

连香树科 Cercidiphyllaceae　别名：山白果、云义树

Cercidiphyllum japonicum Sieb. et Zucc.

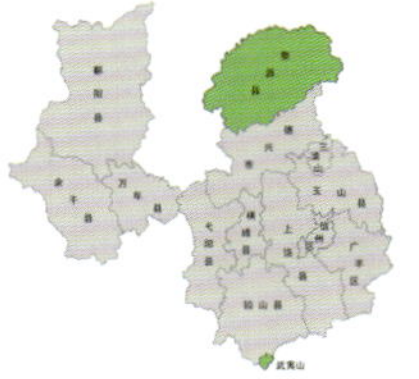

【主要形态与识别特征】

落叶大乔木，高 10~20 米，少数达 40 米；短枝在长枝上对生；芽鳞片褐色。叶在长枝上对生，在短枝上单生，近圆形、宽卵形或心形，生长枝上的为椭圆形或三角形，先端圆钝或急尖，基部心形或截形，边缘有圆钝锯齿，先端具腺体，下面灰绿色带粉霜，掌状脉直达边缘。雄花常 4 朵丛生，近无梗；雌花 2~6（8）朵，丛生。蓇葖果 2~4 个，荚果状。花期 4 月；果期 8 月。

连香树与毛叶连香树的区别为后者叶下面中部以下沿叶脉密被向两侧开展的毛，有时毛延伸至叶柄上端，蓇葖果上部渐尖。

【地理分布与生境】

连香树属 1 种 1 变种，产于我国及日本。毛叶连香树是连香树属唯一的变种，为我国特产。

连香树分布于安徽大别山、四川中部（海拔 1000~2600 米）、湖北西部（海拔 500~1000 米）、山西、河南、陕西、甘肃、浙江等省；常生于海拔 650~2700 米的山谷边缘或林中开阔地的杂木林中。

【树种特性与受危因素】

耐阴性较强，幼树需长在林下弱光处，成年树要求一定的光照条件；深根性，抗风，耐湿，生长缓慢，结实稀少；萌蘖性强，于根基部常萌生多枝。

连香树为第三纪古热带孑遗植物，是较古老原始的木本植物。由于结实率低，幼苗易受暴雨、病虫等危害，故天然更新极困难，林下幼树极少，加之乱砍滥伐森林，环境遭到严重破坏，致使连香树分布区逐渐萎缩，成片植株更为罕见。

【资源现状与典型群落】

赣东北 20 世纪 80 年代，在武夷山个别山头发现少数几株，与野核桃、青钱柳、小叶白辛、枫香等混生；婺源也有分布记载。本次调查均未

能找到实物。

【主要价值与用途】

药用价值：性味归经：苦、平，入肝经。

科研价值：为第三纪孑遗植物，在中国和日本间断分布，对于研究第三纪植物区系起源以及中国与日本植物区系的关系，有着重要的科研价值。

材用价值：木材纹理通直，结构细致，呈淡褐色，心材与边材区别明显，且耐水湿，是制作小提琴、室内装修、制造实木家具的理想用材，是稀有珍贵的用材树种，并且还是重要的造币树种。

工业价值：树皮与叶片含鞣质，可提制栲胶；叶中所含的麦芽醇在香料工业中常被用于香味增强剂。

观赏价值：树体高大，树姿优美，叶形奇特，叶色季相变化丰富，是典型的彩叶树种。

【保护与利用建议】

1. 加强资源重点保护。分布区已建立自然保护区（如安徽歙县清凉峰、浙江临安西天目山、遂昌九龙山，湖北神农架，四川峨眉山、卧龙及陕西太白山等），已将连香树列为保护对象，其他产区的资源也应重点保护。

2. 开展资源深度调查与研究。①一经发现，采取就地保护，划定禁划区。②有资源地区应积极进行人工引种驯化与繁殖试验，开展迁地保护，扩大栽培。③不少植物园和树木园已引种，并开花结实。在世界各国作为珍贵用材和庭院绿化树种被广泛栽培。

【参考文献】

丁峰等，2011；傅立国，1992；江西省上饶地区林业科学研究所，1979；李俊，2013；刘美等，2009；翁关成等，2008；姚连芳等，2005；张全来等，2009；郑万钧，1983。

（编写：曹晓平　摄像：叶喜阳）

国家珍稀濒危保护植物	国家珍贵树种	国家重点保护野生植物	中国主要栽培珍贵树种	江西省重点保护野生植物	江西珍贵稀有濒危树种	江西主要栽培珍贵树种	中国植物红皮书	中国物种红色名录	全国极小种群野生植物
				III	III				

037 猫儿屎 | 木通科 Lardizabalaceae 别名：矮杞树、猫屎瓜

Decaisnea insignis（Griff.）Hook. f. et Thoms.

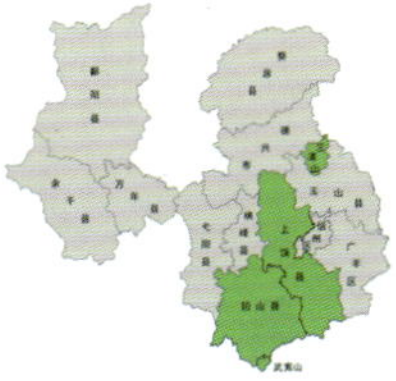

【主要形态与识别特征】

直立灌木，高 5 米；茎有圆形或椭圆形的皮孔；枝粗而脆，易断。羽状复叶，叶柄长 10~20 厘米；小叶膜质，卵形至卵状长圆形，下面青白色。总状花序腋生，或数个再复合为疏松、下垂顶生的圆锥花序。果下垂，圆柱形，蓝色。花期 4~6 月；果期 7~8 月。

【地理分布与生境】

猫儿屎属仅 1 种，分布于我国西南部和中部。东喜马拉雅山脉地区的尼泊尔、不丹、印度东北部和缅甸北部也有分布。

猫儿屎分布于云南、广西、贵州、江西、浙江、安徽、湖北、四川、陕西等我国西南部和中部地区；生于阴山坡或山沟的杂木林下阴湿处。

【树种特性与受危因素】

猫儿屎作为一种新型的野生植物，其相关研究资料很少见报道。生境的破坏及常遭砍伐致使资源面临枯竭。

【资源现状与典型群落】

赣东北武夷山有分布；生于海拔 1200~1300 米阔叶林中阴湿处及沟谷、灌丛中，资源稀少。

【主要价值与用途】

工业价值：果皮含橡胶，可制橡胶用品。

食用价值：果肉可食，亦可酿酒；种子可榨油。

药用价值：根和果药用，有清热解毒之效。

【保护与利用建议】

猫儿屎是木通科猫儿屎属的一种野生植物资源，用途广泛，值得研究与开发利用。

1. 开展资源培育繁殖技术研究。魏文桃等以猫儿屎的幼嫩种子作为外植体，研究不同植物生长调节剂对猫儿屎不定芽诱导和增殖影响，建立猫儿屎不定芽增殖及植株再生的高频再生体系；班荔等采用扦插繁殖和种子播种繁殖，探索提高苗木产量和苗木种植成活率的技术与方法。

2. 加强药用、食用等化学成分分析研究。西北师范大学首次从猫儿屎中分离鉴定了 11 种皂甙化合物，经光谱分析及化学方法鉴定，其中 5 种化合物为新化合物，具有一定的抗肿瘤性；陕西师范大学从猫儿屎种子油中鉴定出 9 种脂肪酸，占检出物总质量分数的 94.67%；孔杰从甘肃产的猫儿屎植物茎中分离出三个新皂甙；王鹏飞以新鲜猫儿屎为材料，采用组织分离法从其茎、叶、果实中分离得到内生真菌 91 株，并证实其次生代谢产物具有广泛的抑菌活性。

【参考文献】

白成科，2007；班荔等，2014；国家中医药管理局《中华本草》编委会，1999；刘佳等，2018；王鹏飞等，2013；魏文桃等，2017；中国植物志编辑委员会，2001；孔杰，1996。

（编写：陈慧 摄像：刘仁林）

国家珍稀濒危保护植物	国家珍贵树种	国家重点保护野生植物	中国主要栽培珍贵树种	江西省重点保护野生植物	江西珍贵稀有濒危树种	江西主要栽培珍贵树种	中国植物红皮书	中国物种红色名录	全国极小种群野生植物
II	II	II	✓		II	✓	rare	VU	

038 鹅掌楸

木兰科 Magnoliaceae　别名：马褂木、双飘树

Liriodendron chinense（Hemsl.）Sarg.

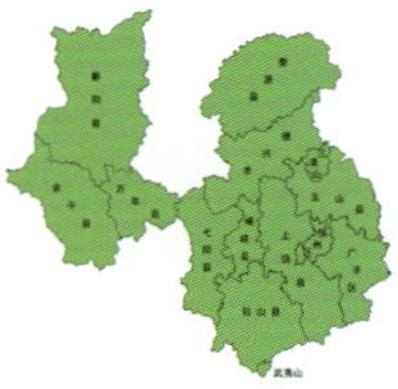

【主要形态与识别特征】

落叶乔木，树高达 40 米，胸径 1 米以上；小枝灰色或灰褐色。叶形如马褂，故鹅掌楸又叫马褂木。花单生枝顶，花被片 9 枚，外轮 3 片萼状，绿色，内二轮花瓣状黄绿色，基部有黄色条纹，形似郁金香。聚合果长 7~9 厘米，具翅的小坚果长约 6 毫米，顶端钝或钝尖，具种子 1~2 颗。花期 5 月；果期 9~10 月。

杂交鹅掌楸是我国已故著名育种学家叶培忠利用鹅掌楸为母本，北美鹅掌楸为父本杂交而成的，其形态介于二者之间，最为明显易辨的特征是在同一株树上，叶片两侧的裂片有 1 对的，也有 2 对的。鹅掌楸与杂交鹅掌楸的主要区别为前者叶近基部具 1 对侧裂片，下面被乳头状白粉点，花被片长 2~4 厘米，绿色，具黄色纵条纹；后者叶基部具 1~2 对侧裂片，下面无白粉，花被片长 4~6 厘米，绿黄色，内面具黄色蜜腺。

【地理分布与生境】

鹅掌楸属有 2 种，我国 1 种，北美 1 种，即分布于我国中北亚热带地区的鹅掌楸和美国东部的北美鹅掌楸。赣东北 1 种。

鹅掌楸主要生长在长江流域以南，分布于陕西、安徽以南，西至四川、云南，南至南岭山地；通常生于海拔 900~1000 米的山地林中或林缘，呈星散分布，数量不多。

【树种特性与受危因素】

喜光及喜温和湿润气候，有一定的耐寒性；喜深厚肥沃、适湿而排水良好的酸性或微酸性土壤（pH 值 4.5~6.5），在干旱土地上生长不良，也忌低湿水涝；种子发芽率低，但萌芽力强。

中国特有的珍稀孑遗植物。鹅掌楸是异花受粉种类，但有孤生殖现象，雌蕊往往在含苞欲放时即已成熟，开花时，柱头已枯黄，失去授粉能力，在未受精的情况下，雌蕊虽能继续发育，但种子生命弱，故发芽率低，是濒危树种之一。大树常遭砍伐，

天然更新能力很弱，幼树也较少见，几乎见不到纯林。

【资源现状与典型群落】

赣东北三清山、武夷山、广丰铜钹山、铅山、横峰、德兴、婺源有分布。武夷山海拔1200~1700米的沟谷、溪旁、山坡有散生，见于南方铁杉、黄山松、青冈、木荷等组成的针阔叶混交林中，胸径多为30厘米以下乔木。德兴梧风洞景区海拔470米的山谷溪旁，植株高约15米，胸径达45厘米，伴生种为红楠、白栎、山乌桕（*Sapium discolor*）等，树形美观，长势十分茂盛。婺源大鄣山海拔850~920米的山谷两侧的阔叶林及水口林中有小片状分布，共25株，平均树高13米，胸径14~38厘米，建群种为枫香、檫木，伴生种以山桐子(*Idesia polycarpa*)、木姜子(*Litsea pungens*)、鹅耳枥为主，生长均良好。其他各地均以散生为主。

【主要价值与用途】

科研价值：鹅掌楸为古老的孑遗植物，在日本、格陵兰、意大利和法国的白垩纪地层中均发现化石，到新生代第三纪本属尚有10余种，广布于北半球温带地区，到第四纪冰期才大部分灭绝，现仅残存鹅掌楸和北美鹅掌楸两种，成为东亚与北美洲间断分布的典型实例，对古植物学、系统学有重要科研价值。

观赏价值：树形端正，叶形奇特，花淡黄绿色，美而不艳，是优美的庭荫树和行道树种，与悬铃木、椴树、银杏、七叶树并称世界五大行道树种。其黄色花朵形似杯状的郁金香，故欧洲人称之为“郁金香树”。

经济价值：材淡红褐色，轻软适中，纹理清晰，结构细致，轻而强韧，硬度适中，是胶合板的理想原料，也是制家具、缝纫机板、收音机壳与室内装修的良材。

药用价值：叶和树皮入药，味辛、性温，有祛风除湿、散寒止咳的作用。

生态价值：对有害气体的抵抗性较强，也是工矿区绿化的优良树种之一。

【保护与利用建议】

鹅掌楸居群目前大多处于不利于其生存和发展的濒危生境中，但仍具有较高水平的遗传多样性。因此，对于这样一个具有复杂遗传结构的濒危物种实施保护，有专家提出，必须采取多种手段的综合措施，来抑制其居群衰败的趋势。综合专家观点，针对资源现状，提出以下保护利用策略。

1. 处于保护区内的树种，应列为保护对象，其他产地的也应保护好母树及其生境，严禁乱砍滥伐。

2. 营建母树林，进行迁地保护。选择好年份进行采种、育苗，建立实生母树林；也可采集穗条嫁接，建立嫁接母树林，把种子繁育与种质资源保护结合起来。

3. 结合改良工作进行迁地保护。有计划地采集多个天然群体的种质资源(种子或穗条)建立母树林；或从多个天然群体中选择优良单株采集穗条嫁接，建立种内杂交种子园；或选择收集一定量的北美鹅掌楸优良单株穗条嫁接，建立种间杂交种子园，把树木改良、选育与种质资源保护结合起来。

4. 采用促进天然更新辅助措施进行就地保护。在母树树冠下方或周围，在种子散落前，进行局部除草和清理地被物，促使种子落地，发现鹅掌楸幼苗，应采取措施促进幼苗生长。

5. 鹅掌楸分布的范围广泛，生长快速。进行鹅掌楸人工集约化经营，其速生特性将进一步得到发挥，是可以以较短时间、较快速度研究推广的一个珍贵树种。

【参考文献】

傅立国，1992；李火根等，2005；汪松等，2004；朱秋生等，2010。

（编写：杨森兴　摄像：曹晓平）

国家珍稀濒危保护植物	国家珍贵树种	国家重点保护野生植物	中国主要栽培珍贵树种	江西省重点保护野生植物	江西珍贵稀有濒危树种	江西主要栽培珍贵树种	中国植物红皮书	中国物种红色名录	全国极小种群野生植物
III				III	III		VU	VU	

039 黄山木兰

木兰科 Magnoliaceae　别名：木兰

Magnolia cylindrica Wils.

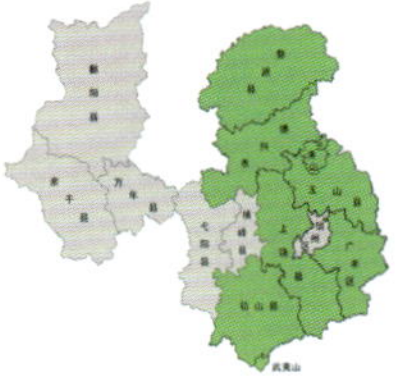

【主要形态与识别特征】

落叶小乔木，高达10米；树皮灰白色，平滑；嫩枝、叶柄、叶背被淡黄色平伏毛；老枝紫褐色，皮揉碎有辛辣香气。叶膜质，倒卵形、狭倒卵形、倒卵状长圆形；叶柄有狭沟。花单生枝顶，先叶开放，直立；花蕾卵圆形；花被片9，外轮3，膜质，萼片状，内两轮白色，基部稍带红，椭圆状匙形；花梗粗壮，密被淡黄色长绢毛。聚合果圆柱形；蓇葖木质。花期3~4月；果期9月。

黄山木兰与天目木兰为玉兰亚属的高山品种，两者较为相似，其主要区别在于天目木兰的花被片倒披针形或匙形，花为红色或淡红，芳香。

【地理分布与生境】

木兰属约90种，分布于北美至南美的委内瑞拉东南部和亚洲的热带及温带地区。我国约30种，广布于南北各省，大部分为很美丽的观赏树。赣东北约8种。

本种主产于华东地区，零星分布于安徽、浙江、江西、湖北和福建等省；星散分布于海拔600~1700米处的山坡、沟谷疏林或山顶灌丛中。

【树种特性与受危因素】

适生于雨量充沛、温凉、多雾的山地气候；土壤为黄棕壤或黄壤，pH值4.5~5.5，在肥厚疏松、富含腐殖质和排水良好的沙壤土上生长良好；幼树稍耐阴，根系发达，萌蘖性强，性耐寒而不耐干热，生长中等。

中国特有种。由于森林过度砍伐以及产地群众每年早春采摘花蕾供药用和践踏幼苗，致使天然更新困难，植株日益减少。

【资源现状与典型群落】

赣东北武夷山、三清山、上饶县灵山、婺源、广丰铜钹山、德兴大茅山有分布。以灵山、三清山、武夷山分布较为普遍。灵山海拔

800~1100 米，沿游步道上下呈带状星散或小块状分布，与棕脉花楸、小叶青冈、云锦杜鹃、甜槠、冬青等组成常绿阔叶与落叶阔叶混交林。在三清山海拔 1100~1800 米之间生长较为密集，与多脉青冈、水丝梨、华东黄杉、三桠乌药（*Lindera obtusiloba*）、猴头杜鹃等混生。武夷山海拔 1100~1600 米山地林缘，以胸径 5 厘米以下小乔木及幼树为主，多生于鹅耳枥、东方古柯、小叶白辛、青榨槭、甜槠等组成的阔叶林中及林缘。

【主要价值与用途】

材用价值：材质优良，结构细，纹理直，材质坚实，不易变形，可供高级家具用材。

药用价值：花蕾入药，花芳香馥郁，可提取浸膏，用于调配香皂用的香精和化妆香精等。

观赏价值：树姿婆娑，早春开花，花大，花色美丽，色泽艳丽，芳香，花色有白、淡黄、淡红色变异类型，是观赏价值很高的木本花卉，也是一种很有发展前途的四旁、庭院绿化树种。

【保护与利用建议】

1. 加强资源保护。①国内已在黄山、清凉峰、天目山、武夷山、井冈山等地建立风景保护区和自然保护区。②黄山木兰幼树稍耐阴，根系发达，萌糵性与更新能力强，保存和发展现有天然生长的居群，对幼苗、幼树加强抚育管理，可促进天然更新。

2. 积极开展引种试验与人工造林工作。①研究结果表明，该树种采种育苗容易掌握，1 年生苗高达 40 厘米，地径 0.7 厘米，造林成活率高达 90%，幼林生长快，10 年生平均树高 7.56 米，平均胸径 8.92 厘米。②黄山木兰不仅是园林绿化的优良树种，而且花蕾可入药，木材又是珍贵用材，进行人工造林，扩大种植规模意义重大。

3. 开展组培快繁技术研究。①对资源稀少的濒危树种，探索组织培养育苗技术，不失为一种最有效的保护与利用途径。②目前，国内有黄山木兰组培苗培育成功的报道，可以加强合作，引进技术，大量繁殖组培苗，使其种群得以繁衍和保护。

国家珍稀濒危保护植物	国家珍贵树种	国家重点保护野生植物	中国主要栽培珍贵树种	江西省重点保护野生植物	江西珍贵稀有濒危树种	江西主要栽培珍贵树种	中国植物红皮书	中国物种红色名录	全国极小种群野生植物
III				III	II		VU	VU	

天目木兰

别名： 天目玉兰

Magnolia amoena Cheng

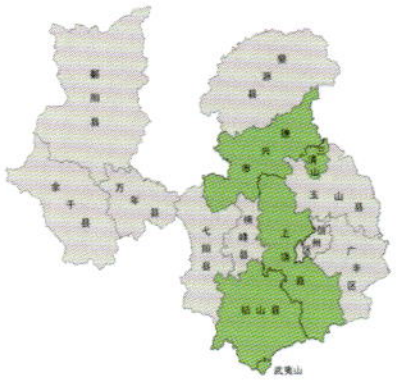

落叶乔木，高达12米；树皮灰色或灰白色；芽被灰白色紧贴毛；嫩枝绿色，老枝带紫色。叶纸质，宽倒披针形，倒披针状椭圆形。花单生枝顶呈杯状，花被片9，淡粉红色至红色，花丝紫红色，芳香。聚合果圆柱形，蓇葖表面密布瘤状点。花期4~5月；果期9~10月。

中国东部中亚热带特有树种，性耐阴、耐寒而不耐干热，生长中等，在肥沃湿润而排水良好的酸性土上长势较好。长期以来由于森林砍伐、火灾及群众采摘花蕾入药、践踏林地等，使得天目木兰的生境受到严重破坏，加上其生长缓慢、结实率低、自然更新能力弱，其植株数量越来越少。

分布于浙江、安徽、江西、江苏；生于海拔200~2400米的林中。赣东北武夷山、玉山怀玉山、三清山、广丰铜钹山有极少数分布，生于海拔700米以上的山谷、溪边或荫蔽山坡，常与灯台树、红楠、伯乐树、南方铁杉、柳杉、稠李、猴头杜鹃等混生。在武夷山西麓黄岗山林区海拔1620米的山坞，土层较浅薄的山地黄壤，天然常绿阔叶混交林中，高15米，胸径30厘米；猪母坑等地也有分布，生于海拔800~1700米之间的杂木林中。

天目木兰花为粉红色并伴有淡淡的清香，具有较高的观赏价值；花蕾入药，具清热利尿，解毒消肿，润肺止咳功效。浙江天目山已建立自然保护区；杭州植物园早在20世纪50年代中期，就进行了引种，生长良好，已开花结实。

【参考文献】

傅立国，1992；江险峰，2004；汪爱兰，2012；汪松等，2004；王献溥等，2001；印红，2013；郑万钧，1985。

（编写：曹晓平　摄像：叶喜阳）

国家珍稀濒危保护植物	国家珍贵树种	国家重点保护野生植物	中国主要栽培珍贵树种	江西省重点保护野生植物	江西珍贵稀有濒危树种	江西主要栽培珍贵树种	中国植物红皮书	中国物种红色名录	全国极小种群野生植物
				III	III			VU	

040 玉兰

木兰科 Magnoliaceae　　别名：白玉兰、望春花、玉兰花

Magnolia denudata Desr.

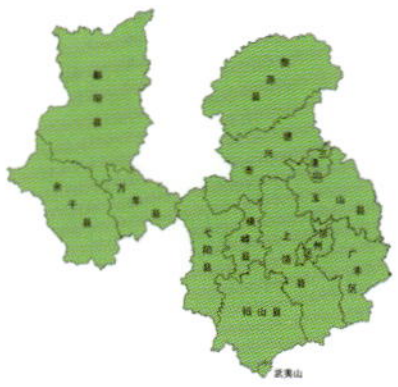

【主要形态与识别特征】

落叶大乔木，高达 25 米；幼时树皮灰白色，老时粗糙开裂；顶芽与花梗密被灰黄色长绢毛。叶片互生有时呈螺旋状，宽倒卵形至倒卵形，先端圆宽，平截或微凸，具短突尖，故又称凸头玉兰；中部以下渐狭楔形，全缘。花先叶开放，芳香；花梗显著膨大，花被片 9，白色，稀基部带淡红色纵纹。聚合果圆筒状，红色至淡红褐色，花期2~3月；果期8~9月。

玉兰和紫玉兰同为“辛夷”药用产品主要树种，两者区别在于紫玉兰为小乔木或灌木状，花叶同放，花被片外面紫色或紫红色，内为白色，外轮 3 片萼片状，披针形，紫绿色。

【地理分布与生境】

木兰属地理分布，可参阅黄山木兰树种的描述。

玉兰原产于长江流域，在庐山海拔 1000 米以下、安徽南部及西部大别山区海拔 1200 米以下、浙江天目山海拔 500~1000 米、湖南衡山海拔 900 米以下的常绿阔叶和落叶阔叶混交林中有野生。自唐代以来久经栽培，现北京及黄河流域以南至西南各地普遍栽植。

【树种特性与受危因素】

性喜光，较耐寒，可露地越冬；忌水湿，积水易烂根；喜肥沃、排水良好而带微酸性的沙质土壤，在弱碱性的土壤上亦可生长。在气温较高的南方，12 月至翌年 1 月即可开花。当玉兰从营养生长阶段过渡到生殖生长阶段后，在适宜条件下就会开花。然而，当外界环境发生变化影响植株正常生长发育或遗传特性时，植株就会在本来不是正常花期的时候二次开花。

玉兰为中国著名的木本花卉，北方早春重要的观花树木，有 2500 年左右的栽培历史，为庭园中名贵的观赏树与药用树种。由于花蕾药用，资源破坏严重，加之滥伐森林、生境恶化，天然繁殖力弱，成年植株已不多见。

【资源现状与典型群落】

赣东北三清山、婺源、武夷山、广丰铜钹山、鄱阳莲花山等地有分布，主要散生于山地阔叶林中，数量稀少。三清山、婺源的村旁风景林中有大树、古树生长，三清山还惊现古树群落。在婺源生于海拔 550 米乡村风景林中，高约 20 米，胸径达 1.1 米，树龄约 400 年，枝繁叶茂，生长旺盛。三清山海拔 620 米山地针阔混交林中，有多株大树散生，最大胸径为 80 厘米，高达 18 米，与皂荚、南方红豆杉、小叶青冈、桂花、紫楠、灯台树、东南石栎等混生；三清山海拔 660 米村旁后山有玉兰—蓝果树古树群落，面积约 10 亩，山地黄壤，土层肥厚，北坡，其中玉兰 15 株，蓝果树 12 株，玉兰最大胸径近 1 米，平均胸径约 80 厘米，伴生树种有小叶青冈、南方红豆杉、锥栗、凹叶厚朴、枫香等。莲花山、武夷山、铜钹山海拔 1500 米以下的山区或丘陵沟谷、坡地和溪流两岸也有大树生长。

【主要价值与用途】

药用价值：玉兰花中含有多种维生素和生物碱，有独特的挥发油；花蕾入药称“辛夷”，系名贵中药材，用作镇痛剂，对皮肤真菌也有不错的抑制作用。

观赏价值：玉兰花开时异常惊艳，满树花香，花叶舒展而饱满，特别绚烂，实为美化庭院之理想花型。

生态价值：玉兰对有害气体的抗性较强，具有一定的抗性和吸硫的能力。

材用价值：木质优良，可供细木工使用和家具、细板制作等。

工业价值：用浸提法可以从玉兰花中提取出玉兰花浸膏，能够用来制作化妆品或香料；用蒸馏法还能从叶子中提取出玉兰花叶油，能够用来配制香水或香皂。

其他价值：玉兰花富含多种维生素、微量元素和氨基酸，可泡制茶饮；也可用玉兰花做食材烹制美食，如玉兰饼、玉兰花熘肉片等。

【保护与利用建议】

玉兰是世界公认的多用途植物，它不仅树形优美，材质优良，且是极好的药用、观赏植物，开发利用前景十分宽广。

1. 开展专项调查，进一步摸清家底，加强对玉兰古树的重点保护，为玉兰资源的利用研究提供种质资源基础。

2. 加强作为药用珍贵乡土树种的开发力度。中国玉兰产地之一的南召县，把玉兰定为南召的“县花”，县委、县政府把玉兰作为重点开展的特色药用产品之一。目前种植面积达 30 万亩，产值达到 21.3 亿元，年产“辛夷”4000 吨以上，占河南省年产量的 80%、全国年产量的 40% 左右，成为全国最大的“辛夷”生产基地县，被国家命名为中国“辛夷之乡”。

3. 扩大引种种植规模和应用范围。目前国内对玉兰产品研究不少，但缺乏种植数量，产品也主要用于园林绿化，应用单一，应注重加强商品林基地建设，统筹安排，综合利用，充分发挥玉兰植物的多种效益。

国家珍稀濒危保护植物	国家珍贵树种	国家重点保护野生植物	中国主要栽培珍贵树种	江西省重点保护野生植物	江西珍贵稀有濒危树种	江西主要栽培珍贵树种	中国植物红皮书	中国物种红色名录	全国极小种群野生植物
				III				VU	

紫玉兰

别名：辛夷、木笔

Magnolia liliflora Desr.

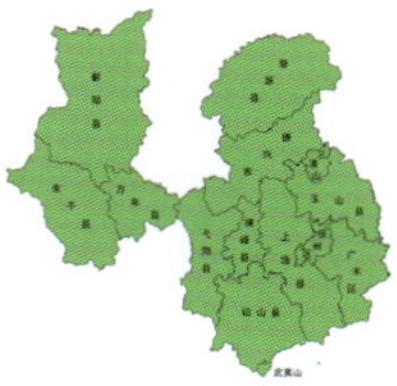

落叶灌木或小乔木，高达 3~5 米；常丛生，树皮灰褐色，木质有香气；小枝绿紫色或淡褐紫色，有明显皮孔。叶椭圆状倒卵形或倒卵形，正面为深绿色，背面为灰绿色。花蕾卵圆形，被淡黄色绢毛；花叶同时开放，瓶形，直立于粗壮、被毛的花梗上，稍有香气；花被片 9~12，外轮 3 片萼片状，内两轮肉质，外面紫色或紫红色，内面带白色。聚合蓇葖果深紫褐色或褐色，圆柱形；成熟蓇葖近圆球形，顶端具短喙。花期 3~5 月；果期 8~10 月。

喜光，不耐阴，较耐寒，喜肥沃、湿润、排水良好的土壤，忌黏质土壤，不耐盐碱；肉质根，忌水湿，根系发达，萌蘖力强。

中国特有种，在中国作为传统花卉和中药有 2000 多年的历史，分布于我国云南、福建、湖北、四川等地；生长于海拔 300~1600 米的山坡林缘。赣东北武夷山叶家厂、西坑有分布，生于海拔 600~1000 米杂木林中，林缘，资源稀少，现广泛栽培。

紫玉兰是著名的早春观赏花木，开花时，满树紫红色花朵，幽姿淑态，别具风情，适用于古典园林中厅前院后配植，也可孤植或散植于小庭院内；紫玉兰的树皮、叶、花蕾均可入药，花蕾晒干后称“辛夷”，气香、味辛辣，含柠檬醛、丁香油酚、桉油精为主的挥发油，主治鼻炎、头痛，作镇痛消炎剂；亦作玉兰、白兰等木兰科植物的嫁接砧木。

【参考文献】

傅立国，1992；郑万钧，1983；周佐新等，2010。

（编写：沈爱民　摄像：曹晓平）

国家珍稀濒危保护植物	国家珍贵树种	国家重点保护野生植物	中国主要栽培珍贵树种	江西省重点保护野生植物	江西珍贵稀有濒危树种	江西主要栽培珍贵树种	中国植物红皮书	中国物种红色名录	全国极小种群野生植物
III		II			III		rare	VU	

041 凹叶厚朴

木兰科 Magnoliaceae　别名：庐山厚朴

Magnolia officinalis subsp. *biloba*（Rehd. et Wils.）Cheng et Law

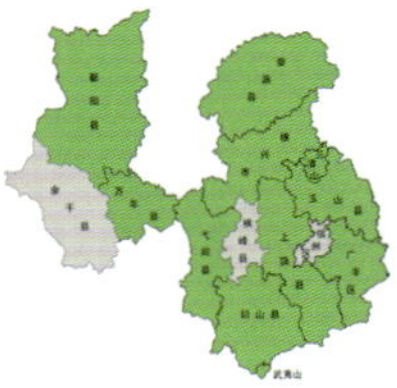

【主要形态与识别特征】

落叶乔木，高达20米；树皮厚，灰色，不开裂；小枝粗壮，淡黄色或灰黄色，幼时有绢毛。顶芽大，窄卵状圆锥形，无毛。叶大，近革质，7~12集生枝顶。先端凹缺，成2钝圆的浅裂片，基部楔形，上面绿色，下面有明显白粉。花白色，芳香；花梗粗短，被长绒毛；花被片9~12，厚肉质，外轮3片淡绿色，盛开时常向外反卷，内两轮倒卵状匙形。聚合果长圆状卵形，基部较窄。花期4~5月；果期10月。

凹叶厚朴为厚朴的变种，两者极为相似，其主要区别在于厚朴叶先端短急尖或圆钝，通常叶较大，5~7片聚生枝顶，叶脉较多，聚合果基部宽圆。

【地理分布与生境】

木兰属地理分布，可参阅黄山木兰树种的描述。

凹叶厚朴产于安徽、浙江西部、江西（庐山）、福建、湖南南部、广东北部、广西北部和东北部；生于海拔300~1400米的林中。野生资源极少，多栽培于山麓和村舍附近。

【树种特性与受危因素】

生长缓慢，幼树生长较快，萌芽力强，特别是主干折断后，会形成灌木；阳性树种，但幼苗怕强光；喜温暖、湿润气候，耐寒，不适酷暑，以肥沃湿润、排水良好的土壤生长佳。

我国特产。由于过度滥伐森林和大量剥取树皮药用，导致分布范围迅速缩小，成年野生植株极少见。

【资源现状与典型群落】

赣东北武夷山、三清山、广丰铜钹山、铅山、德兴、婺源、上饶县五府山有零星分布，多为被砍伐后萌发的幼树，目前尚存的小片纯林或零星植株多系人工栽培，野生植株极其少见。铅

山武夷山镇海拔 900~1100 米的山地，共发现 7 个分布点，3~5 株成群，树高 5~10 米，一蔸多株现象普遍，以小乔木为主，均分布于毛竹林缘。武夷山保护区海拔 800~1400 米毛竹林缘及杂木林中有少数散生，多为胸径 10 厘米左右的乔木，偶见胸径 40 厘米以上的大树。在广丰铜钹山海拔 260~370 米有 3 个分布点，全部为一蔸多株现象，均为灌丛，主要分布于针阔混交林中，伴生树种以马尾松、杉木、毛竹、柳叶蜡梅为主。德兴梧风洞景区海拔 400~600 米一带有多处小片人工林，生长普遍良好。三清山金沙服务区周边的杉木与毛竹杂木林中也有小面积的人工林。

【主要价值与用途】

经济价值：树干通直，材质轻软，纹理细密，不反翘，易加工，木材供建筑、板料、家具、雕刻、乐器、细木工等用；种子可榨油，含油量 35%，出油率 25%，可制肥皂。

观赏价值：叶大荫浓，花大美丽，可作绿化观赏树种。

药用价值：树皮、根皮、花、种子及芽皆可入药，以树皮为主，为著名中药，有行气平喘、化食消痰、驱风镇痛之效；种子有明目益气功效；芽作妇科药用。

【保护与利用建议】

厚朴是我国特有的药材兼用树种，保护和发展厚朴资源意义重大。

1. 依法管理和重点保护野生种质资源。若继续任其“野生无主，谁采谁有”，若干年后种质资源就将绝灭。野生厚朴应禁止剥皮、采伐，保护好母树，促进天然更新，对自然保护区和植物园内的植株更应作为种质资源加以保护。

2. 开展厚朴药用栽培技术研究。厚朴是一种木本中药材，生产周期长。长期以来，科研工作主要偏重药理、成分等方面的研究，栽培技术研究十分薄弱，可重点开展良种选育、无性繁殖及其丰产栽培配套技术研究，为厚朴人工栽培的速生、丰产、优质、高效提供技术支撑。

3. 加强以利用为主要目的的其他研究，如材用、观赏等，通过不断扩大人工种植，充分发挥其综合价值。

国家珍稀濒危保护植物	国家珍贵树种	国家重点保护野生植物	中国主要栽培珍贵树种	江西省重点保护野生植物	江西珍贵稀有濒危树种	江西主要栽培珍贵树种	中国植物红皮书	中国物种红色名录	全国极小种群野生植物
III	II	II							

厚 朴 别名：紫朴、紫油朴

Magnolia officinalis Rehd. et Wils.

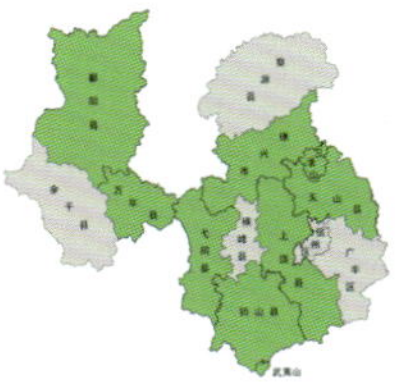

落叶乔木，高达 20 米；树皮厚，褐色，不开裂；小枝粗壮，淡黄色或灰黄色；顶芽大，狭卵状圆锥形，无毛。叶大，近革质，5~7 片聚生于枝端，长圆状倒卵形，长 22~45 厘米，宽 10~24 厘米，先端具短急尖或圆钝，基部楔形，全缘而微波状，上面绿色，下面灰绿色，被灰色柔毛，有白粉；叶柄粗壮，长 2.5~4 厘米。花白色，芳香；花梗粗短，被长柔毛，厚肉质。聚合果长圆状卵圆形。花期 5~6 月；果期 8~10 月。

厚朴为喜光的中性树种，幼龄期需荫蔽，喜凉爽、湿润、多云雾、相对湿度大的气候环境；在土层深厚、肥沃、疏松、腐殖质丰富、排水良好的微酸性或中性土壤上生长较好；常混生于落叶阔叶林内或生于常绿阔叶林缘。

主产陕西南部、甘肃东南部、河南东南部、湖北西部、湖南西南部、四川、贵州东北部；生于海拔 300~1500 米的山地林间。赣东北武夷山有零星分布，生于毛竹林缘及杂木林中，多为小乔木及幼树。上饶县华坛山海拔 800 米以上的山地，发现有小面积的厚朴人工纯林。广丰铜钹山、德兴、三清山有少量栽培。

木材供建筑、板料、家具、雕刻、乐器、细木工等用；叶大荫浓，花大美丽，可作绿化观赏树种；树皮、根皮、花、种子及芽皆可入药，以树皮为主，为著名中药，有行气平喘、化食消痰、驱风镇痛、明目益气之效；种子可榨油，含油量 35%，出油率 25%，可制肥皂。

【参考文献】

陈信云，2010；傅立国，1992；黄金桃等，2003；李棣华，2012；汪松等，2004；王晓明等，2014；杨志玲，2011。

（编写：王建　摄像：曹晓平）

国家珍稀濒危保护植物	国家珍贵树种	国家重点保护野生植物	中国主要栽培珍贵树种	江西省重点保护野生植物	江西珍贵稀有濒危树种	江西主要栽培珍贵树种	中国植物红皮书	中国物种红色名录	全国极小种群野生植物
III				III	III		VU	VU	

042 天女木兰

木兰科 Magnoliaceae　　别名：小花木兰、天女花

Magnolia sieboldii K. Koch

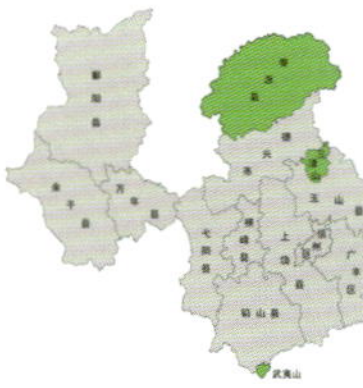

【主要形态与识别特征】

落叶小乔木或灌木，高 1.5~3m 或更高。小枝细长，疏生细长毛。叶宽椭圆形或倒卵状长圆形，长 6~15 厘米，叶背有白粉，侧脉 6~8 对。花白色芳香，花被片 9 枚，外轮 3 片粉红色，其余均白色，生枝顶，花柄颇长，盛开时随风飘荡，芳香扑鼻，宛如天女散花，故名天女花。花期 5~6 月；果期 8~9 月。

天女木兰为木兰属高山品种，与其他品种有一定区别：玉兰为中国著名的观赏植物，花白色，先叶开放，直立，钟状，有芳香；望春玉兰又名望春花，花 2 轮近匙形、白色，外面基部带紫红色；荷花玉兰又名广玉兰，叶肥厚，被绒毛，花大、白色、芳香；紫玉兰又名“辛夷”，灌木状，花叶同放或稍后于叶开放，外轮花被片带绿色，内 2 轮花被片紫红色。

【地理分布与生境】

木兰属地理分布，可参阅黄山木兰树种描述。

天女木兰在中国间断分布于吉林、辽宁两省毗邻的山区和华东及华南某些省的局部山区，也是中国东北地区唯一的野生木兰属植物。朝鲜、日本也有分布。天女木兰一直长在深山人不识。1985 年，科研人员首次于桓仁发现这一稀世花种的消息，曾引起国内外的震动。1999 年，桓仁的天女木兰在昆明“世博会”展出，独占鳌头，国内外新闻记者竞相采访报道。

天女木兰多分布在海拔较高之处；适生于阴坡和湿润山谷。在安徽黄山生于海拔 1500~1600 米，与黄山杜鹃、天目琼花（*Viburnum opulus* var. *Calvescens*）、灯笼树（*Enkianthus chinensis*）、三桠乌药、安徽小檗（*Berberis anhweiensis*）等组成灌丛；广西北部猫儿山分布达海拔 1800 米。

【树种特性与受危因素】

喜凉爽、湿润的环境和深厚、肥沃的土壤，畏高温、干旱和碱性土壤。

天女木兰乃珍奇花木，系太古第四纪冰川期幸存的珍稀名贵花卉，堪称植物王国中的“准太后”和“活化石”，也是重要的园林绿化树种和提取香料的轻工业原料。由于森林砍伐，生境被破坏以及天然更新能力较弱等原因，分布区域日益缩小，植株濒危加剧。

【资源现状与典型群落】

赣东北武夷山、三清山、婺源有少量分布。武夷山海拔 1650 米林缘路边，共 7 株，平均胸径 5 厘米，多枝，长势良好，调查时正值花开，洁白美丽。在三清山生于海拔 1600 米处的西海岸游步道附近的岩石缝中，呈小片状分布，植株灌木状，高约 0.8~3.0 米，主要伴生种为山桠乌药、小叶青冈、岩柃、小山竹等。婺源大鄣山海拔 1600 米高山山脊也发现有零星分布。

【主要价值与用途】

观赏价值：株形美观，枝叶茂盛，花色清白美丽，花期长，具长花梗，随风招展，犹如天女散花，为著名的庭园观赏树种。

工业价值：花、叶、茎均含芳香油，可提取高级香料，广泛用于食品、化工、医药、卷烟、糖果、化妆品，是增香剂中的最佳品。

经济价值：木质也很优良，可做家具、农具和雕刻用材；天女木兰5年生以上的木本，可用作稀有木本花卉的嫁接。

【保护与利用建议】

1. 加强对三清山、武夷山及婺源天女木兰原生地生境的重点保护。天女木兰对生长环境选择性很强，一旦环境遭受严重破坏，便生长不良，以致消逝，特别是三清山的天女木兰，大部分生长在游步道附近，有的甚至触手可及，每到鲜花盛开时节，芳香浓郁、香气袭人，定会招来游客的采摘。除加强宣传外，还要设置防护栏，确保植株和生境不受到人为的破坏。

2. 天女木兰是值得引种和扩大人工栽培的木本花卉。近年来，各地都有研究人员及苗木种植户对天女木兰进行引种培育，尽管结果都不显著，但多方面的试验表明，天女木兰绝不只是适宜盛开在高山之上孤芳自赏，而是可以进行人工引种培育的。1988年春，辽宁省本溪市民钟家义从山上挖出一株野生天女木兰幼苗，栽于自家果园旁边，经过精心培育，1991年开出几朵小花。1992年开始，这株天女木兰每年竟开两次花，堪称奇中之奇。

【参考文献】

傅立国，1992；郭连金等，2012；汪松等，2004；徐卫红等，2012；臧敏等，2003。

（编写：杨森兴　摄像：陈凤斌、钟方华）

国家珍稀濒危保护植物	国家珍贵树种	国家重点保护野生植物	中国主要栽培珍贵树种	江西省重点保护野生植物	江西珍贵稀有濒危树种	江西主要栽培珍贵树种	中国植物红皮书	中国物种红色名录	全国极小种群野生植物
				III		✓			

043 乳源木莲

木兰科 Magnoliaceae　　别名：木莲、狭叶木莲

Manglietia yuyuanensis Law

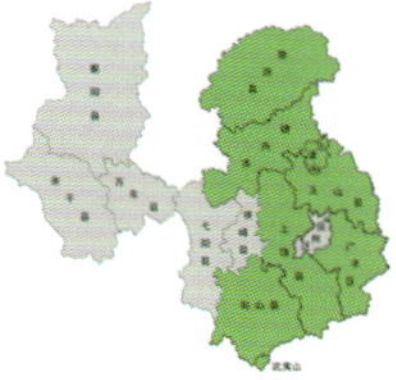

【主要形态与识别特征】

常绿乔木，树高20余米，胸径70厘米；树皮灰褐色；枝黄褐色；顶芽被金黄色平伏柔毛。叶革质，倒披针形、狭倒卵状长圆形或狭长圆形，上面深绿色，下面淡灰绿色或粉白色。花被片9，3轮，外轮3片带绿色，薄革质，中轮与内轮肉质，纯白色。聚合果卵圆形，熟时褐色。花期5月；果期9~10月。

乳源木莲、木莲和红花木莲为同属植物，其形态较为相似，其分种检索表如下。

1. 叶背被短而稀疏平伏褐毛，叶背中脉尤明显；叶面常对折呈船状……………………木莲 *M. fordiana*
1. 叶两面无毛：
   2. 顶芽无毛；叶面网脉下陷而清晰；花红色……………………………………红花木莲 *M. insignis*
   2. 顶芽被金黄色平伏柔毛；叶网脉不清晰；花白色…………………………乳源木莲 *M. yuyuanensis*

【地理分布与生境】

木莲属，约30余种，分布于亚洲热带、亚热带。我国至少20种，大部产西南部和南部，除为庭园观赏用外，有些木材亦很有用。赣东北木莲属3种。

乳源木莲产我国安徽、浙江南部、江西、福建、湖南南部、广东北部；自然生长在海拔1300米以下沟谷台地，山沟中、下部的山坡，常与红楠、杜英、木荷、槠栲类等常绿阔叶林混生。模式标本采自浙江昌化。

【树种特性与受危因素】

喜温暖湿润气候环境，偏阴性，幼树耐阴，天然更新良好，适宜土层深厚、潮润、排水良好的酸性黄壤土上生长。

乳源木莲为重要珍贵乡土树种，具观赏、药用、经济等多种价值且适应性强、效益好，开发前景广阔。由于乳源木莲对生长环境有一定的要

求，需要在平均气温为16~21℃、降水量1600~1800毫米、湿润度在80%以上的环境生长，因此，乳源木莲分布地受到限制，加上由于自身繁殖能力的衰退和生境的破坏，资源数量日趋减少。

【资源现状与典型群落】

赣东北三清山、广丰铜钹山、武夷山、德兴、婺源等地有分布。德兴梧风洞景区，呈小片状星散分布，位于海拔350~600米之间的针阔混交林中及山谷两旁，土层深厚，黄壤，植株最大胸径达45厘米，树高达15米，林下更新小苗常见，群落林分丰富，主要伴生种有拟赤杨、甜槠、虎皮楠（*Daphniphyllum oldhami*）、四照花、蜡瓣花（*Corylopsis sinensis*）、柃木、野漆树（*Toxicodendron succedaneum*）、赛山梅（*Styrax confusa*）、杉木、马尾松等。武夷山海拔1300~1500米针阔混交林中及林缘，呈带状分布，最大胸径为38厘米，树高10~16米，树体通直，枝叶繁茂，林下小苗丰富。三清山、铜钹山、婺源等地多星散分布于山地杂木林中。铜钹山、大茅山等地有小面积人工引种栽培。

【主要价值与用途】

药用价值：成熟干燥后的果实称“木莲果”，可治肝胃气痛、脘胁作胀、便秘、老年干咳等；树皮含厚朴酚及厚朴碱，可作为厚朴中药代用品。

观赏价值：常绿乔木，树干通直，树冠浓郁优美，四季翠绿，花如莲花，色白清香，是优良庭园观赏和四旁绿化树种。

经济价值：木材色质兼优，纹理直，结构甚细，均匀，质轻柔，强度中，不翘不裂，加工容易，刨面光滑，油漆后光亮性良好，可供上等家具、工艺品、文具、仪器箱盒及胶合板、车船等用材；花可提取芳香油。

【保护与利用建议】

对于在野外分布极少的木莲属物种，必须及时采取有效保护措施，保护物种或居群的繁衍及维持其进化潜力，避免其在短期内灭绝。

1. 加强就地保护。①乳源木莲天然更新良好，林下常有幼苗生长。②结合当地实际，建立保护小区，或加强抚育管理并长期监测其生长动态，为野生木莲创造好的繁育环境，增强其自然更新能力。

2. 开展迁地保护。选择与原产地生长生态环境相似的地区，建立树木园或基因库，收集繁殖来自不同分布区的种源，通过人工异地植株授粉，增强后代的繁殖能力，保存遗传多样性。同时，在迁地保护的基础上，使一部分苗木返回自然生境中，进行种群重建，扩大其种群数量。

3. 建立相应的研究基地，加强野生木莲引种繁殖、造林技术及推广应用方面的研究。①种子繁殖技术。根据木莲属植物种子在后熟期间易失水而丧失生活力的特性，应加强采集时间、最佳的贮藏环境及适当的贮藏时间等方面的研究。②无性繁殖技术。重点研究建立以扦插、嫁接和组织培养为主的木莲属植物快速繁殖体系。③山上造林技术。重点是造林地选择与混交模式研究，不断扩大人工林培育规模。④大苗培育配套技术。逐步扩大其在园林观赏绿化方面的应用。

国家珍稀濒危保护植物	国家珍贵树种	国家重点保护野生植物	中国主要栽培珍贵树种	江西省重点保护野生植物	江西珍贵稀有濒危树种	江西主要栽培珍贵树种	中国植物红皮书	中国物种红色名录	全国极小种群野生植物
				III	III				

木莲

别名：黄心树、木莲果

Manglietia fordiana Oliv.

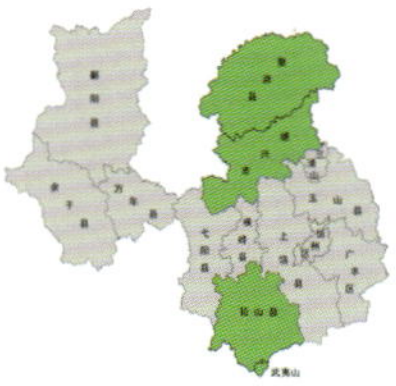

乔木，高达 20 米；嫩枝及芽有红褐短毛，后脱落无毛。叶革质、狭倒卵形、狭椭圆状倒卵形，或倒披针形，先端短急尖，通常尖头钝，基部楔形，沿叶柄稍下延，边缘稍内卷，下面疏生红褐色短毛；叶柄长 1~3 厘米，基部稍膨大。花被片纯白色，每轮 3 片。聚合果褐色，卵球形，蓇葖露出面有粗点状凸起，先端具长约 1 毫米的短喙；种子红色。花期 5 月；果期 10 月。

幼年耐阴，成长后喜光，喜温暖湿润气候及深厚肥沃排水良好的酸性土；产于中国福建、广东、广西、贵州、云南；生于海拔 1200 米的花岗岩、沙质沉积岩山地丘陵。模式标本采自香港。

赣东北武夷山、玉山怀玉山有分布，资源稀少。怀玉山海拔 300~800 米、武夷山 1300 米以下有零星分布，生于沟谷、溪旁、坡地阔叶林内，与杜英、猴欢喜、青冈、木荷等混生。

树干通直高大，木材纹理美观，是建筑、家具的优良用材；木莲树姿优美，枝叶浓密，花大芳香，果实鲜红，也是园林观赏的优良树种；果及树皮入药，治便秘和干咳。

【参考文献】

傅立国，1992；廖运程，2004；刘国武，2004；汪松等，2004；王淑华等，2010；谢芳，2003；郑万钧，1983。

（编写：陈慧　摄像：刘仁林）

国家珍稀濒危保护植物	国家珍贵树种	国家重点保护野生植物	中国主要栽培珍贵树种	江西省重点保护野生植物	江西珍贵稀有濒危树种	江西主要栽培珍贵树种	中国植物红皮书	中国物种红色名录	全国极小种群野生植物
				III	III				

044 深山含笑

木兰科 Magnoliaceae　别名：光叶白兰花、大花含笑

Michelia maudiae Dunn.

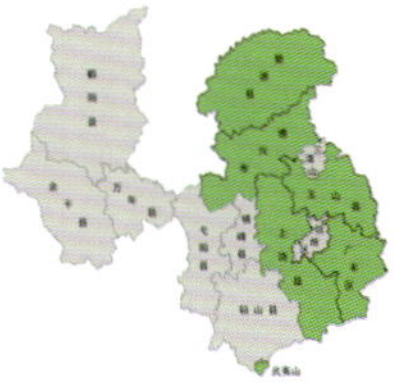

【主要形态与识别特征】

常绿乔木，高达 20 米；树浅灰色或灰褐色平滑不裂；芽、嫩枝、叶下面及苞片均被白粉。叶互生，革质深绿色，长圆状椭圆形，上面深绿色，有光泽，下面灰绿色，被白粉，侧脉直或稍曲，至近叶缘开叉网结、网眼致密。花芳香，花被片 9 片，纯白色，基部稍呈淡红色。花期 2~3 月；果期 9~10 月。

赣东北含笑属其中 4 种已列入相关珍稀濒危树种名录，它们的分种检索表如下。

1. 枝、叶背、叶柄及芽无毛：
   2. 顶芽长 3~6 厘米，被白粉；叶背具白粉，叶面平坦；花白色……………………深山含笑 *M. maudiae*
   2. 顶芽长 3 厘米以下，无白粉；叶背无白粉；花被片 6，黄色……………… 乐昌含笑 *M. chapensis*
1. 枝、叶背、叶柄和芽被黄褐色毛：
   3. 花紫红色；雌蕊群被毛；蓇葖残留有毛……………………………………… 紫花含笑 *M. crassipes*
   3. 花淡黄色；雌蕊群无毛；蓇葖无毛………………………………………………… 含笑 *M. figo*

【地理分布与生境】

含笑属约 60 种，产于亚洲热带、亚热带及温带。我国约 35 种，主产西南部至东部。赣东北约 8 种。

深山含笑产于浙江南部、福建、湖南、广东、广西、贵州；生于海拔 500~1500 米林中，常与大果马蹄荷、蕈树及壳斗科树种混交成林，为华南常绿阔叶林的常见树种。

位于湖南省溆浦县海拔 800 米河谷山坡上的一株深山含笑，树高 15 米，胸径 2 米，树冠覆盖面积 330 平方米，树龄达 700 年。据报道，这株树一年内可开 3~4 次花，堪称奇迹。

【树种特性与受危因素】

喜温暖、湿润环境，有一定耐寒能力；喜光，幼时较耐阴，自然更新能力强，生长快，适应性广；抗干热，对二氧化硫的抗性较强；喜土层深厚、疏松、

肥沃而湿润的酸性沙质土，根系发达，萌芽力强。

深山含笑是我国特有的一种速生常绿阔叶用材树种，具有较高的观赏和经济价值。由于生境的破坏，现林中幼树、幼苗十分稀少，大树更为罕见。

【资源现状与典型群落】

赣东北婺源、武夷山、三清山、德兴梧风洞景区、广丰铜钹山等地的山地林中有分布。铜钹山分布群落位于双溪口海拔610米中坡，坡度25°，西北坡，土层肥沃、深厚，乔木层高度为18米，树种组成丰富，除深山含笑外，还有米槠、多脉青冈、香港四照花、木荷、细叶青冈、罗浮栲、鹅耳枥、野漆树、鹿角杜鹃等。其他各地均以星散分布为主，现多为人工栽培。德兴梧风洞风景区周边有人工林大树，与乐昌含笑混交，树高达20米，最大胸径达60厘米，生长良好。

【主要价值与用途】

观赏价值：树形优美，枝叶茂盛，叶色翠绿，四季常青，早春满树白花，洁白如玉，清香扑鼻，为优良的庭园观赏树种和四旁绿化树种。

经济价值：木材纹理直，结构细，易加工，供家具、板料、绘图板、细木工用材；另可提取芳香油。

药用价值：花味辛、性温，具有散风寒、通鼻窍的功效，可以行气止痛；根具有清热解毒、行气化浊、止咳的功用。

【保护与利用建议】

含笑属植物已经普遍应用到园林绿化、药用、材用、化工等多个领域，特别是在园林绿化方面有了长足的发展。目前，学术上对于播种及组织培养繁殖方法有了一定的研究，但技术不成熟，多停留在试验阶段，尚未应用于生产实践，仍需进行深入研究。

1. 采取有效措施，加强对现有资源的重点保护，尽快收集整理现有野生品种资源，建立种质资源圃，供研究和繁殖利用。

2. 重点加强组织培养等繁殖技术研究，形成较为系统的定向、定型优良品种快繁技术体系。

3. 在品种资源收集评价的基础上，对优良品种、家系和单株选育及园林绿化应用、材用、药用等进行深入研究。

国家珍稀濒危保护植物	国家珍贵树种	国家重点保护野生植物	中国主要栽培珍贵树种	江西省重点保护野生植物	江西珍贵稀有濒危树种	江西主要栽培珍贵树种	中国植物红皮书	中国物种红色名录	全国极小种群野生植物
				II	III	✓			

I 乐昌含笑

别名：南方白兰花、广东含笑

Michelia chapensis Dandy

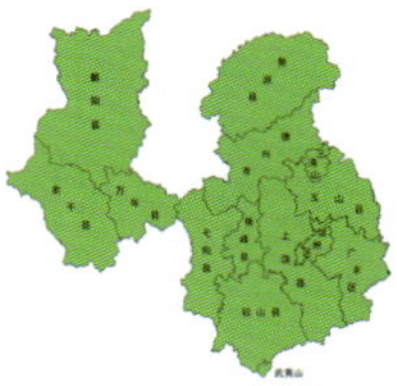

常绿乔木，高15~30米，胸径1米；树皮灰色至深褐色。叶薄革质，倒卵形，狭倒卵形或长圆状倒卵形；叶柄有明显托叶痕，上面具张开的沟。花被片淡黄色，6片，芳香。聚合果长约10厘米，果梗长约2厘米；蓇葖长圆体形或卵圆形。花期3~4月；果期8~9月。

喜温暖、湿润气候，能抗高温，亦能耐寒；喜光，但苗期喜偏阴，喜土壤深厚、疏松、肥沃、排水良好的酸性至微碱性土壤。

原产江西、湖南、广东、广西、贵州等地。越南也有分布。赣东北三清山发现有野生分布。现广泛栽培。德兴老坞林场附近有人工林大树，成排栽植，40余株，高达18米，平均胸径约50厘米，生长表现良好。

树干通直，树冠圆锥状塔形，四季深绿，花期长，花黄色，既多又芳香，可作为木本花卉、风景树及行道树推广应用；耐腐性较强，易于干燥，少开裂，加工易，刨面光滑，油漆后光亮性好，胶粘容易，握钉力强，不劈裂，是高级家具、车厢、工艺品、胶合板、房屋门窗、室内装饰等用材；乐昌含笑种子油中亚油酸比例很高，具有多种重要的生理调节功能。

国家珍稀濒危保护植物	国家珍贵树种	国家重点保护野生植物	中国主要栽培珍贵树种	江西省重点保护野生植物	江西珍贵稀有濒危树种	江西主要栽培珍贵树种	中国植物红皮书	中国物种红色名录	全国极小种群野生植物
				III	II				

II 紫花含笑

Michelia crassipes Law

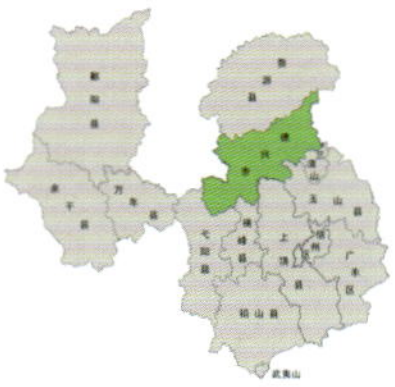

常绿小乔木或灌木，高 2~5 米；树皮灰褐色；芽、嫩枝、叶柄、花梗均密被红褐色或黄褐色长绒毛。叶革质，狭长圆形、倒卵形或狭倒卵形，很少狭椭圆形。花极芳香；紫红色或深紫色，花被片 6，长椭圆形。蓇葖果扁卵球形或扁球形，长 2.5~5 厘米，被毛；果柄粗短。花期 4~5 月；果期 8~9 月。

生于海拔 300~1000 米的山谷密林中；在雨量充沛、湿润环境中生长较好，长在呈酸性的山地黄壤中，生长期长；耐阴、耐寒能力均比含笑强，而且栽培容易，生长迅速。

紫花含笑产于广东北部、湖南南部、广西东北部。赣东北德兴大茅山有分布记录，本次调查未找到实物。

花可提取香精，为香料和药用植物；纹理直，结构细，质轻软，耐腐朽，可供板材、家具、细木工等用材；花极芳香，有气味似酒或苹果的清香，使人心情极为舒畅，且花色为紫红色，更能增加人们的视觉效果，引起强烈的色感效应，是难觅的园林木本植物。

国家珍稀濒危保护植物	国家珍贵树种	国家重点保护野生植物	中国主要栽培珍贵树种	江西省重点保护野生植物	江西珍贵稀有濒危树种	江西主要栽培珍贵树种	中国植物红皮书	中国物种红色名录	全国极小种群野生植物
				III					

III 含　笑

别名：含笑花、含笑梅

Michelia figo（Lour.）Spreng.

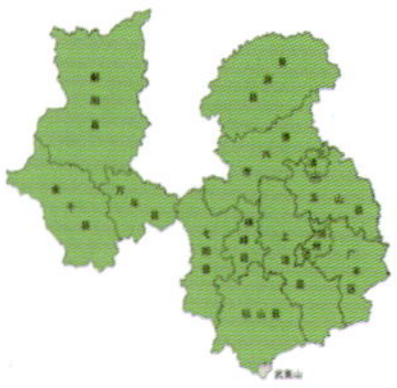

常绿灌木，高2~3米；树皮灰褐色，分枝繁密；芽、嫩枝、叶柄、花梗均密被黄褐色绒毛。叶革质，狭椭圆形或倒卵状椭圆形，先端钝短尖，托叶痕长达叶柄顶端。花直立，淡黄色而边缘有时红色或紫色，具甜浓的芳香，花被片6，肉质，较肥厚。聚合果长2~3.5厘米；蓇葖卵圆形或球形，顶端有短尖的喙。花期3~5月；果期7~8月。

喜肥，性喜半阴，在弱阴下最利生长，忌强烈阳光直射，夏季要注意遮阴；含笑为暖地木本花灌木，不甚耐寒，长江以南背风向阳处能露地越冬，不耐干燥瘠薄，但也怕积水，要求排水良好、肥沃的微酸性壤土，中性土壤也能适应。

原产我国南部各地，广东鼎湖山有野生，生于阴坡杂木林中，现长江流域至江南、台湾等各地均有栽培。赣东北铜钹山有分布记录，现各地在园林应用中较为普遍。

芳香花木，苞润如玉，香幽若兰，集药用、保健与观赏价值于一身。

【参考文献】

曹展波等，2013；郭赋英等，2014；李彦连，2009；刘仁林等，2015；汤建安等，2009；田如英，2008；肖靖萍，2011；张新华，2007；郑万钧，1985。

（编写：曹晓平　摄像：卢建、何梅）

国家珍稀濒危保护植物	国家珍贵树种	国家重点保护野生植物	中国主要栽培珍贵树种	江西省重点保护野生植物	江西珍贵稀有濒危树种	江西主要栽培珍贵树种	中国植物红皮书	中国物种红色名录	全国极小种群野生植物
III				III	II	✓	VU	VU	

045 乐东拟单性木兰

木兰科 Magnoliaceae　　别名：光叶木兰、乐东木兰

Parakmeria lotungensis（Chun et C.Tsoong）Law

【主要形态与识别特征】

常绿大乔木，树高可达20~30米；树皮灰白色，光滑，全株无毛。叶革质，倒卵状椭圆形或狭椭圆形，长6~10厘米，宽2.5~4厘米，先端急尖或短尾尖，基部楔形，叶面深绿色，有光泽，叶背青绿色。花白色，顶生，有香味。聚合果椭圆形；种子椭圆形或椭圆状卵圆形，外种皮红色。花期4~5月；果期8~9月。

乐东拟单性木兰最先在海南省乐东县发现，定名乐东木兰，后采到单性花（雄花）和雌蕊群轴而无心皮的单性标本，更名为乐东拟单性木兰，这也是本种区别于其他属的主要特征。

【地理分布与生境】

拟单性木兰属约6种。我国5种，分布于西南部至东南部。赣东北1种。

乐东拟单性木兰原产我国海南、广东、广西、贵州、湖南、江西、福建、浙江等地，现零星分布于我国热带至中亚热带，估测个体数量不足15000株，其中成年植株数量不足2500株；生于海拔700~1400米处的温湿常绿阔叶林中。

【树种特性与受危因素】

生长迅速，适应性强，喜温暖湿润气候，能抗41℃的高温和耐-12℃的严寒；喜土层深厚、肥沃、排水良好的土壤，在酸性、中性和微碱性土壤中都能正常生长；喜光，但苗期应注意搭棚遮阴。

我国特有热带山地雨林的主要树种，寡种属植物。因其主干通直，材质优良，常遭砍伐；又因其花杂性，两性花植株仅占植株总数百分之十，而且雄蕊先熟、结实少、种子又被鸟吃，天然更新困难，林下幼苗、幼树极少，资源日趋枯竭。

【资源现状与典型群落】

赣东北仅三清山有分布，目前只发现一株；

位于三清山海拔 430 米处的常绿阔叶林林缘的小溪旁，树高约 18 米，胸径 38 厘米，树干挺拔，生长旺盛，主要伴生种为钩锥、红淡比（*Cleyera japonica*）、小叶青冈、甜槠等。

【主要价值与用途】

观赏价值：树干通直，叶色亮绿，春天新叶深红色，初夏开白花清香远溢，秋季果实红艳夺目，且对有毒气体有较强的抗性，花形美丽，略有香味，是优良的绿化树种，适于公园、四旁种植，是布置庭园的优良树种。

科研价值：花杂性和心皮退化，在木兰科中少见，是重要的研究材料。

材用价值：心材明显，木材坚重，纹理细密，供建筑、家具等用，为珍贵用材。

【保护与利用建议】

1. 生境破碎化与乐东拟单性木兰自身的生物学和生态学特性是影响种群更新的重要因素；人为破坏是造成乐东拟单性木兰种群急剧缩减的直接原因。建议加强对现有资源的管护，开展种子繁殖及探索用玉兰属相关植物为砧木，进行枝接繁殖研究和引种造林试验，扩大栽培。从近几年湖南、四川、广东、浙江、上海、安徽、江苏、河南等地引种驯化的情况来看，该树种表现出生长较快、适应性强的特点，并对有毒气体抗性极强，是中国中南部地区未来首选的城市和道路绿化树种，具有十分广阔的发展前景。

2. 由于乐东拟单性木兰幼林期需要侧方遮阴，因此乐东拟单性木兰造林更适应低产林改造、优材更替、森林重建等方式。积极开展造林技术应用研究，可为乐东拟单性木兰的大面积推广提供技术支撑。

【参考文献】

陈红锋等，2011；代邦元，2003；傅立国，1992；刘军等，2012；田淑娟等，2010；于海武等，2012；汪松等，2004。

（编写：杨森兴　摄像：杜强）

国家珍稀濒危保护植物	国家珍贵树种	国家重点保护野生植物	中国主要栽培珍贵树种	江西省重点保护野生植物	江西珍贵稀有濒危树种	江西主要栽培珍贵树种	中国植物红皮书	中国物种红色名录	全国极小种群野生植物
				III	III				

046 柳叶蜡梅

蜡梅科 Calycanthaceae　别名：香风茶、伤风草

Chimonanthus salicifolius Hu

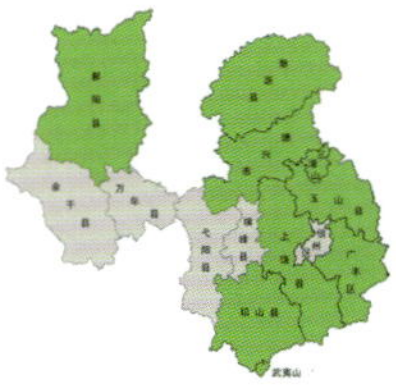

半常绿灌木，幼枝四方形，老枝近圆柱形，被微毛。叶近革质，线状披针形或长圆状披针形，长2.5~13厘米，宽1~2.5厘米，两端钝至渐尖，叶面粗糙，无毛，叶背浅绿色，被不明显的短柔毛，叶缘及脉上被短硬毛；叶柄长3~6毫米，被微毛。花单朵腋生（稀双生），小，有短梗；果脐平，被疏毛。花被片、雄蕊和心皮与山蜡梅特征相同。花期8~10月。

柳叶蜡梅和山蜡梅较为相似，两者的主要区别为后者是常绿灌木，叶卵状披针形，质地较坚硬，叶表亮绿色，叶背具白粉，叶先端窄长细或尾尖状，花单生叶腋，果脐周围隆起。

【地理分布与生境】

蜡梅属共6种，我国特产。日本、朝鲜及欧洲、北美等均有引种栽培。赣东北3种。

柳叶蜡梅仅分布于安徽东南部及江西西北部、浙江中南部等山区；多生于狭长沟地阳坡路旁及林缘，喜石灰质土，但一般土壤上亦可生长。

【树种特性与受危因素】

为浅根性、耐阴性树种，对光照的要求随着树龄的增加而发生变化，幼苗喜阴，成龄树在有较多阳光照射下才能正常生长；生长适宜温度为12~35℃，能耐-15℃短期低温；喜湿润，忌积水，喜排水和渗透良好、土壤pH值为5.5~6.5的泥灰岩土壤、沙质壤土或富含腐殖质的沙质黑壤土。由于常处于野生状态，尚少栽培，加上人为过量采收，野生资源日趋枯竭。

【资源现状与典型群落】

赣东北婺源、三清山、玉山怀玉山、广丰铜钹山等山区有零星或块状分布，以婺源最为常见。婺源海拔400~650米高山黄壤，呈带状分布，生于路边、林缘及杂木林中，群落树种以山乌桕、野漆树、黄山紫荆、黄连木、珊瑚朴、香桂等为主；也有少量人工种植。

【主要价值与用途】

药用价值：柳叶蜡梅民间俗名为“伤风草”，具有解表祛风、理气化痰的功效，中医用于感冒、气管炎及降血压等症的治疗。

饮用价值：每年夏、秋二季，可采收柳叶蜡梅鲜叶，按茶叶“炒青”工艺加工成香风茶，用于冲泡饮用，其味辛、凉、微苦、回味甘醇。每年端午节前后在黄山市全国四大道教圣地之一的休宁齐云山和江西婺源，街头巷尾、农贸市场及旅游景区均有出售，已成为当地一大特色地方名产。

观赏价值：植株较矮，分枝低，枝叶浓密，冠形丰满，花期长，可作为园林观赏植物开发，尤宜成片植于园内坡地；其叶表绿色而叶背绿白色，在微风中闪烁多姿，相映成趣，可孤植或丛栽于墙隅、窗下、庭院等处。此外，还可用之制作盆景或作为砧木嫁接蜡梅优良品种。

【保护与利用建议】

1. 我国蜡梅属资源较为丰富，用途广泛，具有广阔的利用前景。由于人工培育尚少，目前存在消耗野生资源的问题。因此，应重视野生资源的保护，积极开展苗木引种繁育、驯化与良种选育及工厂化育苗，以满足市场需求。

2. 开展园林绿化应用研究。蜡梅花色独特，芳香诱人，可加强配景艺术、整枝修剪、盆景制作、切花插瓶等技术研究，充分实现其园林景观价值。

3. 注重加强蜡梅属植物药用价值的研究与开发。

国家珍稀濒危保护植物	国家珍贵树种	国家重点保护野生植物	中国主要栽培珍贵树种	江西省重点保护野生植物	江西珍贵稀有濒危树种	江西主要栽培珍贵树种	中国植物红皮书	中国物种红色名录	全国极小种群野生植物
								NT	

山蜡梅

别名：亮叶蜡梅

Chimonanthus nitens Oliv.

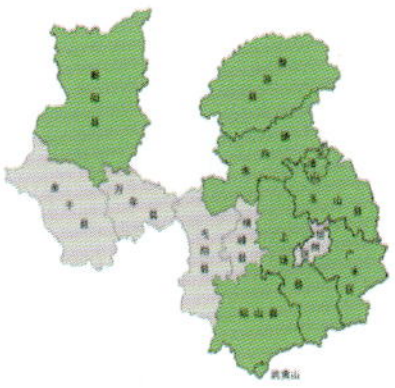

常绿灌木，高1~3米；幼枝四方形，老枝近圆柱形。叶纸质至近革质，椭圆形至卵状披针形，叶面略粗糙，有光泽，叶背粉白色，基部有不明显的腺毛；叶脉在叶面扁平，在叶背凸起。花小，黄色或黄白色。果托坛状，钟形，内藏聚合瘦果。花期10月至翌年1月；果期4~7月。

中国特有植物，广泛分布于中国长江以南多个省份；生长于海拔300~2900米的山地疏林中及石灰岩石山地。赣东北各地山区林缘、路边、溪旁及杂木林中均有少量零星分布。广丰铜钹山海拔200~350米阔叶林缘及路边常见，呈带状分布。德兴大茅山海拔400~1000米沟谷两旁及林缘，生长较为集中，面积较大。三清山、玉山怀玉山各沟谷杂木林缘分布也较普遍。

花黄色美丽，叶常绿，是良好的园林绿化植物；根可药用，治跌打损伤、风湿、劳伤咳嗽、寒性胃痛、感冒头痛、疔疮毒疮等；种子含油脂。

【参考文献】

高政平，2010；国家中医药管理局《中华本草》编委会，1999；方建新等，2009；徐晓霞等，2007；叶玉娟等，2015；中国植物志编辑委员会，2013。

（编写：于宏　摄像：汪涛涌）

国家珍稀濒危保护植物	国家珍贵树种	国家重点保护野生植物	中国主要栽培珍贵树种	江西省重点保护野生植物	江西珍贵稀有濒危树种	江西主要栽培珍贵树种	中国植物红皮书	中国物种红色名录	全国极小种群野生植物
		II				✓			

047 樟

樟科 Lauraceae　别名：樟树、香樟

Cinnamomum camphora（L.）Presl.

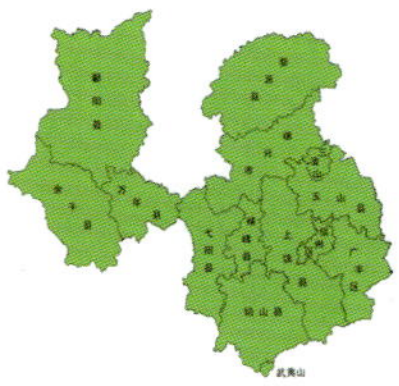

【主要形态与识别特征】

常绿乔木树种，高可达 50 米，胸径为 5 米；枝、叶及木材均有樟脑气味；树皮灰黄褐色，纵裂。叶互生，卵形，上面光亮，下面稍灰白色，离基三出脉，脉腋有腺体。圆锥花序腋生。花绿白或带黄色。果卵球形或近球形，紫黑色；果托杯状，顶端截平，宽达 4 毫米，基部宽约 1 毫米，具纵向沟纹。花期 4~5 月；果期 8~11 月。

【地理分布与生境】

樟属约 250 种，产于热带亚热带亚洲东部、澳大利亚及太平洋岛屿。我国约有 46 种和 1 变型，主产南方各省区，北达陕西及甘肃南部。赣东北约 8 种。

樟产南方及西南各省区。越南、朝鲜、日本也有分布，其他各国常有引种栽培；主要生长于土壤肥沃的向阳山坡、谷地及河岸平地。

【树种特性与受危因素】

喜光，稍耐阴，喜温暖湿润气候，耐寒性不强，对土壤要求不严，较耐水湿，但不耐干旱、瘠薄和盐碱土；主根发达，深根性，能抗风，萌芽力强，耐修剪；生长速度中等，树冠巨大如伞，能遮阴避凉；存活期长，可以生长为成百上千年的参天古木，有很强的吸烟吸毒气、滞尘、涵养水源、固土防沙和美化环境的能力。

樟为中亚热带常绿阔叶林的代表树种，为中亚热带地区重要的材用、特种经济及庭院与行道绿化树种。樟为江西省省树，也是上饶市市树，同时也是杭州市、长沙市、南昌市、樟树市等国内十余个城市的市树。因砍伐严重，现大树、古树日渐稀少。

【资源现状与典型群落】

赣东北海拔 700 米以下的山区、丘陵、平原、村旁、路边随处可见，仅婺源上百年的古树就达 3000 余株，其中不乏众多古树名木。德兴市海口镇海口村东门之上的胡家潭边，生长着一株被誉为“华

夏第一樟”的古樟树，该树高20米，树围23米，树冠35米×40米，树底具10平方米的洞穴，穴内带有一种浓浓的香樟味，可同时容纳50个成年人站立，里面常年平坦、干燥，专家考证，树龄至少在2000年以上。婺源县浙源乡虹关村的小溪旁，也生长着一株大古樟；该树高约26米，胸径为4.5米，占地面积近3亩；有资料记载：“樟为吾村口古木，相传为南宋时物。自我二十一世祖同公卜居婺源虹关时则有之，子孙相传历世二十有一，略考其年已七百余岁，今犹黛色参天，童童然如车盖，枝杈四达可蔽数亩”，据此推测，树龄至少上千年。该古樟由于树体高大，树冠广展，枝叶茂密，气势雄伟，生长十分旺盛，同时又具有深厚的文化底蕴，2016年被评为“上饶市十大树王”。

【主要价值与用途】

材用价值：珍贵的速生用材树种，木材横断面，生长轮尚明，心材、边材明显，纹理直，结构致密，木工性能良好，刨面光滑，钉着力强，胶黏、油漆性能好，有特殊香气，抗虫蛀、耐腐，是造船、书案和美工雕刻的上等用材。

观赏价值：枝叶茂密，冠大荫浓，树姿雄伟，能吸烟滞尘，是城市绿化的优良树种。

工业价值：根、木材、枝、叶均可提取樟脑、樟脑油，广泛应用于医药、化工、国防等多方面；樟所散发出的松油二环烃、樟脑烯、柠檬烃、丁香油酚等化学物质，有净化有毒空气的能力，有抗癌功效，过滤出清新干净的空气，沁人心脾；种子榨的油，可制皂和机械滑润之用；樟还可放养樟蚕，蚕丝可制鱼网。

【保护与利用建议】

樟价值大，用途多，全身是宝，一直是人们开发利用的重要植物资源。过去，人们对樟的开发利用还只局限于园林景观与用材树种的大苗移栽与培育方面，而对于樟的药用、化工及国防等其他方面的利用研究还未引起足够的重视。赣东北樟资源丰富，古树名木众多，在保护好资源的前提下，加强合作，引进相关利技成果，开展樟资源定向培育，建立成果示范基地，辐射带动和壮大赣东北樟产业的发展，是上饶市樟资源保护与利用的有效途径。

1. 科学确权定性，实行分类管理。对全市樟

资源，在据实确权、科学定性的基础上，按古樟、野生樟、人工培育樟三种类型实行管理和保护，严厉打击破坏樟资源的违法犯罪活动。

2. 培植龙头企业，扶持产业发展。采取措施、制定相应的政策，引进和培植一批有实力、有规模、技术含量高、具备竞争力的企业，促进樟培育与利用向规模化、集约化方向发展，把樟产业做大做强。

3. 加强科学研究，强化技术支撑。加大科研与推广的投入，依托科研院所与高等院校先进技术成果，积极开展古树保护、品种选育、规模培育及产品开发及精深加工等技术研究，为企业持续提供技术支撑。

【参考文献】

龚期绳等，2014；郭丹等，2015；李振华等，2007；王乐农，2012；郑万钧，1983；中国植物志编辑委员会，1982。

（编写：曹晓平　摄像：黄素红）

国家珍稀濒危保护植物	国家珍贵树种	国家重点保护野生植物	中国主要栽培珍贵树种	江西省重点保护野生植物	江西珍贵稀有濒危树种	江西主要栽培珍贵树种	中国植物红皮书	中国物种红色名录	全国极小种群野生植物
				III	III				

048 香桂 | 樟科 Lauraceae　别名：细叶香桂

Cinnamomum subavenium Miq.

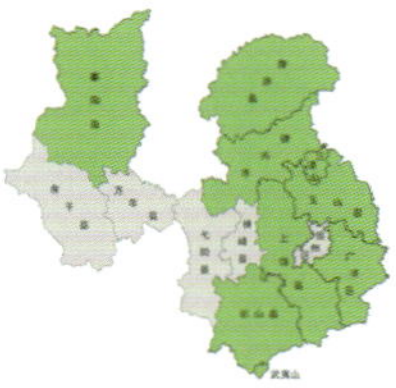

【主要形态与识别特征】

常绿乔木，高达 20 米；树皮灰色，平滑；小枝较细，密被黄色平伏绢状短柔毛。叶革质，椭圆形，卵状椭圆形或披针形，三出脉或离基三出脉；叶柄被黄色平伏绢状短柔毛。花序腋生，具总梗；花淡黄色。果椭圆形，蓝黑色。花期 6~7 月；果期 8~10 月。

香桂、天竺桂及阴香同为樟属肉桂组，形态相近，其分种检索表如下。

1. 幼枝、叶柄被平伏绢状短柔毛 …………………………………………………………… 香桂 *C. subavenium*
1. 叶无毛或幼时略被毛：
   2. 果托边缘平截、波状或不规则 ……………………………………………………… 天竺桂 *C. japonicum*
   2. 果托具整齐 6 齿裂 …………… 阴香 *C. burmanni*

【地理分布与生境】

樟属地理分布，可参阅樟树种描述。赣东北樟属肉桂组共 3 种，包括香桂、天竺桂及阴香。

香桂产于云南、贵州、四川、湖南、广西、广东、安徽、浙江、江西、福建、台湾；生于海拔 400~1200（2500）米山坡和山谷常绿阔叶林中。

【树种特性与受危因素】

喜温暖湿润气候，要求年水量充沛且分布均匀，日照充足，生长在海拔 300~1200 米石灰岩土壤的阳坡山地灌丛或杂木林中；适应性强，具耐寒、耐旱、耐涝的特性。

香桂既是一种常绿园林绿化树种，同时又是一种具有较高经济价值与药用价值的珍贵树种。由于自然更新受到一定限制，加上其树皮、根皮（桂皮）是一种民间使用广泛的调味品和重要药材，香桂林常遭掠夺式砍伐，资源日益减少。

【资源现状与典型群落】

赣东北武夷山、三清山、广丰铜钹山、婺源、上饶县五府山、玉山、德兴大茅山等山区阔叶林中较常见，多为10厘米以下小乔木，散生于林中或林缘。铜钹山生于海拔700米毛红椿林下，与青冈、红楠、野漆树、冬青、秀丽槭等混生。三清山生于由皂荚（*Gleditsia sinensis*）、泡花树、南酸枣、南方红豆杉与蓝果树组成的针阔混交林中。婺源海拔460~550米山地林中有小片群落分布，胸径为15~26厘米，平均树高约12米，与冬青、化香、香椿、光皮梾木、黄连木等混生。

【主要价值与用途】

药用价值：树皮、根与根皮，具有温中散寒、理气止痛、活血通脉之功效。

经济价值：树皮又称桂皮，为食品香料或烹饪调料。桂皮在西方古代被用作香料，中餐里用它给炖肉调味，是五香粉的成分之一，是最早被人类使用的香料。

观赏价值：枝叶浓密，可做行道树、庭荫树，也可做园林绿地的背景树，在园林绿地中孤植、丛植、列植，或作厂矿区绿化树种。

工业价值：叶、树皮可提取芳香油，称桂叶油和桂皮油。桂叶油主要成分是丁香醇；桂皮油的主要成分是桂醛。桂叶油可作香料及医药杀菌剂，可提取丁香酚，用作配置食品烟用香精；桂皮油可作化妆品、牙膏的香精原料。

【保护与利用建议】

1. 开展资源普查。赣东北肉桂组3种植物，除香桂分布较为广泛外，其余2种目前均难以找到实物。扩大调查范围，加大力度，为资源的保护与开发利用提供种质基础。

2. 赣东北香桂资源较为丰富，充分利用好资源，开发出优质高效的新型药物或新的日用品，值得专家学者们进一步重视。①肉桂组植物作为中药来运用，只占其总产量的极小部分，大部分是作为香料和日用化工的添加剂来使用。②加强其药理作用的研究，揭示其药用作用机理，从日用品开发的角度，研制出全新的日化产品，如新型的防腐剂、驱蚊剂和杀虫剂等。③国内早期做过一些药理方面的研究，但比较宽泛，主要是提取物（如水提取物、醚提取物、挥发油等）的效果观察，而国外对其药理及日化方面的研究工作则做得比较深入。

国家珍稀濒危保护植物	国家珍贵树种	国家重点保护野生植物	中国主要栽培珍贵树种	江西省重点保护野生植物	江西珍贵稀有濒危树种	江西主要栽培珍贵树种	中国植物红皮书	中国物种红色名录	全国极小种群野生植物
				III	III				

I 阴　香

别名：假桂枝、月桂

Cinnamomum burmanni（Nees et T.Nees）Blume

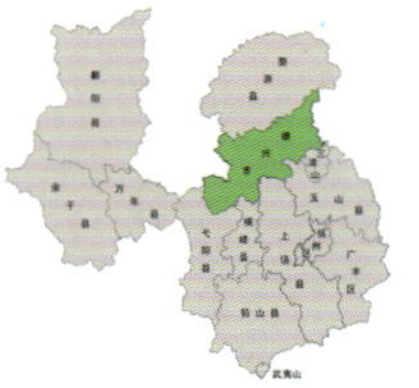

常绿乔木，高达20余米，胸径达80厘米；树皮光滑，内皮红色，味似肉桂。枝条纤细，具纵向细条纹，无毛。叶互生或近对生，稀对生，卵圆形、长圆形至披针形，离基三出脉，中脉及侧脉在上面明显，下面十分凸起，横脉及细脉两面微隆起，多少呈网状。圆锥花序腋生或近顶生，比叶短，最末分枝为3花的聚伞花序；花绿白色。果卵球形；果托顶端具整齐6齿裂，齿顶端截平。各地花果期不一致，花期主要在秋、冬季，果期主要在冬末及春季。

喜光，喜暖热湿润气候及肥沃湿润土壤；常生于肥沃、疏松、湿润而不积水的地方。自播能力强，母株附近常有天然苗生长；适应范围广，中亚热带以南地区均能生长良好；稍耐阴，喜排水良好、深厚肥沃的沙质壤土生长。

阴香产广东、广西、云南及福建；生于疏林、密林灌丛或溪边路旁等处，海拔100~1400米（在云南境内海拔可高达2100米）。印度、缅甸和越南，至印度尼西亚和菲律宾也有分布。赣东北仅在德兴大茅山发现星散分布的小植株。景德镇市林科所有引种栽培。

阴香树冠伞形或近圆球形，株态优美，宜作庭园和行道树；阴香对氯气和二氧化硫均有较强的抗性，为理想的防污绿化树种；木材具光泽，结构细，均匀，硬度及重量中等，加工性能良好，适于作家具、建筑及室内装修、枕木等；阴香的皮、叶、根可用作药材，可提取芳香油；种子可榨油。

国家珍稀濒危保护植物	国家珍贵树种	国家重点保护野生植物	中国主要栽培珍贵树种	江西省重点保护野生植物	江西珍贵稀有濒危树种	江西主要栽培珍贵树种	中国植物红皮书	中国物种红色名录	全国极小种群野生植物
III					III				

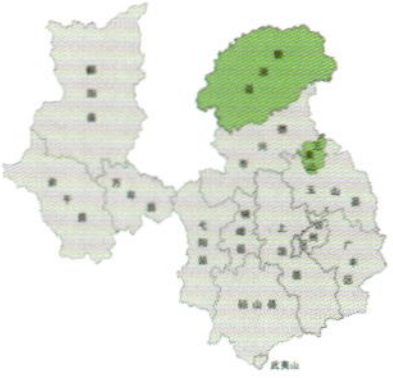

II 天竺桂

别名：山肉桂、土肉桂

Cinnamomum japonicum Sieb.

常绿乔木，高10~15米，胸径30~35厘米；枝条细弱，圆柱形，红色或红褐色，具香气。叶近对生或在枝条上部互生，卵圆状长圆形至长圆状披针形，长7~10厘米，宽3~3.5厘米，先端锐尖至渐尖，基部宽楔形或钝形，革质，上面绿色，光亮，下面灰绿色，离基三出脉。圆锥花序腋生，总梗与花梗均无毛，花序无毛。果长圆形，无毛；果托浅杯状，顶部极开张。花期4~5月；果期7~9月。

中性树种，幼年期耐阴，喜温暖湿润气候，在排水良好的微酸性土壤上生长最好，中性土壤亦能适应；平原引种应注意幼年期庇荫和防寒，在排水不良之处不宜种植；移植时必须带土球，还需适当修剪枝叶；对二氧化硫抗性强。

天竺桂产江苏、浙江、安徽、江西、福建及台湾；生于低山或近海的常绿阔叶林中，海拔300~1000米或以下。赣东北三清山、婺源有分布记载，本次调查均未找到实物。

枝叶及树皮可提取芳香油，供制各种香精及香料；树皮和叶入药，功能主治温中散寒、理气止痛；种子可榨油，供制肥皂及润滑油；木材坚硬、耐久、耐水湿，供建筑、造船、桥梁、车辆及家具等用；也可用于厂矿区绿化及防护林带。

【参考文献】

方琴，2007；呼李柱，2010；曾正渝等，2007；郑东洋，2012；郑万钧，1983；中国植物志编辑委员会，1982。

（编写：黄素红　摄像：符潮）

国家珍稀濒危保护植物	国家珍贵树种	国家重点保护野生植物	中国主要栽培珍贵树种	江西省重点保护野生植物	江西珍贵稀有濒危树种	江西主要栽培珍贵树种	中国植物红皮书	中国物种红色名录	全国极小种群野生植物
				III					

049 豹皮樟 | 樟科 Lauraceae

Litsea coreana Levl. var. *sinensis* (Allen) Yang et P. H. Huang

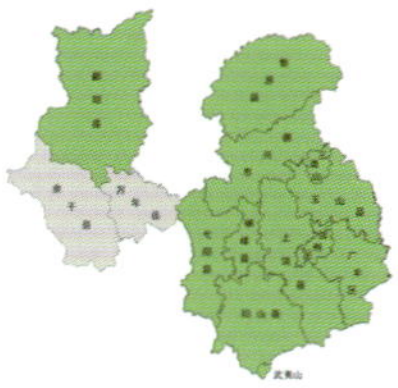

【主要形态与识别特征】

常绿灌木或小乔木，高可达 20 米；树皮灰棕色，有灰黄色的块状剥落。叶互生，叶片革质，长椭圆形或披针形，全缘，上面绿色有光泽，下面绿灰白色。雌雄异株，花簇生叶腋，无总花梗。果实球形或近球形，先端有短尖，基部具带宿存花被片的扁平果托；果初时红色，熟时呈黑色。花期 8~9 月；果期翌年 5 月。

本变种过去常与豺皮樟混淆，均被错误鉴定为 *Litsea chinensis* Bl.，但本变种树皮呈小鳞片状剥落，剥落后呈鹿斑痕，果梗粗壮，而且扁平，果托上宿存有花被裂片，果成熟由红色变黑色；豺皮樟树皮不呈小鳞片状剥落，无鹿皮斑痕，果则几无果梗，又无残留花被，成熟时蓝黑色，具白粉，极易区别。

【地理分布与生境】

木姜子属约 200 种，分布于亚洲热带和亚热带，以至北美和亚热带的南美洲。我国约有 72 种 18 变种和 3 变型，是我国樟科中种类较多、分布较广的属之一，自广东海南岛北纬 18°至长江以北的河南省北纬 34°均有分布，主产南方和西南温暖地区，为该地区森林中习见的树木。赣东北约 13 种。

豹皮樟产浙江、江苏、安徽、河南、湖北、江西、福建；生于海拔 900 米以下的山地杂木林中或林缘及旷野、沟边。

【树种特性与受危因素】

豹皮樟喜温，喜阴，喜湿，怕渍，抗逆性强，适应性广，比较耐贫瘠，是一种集药用、观赏及材用为一体的珍贵乡土树种。生态环境的破坏及人为砍伐是受危主要因素。

【资源现状与典型群落】

赣东北玉山怀玉山、三清山、武夷山、婺

源等地海拔1400米以下山区分布较为广泛，生于沟谷、溪旁或山坡，与木荷、枫香、柯、青冈、拟赤杨、红楠、玉兰等混生成林，多为10厘米以下的乔木。在三清山、婺源等深山老林与风景林中残存有大树生长。三清山海拔480米村庄风景林边缘，树高11米，胸径38厘米，土层深厚，缓坡，生长良好；女神栈道海拔1300米阔叶林中，树高12米，胸径27厘米，与木荷、猴头杜鹃、青冈、五裂槭(*Acer oliverianum*)、长柄双花木等混生。婺源海拔94米平原山地，北坡，较陡，以豹皮樟为建群种与糙叶树、红楠、毛竹等组成群落，树高达20米，最大胸径60厘米，树体稍弯，长势健康；海拔200米村旁风景林中，树高达22米，胸径73厘米，树干通直，与苦槠、青冈、木荷、小叶栎、枫香等混生。

【主要价值与用途】

药用价值：根及茎皮具有温中止痛等功能。

观赏价值：常绿乔木，树干灰白斑驳、通直，枝叶茂盛，树皮斑驳似豹皮花纹，是极具观赏价值的行道树和庭院绿化观枝干树种。

材用价值：木材有香气，纹理倾斜交错，结构细密，质地若重，加工不难，刨面光滑，色纹美丽，抗虫、耐腐，是家具良材，亦可供建筑、造船和工艺制品等多方面用材。

【保护与利用建议】

1. 豹皮樟资源分布广泛，但长期处于野生或半野生状态，应重视保护与利用研究。

2. 加强引种试验，扩大人工种植。①赣东北资源十分丰富，种子来源容易。②树皮斑驳、材质致密、药用价值高，应用前景广阔。③人工林引种栽培技术研究很少涉及。

3. 重视药用研究与开发。①豹皮樟的药用研究已取得了一些进展，但还需更深入挖掘其药用价值。②其同属树种毛豹皮樟研究与开发已取得重大进展。2005年起，安徽亿邦公司与安徽医科大学合作，开展了毛豹皮樟规模化种植和深加工技术的研究与开发，不仅突破从毛豹皮樟中提取总黄酮的科技难关，其茶叶精加工还成功进入高新技术产业化项目。

【参考文献】

李俊等，2005；沈君子等，2010；郑万钧，1983；朱小茜等，2013。

（编写：洪元华　摄像：曹晓平）

国家珍稀濒危保护植物	国家珍贵树种	国家重点保护野生植物	中国主要栽培珍贵树种	江西省重点保护野生植物	江西珍贵稀有濒危树种	江西主要栽培珍贵树种	中国植物红皮书	中国物种红色名录	全国极小种群野生植物
				III	III				

050 黑壳楠

樟科 Lauraceae　　别名：枇杷楠木、大楠木

Lindera megaphylla Hemsl.

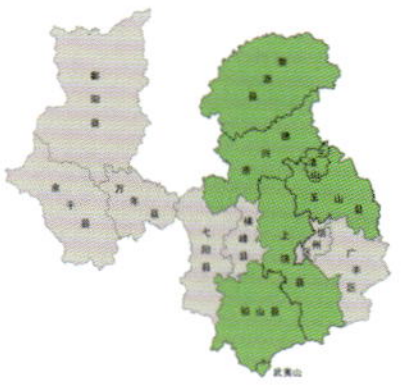

【主要形态与识别特征】

常绿乔木，高达25米，胸径达35厘米以上；树皮灰黑色。枝条圆柱形，粗壮，紫黑色，散生木栓质凸起的近圆形纵裂皮孔。顶芽大，卵形，长1.5厘米，芽鳞外面被白色微柔毛。叶集生于枝端，互生，倒披针形至倒卵状长圆形，革质，上面深绿色，有光泽，下面淡绿苍白色，两面无毛。伞形花序，雄花、雌花黄绿色。果椭圆形至卵形，果托扩大成杯状。花期2~4月；果期9~12月。

本种与毛黑壳楠（变型）的区别在于后者幼枝、叶柄及叶片下面或疏或密被毛，后毛被渐脱落，但至少在叶脉上或多或少残存。

【地理分布与生境】

山胡椒属约100种，分布于亚洲、北美温热带地区。我国有40种9变种2变型。赣东北约10种。

黑壳楠产陕西、甘肃、四川、云南、贵州、湖北、湖南、安徽、江西、福建、广东、广西等省区；生于海拔1600~2000米的阴湿常绿阔叶林山坡和谷地中。在河南一带广泛种植。

【树种特性与受危因素】

喜温暖湿润气候，具有一定的抗高温、耐寒性；较耐水湿，耐干旱，不耐贫瘠；主根发达，深根性，能抗风；萌芽力强，耐修剪。

黑壳楠是一种具有经济、药用价值的多用途园林绿化景观乡土树种。因长期处于野生状态，受人为砍伐严重，资源日趋减少。

【资源现状与典型群落】

赣东北武夷山、三清山、广丰铜钹山、婺源等地有分布。三清山零星分布于海拔460~700米的沟谷两侧的阔叶林中，并有大树生长，与南酸枣、甜槠、青冈、黄檀、小叶青冈等混生。婺源大鄣山景区村旁有400年黑壳楠古树，高达12米，

胸径超过 1 米，因景区建设，遭人为破坏严重，顶梢出现枯死现象，树体长势明显下降。武夷山、铜钹山海拔 300~1000 米阴湿常绿阔叶林中，有少量残存。

【主要价值与用途】

观赏价值：阔叶常绿大乔木，树干通直，冠大荫浓，树姿雄伟，枝叶茂密，秀丽，具香气，是城市优良的庭荫树、行道树。

经济价值：种仁含油率近 50%，油为不干性油，为制皂原料；果皮、叶含芳香油，油可作调香原料；木材黄褐色，纹理直，结构细，可作装饰薄木、家具及建筑用材。

药用价值：根、树皮或枝，辛、微苦、温，主治风湿痹痛、肢体麻木疼痛、脘腹冷痛、疝气疼痛、咽喉肿痛、癣疮瘙痒等。

生态价值：有抗风、耐烟尘的能力，对氯气、二氧化硫、氟化氢等有毒气体抗性强，并能吸收多种有毒气体。

【保护与利用建议】

黑壳楠是一种多用途的园林景观树种，近年来，已受到越来越多的关注，积极开展资源的保护与利用研究前景广阔。

1. 加强古树、大树的保护，积极开展采种育苗等繁殖技术试验研究，不断扩大苗木繁殖的数量与规模，为资源的开发利用奠定基础。

2. 加速黑壳楠在园林绿化中的推广应用研究。①黑壳楠是我国著名的特种经济林植物，具有绿化、美化、优化环境等生态效益，完全适应城市绿化与景观建设的需求。②可丰富园林景观，增加造林树种选择，更有利于保护和发展种质资源。③重点研究园林绿化应用中的大苗培育、移栽、修剪、管护及景观配置与盆景制作技术，为树种推广应用提供技术支撑。

3. 开展在化工、医药及香料领域的应用研究。近年来，我国科技人员从黑壳楠根中提取的 d- 荷苞牡丹碱具有明显的抗肿瘤作用，日本学者也从黑壳楠中分离得到具有抗肿瘤活性的阿朴啡类生物碱。

【参考文献】

陈霜等，2015；刘西俊等，1991；罗镭等，2007；彭佼，2010；王淑燕等，1986；叶黎明，2012；郑万钧，1983。

（编写：曹晓平　摄像：黄宇潮）

国家珍稀濒危保护植物	国家珍贵树种	国家重点保护野生植物	中国主要栽培珍贵树种	江西省重点保护野生植物	江西珍贵稀有濒危树种	江西主要栽培珍贵树种	中国植物红皮书	中国物种红色名录	全国极小种群野生植物
			✓	III	III	✓			

051 红楠 | 樟科 Lauraceae　别名：猪脚楠、小楠

Machilus thunbergii Sieb. et Zucc.

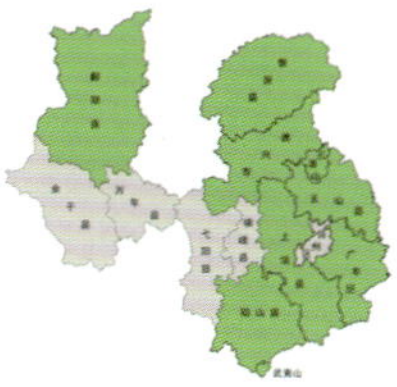

【主要形态与识别特征】

常绿乔木，因在翠绿色的树冠上挺立着红色的芽苞十分醒目而得名。株高可达 20 米；枝条紫褐色，嫩枝紫红色。叶倒卵圆形至倒卵状披针形，革质，浓绿富光泽；新叶暗红色。花顶生，圆锥花序黄绿色。果球形，熟时暗紫色；果梗鲜红色。花期 2 月；果期 7 月。

红楠、薄叶润楠、刨花润楠同为润楠属，其分种检索表如下。

1. 叶较大，长 10~24 厘米，宽 3.5~7 厘米；顶芽粗大，芽鳞带红色；叶柄粗短，淡红色…………………………………… 薄叶润楠 *M. leptophylla*
1. 叶较小，长 4~14 厘米，宽 1~5 厘米；顶芽小：
   2. 叶倒卵圆形，叶背粉白色，侧脉与中脉成 30° 夹角，叶长 5~9 厘米，宽 2~4 厘米……………………………………红楠 *M. thunbergii*
   2. 叶长倒卵形，侧脉与中脉夹角大，同一树枝上部分叶片大小悬殊较大，叶长 5~9 厘米，宽 2~4 厘米……………刨花润楠 *M. pauhoi*

【地理分布与生境】

润楠属约 100 余种，分布于东南亚或东亚，我国有 68 种，产西南、中南部至台湾，北达山东、湖北及甘肃和陕西南部。赣东北润楠属约 10 种。

红楠产山东、江苏、浙江、安徽、台湾、福建、江西、湖南、广东、广西；生于山地阔叶混交林中。日本、朝鲜也有分布。

【树种特性与受危因素】

喜温暖湿润气候，能耐 -10℃ 的短期低温，幼株耐阴，成株日照需充足；喜排水良好、肥沃湿润的中性或微酸性土壤，适应 pH 值 4~7，但也能在瘠薄地生长，常与壳斗科和樟科常绿树混生。在环境适宜处 10 年生树高可达 10 米。

红楠为亚热带常绿阔叶林中常见的伴生树种，是集绿化、美化、生态、经济等功能于一体

的优良阔叶树种。因长期以来，红楠天然资源及其赖以生存的生态环境遭到不同程度的破坏，红楠资源越来越少、生态环境越来越脆弱，红楠逐渐成为稀有树种。

【资源现状与典型群落】

赣东北分布较为普遍，武夷山、三清山、广丰铜钹山、上饶县五府山、婺源等各地山区海拔 1000 米以下山谷、溪旁、阔叶林中呈零星生长，与青冈、蓝果树、紫楠、木荷、枫香等混生，偶尔也能看到大树、古树。在三清山海拔 530 米村庄风景林缘小片状分布，土层深厚，缓坡，最大植株树高 13 米，胸径 64 厘米，与榉树、枫香、南方红豆杉、白玉兰、小叶青冈、薄叶润楠等组成针阔混交林。婺源各风景林中，胸径 50 厘米以上的大树、古树较常见，常与红豆杉、栲类、香桂、含笑、豹皮樟等混交成林。

【主要价值与用途】

药用价值：治扭挫伤筋，根或树皮加食盐捣烂敷；治吐泻不止，树皮煎水服；治转筋足肿，树皮煎汤熏洗。

观赏价值：红楠具四大观赏特色，春季顶芽相继开放，新叶随着生长期出现深红、粉红、金黄、嫩黄或嫩绿等不同颜色的变化，满树新叶似花非花，五彩缤纷，斑斓可爱，为城市景观的彩叶树种；夏季果熟，果皮紫黑色，长长的红色果柄，顶托着一粒粒黑珍珠般靓丽动人的果实，是理想的观果树种；冬季顶芽粗壮饱满微红，犹如一朵朵含苞待放的花蕾，缀满碧绿的树冠，恰似“绿叶丛中万点红”，叫人赏心悦目；树形优美，树干高大通直，树冠自然分层明显，枝叶浓密，四季常青，是理想的道路、公园、庭院、住宅区等绿化树种。

经济价值：材质坚硬，纹理美观、细致，是建筑、桥梁、家具、胶合板等的优良用材；叶可提制芳香油；种子可榨油，供制肥皂及润滑油。

生态价值：红楠具有较强的耐盐性及抗风能力，在我国东南沿海作防护林树种。

【保护与利用建议】

1. 提高树种的认知度，开展资源调查分析。①润楠属树种是我国南方主要的经济林木，大部分种类是热带及亚热带森林的表征种，在园林应用、药用、木材、香料等方面占有重要地位。②资源长期处于原始的野生状态，查清资源家底与现状，有助于明确保护重点、方法及利用方向。

2. 开展保护与利用研究。①利用润楠属树种天然更新能力较强的属性，开展原生地抚育砍杂工作，促进群落更新繁衍。②选择合适地类建立种质资源圃，开展种源收集与筛选，实行异地保护与良种选育。

3. 加强人工繁育技术研究与应用推广。研究掌握适合赣东北地区规模化发展的一套完整的“保、育、繁”技术体系与方案，不断扩大人工林种植规模。

国家珍稀濒危保护植物	国家珍贵树种	国家重点保护野生植物	中国主要栽培珍贵树种	江西省重点保护野生植物	江西珍贵稀有濒危树种	江西主要栽培珍贵树种	中国植物红皮书	中国物种红色名录	全国极小种群野生植物
				III					

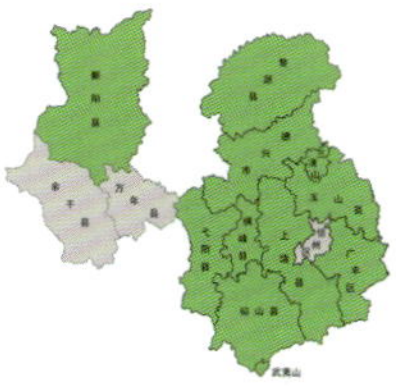

I 薄叶润楠 别名：华东润楠

Machilus leptophylla Hand.-Mazz.

常绿乔木，高达 28 米；小枝无毛；顶芽粗大，近球形。叶常集生枝顶而呈轮生状，倒卵状长圆形，幼时下面被平伏的银白色绢毛；侧脉 14~20（24）对。果球形，径约 1 厘米，成熟时红色并变黑色，果序梗鲜红色。果期 8~9 月。

薄叶润楠为典型的深根性树种，主根明显，须根多而密，其幼苗初期生长缓慢，耐寒性较差，后期生长迅速；喜阴湿，喜微酸性或中性且富含腐殖质的沙壤土。

我国特有种，为亚热带常绿阔叶林的主要组成树种之一，分布东南各省，产福建、浙江、江苏、湖南、广东、广西、贵州等地；生于海拔 450~1200 米阴坡谷地混交林中的山地阴湿沟谷，喜肥沃湿润的酸性黄壤。

赣东北各地山区均有星状分布，以中小乔木、灌木为主，很少发现大乔木，多生于溪旁、山谷或林间。德兴梧风洞景区海拔 210 米处，水库中段岸堤旁，土壤湿润、疏松，胸径为 35 厘米，树高约 10 米，主干不明显，树体伞形，枝叶浓密，生长十分旺盛。三清山海拔 710 米水溪边，山地黄壤，胸径 28 厘米，树高约 8 米，多分枝，枝繁叶茂。

树姿优美，枝叶繁茂苍翠，可栽培供观赏；木材坚实，耐久用，供建筑、家具、雕刻等用；树皮可提取树脂，含量 20.41%；种子可榨油；薄叶润楠有良好的防风、固土能力，是丘陵、低山区理想的生态公益林树种，也是优良的防火树种。

国家珍稀濒危保护植物	国家珍贵树种	国家重点保护野生植物	中国主要栽培珍贵树种	江西省重点保护野生植物	江西珍贵稀有濒危树种	江西主要栽培珍贵树种	中国植物红皮书	中国物种红色名录	全国极小种群野生植物
			√			√			

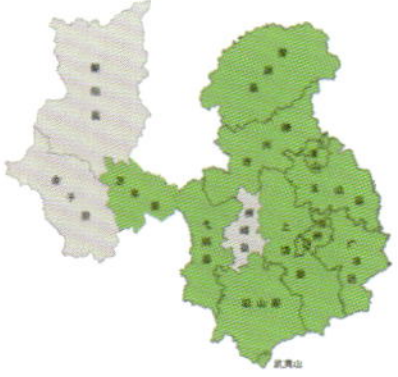

II 刨花润楠

别名：香粉树、刨花楠

Machilus pauhoi Kanehira

常绿大乔木，树高6.5~20米，直径达30厘米；树皮灰褐色，有浅裂；小枝绿带褐色，干时常带黑色。叶常集生小枝梢端，椭圆形或狭椭圆形，间或倒披针形，长7~15（17）厘米，宽2~4（5）厘米。聚伞状圆锥花序生当年生枝下部。果球形，直径约1厘米，熟时黑色。

耐阴树种，适生于气候温暖、湿润、土壤肥沃的地方，年平均气温17℃左右，冬季最低气温-10℃左右，年降水量1400~1600毫米，以山谷、山洼、阴坡下部，土层深厚、疏松、排水良好、中性或微酸性的壤质土生长尤佳；深根性树种，主根明显，侧根发达，根部萌蘖能长成大径材，在幼年期根系生长发育较好，主根能深入土壤下层，侧根数量也较多，根部有较强的萌生力，寿命长，生长迅速。

刨花润楠是我国中亚热带和南亚热带地区优良的乡土阔叶树种，具备速生、多用途、高经济价值等优点，备受林业部门关注，已作为重要的珍贵用材与彩叶树种在各地推广种植。

主要分布在长江以南的江西、福建及浙江、湖南、广西等地。赣东北各地山区均有分布，多生于海拔800米以下的丘陵山区、沟谷，土壤肥沃、潮湿的山坡，常与钩锥、冬青、豹皮樟、南酸枣、拟赤杨、千年桐（*Vernicia montana*）等混生。广丰铜钹山多见于海拔800米以下，土层深厚、疏松、湿润、肥沃、排水良好的山脚、山沟；位于大丰源海拔480米山地山谷阔叶林中，有较大面积的刨花润楠群落分布，优势种为刨花润楠，最大植株胸径为72厘米，树高达25米，伴生种

为多脉青冈、拟赤杨、香港四照花等，该群落中，刨花润楠幼苗较多，群落更新良好。婺源珍珠山海拔 300 米的阔叶林中有较大面积的刨花润楠天然次生林集中分布，胸径为 10~25 厘米，平均树高约 12 米，与壳斗科树种混生。

干形通直圆满，出材率高，木材黄白色，无特殊气味，纹理通直，是制造家具、胶合板、建筑、室内装饰、细木工具的优良用材；木材、树皮均含胶质，木材刨片浸水有黏液，用水浸泡制成“刨花水”，昔日用于妇女润发，近代作为胶合板、造纸及粉刷墙壁用的黏合剂；利用木材加工成香粉，可制作塔香、蚊香、祭香等熏香产品；种子含油率 50%，为制蜡烛、肥皂和润滑油等的良好原料；刨花润楠叶精油是优良的天然香料并有较高的独特药用价值；皮含树脂 12.38%，含橡胶 0.688%。

刨花润楠树体高大挺拔，树冠浓郁优美，枝叶翠绿、清秀，分枝均匀，嫩枝、新叶粉红色或棕红色，既是珍贵用材树种，又是优美的庭园观赏、绿化树种；叶子具革质，不易燃，可应用于防火林带建设；同时具有良好的防风和固土能力，是丘陵低山区理想的生态公益林树种。

【参考文献】

蔡青云等，2009；胡友生，2015；黄秋生等，2014；江香梅等，2001；李灵敏等，2008；马红岩等，2007；邵春荣等，2007；王金元，2011；徐振东等，2016；鄢和琳，1988；郑万钧，1983；钟全林等，2008。

（编写：邹芸　摄像：曹晓平）

国家珍稀濒危保护植物	国家珍贵树种	国家重点保护野生植物	中国主要栽培珍贵树种	江西省重点保护野生植物	江西珍贵稀有濒危树种	江西主要栽培珍贵树种	中国植物红皮书	中国物种红色名录	全国极小种群野生植物
III	II	II	✓		III	✓	VU	VU	

052 闽楠

樟科 Lauraceae　　别名：金丝楠、楠木

Phoebe bournei（Hemsl.）Yang

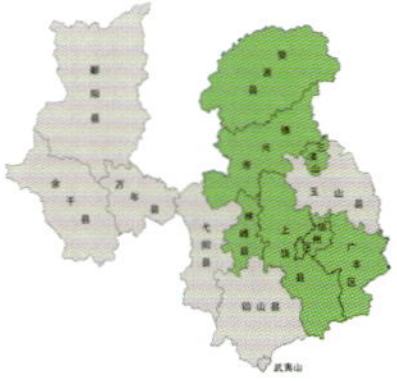

【主要形态与识别特征】

常绿大乔木，高可达 40 米，胸径达 2.5 米；树干端直，树冠浓密，树皮淡黄色，呈片状剥落。小枝有柔毛或近无毛。叶革质，披针形或倒披针形，先端渐尖或长渐尖，基部渐窄或楔形；侧脉网脉致密，在下面呈明显的网格状。圆锥花序生于新枝中下部叶腋，紧缩不开展，被毛。果椭圆形或长圆形；宿存花被裂片紧贴果基部。花期 4~5 月；果期 10~11 月。

赣东北有分布记录的楠属树种有闽楠、浙江楠、紫楠、白楠与湘楠 5 种。它们的分种检索表如下。

1. 花被外面及花序无毛或微毛；枝叶无毛；叶背粉白 …………………………… 湘楠 *Ph. hunanensis*
1. 花被外面及花序密被短柔毛、长柔毛：
  2. 果椭圆状卵形；宿存花被片紧贴果基部：
    3. 叶倒卵状披针形；花序、小枝密被黄绒毛 ……………………浙江楠 *Ph. chekiangensis*
    3. 叶披针形；小枝疏生柔毛；花序紧密 …… ……………………………… 闽楠 *Ph. bournei*
  2. 果卵形；宿存花被毛松散或外展：
    4. 老叶下面和果梗疏生短柔毛；叶窄披针形…………………… 白楠 *Ph. neurantha*
    4. 老叶下面、枝、花序和果枝密被柔毛；叶倒卵形、椭圆倒卵形………………… ……………………………紫楠 *Ph. sheareri*

【地理分布与生境】

楠属约 94 种，分布亚洲及热带美洲。中外有名的楠木即是本属植物。中国有 34 种 3 变种，产长江流域及以南地区，东至台湾，以云南、四川、湖北、贵州、广西、广东为多。赣东北 5 种。

闽楠主产江西、福建、浙江南部、广东、广西北部及东北部、湖南、湖北、四川、贵州东南及东北部等中亚热带地区；多生于海拔 200~1000 米的常绿阔叶林中。

【树种特性与受危因素】

分布区气候温暖湿润，春季多雨，年均温17~21℃，1月均温5~11℃，年降水量为1000~1200毫米，在表土层深厚肥沃，排水良好，中性或微酸性的沙壤、红壤或黄壤上生长良好；喜湿耐阴，寿命长，病虫害少，幼龄期在杂木林冠下，生长较慢，到后期生长迅速，幼年期顶芽发达，顶端优势显著，常形成主干端直，侧枝细且短的尖塔形树冠，至壮年期顶端优势逐渐减弱，树高生长减缓，侧枝向外扩展，树冠变为钟形，但冠层仍较厚，枝叶浓密；为深根性树种，根系较发达，根部有较强的萌生力。

我国特有种，为我国传统四大名木——楠、樟、梓、椆之首，被誉为“国木”，其珍贵用材享誉国内外。由于过度砍伐及其所喜生的湿润、肥沃之地被垦为农地，故植株面临濒危。

【资源现状与典型群落】

赣东北闽楠主要分布于婺源、三清山、横峰、广丰铜钹山、德兴等地。婺源为赣东北闽楠主产区，主要以大树、古树零星或片状分布于村庄周边及风景林中，常与浙江楠、枫香、青冈、冬青、糙叶树、肥皂荚（*Gymnocladus chinensis*）等组成阔叶混交林或成小片纯林；紫阳镇塘村被誉为楠木村，在村周围的小溪两旁及河边生长着数百株大小不一的楠木，其中40厘米以上的有20余株，最大胸径为65厘米，高达18米，部分树木生长呈减弱趋势；马家村的风景林中，共7株，与浙江楠、肥皂荚混生，胸径为46~70厘米，平均树高约17米，生存状况同样令人担忧；浙源庐坑村旁生长有3棵胸径都在1.5米以上的楠木古树，其中一株胸径达1.84米，高约22米，估测树龄在千年以上，目前3株古树生长况状良好。三清山、横峰、德兴闽楠生长呈群落分布。三清山群落位于海拔230米的山谷，面积约50亩，数量200株左右，最大胸径为55厘米，树高达18米，主要伴生种有山杜英、青冈、多花泡花树、紫楠、木荷、冬青等；横峰闽楠群落位于海拔350米的沟谷及两边，分布面积为200余亩，为闽楠次生林，平均胸径为16厘米，树高13米左右，与青冈、枫香、油麻藤（*Mucuna sempervirens*）、冬青、绒毛

润楠、秃瓣杜英、毛竹等混生；德兴闽楠群落位于海拔 182 米的常绿阔叶林山谷，面积约为 30 亩，最大胸径超过 1 米。广丰铜钹山仅发现极少数的小幼树散生。

【主要价值与用途】

材用价值：木材芳香耐久，纹理结构美观，材质致密坚韧，为上等建筑、高级家具、雕刻工艺、造船等良材。

观赏价值：树干高大通直，树冠卵状或塔形，枝叶稠密，颜色浓郁，色彩丰富，也是我国重要的庭院与景观绿化树种。

【保护与利用建议】

1. 重视资源保护。①闽楠大树、古树多生长于房前屋后及村边风景林中，生境与植株极易受到人为干扰和破坏。②闽楠大树、古树目前除挂牌保护外，多数都任其自然生长。

2. 加强资源利用研究。①闽楠 1~2 年生小苗常易受冻害，研究防冻技术，可为壮苗培育提供保障。②闽楠大树、古树丰富，蕴藏着十分丰富的基因，开展种源收集，为良种选育奠定基础。③闽楠珍贵用材利用研究较火热，而园林绿化观赏应用则很少有人涉及。随着天然林保护工程的全面实施及禁止天然大树进城等相关法律法规的实施，闽楠绿化大苗精细化培育将会成为研究与利用的热点。④珍贵树种经营周期较长，除开展大苗培育外，还可探索与药用等经济林树种混交模式与造林技术研究，做到以短养长。⑤闽楠推广种植，缺乏成熟造林技术，成活率低是制约发展的瓶颈，需解决造林地选择、良种壮苗培育、造林模式、栽植方法及抚育管理等配套关键技术。

3. 加大闽楠的集约化经营与推广应用，不断扩大人工林资源的规模与数量。湖南沅陵、江西崇义和福建三明等地已营造部分人工林；一些科研、教学单位做了一些栽培引种工作；闽楠种植还远未得到推广，市场潜力巨大。

国家珍稀濒危保护植物	国家珍贵树种	国家重点保护野生植物	中国主要栽培珍贵树种	江西省重点保护野生植物	江西珍贵稀有濒危树种	江西主要栽培珍贵树种	中国植物红皮书	中国物种红色名录	全国极小种群野生植物
III	II	II	✓			✓	VU	VU	

I 浙江楠

Phoebe chekiangensis C. B. Shang

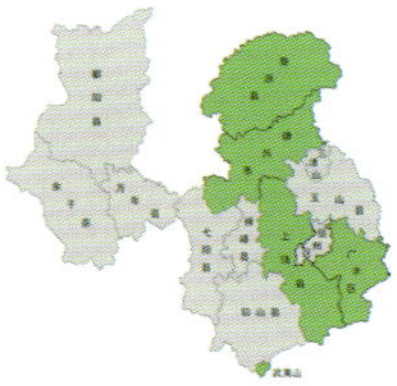

常绿大乔木，高达 20 米，胸径达 50 厘米；树皮淡褐黄色，具明显的褐色皮孔；小枝有棱，密被黄褐色或灰黑色柔毛或绒毛。叶革质，倒卵状椭圆形或倒卵状披针形，下面横脉及小脉多而密；叶柄密被黄褐色绒毛或柔毛。圆锥花序密被黄褐色绒毛。果椭圆状卵形，熟时外被白粉。花期 4~5 月；果期 9~10 月。

耐阴树种，壮龄期要求适当的光照条件，具深根性，抗风强；喜温暖湿润气候，土壤红壤。浙江楠是中国植物分类学家向其柏 20 世纪 60 年代在浙江天目山、龙塘山研究发现的中国特有珍稀树种。由于其天然野生资源稀少，加上人为砍伐严重，现存自然资源已接近枯竭。

分布于浙江西北部及东北部、福建北部、江西东部海拔 1000 米以下山地阔叶林中。在杭州云栖、九溪分布有以浙江楠为优势树种的常绿阔叶林，其余地区均以散生分布。赣东北三清山、婺源、德兴、武夷山、广丰铜钹山有分布。三清山、婺源两地的浙江楠常与闽楠混生，组成群落优势种；德兴市发现有较大面积的浙江楠群落；武夷山、铜钹山仅为极少数散生。

木材坚韧，结构致密，具光泽和香气，是楠木类中材质较优的一种；主干挺直，树冠整齐，枝叶繁茂，又是优良园林绿化树种；为华东地区特产珍稀树种，在植物区系研究上有较高学术价值。

国家珍稀濒危保护植物	国家珍贵树种	国家重点保护野生植物	中国主要栽培珍贵树种	江西省重点保护野生植物	江西珍贵稀有濒危树种	江西主要栽培珍贵树种	中国植物红皮书	中国物种红色名录	全国极小种群野生植物
				III	III	✓			

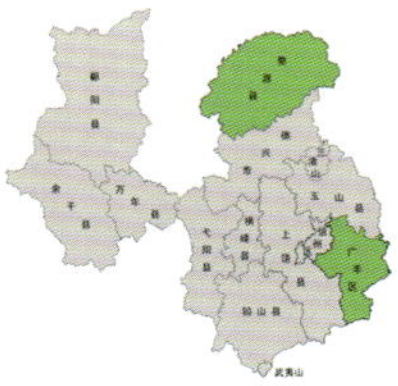

II 湘楠

Phoebe hunanensis Hand.-Mazz.

常绿灌木或小乔木，通常高 3~8 米。小枝干时常为红褐色或红黑色，有棱，无毛。叶革质或近革质，倒阔披针形，先端短渐尖，有时尖头呈镰状，老叶下面苍白色或被白粉，幼叶下面密被贴伏银白绢状柔毛，上面有时带红紫色，中脉粗壮，下面极明显突起。花序生当年生枝上部。果卵形，果梗略增粗。花期 5~6 月；果期 8~9 月。

产甘肃，陕西，江西西南部，江苏，湖北，湖南中、东南及西部，贵州东部；生于海拔 500 米以上沟谷或水边。赣东北湘楠资源非常稀少，婺源、铜钹山有分布记载。婺源海拔 600 米山地残存数株；铜钹山没找到实物。

湘楠资源的开发利用目前还未引起足够重视，有必要进行深入广泛的研究。

国家珍稀濒危保护植物	国家珍贵树种	国家重点保护野生植物	中国主要栽培珍贵树种	江西省重点保护野生植物	江西珍贵稀有濒危树种	江西主要栽培珍贵树种	中国植物红皮书	中国物种红色名录	全国极小种群野生植物
			✓			✓			

III 白　楠

别名：小楠木、楠树

Phoebe neurantha（Hemsl.）Gamble

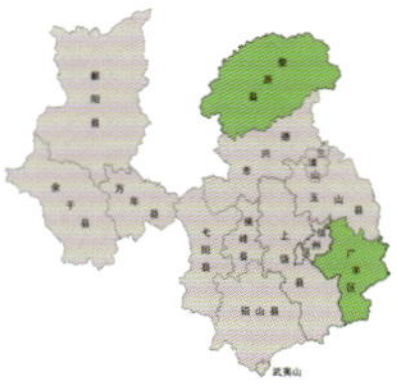

常绿乔木，高 3~20 米；老枝圆柱形，黑灰色，有细纵条纹，散布皮孔；幼枝多少有棱角。叶互生，狭披针形、披针形或倒披针形，先端尾状渐尖或长渐尖，基部渐狭下延，叶下面横脉及小脉细网状，多少明显。圆锥花序腋生；花黄色。果卵球形，坚硬，顶端有长约 1 厘米的翅。花期 5 月；果期 8~10 月。

耐阴树种，适生于气候温暖、湿润、土壤肥沃的地方，土层深厚疏松、排水良好、中性或微酸性的壤质土壤上生长尤佳；深根性树种，根部有较强的萌生力，能耐间歇性的短期水浸；寿命长，病虫害少，能生长成大径材。

白楠由英国植物学家 William Botting Hemsley 于 1900 年命名，产中南部至中部，甘肃、陕西、四川、湖北、湖南、贵州、广西、江西等省区也有分布；生于海拔 1000~2400 米常绿阔叶林中。赣东北白楠资源极为稀少，婺源、三清山、铜钹山有分布记录。婺源只残存数株；三清山、铜钹山没找到实物。

材色黄褐略带浅绿，有香气，结构细，强度中等，不太重，不变形，易加工，削面光滑美观，为上等建筑、家具、雕刻和精密木模的良材。

建议加强资源的重点保护与抚育管护并积极开展采种育苗与引种试验。

国家珍稀濒危保护植物	国家珍贵树种	国家重点保护野生植物	中国主要栽培珍贵树种	江西省重点保护野生植物	江西珍贵稀有濒危树种	江西主要栽培珍贵树种	中国植物红皮书	中国物种红色名录	全国极小种群野生植物
						✓			

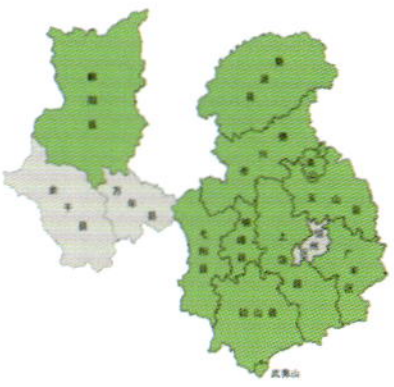

IV 紫　楠

别名：紫金楠、枇杷木

Phoebe sheareri（Hemsl.）Gamble

常绿大乔木；树皮灰褐色，小枝、叶柄及花密被黄褐色或灰黑色柔毛。叶革质，倒卵形、椭圆状倒卵形，先端突渐尖或尾尖，背面密被黄褐色长柔毛，网脉隆起，侧脉弧曲。果卵形。圆锥花序腋生，密被淡棕色绒毛。核果卵圆形。花期 4~5 月；果期 9~10 月。

深根性，萌芽性强；生长较慢，寿命长；耐阴树种，在全光照下常生长不良，喜温暖湿润气候及较阴湿环境。

分布于我国长江流域及以南地区；多生于海拔 1000 米以下的阴湿山谷和杂木林中。赣东北各地山区均有生长；常生于海拔 1000 米以下的山地杂木林中、林缘、路边及山谷、溪旁土层深厚的湿润凉爽地带，以散生为主。三清山紫楠分布较为普遍，有小片纯林分布，最大胸径达 40 厘米。

树形端正美观，叶大荫浓，宜作庭院树及绿化、风景树，在草坪孤植、丛植，或在大型建筑物前后配植，显得雄伟壮观；紫楠还有较好的防风、防火效能，可栽作防护林带；木材坚硬、耐腐，是建筑、造船、家具等良材；根、枝、叶均可提炼芳香油，供医药或工业用；种子可榨油，供制皂和作润滑油。

【参考文献】

曹苜等，2016；邓青珊，2011；傅立国，1992；何应会等，2013；贾贤等，2014；江香梅等，2009；黄斌等，2011；李珍等，2012；汪松等，2004；张俊钦，2005；郑万钧，1983；周祥凤等，2005。

（编写：曹晓平　摄像：洪元华、潘荣桂）

国家珍稀濒危保护植物	国家珍贵树种	国家重点保护野生植物	中国主要栽培珍贵树种	江西省重点保护野生植物	江西珍贵稀有濒危树种	江西主要栽培珍贵树种	中国植物红皮书	中国物种红色名录	全国极小种群野生植物
			✓						

053 檫木

樟科 Lauraceae　　别名：檫树、南树

Sassafras tzumu（Hemsl.）Hemsl.

【主要形态与识别特征】

落叶乔木，高可达 35 米，胸径达 2.5 米；幼时树皮黄绿色，平滑，老则变灰褐色，有纵裂。顶芽大，椭圆形，外面密被黄色绢毛。枝条粗壮，近圆柱形，多少具棱角。叶互生，聚集于枝顶，叶片阔卵形至椭圆形，全缘或上部 2~3 裂，基部楔形，有时两侧不对称，羽状脉或离基三出脉。花序顶生，先叶开放。花两性，黄色。果近球形，成熟时蓝黑色。花期 3~4 月；果期 5~9 月。

檫木与台湾檫木的区别为前者叶卵形或倒卵型，两性花；后者叶为菱状卵圆形，单性花。

【地理分布与生境】

我国檫木属仅 2 种，另一种产于台湾中南部。

檫木分布江苏、浙江、安徽、江西、福建、广东、广西、湖南、湖北、四川、贵州、云南等地；多垂直分布在 800 米以下的山地及丘陵坡地的中部至下部及坡麓。

【树种特性与受危因素】

喜温暖湿润气候，喜光，不耐阴，深根性，萌芽性强，生长快；在土层深厚，排水良好的酸性红壤或黄壤上均能生长良好，陡坡土层浅薄处亦能生长，树干易遭日灼；喜与其他树种混生，但水湿或低洼地不能生长。

檫木是我国南方分布广、用途大的乡土珍贵阔叶用材树种。因环境日益恶化，树木常遭砍伐，现仅为零星分布，且多为萌生幼树及小乔木，大树难寻。

【资源现状与典型群落】

赣东北各地山区均有零星生长，也有人工栽培；常与木荷、小叶栎、栲槠类、枫香、杉木、野漆树、刨花润楠等混生于山坡、腹地排水良好的地带。莲花山海拔 300~650 米盘山公路两旁，20 世纪 70~80 年代种植，最大胸径达 60 厘米，树高为 16 米，数量达几百株，生长良好，林下更新小苗丰富。上

饶县华坛山海拔180米风景林缘，土层深厚，黄壤，树高约18米，胸径46厘米，高大通直，长势良好，与米槠、枫香、栲、油柿（*Diospyros oleifera*）、绒毛润楠等混生。德兴双溪水库岸边有大树生长。

【主要价值与用途】

经济价值：木材纹理通直，花纹明显而美观，木工性能优良，抗腐及抗虫性强，为优良的造船材、室内装修材及家具用材；檫木全株含有油性细胞，尤其叶和果中含量很高，可作为香料资源。

观赏价值：树形优美，高大挺拔，是早春继梅花之后最先开放的春花，花色金黄，入秋之后，叶色变红，是优良的园林观赏树种。

药用价值：中国特有的药用树种。树皮及叶入药，有祛风逐湿，活血散瘀之效；果、叶和根含芳香油。

【保护与利用建议】

1. 探索苗木快繁技术途径。檫木种子繁育技术虽然已经很成熟，但种子结实率低，种源困难。目前，无性繁殖方面的技术涉及较少，可以加强该方面的试验研究。

2. 创造优良用材品种和观赏品种。其种质资源及遗传多样性丰富，通过品种选育与改良等方式，为檫木规模化生产提供优良的种质资源。

3. 加强檫木树种混交模式的研究。①檫木纯林生长不佳，与其他树种混交效果良好。②试验研究建立檫木混交林大径材丰产栽培技术体系。

【参考文献】

胡滨等，2013；赖建明，2013；汪丽荣，2010；王馨等，2015；郑万钧，1983；中国植物志编辑委员会，1982。

（编写：沈建群　摄像：黄宇潮）

国家珍稀濒危保护植物	国家珍贵树种	国家重点保护野生植物	中国主要栽培珍贵树种	江西省重点保护野生植物	江西珍贵稀有濒危树种	江西主要栽培珍贵树种	中国植物红皮书	中国物种红色名录	全国极小种群野生植物
II	I	I	✓		I		rare	EN	

054 伯乐树

伯乐树科 Bretschneideraceae　别名：钟萼木、山桃花

Bretschneidera sinensis Hemsl.

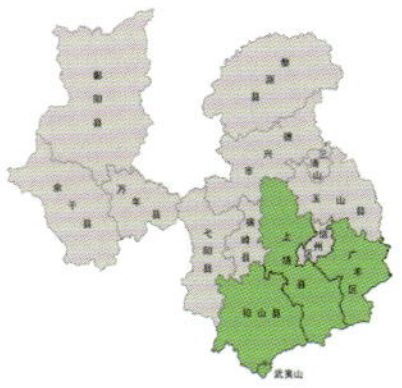

【主要形态与识别特征】

落叶乔木。伯乐树是从Bretschneidera音译而来，因开花时像倒吊的钟而得名。伯乐树高可达20米；树冠塔形；树皮褐色，光滑，有块状灰白斑点。奇数羽状复叶，小叶基部偏斜，叶背有短毛。芽为宽卵形，较大，芽鳞红褐色。花为大型总状花序，顶生，花萼钟状，粉红色。蒴果红褐色，木质，被毛，近球形，具三棱，内有种子1~6粒。花期4~5月；果熟期9~10月。

【地理分布与生境】

伯乐树科1属1种，我国特产，分布于我国和越南。

伯乐树主要产于浙江、江西、福建、湖北、湖南、广东、广西、云南等省区；常散生于湿润的沟谷坡地或溪旁的常绿阔叶与落叶阔叶混交林中。

【树种特性与受危因素】

分布区的年平均气温为15℃以上，1月平均气温4.8℃，极端最低气温可降至-8.4℃以下。伯乐树多见于中山（海拔1000~1500米）地带，气候温凉，年降水量1000~2000毫米，多云雾，气候潮湿，平均相对湿度80%以上；成土母质一般以流纹岩，凝灰岩为主体，土壤属红壤类中的黄红壤，呈酸性，pH值4.5~6.0，有机质4.8%或以上；为中性偏阳树种，幼年耐阴，深根性，抗风力较强，稍能耐寒，但不耐高温，生长缓慢，天然林中立木30年前生长较快。

伯乐树是我国特有、属于第三纪古热带植物区系单种科孑遗珍稀树种，被誉为“植物中的龙凤”。长期以来，因人为破坏、结实稀少和更新困难，而处于濒临灭绝的境地。

【资源现状与典型群落】

赣东北伯乐树资源分布狭窄，数量稀少，主产武夷山、广丰铜钹山及上饶县五府山等地。武夷山自然保护区主要分布于海拔700~1300米的山谷、溪

旁及杂木林中；桐木坑海拔 1000 米路旁山谷，2 株，树干通直，生长良好，平均树高约 15 米，胸径均为 26 厘米，与化香、椴树（*Tilia tuan*）、木荷、交让木、槭树、杉木等组成混交林；武夷山镇海拔 1100 米地带的针阔混交林中，散生分布，因遭砍伐，多为一蔸多株，高度为 5~13 米，胸径 6~29 厘米。五府山仅有极少数幼树散生，其中 1 株，位于海拔 680 米山地林缘，小乔木，高为 3.8 米，胸径 3.5 厘米，生长良好。铜钹山伯乐树主要与甜槠形成常绿阔叶与落叶阔叶混交林，乔木层高度在 15 米左右，优势种主要有甜槠、伯乐树，伴生种以青榨槭、杉木、冬青为主，灌木层有鹿角杜鹃、老鼠矢等，林下发现有枯死的伯乐树大树。

【主要价值与用途】

材用价值：树干通直，材质优良，硬度适中，不翘裂，纹理直，色纹美观，为优良家具及工艺用材。

观赏价值：树姿挺拔，雄伟高大，绿荫如盖，花大，色艳丽，是珍贵的园林树种。

药用价值：夏秋采收的树皮可治筋骨痛。

科研价值：对研究被子植物的系统发育和我国亚热带常绿阔叶林的植物区系及古地理、古气候等具有科学价值。

【保护与利用建议】

伯乐树长期处于珍稀濒危的境地，资源保护与利用迫在眉睫。

1. 凡有伯乐树的自然保护区应严加管护，把伯乐树幼树作为就地保护的重点，去除周围的速生树种，以创造有光照和水肥条件的生境。对于成株，则应适当疏剪周边树种枝条，以帮助占据更好的空间位，同时应积极引进异龄幼苗，促进种群恢复和发展。

2. 赣东北为伯乐树的适生区，由于伯乐树分布稀少，种群小，采取迁地保护策略，不仅可以使种群占据新的分布点，还可以减少生境片断化和地理隔离的风险。通过选择适宜地区建立种质资源库和种苗基地，同时进行野外回归试验，最大限度地保护种质资源。

3. 建立伯乐树种苗繁育基地，深入研究苗木繁育方法和山上造林与混交模式技术，通过人工栽培大力推广和发展园林景观与绿化树种，不断增加伯乐树资源的总量，从而实现资源的有效保护与永续利用。

【参考文献】

傅立国，1992；龚维等，2015；刘宗媚等，2014；乔琦等，2011；乔琦等，2016；汪松等，2004；郑万钧，1983；中国植物志编辑委员会，1984；邹秀红，2001。

（编写：邹芸　摄像：林昌勇）

国家珍稀濒危保护植物	国家珍贵树种	国家重点保护野生植物	中国主要栽培珍贵树种	江西省重点保护野生植物	江西珍贵稀有濒危树种	江西主要栽培珍贵树种	中国植物红皮书	中国物种红色名录	全国极小种群野生植物
		II			II		rare	VU	

055 蛛网萼

虎耳草科 Saxifragaceae　　别名：盾儿花、梅花甜茶

Platycrater arguta Sieb. et Zucc.

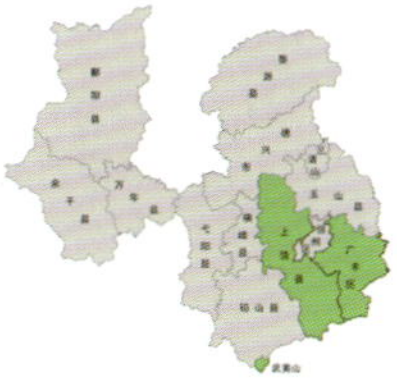

【主要形态与识别特征】

落叶小灌木，高 0.5~3 米，直立、分散或匍匐；小枝紫褐色，有时呈薄片状剥落。叶对生，膜质，菱状椭圆形、宽披针长椭圆形或椭圆形，边缘有粗锯齿或小齿。伞形花序顶生，花二型，放射花具一枚三角形盾状萼瓣，半透明，绿黄色，有密集脉纹似蜘蛛网，故名蛛网萼。蒴果倒圆形或倒卵圆形，种子多数，线形，两端有翅。花期 7 月；果期 9~10 月。

野外通常会把蛛网萼与绣球属的相关树种混淆，它们的区别在于前者不孕花萼片合生且脉纹清晰；后者则萼片分离，网脉不明显。

【地理分布与生境】

蛛网萼属 1 种和 1 变种，分布于我国和日本。我国 1 种，产东南部。蛛网萼分布于浙江的温岭洪武尖、乐清北荡山、遂昌九龙山、庆元、安徽黄山、江西上饶、玉山及福建武夷山、仄宁等；生于海拔 200~600（~1800）米的低山丘陵地或中山地区。

【树种特性与受危因素】

分布区的气候温暖湿润，年平均气温为 15~17℃，土壤为红壤或黄壤，pH 值 5.0~6.0。蛛网萼一般耐阴湿，喜生于溪涧边、阴湿裸岩旁或岩洞口，在阳光下长势不良，甚至枯萎；3 月中旬萌芽，下旬展叶，5 月下旬花蕾出现。

蛛网萼为东亚特有单种属稀有观赏植物，因零散分布，植株稀少，加上生境破坏严重，难以保存，将陷入濒危状态。

【资源现状与典型群落】

赣东北蛛网萼资源较为丰富。在第一次全国重点保护野生植物调查时，赣东北只在上饶县五府山、广丰铜钹山两地发现有少量零星分布。2015 年 9 月，江西武夷山首次发现蛛网萼群落，面积为 1 平方公里。2016 年 7 月，本项目又分别在五府山和铜钹山发现多处蛛网萼星散分布的个体及群落。五府山群

落生于海拔533米山地杂木林缘的潮湿岩石壁上，株高0.5~2米，灌木状，约550株（丛），延绵几百米，面积300平方米左右，呈带状集中分布，生长极为旺盛。在铜钹山主要分布于海拔800~1000米的沟谷溪涧边、两旁及路边林缘岩石壁上，呈星散及小片状分布，面积数百亩，植株普遍生长良好。

【主要价值与用途】

观赏价值：花型奇特，具二型，伞状花序顶生，一簇簇花束散生于树冠枝顶，在绿叶衬托下迎风招展，摇曳多姿，既适于花境花坛配植，也可以盆栽美化室内外环境，还适宜园林涧边阴湿地栽培观赏。

科研价值：蛛网萼系东亚特有单种属植物，间断分布于中国与日本，对研究植物地理、植物区系有重大的科学价值。

【保护与利用建议】

蛛网萼是长期深居深山老林中的野生物种，不仅分布范围狭窄，还常遭樵采威胁，资源一直处于濒危状态。

1. 加强蛛网萼资源的保护，对分布面积较大且集中的群落应划定单种保护区。

2. 在开展迁地保护和育种时，尽可能在多个群落取样，最大限度地保护其遗传多样性。

3. 蛛网萼枝条具有较强的萌芽能力，建议加强扦插育苗试验，研究培育方法，扩大种群数量，使资源在开发利用中得到有效保护和繁衍。本项目已开展了扦插试验，成活率可达50%~70%，当年即可开花。

【参考文献】

傅立国，1992；汪松等，2004；张丽芳等，2015；中国植物志编辑委员会，1995。

（编写：邹芸　摄像：黄宇潮）

国家珍稀濒危保护植物	国家珍贵树种	国家重点保护野生植物	中国主要栽培珍贵树种	江西省重点保护野生植物	江西珍贵稀有濒危树种	江西主要栽培珍贵树种	中国植物红皮书	中国物种红色名录	全国极小种群野生植物
				III	III				

056 蕈树

金缕梅科 Hamamelidaceae　　别名：阿丁枫、半边风

Altingia chinensis（Champ.）Oliver ex Hance

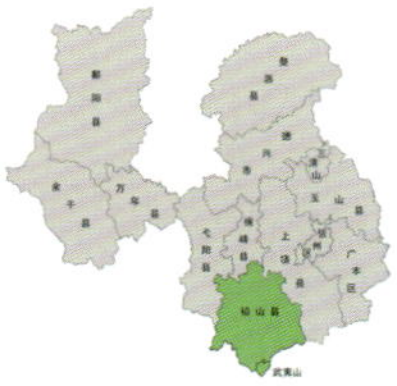

【主要形态与识别特征】

常绿乔木，高 20 米，胸径达 60 厘米；树皮灰色，稍粗糙；当年枝无毛，干后暗褐色；芽体卵形，有短柔毛，有多数鳞状苞片。叶革质或厚革质，二年生，倒卵状矩圆形，侧脉约 7 对，在上下两面均突起，网状小脉在上面很明显。雄花短穗状花序；雌花头状花序，具雌花 12~30；头状果序近于球形。花期 5~6 月；果期 10 月。

本种与细柄蕈树的区别在于后者头状花序具雌花 5~7 朵或更少，果序倒圆锥形，基部楔形。

【地理分布与生境】

蕈树属约 12 种。我国有 8 种，其余分布于中南半岛、印度、马来西亚及印度尼西亚。赣东北 2 种。

蕈树分布于海南、广西、贵州、云南东南部富宁、湖南、福建、江西、浙江，亦见于越南北部；生于我国南部海拔 600~1000 米的亚热带常绿林中。

【树种特性与受危因素】

性喜阳光，生长迅速，萌发力强；幼树较耐阴，能在林冠下天然更新，长大后需光性增强，在林缘处也有分布；幼苗呈随机分布，表明其对土壤条件要求不高，只要条件适宜，即可生长良好。

蕈树为优良的乡土速生树种，是我国中亚热带地带性植被的建群种之一，为优良用材、药用及园林绿化观赏树种。因生境破坏和人为砍伐，现资源稀少。

【资源现状与典型群落】

赣东北武夷山、贵溪浪岗林区有分布记录，资源稀少；多生于海拔 600 米以下的沟谷、溪流两岸或阴湿山坡的常绿阔叶林中；常与栲、红楠、乌楣栲、木荷、紫楠、小叶青冈、大叶冬青、柯、杉木等组成常绿阔叶林。贵溪冷水山区海拔 390

米，东坡，山地红壤，山谷沟边，天然阔叶林中，树高15米，胸径29厘米，树干通直饱满。武夷山未能找到实物。

【主要价值与用途】

材用价值：木材横断面，生长轮尚明，心材与边材区别不够明显，心材褐色，边材色浅，纹理偏斜交织，结构尚细，质地坚硬，干燥过快，有翘裂，抗腐性强，加工不难，刨面光滑，宜于家具、板材、线轴与胶合板等用。

观赏价值：干形通直，树冠浓密，四季常青，侧枝发达，树形美观，为优良的园林景观树种。

其他价值：木材含挥发油，可提取蕈香油，供药用及香料用；枝、干与锯屑，均可培养香菇、木耳。

【保护与利用建议】

1. 研究繁殖技术，扩大人工栽培。福建三明通过对细柄蕈树种子采集与处理、圃地选择与准备、播种、苗期管理、苗木成本核算等方面的实验分析，总结了细柄蕈树人工育苗技术与育苗成本；江西南昌采用烧透的谷糠灰作扦插基质，采用全光照喷雾技术，获得了生根率85%的好效果；浙江通过对蕈树各个育苗环节的探索试验，掌握了其优质壮苗培育技术，极大地提高了苗木质量，缩短了育苗周期。

2. 加强蕈树混交造林应用研究。①蕈树属树种凋落物多，可改善土壤结构，增加土壤肥力，可在林冠下套种形成复层异龄混交林。②福建尤溪林场1968年营造的10种乡土阔叶树种与杉木（萌芽林）的混交林，至今已到主伐年龄，其中生长最好、蓄积量最高的是细柄蕈树与杉木混交林，说明蕈树属树种是一种优良的混交造林树种。

国家珍稀濒危保护植物	国家珍贵树种	国家重点保护野生植物	中国主要栽培珍贵树种	江西省重点保护野生植物	江西珍贵稀有濒危树种	江西主要栽培珍贵树种	中国植物红皮书	中国物种红色名录	全国极小种群野生植物
				III	III				

细柄蕈树

别名：细柄阿丁枫、细叶枫

Altingia gracilipes Hemsl.

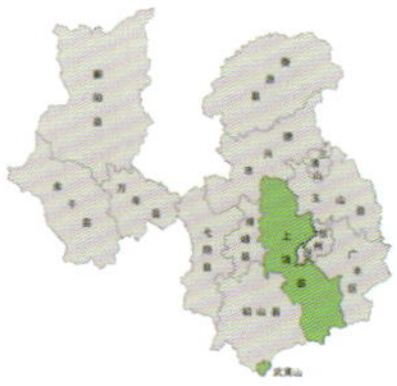

常绿乔木，高达25米；树皮灰褐色，片状剥落；嫩枝略有短柔毛，具皮孔。叶革质，卵状披针形，先端尾状渐尖，全缘。雄花头状花序圆球形，常多个排成圆锥花序，生枝顶叶腋内；雌花头状花序生于当年枝的叶腋里，单独或数个排成总状式，有花5~6朵。头状果序倒圆锥形，有蒴果5~6个；果实11月成熟。

性喜温暖湿润，对土壤要求并不十分严格，只要湿度相宜，即使在岩石裸露、土壤较浅薄的山坡地生长也很正常，还能扎根于石隙中；幼树耐庇荫，林冠下常有天然幼树生长。

细柄蕈树是一种生长中速偏缓的用材树种，仅分布于赣南、浙江南部、福建及广东一带，是广东东部低海拔常绿林里常见的乔木。赣东北南部贵溪浪岗林区生于海拔500米以下的山谷、溪流两岸、坡地，常与栲、甜槠、乌桐栲、杭州榆、木荷、山香园等组成常绿阔叶林。武夷山西麓中段海拔300米山区，东北坡中下部，土地适中的山地棕红壤天然阔叶林中有大树分布。

树脂供药用和香料用；木材供建筑家具用，又可培养香菇；细柄蕈树林对于保持水土、涵养水源、美化环境及科学研究均有重要意义。

【参考文献】

陈新法等，2005；胡晓静，2004；江西省上饶地区林业科学研究所，1983；龙双畏等，2009；叶小青等，2009；俞仲辂，2005；郑万钧，1983。

（编写：杨森兴　摄像：黄宇湖）

国家珍稀濒危保护植物	国家珍贵树种	国家重点保护野生植物	中国主要栽培珍贵树种	江西省重点保护野生植物	江西珍贵稀有濒危树种	江西主要栽培珍贵树种	中国植物红皮书	中国物种红色名录	全国极小种群野生植物
II	II	II			I		EN	EN	

057 长柄双花木 | 金缕梅科 Hamamelidaceae

Disanthus cercidifolius Maxim. var. *longipes* Chang

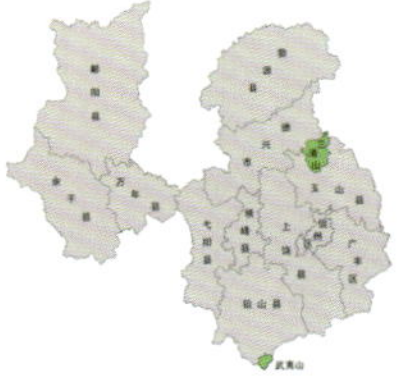

【主要形态与识别特征】

落叶小灌木；多分枝，小枝屈曲。在天然林中，树高可达 5~6 米。叶片近圆形，基部心形，全缘，下面常有粉白色蜡被；叶脉掌状，叶宽 4~7 厘米；叶柄细长。花序腋生，花序柄长；头状花序有两朵对生无梗的花；花两性；萼筒浅杯状，裂片 5，卵形；花瓣 5，红色，狭披针形。蒴果倒卵圆形，木质；种子长圆形，黑色，有光泽。花期在 10 月下旬；果实于翌年 9~10 月成熟。

【地理分布与生境】

双花木属 1 种，分布于日本南部山区。我国 1 变种，产于南岭山地。

长柄双花木分布于江西省东部的军峰山及湖南省的常宁及道县以及湘粤交界的莽山；生于海拔 630~1300 米的低山或中山。

【树种特性与受危因素】

喜湿润凉爽的山地气候、肥沃疏松的土壤及空气湿度较大的森林环境，山脉的阴坡或半阴坡更适合其生长；忌积水烂根，忌干旱日灼。

长柄双花木系孑遗的单种属植物。由于产地森林的砍伐破坏，不仅个体数量越来越少，而且适于其生存的区域也日渐狭窄，趋于“岛屿状”分布，已成为濒危物种。

【资源现状与典型群落】

赣东北武夷山、三清山有分布记载。本次调查仅在三清山有发现；位于海拔1000~1300米的山谷与两旁峭壁地带，呈间段片状分布，树高为4~8米，胸径6.0厘米以下，与浙江大青（*Cleroendrum kaichianum*）、显脉新木姜子（*Neolitsea phanerophlebia*）、红豆杉、水丝梨、三桠乌药等混交成林，长势良好。

【主要价值与用途】

科研价值：本种原变种产于日本，本变种为中国—日本植物区系的替代种，对探索植物系统发育和东亚植物地理方面具有一定的科学意义。

观赏价值：每当金秋时节，长柄双花木树叶变红，点缀于青翠的常绿阔叶林间，景色十分秀丽。

【保护与利用建议】

1. 保护资源。湖南宜章莽山已建立自然保护区，加强对本种的管护；浙江龙泉凤阳山自然保护区和杭州植物园已引种繁殖与迁地保存。

2. 利用建议。①本种尚无栽培记录，可用种子育苗或试用嫩枝扦插。人工繁殖长柄双花木，以弯枝压条和空中压条成活率最高，达95%以上。②通过试验得知，把它栽在山顶或山坡上部也能生长，但长势不如位于山坡中部或下部的植株。由此可见，在不积水、不干旱的条件下，可以将长柄双花木引入气温适宜的公园或作盆景栽培，以观赏其圆形的红叶、红花和双果、曲枝多态的树姿。

【参考文献】

傅立国，1992；汪松等，2004；郑万钧，1983；中国植物志编辑委员会，1979。

（编写：曹晓平　摄像：钟方华）

国家珍稀濒危保护植物	国家珍贵树种	国家重点保护野生植物	中国主要栽培珍贵树种	江西省重点保护野生植物	江西珍贵稀有濒危树种	江西主要栽培珍贵树种	中国植物红皮书	中国物种红色名录	全国极小种群野生植物
II		II			II		rare	VU	

058 半枫荷

金缕梅科 Hamamelidaceae　　别名：金缕半枫荷、木荷树

Semiliquidambar cathayensis Chang

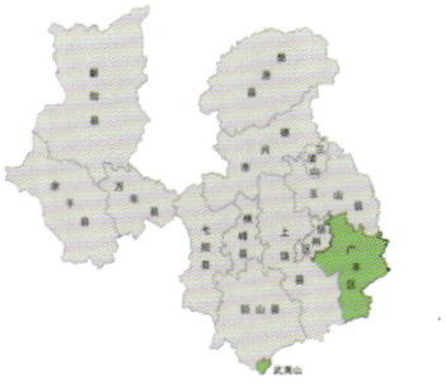

【主要形态与识别特征】

常绿乔木，高约 17 米，胸径达 60 厘米；叶簇生于枝顶，革质，异型，多似枫叶、荷叶，故名半枫荷。不分裂的叶片卵状椭圆形，先端渐尖，基部阔楔形或近圆形，稍不等侧。开裂的叶为掌状 3 裂，有时为单侧叉状分裂；边缘有具腺锯齿；掌状脉 3 条。雄花的短穗状花序常数个排成总状；雌花的头状花序单生，萼齿针形，有短柔毛。头状果序直径 2.5 厘米，宿存萼齿比花柱短。花期 2~3 月；果实秋季成熟。

半枫荷与树参极为相似，区别特征为树参的叶片通常全缘为椭圆形，有粗大的半透明红棕色腺点，网脉明显且隆起，果实通常为长圆球形，有纵脊多条。

【地理分布与生境】

半枫荷属 3 种 3 变种，产于我国东南部及南部。赣东北 2 种。

半枫荷分布中心在华南或华东地区的福建东南部、中部，江西东南部和南部，湖南南部，广东东北部，贵州东南部等山区；生于海拔 950 米以下的林中或溪旁疏林内。

【树种特性与受危因素】

产地多属亚热带低山至中山，向南楔入热带，分布点的年均温度在 18℃以上，喜生于土层深厚、肥沃、疏松、湿润、排水良好的酸性土壤；半枫荷为中性树种，幼年期较耐阴，天然更新力差，萌生能力也较弱。

半枫荷是 1962 年发现的新属模式种、寡种属植物，为我国特有。由于森林植被严重破坏，残存于我国南部和东南部山区的种群数量已极为稀少，多为零星生长的单株，同时其树皮及根可供药用而遭剥皮之灾，实属名存实亡。

【资源现状与典型群落】

赣东北半枫荷资源极为稀少，仅在广丰铜钹山发现有极少数单株；植株位于海拔 550 米阔叶林缘，最

大胸径为 12 厘米，树高约 8 米，与树参（*Dendropanax dentiger*）、刨花润楠、乳源木莲（*Manglietia ruyuanensis*）、厚壳树（*Ehretia thyrsiflora*）、少叶黄杞等混生。武夷山有分布记录，本次调查未能找到实物。

【主要价值与用途】

药用价值：珍贵的药用植物，根、枝、树皮都可入药，能活血通络，祛风除湿，是产区群众常用的中药。

材用价值：材质优良，旋刨性能良好，是造纸纤维原料及纤维板、刨花板的优质原料，亦是制作家具、农具的优良材料。

观赏价值：树干耸直，终年常绿披翠，树形卵圆形，嫩叶紫色，叶形多变，为园林绿化观赏的优良乡土树种。

科研价值：半枫荷具有枫香属和蕈树属两属间的综合性状，对研究金缕梅科系统发育有科学价值。

【保护与利用建议】

1. 加强资源重点保护。通过砍杂、垦复等抚育措施，保障半枫荷生长的原生环境不断恢复。

2. 资源产区应开展引种保存，积极营造人工林。通过对苗木繁殖方式、培育与造林技术的研究，增加人工繁育苗木数量，建立基因库与苗木基地，扩大其在药用、材用及园林绿化方面的应用，从而达到迁地保护与资源利用的双赢。湖南绥宁县农民苏友成利用枫香作砧木成功嫁接出百万株半枫荷苗木，不仅使资源得到了保护，也极大促进了地方产业化发展。

【参考文献】

傅立国，1992；邱国光，2016；任朝辉等，2014；汪松等，2004；赵厚涛等，2010；郑万钧，1983；中国植物志编辑委员会，1979。

（编写：曹晓平　摄像：林昌勇）

国家珍稀濒危保护植物	国家珍贵树种	国家重点保护野生植物	中国主要栽培珍贵树种	江西省重点保护野生植物	江西珍贵稀有濒危树种	江西主要栽培珍贵树种	中国植物红皮书	中国物种红色名录	全国极小种群野生植物
				III	III				

059 水丝梨

金缕梅科 Hamamelidaceae　　别名：肝心柴

Sycopsis sinensis Oliv.

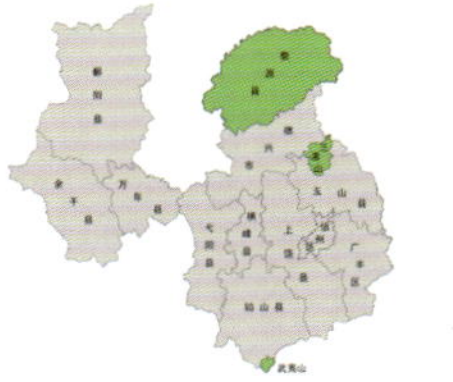

【主要形态与识别特征】

常绿乔木，高达 14 米，胸径达 45 厘米；嫩枝被鳞垢；老枝暗褐色，秃净无毛；顶芽裸露。叶革质，长卵形或披针形，叶互生，革质，全缘或中部以上有数个小齿，具短柄。花单性，无柄；雌雄同株；雄花为密集短穗状花序；雌花 6~14 朵为头状花序，无花瓣。蒴果近圆形。花期 11~12 月。

本种与尖叶水丝梨在赣东北均有分布，其主要区别为后者花具柄或兼具无柄花，雄花为疏散穗状或总状花序。

【地理分布与生境】

水丝梨属，约 9 种，分布于印度至伊里安。我国 7 种，产西南部、中部至东部。赣东北有水丝梨和尖叶水丝梨 2 种。

水丝梨分布于陕西、四川、云南、贵州、湖北、安徽、浙江、江西、福建、台湾、湖南、广东、广西等省区；生于山地常绿林及灌丛中。

湖北省后河国家级自然保护区发现的水丝梨古树群落，为国内面积最大、最集中、保存最完好的原生水丝梨古树群落。

【树种特性与受危因素】

水丝梨生物学与生态学习性，目前很少见报道。从群落生境看，该树种较喜光，稍耐阴，喜温暖湿润气候，喜肥，速生，喜混交；对生长环境要求特殊，生于高海拔，多以零散分布为主。由于生态环境的破坏，其分布范围越来越狭窄。

【资源现状与典型群落】

赣东北三清山有较大面积分布；生于游步道附近海拔 1200~1300 米阔叶林中，呈带状分布，面积约 500 亩，最大植株胸径超 50 厘米，高达 10~15 米，枝叶繁茂，与多脉青冈、猴头杜鹃、台湾松、三桠乌药、小叶青冈、合轴荚蒾（*Viburnum sympodiale*）等混生，水丝梨为建群种。

【主要价值与用途】

水丝梨树干通直，广卵形，树形美观，终年常绿，并有红色的花朵，可作庭院观赏树；木材供建筑及家具等用；也可培育香菇。

【保护与利用建议】

三清山水丝梨群落是赣东北发现的唯一分布点，应重点保护与研究。

1. 加强宣传与监督，保护水丝梨的栖息生境及其生态环境。

2. 加强三清山水丝梨生物学与生态学习性研究。华中师范大学以湖北后河国家自然保护区水丝梨群落为研究对象，对林下土壤理化性质、群落结构特征、种群大小高度级结构、群落分布格局、种群发展动态与保护进行了初步研究，为该群落的保护与利用提供了依据。

3. 就地保护。适当进行人为干扰，助以疏林、抚育方式，为水丝梨提供适生的环境条件，促进林下更新。

4. 开展迁地保护工作。重点开展水丝梨苗木繁殖培育技术研究与种质资源收集区的建立，为后续资源的保护与利用奠定基础。

【参考文献】

蒋家和，2014；许凯扬，2001；许凯扬等，2002；郑万钧，1985。

（编写：曹晓平　摄像：钟方华）

国家珍稀濒危保护植物	国家珍贵树种	国家重点保护野生植物	中国主要栽培珍贵树种	江西省重点保护野生植物	江西珍贵稀有濒危树种	江西主要栽培珍贵树种	中国植物红皮书	中国物种红色名录	全国极小种群野生植物
II	II		✓	II	II		rare	VU	

060 杜仲

杜仲科 Eucommiaceae　别名：丝棉皮、胶木

Eucommia ulmoides Oliver

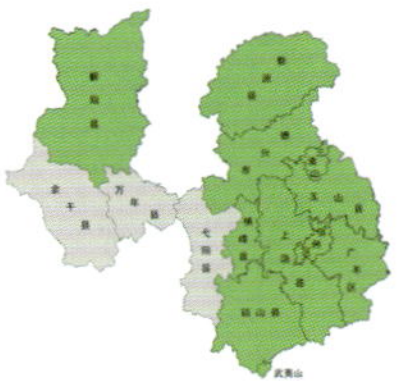

【主要形态与识别特征】

落叶乔木，高达 20 米，胸径约 50 厘米；树皮折断拉开有多数细丝；小枝光滑，无顶芽，老枝有明显的皮孔。单叶互生，椭圆形，长 7~14 厘米，有锯齿，羽状脉，老叶表面网脉下陷而清晰。花单性，花期 4~5 月，雌雄异株，无花被，生于幼枝基部的苞叶内，与叶同放或先叶开放。翅果扁平，长椭圆形，顶端 2 裂，种子 1 粒。果期 10~11 月。

【地理分布与生境】

杜仲科仅 1 属 1 种，中国特有；分布于陕西、甘肃、河南（淅川）、湖北、四川、云南、贵州、湖南、安徽、江西、广西及浙江等省区。现各地广泛栽种。在自然状态下，生长于海拔 300~500 米的低山、谷地或低坡的疏林中。

张家界是杜仲之乡，为世界最大的野生杜仲产地。

【树种特性与受危因素】

喜阳光充足、温和湿润气候，耐寒，对土壤要求不严，丘陵、平原均可种植，也可利用零星土地或四旁栽培。

杜仲是中国特产的单科、单属、单种的古老树种，素有“东方神树”、“植物黄金”的美称。作为我国特有资源，它既是传统名贵中药，又是具有极高开发价值的新胶源植物。由于乱砍滥伐和不合理的剥皮及自然繁殖力弱，野生资源日趋枯竭。

【资源现状与典型群落】

赣东北各地山区、平原及房前屋后均有生长，多为人工栽培，野生资源几乎难找。怀玉山海拔 450 米村庄风景林缘，土层肥沃，小片状分布，平均树高 12 米，平均胸径 16 厘米，生长良好。五府山海拔 425 米村庄后山山脚星散分布，最大胸径约 20 厘米，树高 10 米，与苦槠、泡花树、杉木、青冈、山茶科植物混生；杜仲为上层乔木，生长旺盛。三清山海拔 600 米居民房门前大院，共 5 株，人工栽种 13

年，平均树高约 9 米，最大胸径 15 厘米，生长良好。

【主要价值与用途】

药用价值：能治疗便秘、心脏病及肾炎。

经济价值：叶、果实均含有杜仲胶，可作硬橡胶，具有优良的绝缘、绝热、抗酸碱性能，是制作海底电缆和各种耐酸碱容器及输油管的重要材料；杜仲胶液黏着力强，又是制作特殊油灰、水胶和粘胶剂的上等原料；杜仲材质坚韧，纹理细致，具光泽，不翘裂，是高级家具用材。

观赏价值：杜仲遮阴面积大，生长迅速，适应性强，叶色夏季淡绿，秋季深棕，是良好的庭院观赏树种。

科研价值：对于研究被子植物系统演化以及中国植物区系的起源等诸多方面都具有极为重要的科学价值。

其他价值：杜仲茶具有明显的调节血脂的功效；杜仲还具降压与减肥作用。

【保护与利用建议】

1. 加强资源保护。凡有杜仲分布的地区，都应重视保护，严禁乱砍滥伐；改进人工林剥皮技术，控制树皮收购数量。

2. 壮大杜仲产业。①《全国杜仲产业发展规划（2016—2030 年）》提出，杜仲已从单一的药用扩展到杜仲橡胶等多个重要领域，在生态保护、交通通讯、医疗保健、油料食品、绿色养殖等行业具有举足轻重的地位，但目前杜仲产业发展还面临着资源严重不足的问题，在全国 500 万亩杜仲种植资源中，满足现代杜仲产业发展的杜仲资源面积仅仅只有 10 万亩，科技支撑亟待加强，产业链条急需整体谋划等系列问题亟待解决。②有专家建议，推动杜仲产业化，要从杜仲的栽培模式抓起。“改变杜仲的传统栽培模式后，可将杜仲变成综合、多层、循环、高档、独有的生态经济一体化开发利用资源，将在我国的保健品、橡胶、医药、畜产、通讯及新材料等相关产业的优化升级、西部优势资源与传统农业模式结构调整、边远地区脱贫致富与环境治理相结合等方面产生意想不到的综合效益。”

【参考文献】

杜红岩等，2012；傅立国，1992；国家药典委员会，2010；南京中医药大学，2006；汪松等，2004；郑万钧，1983。

（编写：吴永光　摄像：黄宇潮）

国家珍稀濒危保护植物	国家珍贵树种	国家重点保护野生植物	中国主要栽培珍贵树种	江西省重点保护野生植物	江西珍贵稀有濒危树种	江西主要栽培珍贵树种	中国植物红皮书	中国物种红色名录	全国极小种群野生植物
						✓			

061 樱桃

蔷薇科 Rosaceae　　别名：车厘子

Cerasus pseudocerasus（Lindl.）G. Don

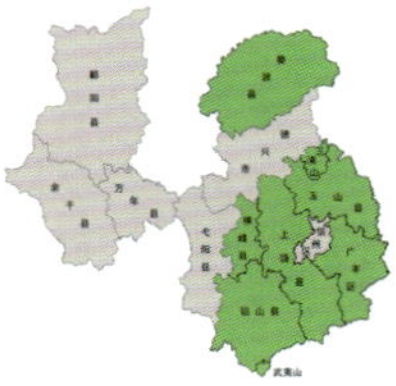

【主要形态与识别特征】

落叶乔木，高 2~6 米；树皮灰白色；小枝灰褐色，嫩枝绿色。叶片卵形或长圆状卵形，先端渐尖或尾状渐尖，边有尖锐重锯齿，齿端有小腺体，叶柄先端有 1 或 2 个大腺体。花序伞房状或近伞形，有花 3~6 朵，先叶开放；花瓣白色，卵圆形，先端下凹或二裂。核果近球形，红色。花期 3~4 月；果期 5~6 月。

本种与相近种山樱花的主要区别在于后者叶具芒状单锯齿或不明显重锯齿。

【地理分布与生境】

樱桃亚属有百余种，分布北半球温和地带，亚洲、欧洲至北美洲均有记录，主要种类分布于我国西部和西南部以及日本和朝鲜，由于分类学者意见不一致，因此种的总数颇有出入。赣东北约 6 种。

樱桃产黑龙江、吉林、辽宁、河北、陕西、甘肃、山东、河南、江苏、浙江、江西、四川；生于山坡阳处或沟边。

【树种特性与受危因素】

喜光、喜温、喜湿、喜肥的果树，适合在年均气温 10~12℃，年降水量 600~700 毫米，年日照时数 2600~2800 小时以上的气候条件下生长；在日平均气温高于 10℃的时间在 150~200 天、冬季极端最低温度不低于 -20℃的地方都能生长良好，正常结果。

樱桃，果实成熟早，为“百果之先”，故有“春果第一枝”之美誉。樱桃在我国已有 2000 多年的栽培历史，以富含维生素 C（VC）而闻名于世，是世界公认的“天然 VC 之王”和“生命之果”。因生境破坏和人为砍伐，现资源日趋减少。

【资源现状与典型群落】

赣东北各地山区均有分布；生于山坡阳处、

沟边及林中、林缘，海拔300~1000米，星散分布为主，几无栽培。武夷山海拔800~1400米地带分布较为普遍，生于毛竹林缘、山地杂木林缘及路边沟谷，常与鼠李、算盘子、山苍子、木荷、东南石栎、小叶白辛等混生。广丰铜钹山海拔566米山地林缘小溪边，缓坡，沙质壤土，2株，树高均为7米，胸径分别为8厘米和9厘米，与杉木、八角枫、拟赤杨、小叶白辛、盐肤木、胡枝子（*Lespedeza bicolor*）混交成林；枝干均遭虫害侵蚀，生长一般。

【主要价值与用途】

食用价值：酸甜适口，硬度适中，果香浓郁诱人，深受不少人的喜爱。

药用价值：鲜果具有发汗、益气、祛风、透疹的功效，适用于四肢麻木和风湿性腰腿病的食疗；性热，味甘，具有益气、健脾、和胃、祛风湿的功效。

观赏价值：树枝秀丽，花期早，春天开花时一团团雪白又粉红的花朵竞相绽放，美不胜收；果实红色、紫红色，晶莹透亮，甚为诱人。

【保护与利用建议】

1. 我国栽培的樱桃品种主要为欧美品种，在我国北方地区表现良好。由于欧洲樱桃一般需一定的低温方可完成冬季休眠，限制了在我国南方的大面积栽培，因而，在我国南方省区仍以中国樱桃为主栽品种。目前，中国樱桃的优良品种极少，栽培品种中普遍表现出果小、味酸、采前裂果、落果等诸多缺点。加强中国樱桃优良品种的选育，已成为产品开发与研究的重点。目前，我国现已成功培育出了中国樱桃优良品种黑珍珠。

2. 果树的应用不再局限于满足人们生产、生活的需要，因其既可观叶、赏花，又可看果，在园林绿化中得到了广泛的应用，可重点开展樱桃在园林绿地配植、应用形式等方面的技术研究，充分挖掘其观赏价值潜力。

【参考文献】

陈涛等，2016；黄晓姣等，2013；李圆圆，2007；徐柳等，2009；中国植物志编辑委员会，1986。

（编写：杨森兴　摄像：陈凤斌）

国家珍稀濒危保护植物	国家珍贵树种	国家重点保护野生植物	中国主要栽培珍贵树种	江西省重点保护野生植物	江西珍贵稀有濒危树种	江西主要栽培珍贵树种	中国植物红皮书	中国物种红色名录	全国极小种群野生植物
			✓						

062 椤木石楠

蔷薇科 Rosaceae　别名：椤木、水红树花

Photinia davidsoniae Rehd. et Wils.

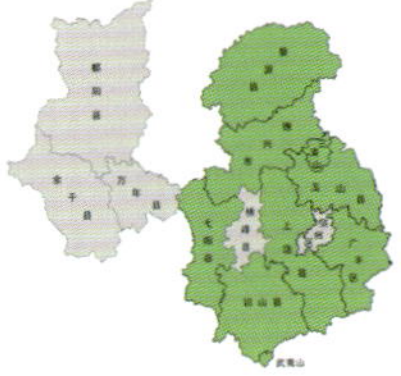

【主要形态与识别特征】

常绿乔木，高 6~15 米；幼枝黄红色，有稀疏平贴柔毛，有时具刺。叶片革质，边缘稍反卷，有具腺的细锯齿。花多数，密集成顶生复伞房花序；花瓣圆形，先端圆钝；雄蕊 20，较花瓣短；花柱基部合生并密被白色长柔毛；总花梗和花梗有平贴短柔毛。果实球形或卵形，黄红色。花期 5 月；果期 9~10 月。

该种和石楠相近，但后者的叶柄较长，幼枝和花序皆无毛，花朵和果实都较小，容易区别。

【地理分布与生境】

石楠属约有 60 余种，分布在亚洲东部及南部。我国产 40 余种。赣东北约 15 种。

椤木石楠产中国陕西、江苏、安徽、浙江、江西、湖南、湖北、四川、云南、福建、广东、广西等省区；生于灌丛中，海拔 600~1000 米。

【树种特性与受危因素】

喜温暖、湿润和阳光充足的环境，耐寒、耐阴、耐干旱，不耐水湿，萌芽力强，速生，耐修剪；适应范围较广，无论山区、丘陵、平原均可栽植；适应性亦比较强，干燥瘠薄之处也能生长，但以土壤比较肥沃疏松之处生长较为良好。

椤木石楠既是优良的园林景观树种与环保树种，又是重要的用材树种。由于材质优良，常遭砍伐，现有资源日趋减少，大树极其罕见。

【资源现状与典型群落】

赣东北各地有零星分布，多生于海拔 50~800 米地段的丘陵山坡、沟谷林缘、溪流两岸；常与枫香、柞树（*Xylosma racemosum*）、木荷、青冈、光叶石楠（*Photinia glabra*）、糙叶树、紫弹朴（*Celtis biondii*）等混生，平原、村庄、宅旁亦常见。弋阳海拔 320 米南坡山地沟谷生长着一株大树，树高约 13 米，胸径为 43 厘米，植株基干密

被刺，生长良好，主要伴生种为木荷、枫香、油茶、青冈等。在婺源海拔450~600米山地黄壤林缘及风景林中，呈带状分布，以小乔木为主；风景林中有少数散生。

【主要价值与用途】

观赏价值：枝繁叶茂，树冠圆球形，早春嫩叶绛红，初夏白花点点，秋末赤实累累，艳丽夺目，是优良的园林绿化树种。

生态价值：特别耐大气污染，适用于工矿区配植。

药用价值：根及叶可清热解毒，用于痈肿疮疖。

材用价值：木材坚硬沉重，结构细密均匀，为家具、油榨坊、农具、器械的优良用材。

【保护与利用建议】

椤木石楠作为常绿乔木，是一年四季皆可观景的我国长江流域及南方最适宜的园林抗污环保树种，具有一定的发展前景。鉴于目前资源缺乏，可重点开展人工采种、育苗和造林等相关研究与推广工作，扩大人工栽培。

1. 开展以园林绿化为主要目的苗木快繁技术、容器大苗培育技术及其在园林应用中的修枝造形、种植管护等技术的研究工作。

2. 根据其分布常见于村旁、宅旁或寺庙边侧，说明有可能为前人掘起野生苗木所栽植，因此，造林地的选择和造林方式以四旁植树较为适宜。

【参考文献】

江西省上饶地区林业科学研究所，1983；欧斌等，2009；郑万钧，1985；中国植物志编辑委员会，1974。

（编写：曹晓平　摄像：罗嗣忠）

国家珍稀濒危保护植物	国家珍贵树种	国家重点保护野生植物	中国主要栽培珍贵树种	江西省重点保护野生植物	江西珍贵稀有濒危树种	江西主要栽培珍贵树种	中国植物红皮书	中国物种红色名录	全国极小种群野生植物
III				III			VU	VU	

063 黄山花楸 | 蔷薇科 Rosaceae 别名：花楸

Sorbus amabilis Cheng ex Yu

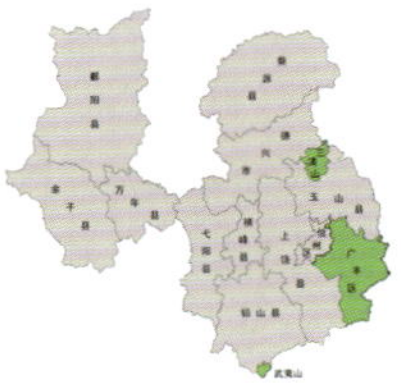

【主要形态与识别特征】

落叶乔木。因其模式标本采自黄山而命名。高达 10 米；小枝粗壮，圆柱形，黑灰色，具皮孔；冬芽外被数枚暗红褐色鳞片，先端具褐色柔毛。奇数羽状复叶，小叶一侧甚偏斜，边缘自基部或 1/3 以上部分有粗锐锯齿；叶轴幼时被褐色柔毛；托叶草质，有粗大锯齿。复伞房花序顶生；萼筒钟状；花瓣白色。果实球形，红色，先端具宿存闭合萼片。花期 5 月；果期 9~10 月。

本种近似华西花楸，但后者叶缘锯齿较浅，叶轴和小叶片下面无毛或仅在中脉上有少数柔毛。

【地理分布与生境】

花楸属全世界约有 80 余种，分布于北温带。我国有 50 种，产西南、西北至东北。赣东北约 9 种。

黄山花楸主产安徽黄山，浙江、湖北、福建等地也有分布；主要生于中亚热带山地常绿阔叶与落叶阔叶混交林中，构成乔木层的成分，多见于林边或林冠空隙阳光较充足的地方。模式标本采自安徽黄山。

【树种特性与受危因素】

生境地云雾多，湿度大，夏季气候温凉，冬季严寒，年平均温 7.7~10℃，年降水量 1500~2000 毫米；土壤为黄棕壤，pH 值 4.5~5.5。

黄山花楸是 20 世纪 60 年代发现的我国华东地区特有种，是极其珍贵的高山观赏树种。因生境破坏，分布范围狭小，种子的可孕率低，天然更新能力差，植株逐渐稀少，有衰退迹象。

【资源现状与典型群落】

赣东北三清山、武夷山有分布。在三清山生于海拔 1300~1500 米的东海岸旅游栈道附近林缘或林中，少数散生于花岗岩石缝中，最大植株胸径约 12 厘米，高达 7 米，与天女花、棕脉花楸、三桠乌药、黄山木兰、小叶青冈、猴头杜鹃等混交成林，生长良好。黄岗山生于海拔 1500~2150 米山谷矮林中。铜钹山有极少数散生的分布记录，本次调查未能找到实物。

【主要价值与用途】

观赏价值：树姿优美，枝叶婆娑，果实艳丽，是园林观赏的珍品。

经济价值：树皮可提取栲胶；果可食及酿酒；材质硬、细，木材供建筑、家具等用；茎皮及果实均可入药；果实有健胃、补虚之效。

【保护与利用建议】

1. 资源分布区应将黄山花楸列为保护对象，加强管护。安徽黄山、清凉峰、福建武夷山和浙江凤阳山等资源分布区均已建立了国家风景保护区和自然保护区。

2. 深入研究苗木繁殖技术。黄山花楸种子具有深休眠特性，有性繁殖成苗率低，且其无性繁殖也很难，可重点开展解除黄山花楸种子休眠试验和探索组织培养快繁技术研究。

【参考文献】

傅立国，1992；刘登义等，2003；沈浩，2002；唐绥，2012；汪松等，2004；张秋菊，2014。

（编写：曹晓平　摄像：钟方华）

国家珍稀濒危保护植物	国家珍贵树种	国家重点保护野生植物	中国主要栽培珍贵树种	江西省重点保护野生植物	江西珍贵稀有濒危树种	江西主要栽培珍贵树种	中国植物红皮书	中国物种红色名录	全国极小种群野生植物
				III	III				

064 紫荆 | 豆科 Leguminosae　别名：满条红、紫珠

Cercis chinensis Bunge

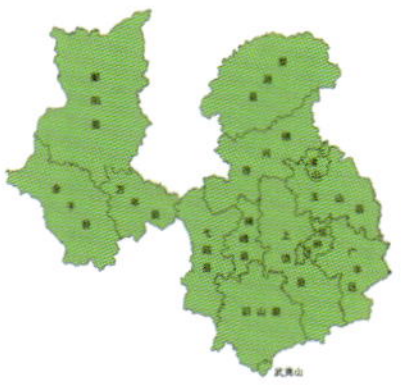

【主要形态与识别特征】

落叶乔木或灌木，树干直立丛生，高 3~10 米。单叶互生，全缘，叶脉掌状，托叶小，早落。花于老干上簇生或成总状花序，先于叶或与叶同时开放；花 4~10 朵簇生于老枝上，花冠蝶形，呈紫红色，花萼阔钟状。荚果扁平，狭长椭圆形，沿腹缝线处有狭翅。花期 3~4 月；果 10 月成熟。

常见的栽培种类有白花紫荆、巨紫荆、洋紫荆。白花紫荆为紫荆的变种，花为白色；巨紫荆植株呈乔木状，高可达 15 米以上，胸径则达 40 厘米，叶片硕大，较厚，呈革质，花色紫红，花朵稍大；洋紫荆树冠雅致，花大而艳丽，叶形如牛、羊之蹄甲，极为奇特，是热带、亚热带观赏树种之佳品。洋紫荆花具有花期长、花朵大、花形美、花色鲜、花香浓五大特点，以行道树在香港地区广为栽培，并已成为香港的象征。

【地理分布与生境】

紫荆属约 8 种，其中 2 种分布于北美，1 种分布于欧洲东部和南部，5 种分布于我国。赣东北 2 种。

紫荆分布于秦岭、伏牛山为中心的西北、华北、华中、中南等地的山林中；产于黄河流域以南。西北至陕西、甘肃南部、新疆伊宁，西至四川、西藏、贵州、云南，南至广东、广西均有栽培。

【树种特性与受危因素】

喜阳光，喜湿润、肥沃土壤，耐寒性不强，辽宁省南部是栽植此树的北部界限；对土壤要求不严，不怕积水，萌蘖性强，耐修剪。

原产中国，属亚热带树种，为我国传统名花名树，是优良的园林绿化树种。由于长期没有得到认识，常常被作为杂木在农林业生产中被清杂，野生资源遭受破坏严重。

【资源现状与典型群落】

赣东北主要分布于婺源、武夷山、鄱阳莲花山

等地，野生资源极少，现多为栽培，在园林绿化上有少量应用。在莲花山生于海拔 100~500 米山地阔叶林中、林缘及土层疏松、肥沃地带，高 3~5 米，胸径 1~4 厘米，与栲、桃树(*Amygdalus persica*)、棕榈、卫矛（*Euonymus alatus*）、牡荆（*Vitex negundo*）、小山竹等混生；有当地林农挖野生植株栽植于房前屋后供欣赏用。武夷山余家源、猪母坑及婺源有零散分布；生于海拔 900~1200 米阔叶林内。

【主要价值与用途】

观赏价值：满枝紫红艳丽，干直丛生，叶大花繁，早春先花后叶，形似彩蝶，密密层层，满树嫣红，可与绿树配植或栽植于公园、庭院、草坪、建筑物前，观赏效果极佳。

生态价值：对氯气有一定的抵抗性，滞尘能力强，是工厂、矿区绿化的好树种。

药用价值：花、树皮和果实均可入药，具有清热凉血、祛风解毒、活血通经、消肿止痛等功效。

【保护与利用建议】

紫荆为我国传统名花名树，是优良的园林绿化树种，在园林绿化中应用广泛。建议进一步加强应用研究，扩大种植规模。

1. 紫荆性状存在着丰富的群体间、群体内变异，叶、荚果、种子等多个不同性状在群体间差异显著。通过资源的收集、评价，为观赏良种选育与新品种开发奠定基础。

2. 紫荆是荒山造林的优良树种，可开展相关造林技术研究。

3. 加强药用与色素提取方面的研究，充分挖掘其价值潜力。

【参考文献】

兑宝峰，2007；李仕裕等，2015；米建华，2016；石钢等，2016；郑万钧，1985；中国植物志编辑委员会，1988。

（编写：杨森兴　摄像：曹晓平）

国家珍稀濒危保护植物	国家珍贵树种	国家重点保护野生植物	中国主要栽培珍贵树种	江西省重点保护野生植物	江西珍贵稀有濒危树种	江西主要栽培珍贵树种	中国植物红皮书	中国物种红色名录	全国极小种群野生植物
				III	III				

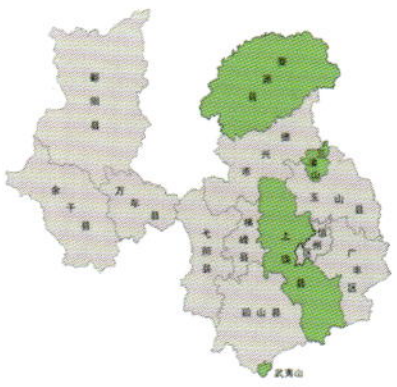

065 香槐 | 豆科 Leguminosae 别名：黄槐

Cladrastis wilsonii Takeda

【主要形态与识别特征】

落叶乔木，高达 16 米；树皮灰色或灰褐色，平滑，具皮孔。奇数羽状复叶；小叶 4~5 对，纸质，互生，卵形或长圆状卵形，顶生小叶较大，上面深绿色，下面苍白色，沿中脉被金黄色疏柔毛，叶脉两面均隆起，中脉稍偏向一侧。圆锥花序顶生或腋生；花萼钟形；花冠白色。荚果长圆形，扁平；种子肾形。花期 5~7 月；果期 8~9 月。

香槐与翅荚香槐的主要区别在于后者果两侧具翅，有小托叶，小叶下面绿色。

【地理分布与生境】

香槐属约 7 种，分布于亚洲东南部和北美洲东部的温带和亚热带地区。我国有 5 种，分布于华东、华南和西南等省区。赣东北有香槐、翅荚香槐 2 种。

香槐分布于安徽、浙江、江西、湖北、湖南、贵州等地；生于海拔 1000 米的山坡杂木林缘或林中。

【树种特性与受危因素】

生于阴湿环境，喜光，能耐阴，适应性强，在酸性土壤上生长良好，具一定的速生性和天然更新能力。因过度利用、毁林开荒，森林受到破坏，多数幼树难以成林，植株数量越来越少。

【资源现状与典型群落】

在赣东北分布于海拔 1300 米以下的山谷、溪流两岸或山坡坦地；常与拐枣、苦木（*Picrasma quassioides*）、多花泡花树、灯台树、四照花、水青冈、鹅掌楸、朴树、杉木、毛竹等混生。武夷山以星散分布为主；位于西坑林区海拔 1300 米山坞，较浅薄山地黄壤，天然常绿混交林中，树龄约 70 年，树高 12 米，胸径 13 厘米，主干通直，圆满，分枝高，生长良好；保护区后山谷地，海拔 900 米，树高 11 米，胸径 28 厘米，与冬青、青冈、柳杉、粉叶柿混交成林，长势不错；西坑猪母坑有天然小块林分布。三清山、上饶县五府山及广丰铜钹山有分布记载，极少数散生。

【主要价值与用途】

材用价值：纹理直，结构细密，质地坚韧，加工容易，刨面光滑，可供室内装修、车辆和农具、家具等用材。

药用价值：根和果实味苦、性平，可祛风止痛，主治关节疼痛。

观赏价值：花芳香，树冠优美，常作庭园观赏树种。

【保护与利用建议】

1. 加强对现有资源的保护，积极采取措施，抚育垦伐，促进天然更新。

2. 加快采种育苗，建立种苗基地，开展大苗培育，营造以香槐为主的混交林，逐步扩大人工林资源的数量。树木园、植物园应积极开展引种栽培，保存种质。

【参考文献】

江西省林木种苗和林场管理局，2011；江西省上饶地区林业科学研究所，1983；黎春花等，2008；刘信中等，2001；王艳芬等，2011；郑万钧，1985。

（编写：陈慧 摄像：叶喜阳）

国家珍稀濒危保护植物	国家珍贵树种	国家重点保护野生植物	中国主要栽培珍贵树种	江西省重点保护野生植物	江西珍贵稀有濒危树种	江西主要栽培珍贵树种	中国植物红皮书	中国物种红色名录	全国极小种群野生植物
			✓	III		✓			

066 黄檀

豆科 Leguminosae　　别名：不知春、檀木

Dalbergia hupeana Hance

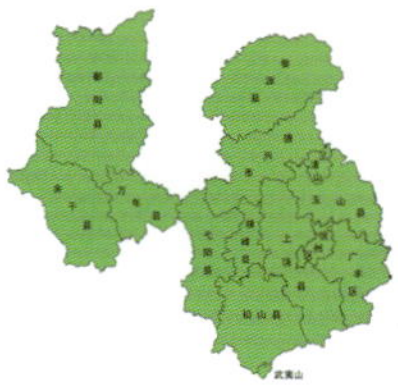

南岭黄檀

【主要形态与识别特征】

落叶乔木，高 10~20 米，胸径 40 厘米；树皮暗灰色，呈薄片状剥落。幼枝淡绿色，无毛。羽状复叶；小叶 3~5 对，近革质，椭圆形至长圆状椭圆形，先端钝或稍凹入，基部圆形或阔楔形，两面无毛，细脉隆起，上面有光泽。圆锥花序顶生或生于小枝上部叶腋；花冠淡黄白色。荚果长圆形或带形。花期 5~6 月；果期 9~10 月。

赣东北有黄檀、南岭黄檀、含羞草叶黄檀及藤黄檀 4 种。黄檀与其他 3 种黄檀的主要区别为含羞草叶黄檀小叶为 25~41 片；黄檀、南岭黄檀与藤黄檀小叶为 23 片以内；黄檀的花序为顶生，藤黄檀与南岭黄檀为腋生；藤黄檀小叶 3~6 对，南岭黄檀小叶 6~7 对。

【地理分布与生境】

黄檀属共 120 种，广布于热带及亚热带。我国约 25 种，产于淮河以南，多为珍贵用材树种及紫胶虫寄主树。

黄檀主产江苏、山东、陕西、福建、广东、广西、四川、贵州等省区；山区、丘陵、平原都有生长，零星或小块状生长于山地林中或灌丛中，山沟溪旁及有小树林的坡地常见。

【树种特性与受危因素】

喜光，耐干旱瘠薄，不择土壤，但以在深厚湿润排水良好的土壤生长较好，忌盐碱地；深根性，萌芽性强，春季发芽迟，生长慢，寿命长。因木材珍贵，成年植株几被砍伐殆尽。

【资源现状与典型群落】

赣东北分布较为普遍，各地均有生长，与山槐、白栎、杨桐、枫香、马尾松、木荷、青冈等壳斗科植物混生，多为小乔木及灌木状萌枝，大树、古树已不多见。

信州区朝阳镇村庄后山林缘下坡，孤立木，

树高约22米，胸径为90厘米，树龄约300年；该树因近年兴修公路的影响，树体生长呈下降趋势，结实也较前些年明显减少。弋阳县漆工镇水口林边缘的小溪旁，共5株，树高为20~25米，胸径为80~100厘米，树体高大、通直，均被寄生藤本攀附，树下杂木丛生，并伴有病虫害发生，生长已受影响。铜钹山海拔630米山地平坦地带，树高12米，胸径52厘米，树顶曾遭雷击，目前长势良好，很少结实。

【主要价值与用途】

材用价值：木材黄白色或黄淡褐色，结构细密，质硬重，切面光滑，耐冲击，易磨损，富于弹性，材色美观悦目，油漆胶黏性好，是运动器械、玩具、雕刻及其他细木工优良用材。

生态价值：为荒山、荒地绿化的先锋树种，可作庭荫树、风景树、行道树应用；也可作为石灰质土壤绿化树种。

药用价值：其根皮夏、秋季采挖，味辛、苦，性平，小毒，具有清热解毒、止血消肿之功效。

其他价值：果实可以榨油；花香，开花能吸引大量蜂蝶，也可放养紫胶虫。

【保护与利用建议】

在我国约25个黄檀属树种中，除海南的降香黄檀为大家所熟知并广为种植外，其他树种似乎还处在“养在深闺人未识”的地步。由于缺乏了解，加上前期生长缓慢，多年来，黄檀作为具有多种重要价值与用途的珍贵乡土树种，并没有引起足够重视，研究和利用也很少见报道。

1. 积极开展资源培育。①在加强黄檀资源保护的基础上，开展优树选择和苗木繁育试验，研究种子育苗、扦插育苗、组织培养等育苗关键技术。②通过建立种苗良种基地，扩大苗木培育的规模与数量。

2. 加强资源的应用技术研究与推广。开展引种试验，探索园林绿化大苗培育及其移栽技术、山上混交造林树种选择与混交模式、造林地选择、造林密度及病虫害防治配套栽培技术，不断扩大人工林种植规模，加快资源的有效保护与合理利用。

【参考文献】

陈海军等，2010；高媛等，2017；李凤辉，2009；施福军等，2011；吴银兴，2011；郑万钧，1985。

（编写：沈爱民　摄像：曹晓平）

国家珍稀濒危保护植物	国家珍贵树种	国家重点保护野生植物	中国主要栽培珍贵树种	江西省重点保护野生植物	江西珍贵稀有濒危树种	江西主要栽培珍贵树种	中国植物红皮书	中国物种红色名录	全国极小种群野生植物
						√			

067 皂荚 | 豆科 Leguminosae　别名：皂角树、大皂角

Gleditsia sinensis Lam.

【主要形态与识别特征】

落叶乔木，高达 30 米，胸径 1.2 米；树皮暗灰，粗糙；棘刺粗壮，红褐色，常分枝。一回偶数羽状复叶，幼枝或萌芽有二回羽状复叶，小叶 3~7 对，卵形、卵状披针形，先端钝，具尖头，锯齿细。花杂性，成腋生及顶生总状花序；花萼钟形，裂片 4；花瓣 4，淡黄白色。荚果直而扁平，有光泽，紫黑色，木质。花期 4~5 月；果期 10 月。

皂荚与肥皂荚较相似，两者的区别在于后者枝不带刺，二回偶数羽状复叶，小叶互生近无柄，两面披毛。

【地理分布与生境】

皂荚属全世界约 16 种，分布于亚洲中部和东南部与南北美洲。我国产 6 种 2 变种，广布于南北各省区。赣东北 1 种。

皂荚原产中国长江流域，分布极广，自我国北部至南部及西南均有分布；多生于平原、山谷及丘陵地区，但在温暖地区可分布在海拔 1600 米处。

【树种特性与受危因素】

性喜光而稍耐阴，喜温暖湿润气候及深厚肥沃适当的湿润土壤，但对土壤要求不严，在石灰质及盐碱甚至黏土或沙土均能正常生长；皂荚的生长速度慢但寿命很长，可达六七百年；属于深根性树种，需要 6~8 年的营养生长才能开花结果，但其结实期可长达数百年。

皂荚是典型的多功能特色经济林珍贵树种。因环境破坏，遭人为砍伐严重，资源稀少。

【资源现状与典型群落】

赣东北三清山、德兴、婺源发现有少数分布，多为大树、古树。位于三清山海拔 628 米阔叶林中，树龄约 200 年，树高达 20 米，胸径 55 厘米，树干通直，生长良好，与红豆杉、香桂、东南石栎（*Lithocarpus harlandii*）、灯台树等混生。在德兴、婺源多生于风景

林中；婺源海拔550米村旁风景林，单株，树高11米，胸径18厘米，枝干密被刺，生长一般。

【主要价值与用途】

材用价值：木材坚实，耐腐耐磨，黄褐色或杂有红色条纹，可用于制作工艺品、家具。

药用价值：荚果、种子、枝刺等均可入药。荚果入药可祛痰、利尿；种子入药可治癣和通便秘；皂刺入药可活血并治疮癣。

生态价值：为生态经济型树种，耐旱节水，根系发达，可用做防护林和水土保持林；耐热、耐寒，抗污染，可用于城乡景观林、道路绿化；具有固氮、适应性广、抗逆性强等综合价值，是退耕还林的首选树种；用皂荚营造草原防护林能有效防止牧畜破坏，是林牧结合的优选树种。

其他价值：种子含有丰富的半乳甘露聚糖胶和蛋白质成分，广泛应用于石油钻采、食品医药等行业；可用于制作饲料原料或提取绿色蛋白质；皂荚豆含有丰富的粗蛋白、聚糖，含油量超过大豆。

【保护与利用建议】

1. 加大资源保护。①皂荚自然种群数量稀少，加上环境的日益破坏和掠夺性利用，皂荚在脆弱的生境内，资源趋于濒危状态。②加强原地保护、异地保存研究，建立种质资源库，为资源的进一步评价与利用打下基础。

2. 开展相关生物学研究。充分了解物种间、物种内及不同种群各种变异、化学成分动态变化，了解皂荚物种与其生境及种群类型的关系，从而确立皂荚正常生长所必需的生存环境，为资源的进一步保护提供依据。

3. 扩大种群数量，建立系统的皂荚良种选育机制。重点开展种源试验与选择、实生品种和无性系品种选育、繁殖技术研究与推广等。

4. 注重皂荚作为资源树种及生态造林树种的利用研究。如开展作为木本饲料的深加工、树种有效成分及其地理变异模式分析、药理成分与药理作用、山地造林技术研究等，促使皂荚绿色产品、加工利用与山地造林实现规模化、产业化。

【参考文献】

顾万春等，2003；郝向春等，2012；兰彦平等，2004；刘世杰等，2004；尹娟等，2010；中国植物志编辑委员会，1988。

（编写：杨森兴　摄像：王廷先）

国家珍稀濒危保护植物	国家珍贵树种	国家重点保护野生植物	中国主要栽培珍贵树种	江西省重点保护野生植物	江西珍贵稀有濒危树种	江西主要栽培珍贵树种	中国植物红皮书	中国物种红色名录	全国极小种群野生植物
	II	II	✓		I	✓		VU	

068 花榈木

豆科 Leguminosae　别名：花梨木、花榈、臭木

Ormosia henryi Prain

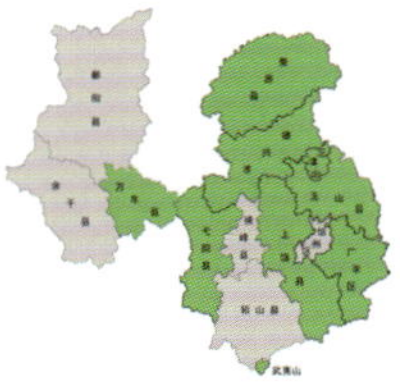

【主要形态与识别特征】

常绿乔木，高可达 16 米，胸径达 40 厘米；树皮平滑，有浅裂纹；小枝、叶轴、花序密被茸毛。奇数羽状复叶，叶缘微反卷，上面深绿色，光滑无毛，下面及叶柄均密被黄褐色绒毛。圆锥花序顶生，或总状花序腋生。花蝶形，花瓣 5 片，淡绿色。荚果扁平，长椭圆形，厚木质。种子椭圆形或卵形，种皮鲜红色，有光泽。花期 7~8 月；果期 10~11 月。

花榈木与红豆树同属红豆树属，两者也较相近，其主要区别在于后者枝叶无毛或仅叶中脉具稀微毛，荚果薄革质。

【地理分布与生境】

红豆树属约 120 种，产热带美洲、东南亚和澳大利亚西北部。我国有 35 种 2 变种 2 变型，大多分布于五岭以南，以广东、广西、云南为主要分布区。赣东北仅 1 种。

花榈木分布于全球热带地区，主要为东南亚及南美、非洲。中国长江以南地区有分布；生于山地杂木林中或山坡灌丛中。越南也有分布。海南、云南及两广地区已有引种栽培。

【树种特性与受危因素】

具有较强的适应性，在酸性、中性土壤上均能生长；喜温暖，较耐寒，对光照的要求有较大的弹性，全光照或阴暗均能生长，但以明亮的散射光为宜；喜湿润土壤，忌干燥，萌芽力强，前期生长较快；根具有固氮菌，能改良土壤。

为我国及江西省主要栽培珍贵树种。因种子结实率低，种皮透性差，对生存环境要求严格，野外自然更新能力较差，加上该树种具有极高的经济价值，受人为干扰及盗伐现象严重，又缺乏人工栽培，资源日趋贫乏。

【资源现状与典型群落】

赣东北花榈木资源较为丰富。据初步调查统计，

上饶市境内共发现有花榈木5785株，其中立木（胸径大于5厘米）1565株，分布面积95.7公顷，主要分布于婺源县、广丰铜钹山两地，上饶、弋阳、玉山、德兴及三清山有少数散生。其中婺源县分布面积68.1公顷，占总分布面积的71%；铜钹山分布面积26公顷，占总分布面积的27%。主要群落类型有青冈群落、罗浮栲群落、枫香—苦槠群落、青冈—苦槠群落、马尾松群落及花榈木群落等；常见于海拔65~750米丘陵及低山区的山坡、溪谷杂木林内或林缘，与杉木、马尾松、枫香、苦槠、甜槠、青冈、乌桕、黄檀、毛竹林、罗浮栲等混生，多呈小面积斑块状或零星分布；群落以胸径5~10厘米乔木为主，30厘米以上大树稀少，且常遭天牛蛀干危害，林下常见天然更新小苗。

【主要价值与用途】

材用价值：木材结构细、均匀，重量中等，硬度适中，耐腐朽，不翘不裂，削面光滑美观、芳香而有光泽，是制作高档家具、工艺雕刻和特种装饰品的珍贵高档用材树种。

观赏价值：树体高大通直，四季常青，繁花满树，荚果吐红，端庄美观，宜作庭荫树、行道树或风景树，在公园绿地中可与其他落叶树种配植使用，形成独具特色的景观。

药用价值：根、皮、茎、叶入药，能活血化瘀，祛风消肿，可用于跌打损伤、腰肌劳损、风湿关节痛、流行性腮腺炎、丝虫病；根皮外用治骨折；叶外用治烧烫伤。

其他价值：花榈木精油具有抗沮丧、抗菌、杀菌、利脑、除臭、补身的功效，平日里用其精油调节健康，能够有效地提高免疫力，减少病菌入侵的机会。运用其精油面霜，会比一般保养品效果更佳，具抗衰老功效；用其精油喷洒家具，仿佛在大森林一般舒畅，还有杀毒消菌的作用。

【保护与利用建议】

1. 重视资源保护。①花榈木具有一定的天然更新能力，萌芽力强，建议开展立地条件恢复与改善、种群动态与周期性变化、生态环境特征与群落相关生物间的关系研究，探索种群自然更新机制。②花榈木苗木一旦长大，就容易遭受天牛蛀干的侵害，研究害虫习性及防治技术，在资源保护中不容忽视。③对集中分布群落，通过引种繁育与回归试验，开展就地保育，使种群得以恢复和发展。

2. 加强资源培育。①赣东北花榈木资源丰富，收集保存优良种质，建立异地种质基因库，为有效保护与可持续利用提供资源支撑。②造林少，资源缺乏是目前资源开发利用的现状，研究育苗新方法，掌握快繁新技术，出台配套技术规程，建立种苗基地，是加大人工林栽培的基础和关键。

3. 扩大种植规模。①种植珍贵树种，经营周期长，生产积极性不高，缺乏特殊的资金政策扶持是其中原因之一，开展经营模式研究，如混交速生树种、套种药用经济林等，可做到以短养长。②树种开发用途单一，也制约着种植推广。开展园林绿化大苗培育、药用经济林树种开发及生态防护林、森林质量提升等种植技术研究或充分利用花榈木的文化属性，打造一批“花榈木文化村”、“花榈木生态村”等，可促进资源的有效利用。

【参考文献】

方卫华，2017；刘鹏等，2017；沈绍南等，2009；汪松等，2004；王枞祁，2011；郑万钧，1983；中国植物志编辑委员会，1979。

（编写：邹芸　摄像：黄宇潮）

国家珍稀濒危保护植物	国家珍贵树种	国家重点保护野生植物	中国主要栽培珍贵树种	江西省重点保护野生植物	江西珍贵稀有濒危树种	江西主要栽培珍贵树种	中国植物红皮书	中国物种红色名录	全国极小种群野生植物
III				III					

069 紫藤

豆科 Leguminosae　　别名：藤萝、朱藤

Wistevia sinensis（Sims）Sweet

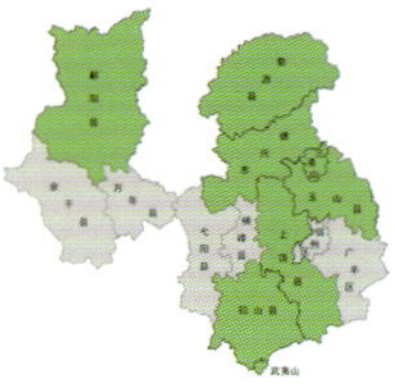

【主要形态与识别特征】

落叶攀缘缠绕性藤本植物；木质茎粗壮，干皮灰白色，呈逆时针方向旋转生长。奇数羽状复叶互生，小叶7~13枚，全缘，幼时两面有白柔毛。总状花序生新枝顶端或叶腋，下垂；每一花序着生蝶形小花50~100朵，呈紫色至淡紫色，芳香。花期4~5月；10~11月果成熟。

同属主要植物的区别特征为：藤萝与紫藤极为相似，仅老叶背、小叶柄密被白色柔毛，花色较淡，在园林绿化中两者多视为一种，不作细分；白花藤小叶两面被丝状细毛，总状花序较短，长10~15厘米，花白色；多花紫藤又名日本紫藤，复叶小叶多，常13~19枚，总状花序可达50厘米，花淡青色或浅蓝紫色。

【地理分布与生境】

紫藤属约10种，分布于东亚、北美和大洋洲。我国有5种1变型，其中引进栽培1种。赣东北1种。

紫藤原产中国，华北地区多有分布，以河北、河南、山西、山东最为常见；华东、华中、华南、西北和西南地区均有栽培。朝鲜、日本亦有分布。

【树种特性与受危因素】

为暖带及温带植物，对气候和土壤的适应性强，较耐寒，能耐水湿及瘠薄土壤，喜光，较耐阴；以土层深厚，排水良好，向阳避风的地方栽培最适宜；主根深，侧根浅，不耐移栽；生长较快，寿命很长，缠绕能力强，对其他植物有绞杀作用；3月现蕾，4月盛花，每轴有蝶形花20~80朵。

紫藤是我国原产著名的观花藤木，栽培历史悠久，远自唐代已有栽培的记载，具有较高的园艺装饰价值和药用价值。因生境遭受破坏严重，致使资源受到严重威胁。

【资源现状与典型群落】

赣东北山区均有星散分布，但数量稀少，各地在园林绿化上也有应用。婺源海拔 500~700 米高山黄壤地带，缓坡，呈星状散生，与青冈林伴生，植株最大地径为 10 厘米，长度约 15 米，生长旺盛，硕果累累。莲花山海拔 100~700 米山地有较普遍分布，并有古紫藤树生长；其中一株生于海拔 440 米西北坡杂木林缘，山地黄壤，地径达 15 厘米，长度超 20 米，攀爬于一株马尾松树冠之上；调查时正值开花季节，繁花似锦，十分壮观。

【主要价值与用途】

观赏价值：为长寿树种，民间极喜种植，成年的植株茎蔓蜿蜒屈曲，开花繁多，串串花序悬挂于绿叶藤蔓之间，瘦长的荚果迎风摇曳，自古以来中国文人皆爱以其为题材咏诗作画。庭院中用其攀绕棚架，制成花廊，或用其攀绕枯木，有枯木逢生之意；还可做成姿态优美的悬崖式盆景，置于高几架、书柜顶上，繁花满树，老桩横斜，别有韵致。

生态价值：对二氧化硫和氯化氢等有害气体有较强的抗性，对空气中的灰尘有吸附能力。

食用价值：在河南、山东、河北一带，人们常采紫藤花蒸食，清香味美。北京的“紫萝饼”和一些地方的“紫藤糕”、“紫藤粥”等，都是加入了紫藤花做成的。

药用价值：紫藤以茎皮、花及种子入药。紫藤花可以提炼芳香油，并可以解毒、止吐泻；紫藤的种子有小毒，含有氰化物，可以治疗筋骨疼，还能防止酒腐变质；紫藤皮可以杀虫、止痛，可以治风痹痛、蛲虫病等。

【保护与利用建议】

1. 加大紫藤在城市园林绿化中的应用推广与研究。①城市园林绿化中，观赏藤本植物在进行垂直绿化，改善城市生活，增加绿化总量，丰富园林景观方面，有着不可替代的作用，而且发展空间仍然巨大。②观赏藤本的造景艺术、良种选育、养护管理等方面，是今后城镇园林绿化中值得研究的主要内容。

2. 重视紫藤不同部位活性成分的研究与应用。①紫藤广泛分布于我国各地，不仅是著名的园林观赏植物，而且还含有丰富的生物活性成分，具有十分重要的应用价值。②可加强紫藤不同部位（花、种子、叶、茎）的活性成分及其在医药、工业、生物农药、食品等领域的应用研究，以期为今后紫藤活性成分深层次的开发与利用提供参考。

【参考文献】

艾金才，2000；戴振伦等，2012；李升科等，2011；唐登明等，2012；国植物志编辑委员会，1994；宗梅等，2013。

（编写：吴永光　摄像：曹晓平）

国家珍稀濒危保护植物	国家珍贵树种	国家重点保护野生植物	中国主要栽培珍贵树种	江西省重点保护野生植物	江西珍贵稀有濒危树种	江西主要栽培珍贵树种	中国植物红皮书	中国物种红色名录	全国极小种群野生植物
				III	III				

070 东方古柯

古柯科 Erythroxylaceae　　别名：猫脷木、木豇豆

Erythroxylum sinensis C. Y. Wu

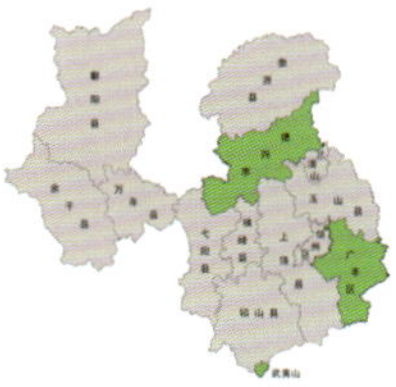

【主要形态与识别特征】

灌木或小乔木，高 1~6 米。小枝无毛，干后黑褐色，树皮灰色。叶纸质，长椭圆形、倒披针形或倒卵形，顶部尾状尖、短渐尖、急尖或钝，基部狭楔形，中部以上较宽；幼叶带红色，中脉纤细；托叶三角形或披针形。花腋生，2~7 花簇生于极短的总花梗上，或单花腋生；花柱 3，分离。核果长圆形，有 3 条纵棱，稍弯。花期 4~5 月；果期 5~10 月。

【地理分布与生境】

古柯属约 200 种，分布于热带及亚热带，主产南美洲。我国有 2 种，其中一种是引进栽培，长江以南多数省区有分布。赣东北有东方古柯 1 种。

东方古柯分布于浙江、福建、江西、湖南、广东、广西、云南和贵州；生于海拔 230~2200 米的山地、路旁、谷地树林中。印度和缅甸东北部也有分布。

【树种特性与受危因素】

古柯是同罂粟、烟草等齐名的含生物碱植物，叶片中所含的可卡因是重要的局部麻醉药物，也是给人类带来巨大灾难的三大毒品之一。古柯是古柯科植物的泛称，常见的有高根古柯、爪哇古柯和东方古柯。它们跟咖啡、茶叶一样耐修剪，喜温暖湿润气候和需要森林的庇护。

古柯是美洲大陆的传统种植作物，是可卡因的主要原料，当地人称古柯叶为“圣草”或“绿色的金子”。一个时期，秘鲁约有 90%的成年男子习惯于咀嚼古柯叶，以减轻饥饿感和疲劳感。因资源分布狭窄，数量稀少加上特殊的价值用途，常遭人为破坏，资源日趋减少。

【资源现状与典型群落】

赣东北武夷山有分布；生于海拔 900~1800 米之间的毛竹林缘、山地林中及路边，多为小乔木状，面积较大，呈带状星散分布，其中一株树高达 9 米，胸径为 10 厘米，生于桐木关至黄岗山海拔 1400 米处盘山

公路旁的山地黄壤杂木林缘，与黄山松、豹皮樟、木荷、云锦杜鹃、鹅耳枥、铁杉、甜槠、山樱花（*Cerasus serrulata*）等混生，结实丰富，生长良好。德兴、广丰铜钹山也有发现极少数散生。

【主要价值与用途】

观赏价值：枝叶青翠，果实红艳可爱，适作庭园绿篱或盆栽。

药用价值：由叶中提取的古柯碱为局部麻醉药，是兴奋剂、强壮剂，也是制造毒品可卡因的原材料。

食用价值：将叶片放入口咀嚼，除了提神醒脑，亦可止饿解渴，除痛消累，更可以舒缓高山反应；古柯叶亦可用来泡茶。

【保护与利用建议】

提起古柯叶，大家自然会想到万恶的毒品可卡因。联合国早于1961年将古柯叶列入麻醉品单一公约（Single Convention on Narcotic Drugs），这条国际公约将麻醉药品的制造、管有和贸易严格地限于医学和科学用途，建立了全球药品控制制度的基础，亦有效打击毒品走私。

扫毒是理所当然，但古柯叶却多多少少因此蒙上了不公道的污名，其实说到底它只是一种植物，含有非常丰富的矿物，全天然亦绝无添加。在南美洲的安第斯，当地居民种植和使用古柯叶，已有几个世纪的历史。古柯叶不但没有害，对人的健康更是有莫大的裨益。

2007年，国际麻醉药管制委员会（International Narcotics Control Board）收回成命，叫各国毋须禁止人民嚼食古柯叶和饮用古柯茶。今天，南美洲的秘鲁、玻利维亚和哥伦比亚都有种植古柯叶。

1. 赣东北东方古柯分布于武夷山保护区的核心区，资源受到了严格保护。

2. 开展资源的生物学、生态学习性及化学成分、功能作用与机理研究，朝着有利于人类健康的发展方向去开发利用，造福人民。

3. 加大资源培育。种源丰富，适应性强，可开展播种、扦插、高压法繁殖技术与栽培技术研究，进行迁地保护与种质返野，扩大种群规模。

【参考文献】

曹虎，1995；张建新等，2005；郑万钧，1997；中国植物志编辑委员会，1998。

（编写：曹晓平　摄像：陈凤彬）

国家珍稀濒危保护植物	国家珍贵树种	国家重点保护野生植物	中国主要栽培珍贵树种	江西省重点保护野生植物	江西珍贵稀有濒危树种	江西主要栽培珍贵树种	中国植物红皮书	中国物种红色名录	全国极小种群野生植物
		II			II	✓		VU	

071 毛红椿

楝科 Meliaceae　　别名：毛红楝

Toona ciliata Roem. var. *pubescens*（Franch.）Hand.-Mazz.

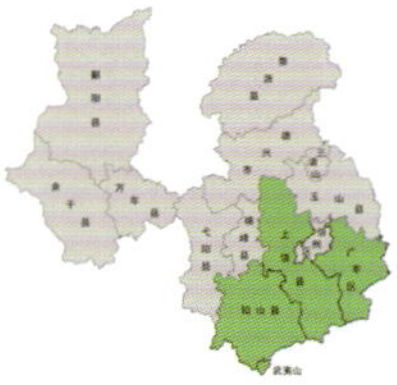

【主要形态与识别特征】

落叶或半落叶乔木，高可达35米，胸径达1米；幼枝被柔毛，疏具淡褐色的皮孔。偶数或奇数羽状复叶，叶轴密被柔毛，小叶片背面被短柔毛，脉上尤甚。圆锥花序顶生；花白色，具短梗；花瓣5。蒴果长椭圆形，具稀疏皮孔。花期5~6月；果熟期11~12月。

毛红椿是红椿的天然变种，两者的叶、蒴果、种子的形态极相似，主要区别在于红椿的小枝、总叶轴、叶柄、叶面、花梗均无绢状短柔毛。

【地理分布与生境】

香椿属约15种，分布于亚洲和大洋洲。我国有香椿属树种3种1变种。赣东北有香椿1种和毛红椿1变种。

毛红椿产中亚热带地区的江西、湖北、湖南、广东、四川、贵州和云南等省；生于低海拔至中海拔的山地密林或疏林中，多呈天然零星分布。模式标本采自云南宾川。

【树种特性与受危因素】

分布区的气候为南亚热带季风气候，温暖湿润，气候冬暖夏热，雨热同季，夏季雨量充沛，土壤多为酸性红壤；喜光，幼树稍耐阴，生长快，对土壤的适应性较强，能耐干旱和水湿，在土层深厚、肥沃、湿润、排水良好的疏林地、林缘或沟谷地带生长最好；本种的萌芽更新能力强，在空地或疏林下，特别是火烧迹地或退耕地，天然下种更新效果很好。

我国特有。毛红椿材质花纹美丽，在国际上有“中国桃花心木”之美誉，是南方地区优良的速生珍贵乡土用材树种。由于过度砍伐，资源已日益减少，若不加以保护，将陷入濒危灭绝的境地。

【资源现状与典型群落】

毛红椿在赣东北的分布区域较为狭窄，数量稀少，仅在武夷山、铅山、广丰铜钹山等地有分布，多为大树、古树。武夷山以零星分布为主；位于海拔700米西坑分场路边的两植株，胸径分别为110厘米和78厘米，树高9米和17米，其中较大植株因受到人为干扰严重，树体衰弱；较小植株高大通直，生长良好。铜钹山毛红椿分布为多个群落；位于海拔1080米山谷地带群落，坡向西坡，坡位上坡，主林层郁闭度0.7，乔木层分层明显，优势种为毛红椿，树高28米，最大胸径70厘米，第二亚层以山槐、红楠、粉叶柿、黄山木兰、樱桃、山矾（*Symplocos sumuntia*）为主，灌木层则不发达，林下发现有毛红椿更新小苗。上饶县五府山有分布记录，但并未找到实物。

【主要价值与用途】

材用价值：心材深红褐色，边材色较淡，纹理通直，结构细致，花纹美观，质地坚韧，是建筑、家具、船车、胶合板、室内装饰良材。

观赏价值：树干挺拔，通直光滑，枝繁叶茂，树姿优美，是优良的园林绿化树种。

药用价值：功能主治清热燥湿等。

其他价值：枝叶的氯仿萃取物和乙酸乙酯萃取物对水稻主要害虫褐飞虱的产卵忌避率分别达98.17%和88.70%，对菜青虫有一定的拒食活性。

【保护与利用建议】

我国对毛红椿的研究已取得重大的进展，为今后的深入研究及保护利用工作奠定了扎实的基础。尽管如此，还存在诸多薄弱的环节需进一步研究。

1. 毛红椿物种保护对策。①开展资源调查，扩大资源保护的范围，积极实施原地保护与迁地保护策略。②加强毛红椿遗传学研究，积极探索濒危机制。

2. 人工育林的促进对策。①加强与毛红椿分布省份的协作，通过选、引、育、繁相结合，从周边毛红椿分布区引进必要的良种资源，加强良种选育，丰富育种群体；同时建立毛红椿良种采穗圃和优良品系种子园基因库。②寻求新的育苗方式，包括组织培养和完善扦插育苗技术，扩大其育苗规模。③深入研究毛红椿人工林营造技术和定向培育技术，特别是立地研究和混交方式研究。通过加大毛红椿人工林面积来加强物种保护工作，发挥毛红椿的增长潜力。

【参考文献】

程冬生等，2010；黄红兰等，2010；江西省上饶地区林业科学研究所，1983；梁瑞龙等，2011；汪松等，2004；闫敏，2013；张汝忠等，2007；浙江植物志编委会，1993；郑万钧，2004。

（编写：杨森兴　摄像：曹晓平）

国家珍稀濒危保护植物	国家珍贵树种	国家重点保护野生植物	中国主要栽培珍贵树种	江西省重点保护野生植物	江西珍贵稀有濒危树种	江西主要栽培珍贵树种	中国植物红皮书	中国物种红色名录	全国极小种群野生植物
			✓			✓			

072 香椿

楝科 Meliaceae　　别名：香椿芽、椿菜树

Toona sinensis（A. Juss.）Roem.

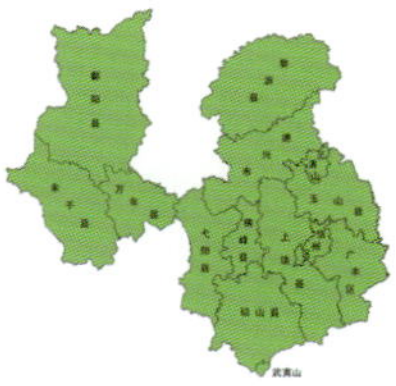

【主要形态与识别特征】

落叶乔木，树高 15 米；树皮粗糙，片状脱落。叶具长柄，偶数羽状复叶；小叶 16~20，对生或互生，纸质，卵状披针形或卵状长椭圆形，长 9~15 厘米，宽 2.5~4 厘米，先端尾尖，基部一侧圆形，另一侧楔形，侧脉平展，与中脉几成直角开出。圆锥花序，两性，花白色。蒴果狭椭圆形，有小而苍白色的皮孔，果瓣薄。花期 6~8 月；果期 10~12 月。

古代称香椿为椿，称臭椿为樗。两者除在分类学上有不同之外，在形态学叶形上差异也明显，臭椿为苦木科，奇数羽状复叶，小叶近基部有 1~2 对粗锯齿，齿端具 1 腺体。

香椿和毛红椿的区别为毛红椿小叶全缘，雄蕊 5，子房及花盘被毛，种子两端有翅；香椿小叶多少有锯齿，雄蕊 10，其中 5 枚不育，子房及花盘无毛，种子一端有翅。

【地理分布与生境】

原产我国中部和南部。东北自辽宁南部，西至甘肃，北起内蒙古南部，南到广东、广西，西南至云南均有栽培，其中尤以山东、河南、河北栽植最多。河南信阳地区有较大面积的人工林；陕西秦岭和甘肃小陇山有天然分布，垂直分布在海拔 1500 米以下的山地和广大平原地区，最高海拔达 1800 米。

【树种特性与受危因素】

喜温，适宜在平均气温 8~10℃的地区栽培，抗寒能力随苗龄的增加而提高，用种子直播的 1 年生幼苗在 -10℃左右可能受冻；喜光，较耐湿，萌生性强，适宜生长于河边、宅院周围肥沃湿润的土壤中，一般以沙壤土为好，适宜的土壤酸碱度为 pH5.5~8.0。

香椿是我国特有的珍贵用材、四旁绿化及食用、药用速生乡土树种，素有“树上蔬菜”及“中国桃花心木”之美誉。因过度砍伐，野生资源日趋减少。

【资源现状与典型群落】

赣东北各山区、平原及村旁四周均有少量栽培；武夷山、广丰铜钹山、三清山、上饶县五府山、婺源等地的山地林中有天然零星或块状分布，小乔木为主，偶尔能发现残存的大树。在武夷山海拔1500米以下，散生于天然阔叶混交林中的沟谷、林缘和小溪旁，与鹅掌楸、瘿椒树、青钱柳、枫香、木荷、鹅耳枥、青冈、杉木、杨桐等树种混生。信州区海拔110米杂木林缘，西坡，土层深厚、肥沃，共8株，平均树高12米，胸径24厘米，主干通直，生长良好。婺源海拔380米的风景区周边毛竹林缘，树高22米，胸径85厘米，树干通直、伞状，生长旺盛，每年产籽丰富，林下有大量萌生小苗；婺源海拔520米山地黄壤阔叶林中还分布有小面积天然次生林群落，平均树高达13米，平均胸径约20厘米，最大胸径为43厘米，伴生种以珊瑚朴、化香、黄连木、红楠、柳叶蜡梅等为主。

【主要价值与用途】

药用价值：含钙、磷、钾、钠等成分，有补虚壮阳固精、补肾养发生发、消炎止血止痛、行气理血健胃等作用；香椿中含维生素E和性激素物质，具有抗衰老和补阳滋阴作用，对不孕不育症有一定疗效，故有“助孕素”的美称。

材用价值：木材黄褐色而具红色环带，纹理美丽，质坚硬，有光泽，耐腐力强，不翘，不裂，不易变形，易施工，为家具、室内装饰品及造船的珍贵木材。

观赏价值：香椿还是优良的观赏、行道及四旁绿化树种。

其他价值：香椿叶厚、芽嫩，绿叶红边，犹如玛瑙、翡翠，香味浓郁，营养之丰富远高于其他蔬菜，为宴宾之名贵佳肴；香椿是时令名品，含香椿素等挥发性芳香族有机物，可健脾开胃，增加食欲；香椿含有丰富的维生素C、胡萝卜素等，有助于增强机体免疫功能，并有润滑肌肤的作用，是保健美容的良好食品。

【保护与利用建议】

香椿具有多种用途及较高的经济价值。虽然我国学者在不断地对其进行研究，民间种植也较为普遍，但仍有巨大开发利用空间与市场潜力，值得大力研究与推广。

1. 在开发研究方面：①由于香椿品种变异性较大，可以开展以材用、食用及药用为培育目标的乡土树种良种选育研究。②目前的研究多集中在香椿叶的食用价值上，对其果、根、皮等药用价值的研究还没引起足够重视。③香椿木材具有巨大的应用前景，但目前对香椿速生丰产林的栽培技术与手段研究得较少。

2. 在产业化应用方面，可结合乡村振兴、精准扶贫、新农村建设及退耕还林工程等，开展多种形式的产业化发展模式：①以生产椿芽蔬菜为主要目标的日光温室高产栽培模式，可实现多季节采收。②种植于田间地埂，形成与大田作物间作套种模式。在收获作物产量的同时，还能采收椿芽，等树木成材后还作木材销售，达到钱粮双收。③庭院经济生产模式。不仅丰富了庭院经济种类，还能绿化、美化环境。④退耕还林栽植模式。选择合适的退耕还林山地，发展适当规模的香椿树种植园，建设生态和经济兼顾的香椿生产基地，以生产香椿芽和培育用材林。

【参考文献】

江西省上饶地区林业科学研究所，1979；李世广，1989；刘正周等，2008；孙鸿有等，1992；徐彪等，1996；杨林冲等，2003；杨玉珍等，2007；郑万钧，2004。

（编写：邹芸　摄像：黄宇潮）

国家珍稀濒危保护植物	国家珍贵树种	国家重点保护野生植物	中国主要栽培珍贵树种	江西省重点保护野生植物	江西珍贵稀有濒危树种	江西主要栽培珍贵树种	中国植物红皮书	中国物种红色名录	全国极小种群野生植物
				III					

073 重阳木

大戟科 Euphorbiaceae　　别名：秋枫、红桐

Bischofia polycarpa（Levl.）Airy Shaw

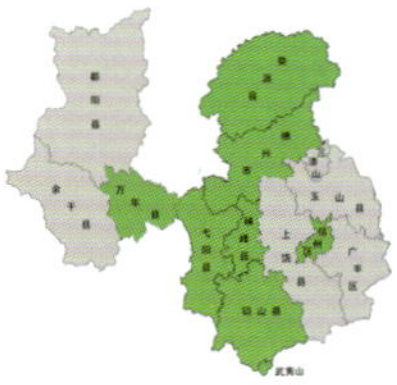

【主要形态与识别特征】

落叶乔木，树高达 25 米，胸径达 1 米；树冠伞形，大枝斜展；当年生枝绿色，皮孔明显。三出复叶；顶生小叶通常较两侧的大，小叶片纸质，顶端突尖或短渐尖，基部圆或浅心形，边缘具钝细锯齿。花雌雄异株，春季与叶同时开放，组成总状花序；花序通常着生于新枝的下部，花序轴纤细而下垂。果实浆果状，圆球形，成熟时褐红色。花期 4~5 月；果期 10~11 月。

重阳木与秋枫的主要区别在于后者为常绿或半常绿乔木，小叶多为椭圆形，具粗锯齿，圆锥花序，果熟时为蓝黑色。

【地理分布与生境】

重阳木属 2 种，分布于亚洲南部及东南部至澳大利亚和波利尼西亚。我国均产，分布于西南、华中、华东和华南等省区。赣东北 1 种。

重阳木产于秦岭、淮河流域以南至两广北部；生于海拔 1000 米以下山地林中，在长江中下游平原习见。

【树种特性与受危因素】

暖温带树种，属阳性，喜光，稍耐阴，喜温暖气候，耐寒性较弱；对土壤的要求不严，在酸性土和微碱性土中皆可生长，但在湿润、肥沃的土壤中生长最好；耐旱，也耐瘠薄，且能耐水湿，抗风耐寒，生长快速，根系发达。

中国原产树种，为南方著名庭院树种及秋色叶树种之一。因生存环境破坏，常遭砍伐，资源稀少。

【资源现状与典型群落】

赣东北横峰、婺源、信州区、德兴、武夷山有少数零星分布，主要以栽培为主。婺源生于海拔 210 米的山区小溪两岸，带状分布，均为 10 厘米左右的乔木，生长较好。德兴市花桥镇主街行

道树，树龄约50年，平均树高约18米，最大胸径达60厘米以上，生长普遍良好。上饶市七中校园，共8株，树高均在15米左右，平均胸径45厘米，绿树成荫，果实累累。

在横峰县葛源镇清湖村前的水塘边，生长着一株被当地人称为梭柁树的重阳木古树。该树枝叶繁茂，树枝如盘虬卧龙，构成一个雄壮硕大的树冠，犹如一把撑开的绿伞，颇为壮观；古树硕大（胸径1.3米）的主干足有七八米长，横卧在小溪之上，形成一个奇特的“一树成桥”景观；参天大树（高约17米）全由主干侧枝萌发生成。

在离清湖村不远处的如今县文物保护单位、原苏维埃政府所在地——列宁公园的凉亭边也巍然屹立着一株高大的梭柁树；树高达16米，胸径为60厘米，高耸挺拔。资料记载，栽种该树的主人正是方志敏同志。

【主要价值与用途】

观赏价值：树姿优美，冠如伞盖，花叶同放，花色淡绿，秋叶转红，艳丽夺目，抗风耐湿，生长快速，是良好的庭荫和行道树种。

在明万历《沅州志》提到“沅州八景”，千年重阳木就是其中的一景，这种落叶乔木，身经上千年雷雨风霜，仍然生机勃勃挺立于大地，焕发“古树”的魅力。

生态价值：重阳木在抑制风蚀、保护坡面构造物、减少作物因强风造成生理或机械伤害方面具有重要作用；重阳木的叶片宽大、平展、硬挺，迎风不易抖动，叶面粗糙多茸毛，能吸滞大量的尘埃。

材用价值：木材为散孔材，导管管孔小，心材与边材明显且美观，心材鲜红色，边材淡红色，质重而坚韧，结构细而匀，有光泽，木质素含量高，是很好的建筑、造船、车辆、家具等珍贵用材，常替代紫檀木制作贵重木器家具。

药用价值：全身是宝，其根、叶可入药，能行气活血，消肿解毒。

其他价值：果肉可酿酒；种子油有香味，可供食用，也可作润滑油和肥皂油。

【保护与利用建议】

重阳木是我国特有的珍贵用材与园林观赏树种，许多城市绿地系统规划中，已将重阳木列为园林绿化骨干树种。其材质优良、用途广泛，树体高大、树姿优美，集用材、观赏、环保、药用于一身，深受群众喜爱，并以优良的生态习性和绚丽的秋叶景观，在园林绿化中得到越来越多的应用。

1. 重点加强在城市园林绿化中的开发应用与研究。主要解决园林绿化中的大苗培育、移栽、管护、修剪、病虫害诊断防治及园林造景配制与栽植安全性技术问题，为丰富园林绿化树种提供技术支撑。

2. 重视综合价值的开发。包括材用、药用、食用、能源林等方面的良种选育及定向培育技术研究与利用。

【参考文献】

陈文杰，2013；陆支悦等，2009；彭艳，2013；郑万钧，1997；周雁等，2013。

（编写：沈爱民　摄像：曹晓平）

国家珍稀濒危保护植物	国家珍贵树种	国家重点保护野生植物	中国主要栽培珍贵树种	江西省重点保护野生植物	江西珍贵稀有濒危树种	江西主要栽培珍贵树种	中国植物红皮书	中国物种红色名录	全国极小种群野生植物
				III	III	✓			

074 黄杨

黄杨科 Buxaceae　　别名：山黄杨、千年矮

Buxus sinica（Rehd. et Wils.）Cheng

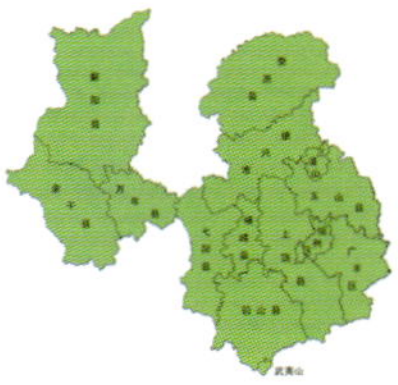

【主要形态与识别特征】

常绿灌木或小乔木，高1~6米；枝圆柱形，有纵棱，灰白色；小枝四棱形，被柔毛。叶革质，阔椭圆形、阔倒卵形、卵状椭圆形或长圆形，先端圆或钝，基部圆或急尖或楔形，叶面光亮，中脉凸出，常密被白色短线状钟乳体。花簇生叶腋或枝端，花黄绿色，没有花瓣，有香气。蒴果卵圆形。花期3~4月；果期10~11月。

小叶黄杨（珍珠黄杨）为黄杨的变种，两者的主要区别在于后者小枝具微毛，叶较小，侧脉明显突出。

【地理分布与生境】

黄杨属约有70余种，分布于亚洲、欧洲、热带非洲以及古巴、牙买加等。我国已知约17种及几个亚种和变种，西自西藏，东至台湾，南自海南岛，西北至甘肃南部均产，但主要分布于我国西部和西南部。赣东北约6种。

黄杨产于陕西、甘肃、湖北、四川、贵州、云南、广西、广东、江西、浙江、安徽、江苏、山东等省区；多生长于海拔1200~2600米高山峻岭和悬崖陡壁及山地和多石的地方。目前各地均有栽培作观赏及作绿篱用。

【树种特性与受危因素】

浅根性，耐阴喜光，在一般室内外条件下均可保持生长良好；喜湿润，耐旱、耐热、耐寒、耐碱性较强，对土壤要求不严，以疏松肥沃的沙质壤土为佳；分蘖性极强，耐修剪，易成型，生长慢，在深厚肥沃中性土壤上，20年生，胸径13~15厘米。

黄杨是热带、温带一种非常珍贵的常绿灌木，在我国海拔1300米以下山地有野生分布。由于黄杨木常遭砍伐，成材时间又长，目前资源日渐稀少。

【资源现状与典型群落】

赣东北武夷山、婺源、三清山、德兴等地有

珍珠黄杨

珍珠黄杨

分布，资源极其稀少。婺源海拔 580 米的岩石山地杂木林中有发现，呈小片状集中分布，树高 50~150 厘米，与杜鹃、素馨花（*Jasminum nudiflorum*）、山蜡梅、柃木等混生。三清山海拔 1321 米高山岩石缝中有少数珍珠黄杨分布，与黄山松、吴茱萸五加、老鼠矢、猴头杜鹃、棕脉花楸等混生。武夷山黄岗山一带有小片纯林分布；生于海拔 1600~2100 米近山脊的沟谷地带。德兴大茅山景区海拔 560 米山谷溪旁石壁上有少数零星散生，植株矮小。

【主要价值与用途】

观赏价值：黄杨树姿优美，叶小如豆瓣，质厚而有光泽，四季常青，可终年观赏；园林中常作绿篱、大型花坛镶边或点缀山石制作盆景。

材用价值：心、边材区别不明显，有光泽，纹理斜，结构细，坚韧致密，耐腐朽，抗虫蛀，车旋及雕刻性能特好，适宜制作木雕、乐器、算盘珠、量具、工艺美术品等。

药用价值：以根、叶入药，能祛风除湿，行气活血；黄杨木还有杀菌和消炎止血的功效。

【保护与利用建议】

1. 重视黄杨药用价值的开发。①黄杨作为药用植物始载于《本草纲目》，主要用于治疗疟疾、梅毒、风湿、皮炎和狂犬病等。② 20 世纪 60 年代以来，国内外学者对黄杨属植物化学成分及药理活性开展了多方面的研究，但目前药理作用研究比较明确的只有生物碱，称为黄杨生物碱。③ 20 世纪 70 年代，我国对黄杨生物碱进行了研究，并生产了治疗冠心病的药物黄杨宁，被 2010 年版《中药药典》收藏。

2. 拓宽园林应用途径。①为了增加黄杨的适应性和观赏性，已由园艺工作者将其嫁接到北方土生土长的丝棉木上，获得了成功。②研究黄杨盆景制作技术，不断提高产品附加值，拓宽应用领域，充分发挥其资源价值。③加强园林新品种的引进与选育，培育不同性状的新品种以满足市场的需求。北海道黄杨引入中国 20 余年来，选育出了多个新变种，已在生产中广为应用。

【参考文献】

黄河等，2012；廖亮等，2016；吕霞等，2012；郑万钧，1985；祝中东等，2000。

（编写：杨森兴　摄像：周永明）

国家珍稀濒危保护植物	国家珍贵树种	国家重点保护野生植物	中国主要栽培珍贵树种	江西省重点保护野生植物	江西珍贵稀有濒危树种	江西主要栽培珍贵树种	中国植物红皮书	中国物种红色名录	全国极小种群野生植物
						√			

075 南酸枣

漆树科 Anacardiaceae　　别名：五眼果、鼻涕果

Choerospondias axillaris（Roxb.）Burtt et Hill.

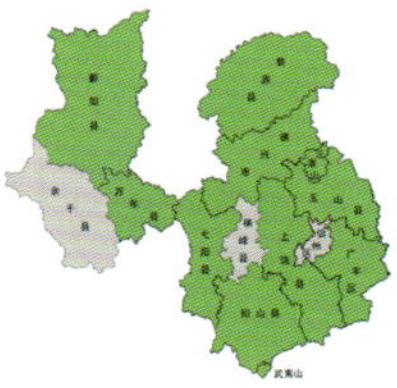

【主要形态与识别特征】

落叶乔木，高 8~20 米；树皮灰褐色，片状剥落；小枝粗壮，暗紫褐色，具皮孔。奇数羽状复叶，长 25~40 厘米；小叶膜质至纸质，卵形或卵状披针形或卵状长圆形，基部多少偏斜。雄花和假两性花淡紫红色，排列成顶生或腋生的聚伞状圆锥花序；雌花单生于上部叶腋内。核果椭圆形或倒卵形，成熟时黄色，中果皮肉质浆状。花期 4 月；果期 8~10 月。

南酸枣与黄连木属树种的主要区别在于前者心皮常 4~5，子房 4~5 室，果椭圆形或卵状椭圆形；后者心皮 3，常 1 个发育，核果小，约 5~6 毫米。

【地理分布与生境】

南酸枣属为单种属，分布于印度东北部、中南半岛、我国至日本。

南酸枣主产于安徽、浙江、江西、福建、湖北、湖南、广东、海南、广西、贵州、云南、西藏等地；生于海拔 300~2000 米的山坡、丘陵或沟谷林中。长江流域以南有大面积的人工林。

南酸枣在江西省南部山区有大面积分布，面积约占全赣南山区疏林地面积的 23%，主要分布在崇义、大余、会昌、于都、瑞金等县。赣南山区南酸枣果实产量是江西省最多的地区，约占全省的 60%。据调查，数量约有 250 万 ~300 万株。

【树种特性与受危因素】

性喜光，略耐阴，喜温暖湿润气候，不耐寒，适生于深厚肥沃而排水良好的酸性或中性土壤，不耐涝；浅根性，萌芽力强，生长迅速，适应性强，树龄可达 300 年以上。

南酸枣为我国南方较好的优良速生造林树种，也是我国优良的林果药兼用型、具有开发利用前景的乡土树种。南酸枣的果核较大且非常坚硬，因其顶端有五个眼，自古以来就象征着“五福临门”的意思。因人为砍伐和生境破坏，资源逐渐减少。

【资源现状与典型群落】

赣东北各地山区均有分布，并有大树生长和较大面积的集中分布区。德兴梧风洞景区海拔350~500米山谷及两旁，呈带状分布，胸径为18~40厘米，平均树高约13米，生长良好，伴生树种以柯、甜槠、枫香、薄叶润楠、苦槠、冬青等为主。三清山海拔678米山谷两旁及山地阔叶林中，集中分布面积达300亩以上，平均胸径约40厘米，最高达20余米，与栲、紫楠、浙江红山茶、柯、杉木、拟赤杨等混生。

【主要价值与用途】

材用价值：木材结构略粗，心材宽，淡红褐色，边材狭，白色至浅红褐色，花纹美观，刨面光滑，材质柔韧，可加工成工艺品。

药用价值：干燥成熟果实，性味甘、酸、微涩、平，具有行气活血、养心、安神、消食、解毒、醒酒、杀虫、抗心肌缺血等作用。

食用价值：南酸枣营养丰富，成熟时金黄色，呈椭圆形，可鲜食，其滋味酸中沁甜，含有极高的营养价值。

生态价值：适应性强，无论山区、平原、湖区，还是酸性、碱性土均能生长，可作造林绿化先锋树种。

其他价值：树皮和枝桠含鞣质，可供食用菌生产作原材料；茎皮纤维供制绳索和造纸；树皮及叶可提制栲胶；种壳可做活性炭原料。

【保护与利用建议】

1. 我国南酸枣资源十分丰富，但许多地方对其开发利用一直没有引起重视，目前资源多处于粗放经营或不加管理的状态。要加强资源利用价值及保护资源重要性的宣传，开展对资源的抚育、管理和复壮，保持种源遗传的多样性，倡导合理规划，有步骤开发，使资源得到永续利用。

2. 从药用、保健及功能食品等方面加大对南酸枣的综合利用研究与开发，仍会有较好的前景。齐云山公司是全国率先研发利用野生南酸枣资源的企业，在20世纪80年代末，就开始将野生南酸枣果实进行加工研发，经不懈努力，南酸枣由山中的一种野果成就了一方大产业。

3. 加强南酸枣混交造林树种的选择研究，进一步探索林农间作模式，以增进土壤肥力，提高造林效果与农作物产量。

【参考文献】

李长伟等，2008；汪树人，2005；韦晓霞，2008；中国植物志编辑委员会，1980；朱慧，2005。

（编写：黄宇潮　摄像：刘仁林、黄素红）

国家珍稀濒危保护植物	国家珍贵树种	国家重点保护野生植物	中国主要栽培珍贵树种	江西省重点保护野生植物	江西珍贵稀有濒危树种	江西主要栽培珍贵树种	中国植物红皮书	中国物种红色名录	全国极小种群野生植物
			✓	III		✓			

076 黄连木 | 漆树科 Anacardiaceae　别名：黄楝树、药树

Pistacia chinensis Bunge

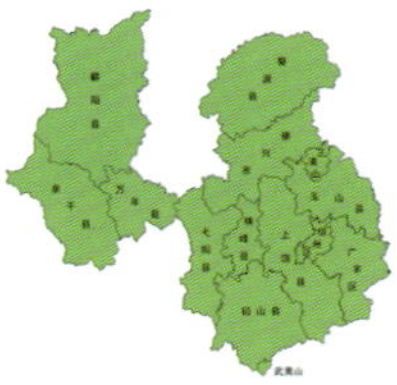

【主要形态与识别特征】

落叶乔木。因其木材色黄而味苦，故名“黄连木”或“黄连树”。树高达 25~30 米；树皮裂成小方块状；小枝有柔毛，冬芽红褐色。奇数羽状复叶互生，小叶 5~7 对，披针形或卵状披针形，长 5~8 厘米，全缘，基歪斜。花小，单性异株，无花瓣；雌花成腋生圆锥花序，雄花成密总状花序。核果球形，径约 6 毫米，熟时红色或紫蓝色。花期 3~4 月；果期 9~11 月。

本种与南酸枣的区别可参阅南酸枣树种描述。

【地理分布与生境】

黄连木属约 10 种，分布地中海沿岸，阿富汗，亚洲中部、东部和东南部，菲律宾至中美墨西哥和南美危地马拉。我国有 3 种，除东北和内蒙古外均有分布。赣东北 1 种。

黄连木原产中国，分布很广，北自黄河流域，南至两广及西南各地均有；常散生于低山丘陵及平原，其中以河北、河南、山西、陕西等省最多。

【树种特性与受危因素】

喜光，幼时稍耐阴；喜温暖，畏严寒；耐干旱瘠薄，对土壤要求不严，微酸性、中性和微碱性的沙质、黏质土均能适应，而以在肥沃、湿润而排水良好的石灰岩山地生长最好；深根性，主根发达，抗风力强，萌芽力强；生长较慢，寿命可长达 300 年以上；对二氧化硫、氯化氢和煤烟的抗性较强。

黄连木是优良的木本油料及环保能源树种。随着生物柴油技术的发展，黄连木被喻为“石油植物新秀”，已引起人们的极大关注；黄连木又是优良的绿化、用材、观赏及药用树种。由于过度开发利用，黄连木资源量急剧减少。

【资源现状与典型群落】

赣东北各地山区有零星或片状分布，风水林中有残存大树，资源稀少。婺源海拔 480~560 米石灰

岩山地的阔叶林中，带状星散分布，平均胸径约13厘米，树高10米左右，与光皮梾木、香桂、冬青、化香、香椿等混生，生长良好。上饶县花厅海拔780米高山村落周边，风景林，株高达20米，胸径为83厘米，树体通直，生长良好。

【主要价值与用途】

药用价值：树皮及叶可入药；树皮全年可采取，叶夏秋均可采收，性味苦，功能微寒，有清热、利湿、解毒之功效。

观赏价值：先叶开花，树冠浑圆，枝叶繁茂而秀丽，早春嫩叶红色，入秋叶又变成深红或橙黄色，红色的雌花序也极美观，是城市及风景区的优良绿化树种，宜作庭荫树、行道树及观赏风景树，也常作四旁绿化及低山区造林树种。

材用价值：木材是环孔材，边材宽，灰黄色，心材黄褐色，材质坚重，纹理致密，结构匀细，不易开裂，能耐腐，钉着力强，是建筑、家具、车辆、农具、雕刻、居室装饰的优质用材。

其他价值：研究结果证明，种子含油率42.26%（种仁含油率56.5%），种子出油率20%~30%，果壳含油量3.28%，是一种不干性油，油色淡黄绿色，带苦涩味，精制后可供食用；鲜叶含芳香油0.12%，可作保健食品添加剂和香熏剂等；种子油可用于制肥皂、润滑油、照明，油饼可作饲料和肥料；叶含鞣质10.8%，果实含鞣质5.4%，可做黑色染料；种子含油量高，种子富含油脂，是制取生物柴油的上佳原料。

【保护与利用建议】

1. 加强黄连木栽培技术研究。针对黄连木造林成活率低、结果晚等问题，开展黄连木优质种源选择，研究总结出黄连木快速繁育、高效栽培、早实丰产技术，制定了一套黄连木高效栽培技术体系，为黄连木快速成林、标准化栽培奠定了基础。

2. 扩大人工林种植规模，充分发挥其在生物质能源及荒山绿化、减少水土流失等推动生态建设方面的作用。

3. 进一步开展黄连木各种有效成分的提取分离、结构鉴定和药理活性等方面的深入研究，有可能发现新的药物活性成分，从而为开展资源综合利用奠定基础。

【参考文献】

侯新村等，2007；刘桂湘等，2009；刘杰等，2008；梅象信等，2010；牛正田等，2005；王丽芳，2008。

（编写：杨森兴　摄像：汪涛涌）

国家珍稀濒危保护植物	国家珍贵树种	国家重点保护野生植物	中国主要栽培珍贵树种	江西省重点保护野生植物	江西珍贵稀有濒危树种	江西主要栽培珍贵树种	中国植物红皮书	中国物种红色名录	全国极小种群野生植物
				III					

077 铁冬青

冬青科 Aquifoliaceae　别名：救必应、红熊胆

Ilex rotunda Thunb.

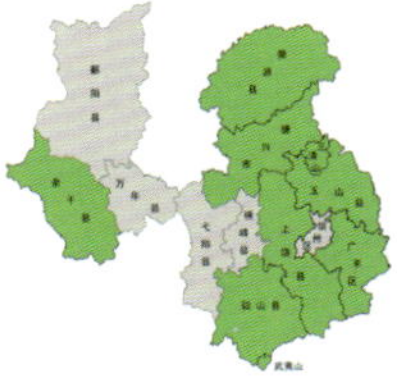

【主要形态与识别特征】

亚热带常绿灌木或乔木，高可达20米，胸径达1米。较老枝具纵裂缝，当年生小枝具纵棱。叶薄革质，椭圆形；全缘或偶有1~2不明显浅齿，稍反卷；侧脉在两面明显，于近叶缘附近网结；叶柄上面具狭沟，顶端具叶片下延的狭翅。花小，黄白色，芳香；雌雄异株，通常4~7朵排成聚伞花序，腋生或生于当年小枝上。果球形，熟时红色。花期3~4月；果熟期10~12月。

铁冬青、冬青、大叶冬青和枸骨已列入了相关珍贵及保护树种名录，其分种检索表如下。

1. 叶缘具尖刺；枝、叶无毛；果梗长1厘米以上，果红色；叶具光泽……………………枸骨 *I. cornuta*
1. 叶缘无刺：
   2. 叶全缘或偶尔有1~2不明显浅齿；枝叶无毛；伞形果序具总梗……………铁冬青 *I. rotunda*
   2. 叶缘具锯齿：
      3. 叶厚革质，边缘锯齿尖，叶基部宽圆形…………………………………大叶冬青 *I. latifolia*
      3. 叶薄革质，叶缘锯齿圆钝，基部楔形……………………………………………冬青 *I. chinensis*

【地理分布与生境】

冬青属约400种，分布于温带至热带。我国约200种，长江以南各省盛产。赣东北约30种。

铁冬青分布于长江流域以南至台湾、西南；生于海拔400~1100米的山坡常绿阔叶林中和林缘及向阳山坡或溪谷两旁。朝鲜、日本等地也有分布。

【树种特性与受危因素】

为耐阴树种，喜生于温暖湿润气候和疏松肥沃、排水良好的酸性土壤；萌芽力强，耐修剪；对二氧化碳抗性强，适应性较强，耐瘠、耐旱、耐霜冻，较耐阴湿，具有向较高纬度的亚热带北缘和暖温带南缘引种的潜力。因生境破坏，资源

日趋减少。

【资源现状与典型群落】

赣东北武夷山、婺源、广丰铜钹山、德兴大茅山、三清山、玉山等地有零星分布；多生于海拔1200米以下的山坡、沟谷或溪旁；常与栲、甜槠、小叶栎、豹皮樟、杜英、拟赤杨、枫香、马尾松、杉木等混生，资源稀少，大树更为罕见。武夷山海拔900米山谷溪旁，土层肥厚，树高13米，胸径21厘米，与大叶冬青、粉叶柿、柳杉、油桐、枫香等混生，生长良好。德兴大茅山风景区海拔550~750米沟谷两旁，带状零散分布，多为小乔木，生于华杜英、赤楠、杨桐、厚皮香、甜槠、浙江红山茶等阔叶林下。上饶县灵山海拔1000米阔叶林缘有星散分布，多为灌木状。各地有少量栽培。

【主要价值与用途】

观赏价值：常绿灌木或乔木，枝繁叶茂，四季常青，果熟时红若丹珠，赏心悦目，是理想的园林观赏树种。

生态价值：能让火种分离，是目前非常适用于做防火的一个树种。

药用价值：树皮、叶及根入药，治感冒、急性肠炎、风湿骨痛，外用治跌打损伤、火烫伤；树皮有止血作用。

其他价值：枝叶作造纸糊料原料；树皮可提制染料和栲胶；木材作细工用材。

【保护与利用建议】

1. 加大资源药用价值的研究与开发。①冬青属植物具有化学成分丰富、药理活性多样的特点，成为20世纪90年代以来，天然产物化学成分研究的热点之一。②我国约有30多种可供药用的冬青属植物，分布广泛，目前国内对冬青属植物的研究大多集中在毛冬青、枸骨、苦丁茶、四季青等几个种，其化学成分的研究也主要集中三萜和皂苷类化学成分研究，对其他化学成分的研究还较少。③扩大研究品种的范围，寻找新的药用植物，加强系统的化学成分研究，结合活性筛选，寻找有效部位和具有活性苗头的先导化合物。

2. 重视观赏价值的应用与研究。①冬青属植物突出的观赏性价值，渐渐为人们所重视，其园林应用价值也在被不断挖掘。②拓宽冬青属植物的观赏价值应用范畴，丰富其对园林景观的构成，达到最好的园林绿化美化效果。

国家珍稀濒危保护植物	国家珍贵树种	国家重点保护野生植物	中国主要栽培珍贵树种	江西省重点保护野生植物	江西珍贵稀有濒危树种	江西主要栽培珍贵树种	中国植物红皮书	中国物种红色名录	全国极小种群野生植物
						✓			

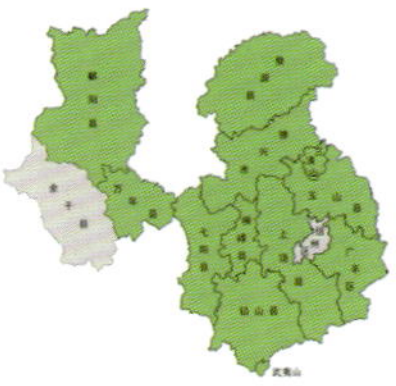

I 冬　青

Ilex chinensis Sims

常绿乔木或灌木；树皮灰色或淡灰色，有纵沟。小枝淡绿色，无毛。叶薄革质，狭长椭圆形或披针形，顶端渐尖，基部楔形，边缘锯齿圆钝，干后呈红褐色，有光泽。聚伞花序，腋生；雌雄异株，花瓣紫红色或淡紫色，向外反卷。果实椭圆形或近球形，成熟时深红色。花期 4~6 月；果期 11~12 月。

冬青为亚热带树种，喜温暖气候，有一定耐寒力；适生于肥沃湿润、排水良好的酸性土壤；较耐阴湿，萌芽力强，耐修剪；对二氧化碳抗性强。

广泛分部于亚洲、欧洲、非洲北部、北美洲与南美洲。在中国主要分布于长江流域以南各省区。赣东北各山区均有分布，零星生于海拔 800 米以下的沟谷、丘陵及山坡；常与苦槠、小叶青冈、木荷、虎皮楠、枫香、黄檀、玉兰、南方红豆杉、杉木等混生。

种子及树皮可供药用，为强壮剂；叶有清热解毒作用，可治气管炎和烧烫伤；树皮可提取栲胶；木材坚硬，可作细木工材料；树皮含鞣质、原儿茶酸、挥发油等。

国家珍稀濒危保护植物	国家珍贵树种	国家重点保护野生植物	中国主要栽培珍贵树种	江西省重点保护野生植物	江西珍贵稀有濒危树种	江西主要栽培珍贵树种	中国植物红皮书	中国物种红色名录	全国极小种群野生植物
				III					

II 构骨

别名：乌不宿、猫儿刺、老虎刺

Ilex cornuta Lindl. et Paxt.

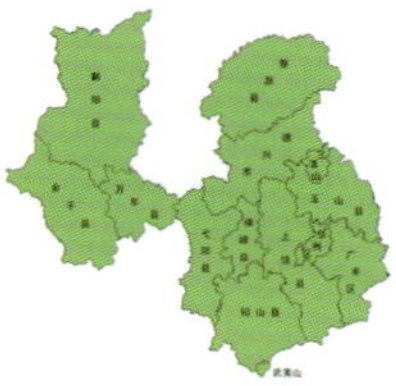

常绿灌木或小乔木，高3~4米，最高可达10米以上。枝开展而密生。叶硬革质，矩圆形，顶端扩大并有3枚大尖硬刺齿，中央一枚向背面弯，基部两侧各有1~2枚大刺齿。花小，黄绿色，簇生于2年生枝叶腋。核果球形，鲜红色。花期4~5月；果期10~12月。

喜光，稍耐阴；喜温暖气候及肥沃、湿润而排水良好之微酸性土壤，耐寒性不强；颇能适应城市环境，对有害气体有较强抗性；生长缓慢，萌蘖力强，耐修剪。

产于我国长江流域及以南各地；生于山坡、谷地、溪边杂木林或灌丛中。赣东北各地山区均有零星生长，多为灌木状萌枝。树形稍好的乔木枸骨资源往往被当地居民或苗木经销商挖走。目前，资源现状仍处于稀缺状态，人工栽培极少。

构骨枝繁叶茂，叶浓绿而有光泽，且叶形奇特，秋冬红果满枝，浓艳夺目，是一种优良的观叶、观花盆景树种；叶、果实和根都供药用，为滋补强壮药；种子含油，可作肥皂原料；树皮可作染料和提取栲胶；木材软韧，可用作牛鼻栓。

国家珍稀濒危保护植物	国家珍贵树种	国家重点保护野生植物	中国主要栽培珍贵树种	江西省重点保护野生植物	江西珍贵稀有濒危树种	江西主要栽培珍贵树种	中国植物红皮书	中国物种红色名录	全国极小种群野生植物
				II					

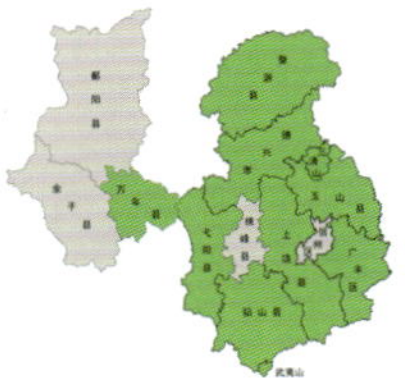

III 大叶冬青 别名：大苦酊、宽叶冬青、波罗树

Ilex latifolia Thunb.

常绿大乔木，高达 20 米。分枝粗壮，具纵棱及槽，光滑。叶厚革质，具疏锯齿。聚伞花序密集于 2 年生枝条叶腋内；花淡黄绿色。果球形，成熟时红色或褐色。花期 4 月；果期 9~10 月。

适应性强，较耐寒、耐阴，萌蘖性强，生长较快，病虫害少；喜温暖湿润土壤，适生凉爽环境、深厚疏松的土壤。

大叶冬青为著名的药用、茶用及观赏类植物。因大叶冬青系深休眠树种，在农业生产技术落后的时代，无人掌握其人工繁殖技术，导致仅有的少量母树采集加工，加上民间老百姓杀鸡取卵式的不合理利用，致使资源不断减少。

产于江苏、安徽、浙江、江西、福建、河南、湖北（来凤、兴山、随州、应山、黄梅、英山、罗城、麻城）、广西及云南东南部（西畴、麻栗坡）等省区；生于海拔 250~1500 米的山坡常绿阔叶林中、灌丛中或竹林中。模式标本采自日本。

赣东北各地山区均有零星分布；多生于海拔 200~1300 米的沟谷、林缘、溪流两岸或阴湿山坡地带，常遭砍伐，现资源十分稀少，偶见大树。婺源海拔 230 米风景林中散生有多株大乔木，最大株胸径达 38 厘米，高达 16 米，主干通直，枝叶茂盛。

叶、花、果色相变化丰富，萌动的幼芽及新叶呈紫红色，正常生长的叶片为青绿色，老叶呈墨绿色，5 月花为黄色，秋季果实由黄色变为橘红色，挂果期长，十分美观，具有很高的观赏价值；适应性强，较耐寒、耐阴，萌蘖性强，生长较快，病虫害少，是城市理想的园林绿化树种；木材可作细工原料；树皮可提栲胶；叶（苦丁茶）苦、甘、寒，清热解毒、清头目，止泻。

【参考文献】

蔡卓等，2013；李冬玲等，2003；练华窑等，2014；刘四君等，2009；罗建华等，2017；王丛周等，2006；解军波等，2002；杨玉珍等，2015；郑万钧，1997。

（编写：陈慧　摄像：曹晓平）

国家珍稀濒危保护植物	国家珍贵树种	国家重点保护野生植物	中国主要栽培珍贵树种	江西省重点保护野生植物	江西珍贵稀有濒危树种	江西主要栽培珍贵树种	中国植物红皮书	中国物种红色名录	全国极小种群野生植物
II		II			I		rare	VU	

078 永瓣藤 | 卫矛科 Celastraceae

Monimopetalum chinense Rehd.

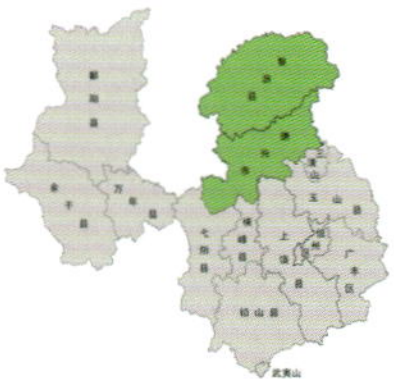

【主要形态与识别特征】

落叶藤状灌木，高 6 米以上；小枝节间常有多数宿存的卵状锥形芽鳞。叶薄，窄卵形或长圆形，边缘常有软刺状锯齿；托叶锥形，宿存。聚伞花序侧生上年枝上；花 3 至数朵，花梗极细弱；花瓣 4，白绿色。蒴果常 1~2 瓣成熟，宿存花瓣倒卵状匙形，下垂；果梗丝状。9~10 月开花。

永瓣藤与卫矛属、沟瓣属树种的主要区别为前者叶互生，果时花萼、花瓣均宿存，花瓣增大若翅；后两者叶对生，稀互生、轮生并存，果时花萼宿存，花瓣脱落。

【地理分布与生境】

永瓣藤分布只局限于皖赣接壤的狭长地带，包括安徽南部祁门、贵池及江西北部景德镇、贵溪、武宁、修水、万载、宜丰、奉新及靖安等地；生于海拔 150~1000 米的山谷、沟边或山坡林中。模式标本采自安徽祁门。

【树种特性与受危因素】

分布区的年平均温度为 15~16℃，年降水量约为 1700 毫米，春末夏初雨量较集中；土壤为红壤或黄壤。

中国特有单种属植物，稀有种，我国特产。泰仁昌于 1926 年在皖南祁门县首次发现该植物，当时拟名为“祁藤”，因其花瓣宿存于果实而不凋落，在植物界中颇为罕见，故称永瓣藤。永瓣藤分布范围狭窄，多攀缘在其他树木之上，由于树木累遭破坏，永瓣藤也随之遭殃。

【资源现状与典型群落】

赣东北婺源、德兴有小面积片状分布。婺源生于海拔 400~500 米山地沙质壤土杂木林缘、林中及路边，高约 4~5 米，主要攀缘于化香、柳叶蜡梅、珊瑚朴、马尾松、香椿及黄连木等树种枝干上；调查时正值鲜花盛开的季节，十分艳丽。德兴生于海拔 309 米山地林缘、沟边及路旁，最高达 6 米，主要攀附植物有千年桐、山苍子（*Litsea cubeba*）、冬青、野漆树、马尾松等，生长旺盛。因周边山区开修公路，资源生境受到威胁。

【主要价值与用途】

药用价值：有专家从永瓣藤的乙醇提取物分离到了木栓酮、表木栓酮、算盘子酮等，体外抑菌试验表明，其对金黄色葡萄球菌、痢疾杆菌、大肠杆菌、绿脓杆菌都有不同程度的抑制作用；民间还有用永瓣藤治疗风湿性关节炎的记载。

观赏价值：叶子春夏为绿色，入秋后转为棕红色，冬季又变为深红色，且不掉落，具一定的观赏价值。

科研价值：永瓣藤属只此一种，对研究卫矛科种群起源进化、相互关系，以及阐明华东植物区系的起源和外部的联系等方面均有重要科学价值。

【保护与利用建议】

安徽祁门县宗里村已设置永瓣藤自然保护点，其他分布地区也应采取保护措施。有关部门可进行引种栽培试验，以确保这一珍稀植物的繁衍。

1. 加强对资源原产地的就地保护。严禁砍伐攀附的树木，并开展适当抚育，促进更新。

2. 开展种子及扦插繁殖技术研究。重点消除其有性繁殖障碍，提高永瓣藤繁殖效率。

3. 重视药用成分研究与开发。永瓣藤是一种具有较高药用价值的种质资源，若能在大量引种繁殖苗木的基础上开发利用，就可以达到最好的迁地保护与持续发展的目的。

【参考文献】

毕淑峰，2004；毕淑峰等，2006；傅立国，1992；潘健等，2012；汪松等，2004；谢国文等，1999。

（编写：曹晓平　摄像：周永明）

国家珍稀濒危保护植物	国家珍贵树种	国家重点保护野生植物	中国主要栽培珍贵树种	江西省重点保护野生植物	江西珍贵稀有濒危树种	江西主要栽培珍贵树种	中国植物红皮书	中国物种红色名录	全国极小种群野生植物
III				III	III		rare	VU	

079 瘿椒树

省沽油科 Staphyleaceae　别名：银鹊树、瘿漆树

Tapiscia sinensis Oliv.

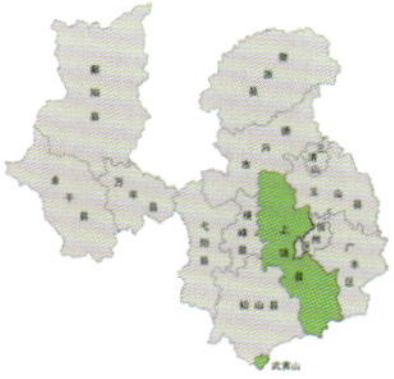

【主要形态与识别特征】

落叶乔木，高达 28 米，胸径可达 1 米；树皮淡灰褐色，浅纵裂；小枝暗褐色，有皮孔。叶互生，奇数羽状复叶，长达 30 厘米；小叶卵形或长卵形，边缘具锯齿，上面深绿色，下面灰白色，被乳头状白粉点；侧生小叶柄短，顶生小叶柄长达 12 厘米。圆锥花序腋生；花小，黄色，有芳香。浆果状核果，椭圆形或近球形，熟时紫黑色。花期 6~7 月；果熟期 9~10 月。

瘿椒树与云南瘿椒树、利川瘿椒树的主要区别在于后二者小叶下面均绿色，无白粉点，中脉、侧脉及脉腋密被毛。

【地理分布与生境】

瘿椒树属 3 种，均产于我国江南各省。赣东北 1 种。

瘿椒树产于浙江西部、安徽南部海拔 600 米以下，湖北、湖南、两广北部海拔 1400 米以下，贵州、四川、云南南部海拔 1600 米以下；常生于土层深厚、肥沃的山麓地带或林缘。

【树种特性与受危因素】

偏阳性树种，喜生于山谷、山坡与溪旁湿润肥沃的环境，幼树阶段较耐阴，但不耐高温与干旱；一般前期生长较快，20 龄前，高生长每年平均达 60 厘米，直径生长达 0.8 厘米，以后逐渐缓慢。

瘿椒树为我国特有的古老树种，起源于第三纪，它的家庭亲兄弟经第四纪冰川洗劫，多已消亡绝迹，唯独瘿椒树一种单传至今，生息繁衍。由于结实相隔期间长，天然更新能力弱，以及自然林木累遭砍伐，植株趋于濒危。

【资源现状与典型群落】

赣东北武夷山、上饶县五府山海拔 700~1200 米有散生，生于山谷、山脚、溪旁土壤湿润、肥沃地带，常与青钱柳、青榨槭、黄檀、灯台树、

柯、交让木等混生。武夷山自然保护区办公楼前的水溪旁，共6株，为人工栽培，平均树高达16米，胸径为55厘米，果实累累，枝繁叶茂；武夷山海拔1200米，东北坡，山地黄壤，生于以小叶青冈、枫香为建群种的阔叶混交林中，树龄约50年，高达20米，胸径为40米，生长良好。五府山海拔754米山谷溪边，树高8米，胸径14厘米，树体伞形，生长良好，与华桑、野核桃、细叶香桂、三尖杉等混生。

【主要价值与用途】

科研价值：我国特有的古老树种，对研究我国亚热带植物区系与省沽油科的系统发育，有一定的科学价值。

材用价值：材质纹理通直，结构细致，质轻软，干缩系数小，力学强度低，加工性能好，为珍贵用材树种。

观赏价值：花黄色、有香气，秋叶黄灿，春夏青翠，果紫色，是园林绿化优良的观叶、观果树种。

【保护与利用建议】

1. 资源保护。重点加强分布于自然保护区外资源的管护工作。浙江、江西等地的植物园、树木园已引种栽培。

2. 开展资源利用研究。瘿椒树是一种具有开发前景的造林速生树种，造林价值甚至高于杉木，加强对瘿椒树的引种试验，建立种质资源库并开展选育研究，是开发和保护瘿椒树的最佳手段。

【参考文献】

傅立国，1992；汪松等，2004；谢春平，2006；许惠，2009；郑万钧，2004；周佑勋等，2008。

（编写：曹晓平　摄像：程林）

国家珍稀濒危保护植物	国家珍贵树种	国家重点保护野生植物	中国主要栽培珍贵树种	江西省重点保护野生植物	江西珍贵稀有濒危树种	江西主要栽培珍贵树种	中国植物红皮书	中国物种红色名录	全国极小种群野生植物
				III	III				

080 省沽油

省沽油科 Staphyleaceae　别名：珍珠花、双蝴蝶

Staphylea bumalda DC.

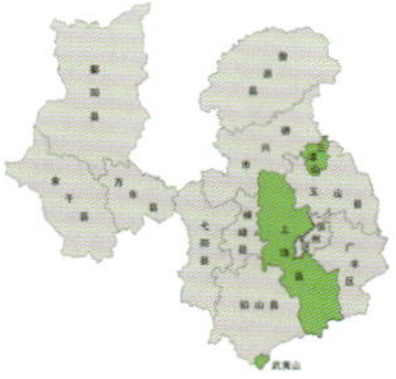

【主要形态与识别特征】

落叶灌木，因其顶生白色小花似珍珠而俗称珍珠花，高 3~5 米；树皮紫红色，枝条开展，绿色至黄绿色或青白色。三出复叶对生，小叶卵圆形或椭圆形，长 4.5~8 厘米。圆锥花序顶生；花黄白色，有香味。蒴果膀胱状，先端 2 裂。花期 5~6 月；果期 9~10 月。

省沽油和大果省沽油极为相似，其主要区别在于前者顶生小叶柄长不及 1 厘米，蒴果 2 裂；后者顶生小叶柄长 1.5~4 厘米，蒴果 3 裂。

大果省沽油

【地理分布与生境】

省沽油属约 11 种，分布于北温带和亚热带。我国 4 种。赣东北 2 种。

省沽油分布于东北及河北、山西、陕西、江苏、安徽、浙江、湖北、四川等地，在大别山、桐柏山、皖南山、秦巴山和天目山区，均有成片集中分布；树种以块状或散生于 200 米以上的路旁、沟壑、山地的丛林中。

【树种特性与受危因素】

中性偏阴树种，喜湿润气候，要求肥沃而排水良好的土壤；分布广，具有较强的抗逆性及适生能力。

省沽油为稀有的木本油料树种，同时又是可食用灌木和十分优良的观花、观果植物。因生境破坏，造成野生资源日趋减少。

大果省沽油

【资源现状与典型群落】

赣东北武夷山、三清山有分布记录；生于 1300 米左右的山谷林中。本次调查在婺源海拔 580 米石灰岩山地石缝与沙壤中，发现了省沽油的同属物种大果省沽油的分布，数量较少，星散分布，灌木或小乔木状，高为 2~5 米，果实累累，生长良好。三清山省沽油未能找到实物，景德镇有引种栽培。

【主要价值与用途】

食用价值：种子产量高，丰产潜力大，出油率

高，油脂营养丰富，油脂品质优良，是优质的木本油料树种。省沽油的花及嫩叶可加工味道鲜美、清香可口的森林蔬菜，其花及嫩叶富含多种维生素、氨基酸等多种营养成分，菜食清香爽口，已成为餐宴佳肴，是目前市场紧缺的一项绿色食品。

生态价值：省沽油树种具有抗逆性及适生能力强、根系发达、萌芽快等特点，造林后3~4年即可成林，能很快实现荒山荒地绿化，且寿命长、生态效益期可长达50年以上，是良好的生态与经济兼顾的生态林树种。

观赏价值：花蕾、鲜花、蒴果及树姿形态优美，花蕊散发清香，是优良的观赏与经济兼顾的园林绿化树种。

药用价值：新鲜叶含省沽油素，水煎冲服或炒食可润肺、清肺热；果实水煎服治干咳；鲜根、枝加红花、茜草水煎后冲红糖、黄酒治妇女产后疼血不净；花、叶、果、根及枝均有抗菌、消炎、清热、防癌等作用。

【保护与利用建议】

省沽油是生态、经济兼顾的木本油料树种，具有显著的生态、经济、社会三大效益。目前，国内对省沽油树种产业的开发研究，已有相对成熟的繁殖造林、管理、良种培育等技术，产业的发展也符合当前和今后国家的富民扶持政策。建议重点优化高产栽培技术，并在各地积极开展引种、示范、推广，加快省沽油树种优质木本油料产业的规模发展，实现资源保护与利用的双赢。

【参考文献】

刘正祥，2006；孙节，2013；杨献忠，2002；张晓蔚等，2016；张玉洁等，2001；郑万钧，2004；中国植物志编辑委员会，1981。

（编写：王建　摄像：杨森兴）

国家珍稀濒危保护植物	国家珍贵树种	国家重点保护野生植物	中国主要栽培珍贵树种	江西省重点保护野生植物	江西珍贵稀有濒危树种	江西主要栽培珍贵树种	中国植物红皮书	中国物种红色名录	全国极小种群野生植物
				III					

081 三角槭

槭树科 Aceraceae　　别名：三角枫

Acer buergerianum Miq.

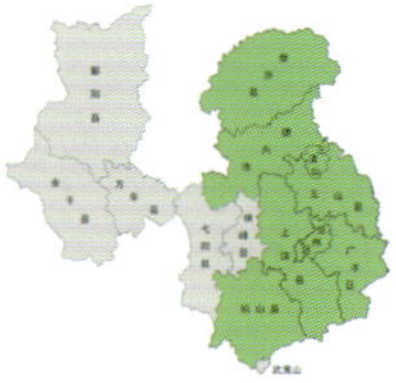

【主要形态与识别特征】

落叶乔木，高达 20 米；树皮褐色或深褐色；小枝细瘦；当年生枝紫色或紫绿色；多年生枝淡灰色或灰褐色。叶纸质，基部近于圆形或楔形，通常浅 3 裂，上面深绿色，下面黄绿色或淡绿色，被白粉。花多数常成顶生被短柔毛的伞房花序；花瓣 5，淡黄色。翅果黄褐色；小坚果特别凸起。花期 4 月；果期 8 月。

赣东北槭属列入相关珍稀濒危保护树种名录的有三角槭、五裂槭、樟叶槭、色木槭及鸡爪槭 5 种，其分种检索表如下。

1. 常绿乔木；叶革质，不开裂，叶背被白粉和淡褐色绒毛……………………樟叶槭 *A. cinnamomifolium*

1. 落叶乔木：

　2. 叶浅 3 裂，翅果近直立…………………………………………………三角槭 *A. buergerianum*

　2. 叶 3 裂、5 裂、7 裂或 5~9 掌状裂：

　　3. 叶片 3 裂、5 裂或 7 裂：

　　　4. 叶片 5 裂，三角状卵形，具紧密细齿…………………五裂槭 *A. oliverianum*

　　　4. 叶片 3 裂、5 裂或 7 裂，卵形，全缘…………………………色木槭 *A. mono*

　　3. 叶片 5~9 掌状分裂，通常 7 裂；花紫色；翅果张开成钝角……鸡爪槭 *A. palmatum*

【地理分布与生境】

槭属 200 余种，中国产 160 余种。赣东北约 28 种。

三角槭产山东、河南、江苏、浙江、安徽、江西、湖北、湖南、贵州和广东等省；生于海拔 300~1000 米的阔叶林中。

湖南省溆浦县有株冬天不落叶的三角槭。此树生长地为海拔 160 米的红壤区，树周均为水稻田，树高 28 米，胸径 105 厘米，树冠覆盖面积 180 平方米，冬季树的叶子由绿变粉红、紫红或红绿相间等多种颜色，到来年春季又转为绿色。

据传，这种叶色多变不落的奇异现象已有 300 多年，人们夸此树为“宝树”。

【树种特性与受危因素】

弱阳性树种，稍耐阴；喜温暖、湿润环境及中性至酸性土壤；耐寒，较耐水湿，萌芽力强，耐修剪；根系发达，根蘖性强。

中国原产树种，极其珍贵，以其秋色叶独树一帜，极具魅力，观赏价值极高，在世界各地的园林绿化中占有极其重要的地位。目前，许多野生和栽培槭树种质资源，由于生境破坏，分布范围狭窄，开发程度低，利用种类少，资源面临种质败失的威胁。

【资源现状与典型群落】

赣东北广丰铜钹山、婺源等地有分布，主要以零星野生大树为主，资源稀少，几无人工栽培。铜钹山海拔 600~700 米的大东坑常绿阔叶林中有散生，树高多为 10~16 米，胸径为 10 厘米左右。婺源生于海拔 650 米风水林中，土层深厚、肥沃，胸径 85 厘米，树高达 22 米，树龄为 300 年，生长良好；与玉兰、山合欢、小叶青冈、无患子、南方红豆杉、枫香等组成针阔混交林。云碧峰国家森林公园树木园内，树高达 16 米，胸径为 55 厘米，生长旺盛，为上饶市林业科学研究所 60 年代引种栽培。上饶县五府山、玉山、德兴、铅山、三清山均有极少数散生。

【主要价值与用途】

观赏价值：枝叶浓密，夏季浓荫覆地，入秋叶色变成暗红，秀色可餐，宜孤植、丛植作庭荫树，也可作行道树及护岸树；老桩常制成盆景，主干扭曲隆起，颇为奇特。

药用价值：根用于风湿关节痛；根皮、茎皮可清热解毒，消暑。

材用价值：木材物理力学性质中等偏上，加工容易，纹理略斜，结构细，适合做高级家具、室内装饰、纺织器材、乐器零部件等。

【保护与利用建议】

槭属是我国植物宝库中一个较大的属，具有经济、观赏、药用等多种价值用途。从园林角度来说，槭树以其绚丽的叶色，丰富多彩的叶形和雅致的果翅，在全世界众多的秋色叶树种中独树一帜，极具魅力，具有很大的开发推广潜力。

1. 加大资源培植与保护。重点开展野生种变栽培种的引种驯化工作，筛选优良类型，在生产中加以推广栽培；同时进行迁地保护，建立种质资源圃和良种繁育示范园等，开展全方位多层次的研究开发，形成开发、保护一体化的可持续利用生产基地。

2. 采用各种技术，如人工杂交、化学诱导、良种选育等，开展槭树园艺新品种的研究。

3. 加强资源的观赏应用研究与推广。根据不同的景观功能要求，选择不同的槭树及其园艺品种进行合理搭配，采用多种形式，如槭树专类园的建立等，以体现槭树类树种优美的姿态及整体壮观的观赏效果，通过建立示范基地，加大宣传与推广的力度，以扩大槭树类植物的影响，使其在城乡园林绿化与生态建设中发挥重要的作用。

4. 开展综合利用研究。注重槭树化学成分和生物活性的研究，探讨其有效成分与作用机理，为进一步开发其药用价值奠定技术基础。

国家珍稀濒危保护植物	国家珍贵树种	国家重点保护野生植物	中国主要栽培珍贵树种	江西省重点保护野生植物	江西珍贵稀有濒危树种	江西主要栽培珍贵树种	中国植物红皮书	中国物种红色名录	全国极小种群野生植物
				III					

I 樟叶槭

Acer cinnamomifolium Hayata

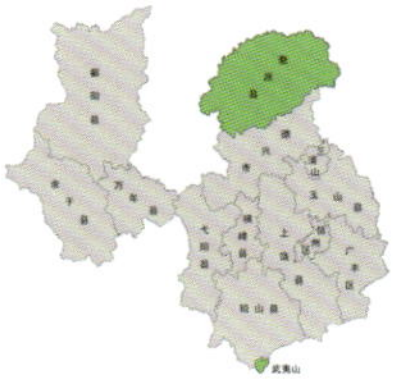

常绿乔木，高 10 米，稀达 20 米；树皮淡黑褐色或淡黑灰色；小枝细瘦，当年生枝淡紫褐色，被浓密的绒毛，多年生枝淡红褐色或褐黑色。叶革质，长椭圆形或长圆披针形，先端钝形，具有短尖头，全缘或近于全缘；上面绿色，无毛，下面淡绿色或淡黄绿色，被白粉和淡褐色绒毛；最下一对侧脉由叶的基部生出，与中脉在基部共成 3 脉；圆锥花序顶生，花密生，花瓣为白色或淡黄色。翅果淡黄褐色，常成被绒毛的伞房果序。果期 7~9 月。

分布于湖南、广西、湖北、江西、广东、浙江、贵州、福建等地；生长于海拔 300~1200 米的地区，喜生比较潮湿的阔叶林中。赣东北武夷山有分布；婺源有少量引种栽培。

樟叶槭生性强健，性喜充足日照及温暖多湿环境；树形优美，可作为景观树种。

国家珍稀濒危保护植物	国家珍贵树种	国家重点保护野生植物	中国主要栽培珍贵树种	江西省重点保护野生植物	江西珍贵稀有濒危树种	江西主要栽培珍贵树种	中国植物红皮书	中国物种红色名录	全国极小种群野生植物
			✓	III					

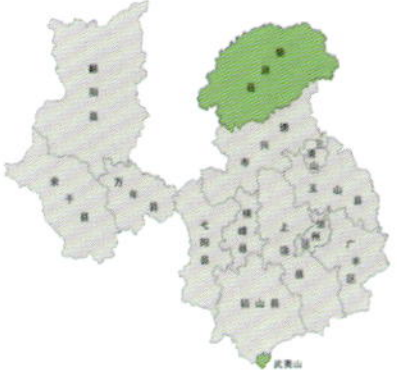

II 色木槭

别名：五角槭

Acer mono Maxim.

落叶乔木，高 15~20 米；树皮粗糙，常纵裂；小枝细瘦，无毛，当年生嫩枝绿色或紫绿色，多年生枝灰色或淡灰色，具圆形皮孔。叶对生，叶片纸质，5 裂，有时 3 裂或 7 裂，裂片卵形，叶先端渐尖或尾尖，全缘，基部心形或平截。顶生伞房圆锥花序；萼片 5，长圆形，黄绿色；花瓣 5，椭圆形，淡白色。翅果嫩时紫绿色，成熟时淡黄色，小坚果压扁状；翅张开成锐角或近于钝角。花期 5 月；果期 9 月。

耐寒性强，耐干旱程度一般；较耐阴，喜深厚肥沃疏松的土壤，但也耐瘠薄；根系较发达，萌芽力中等；不耐涝渍，能抗烟尘。

中国原产种；主产东北地区，以松花江一带最多，山东泰山山顶有栽培。赣东北武夷山、婺源有分布。武夷山生于海拔 1750 米的路旁杂林中。婺源海拔 700~1000 米的针阔混交林有零星分布，最大胸径可达 40 厘米。

木材坚硬、细致、有光泽，可供家具、乐器、仪器、车辆、建筑细木工用材；为北方重要秋色叶树种，叶形秀丽，嫩叶红色，入秋又变成橙黄或红色，可做园林绿化庭院树、行道树和风景林树种。

国家珍稀濒危保护植物	国家珍贵树种	国家重点保护野生植物	中国主要栽培珍贵树种	江西省重点保护野生植物	江西珍贵稀有濒危树种	江西主要栽培珍贵树种	中国植物红皮书	中国物种红色名录	全国极小种群野生植物
				III					

III 五裂槭

Acer oliverianum Pax

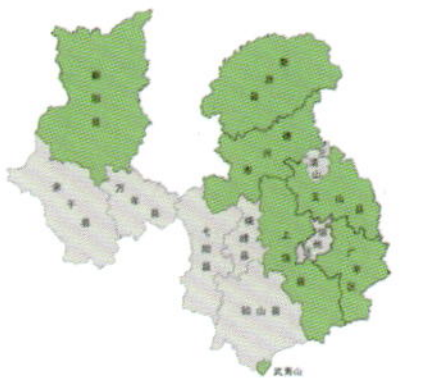

落叶小乔木，高4~7米。树皮平滑，淡绿色或灰褐色，常被蜡粉。小枝细瘦，当年生嫩枝紫绿色，多年生老枝淡褐绿色。叶纸质，基部近于心脏形或近于截形，5裂，裂片三角状卵形，先端锐尖，边缘有紧密的细锯齿，裂片间的凹缺锐尖，深达叶片的1/3或1/2，上面深绿色或略带黄色，下面淡绿色；主脉在上面显著，在下面凸起；侧脉在下面显著。花杂性，常生成无毛的伞房花序；萼片5，紫绿色；花瓣5，淡白色。翅果脉纹显著；翅嫩时淡紫色，成熟时黄褐色，镰刀形。花期5月；果期9月。

产河南南部、陕西南部、甘肃南部、湖北西部、湖南、四川、贵州、广西和云南；生于海拔1500~2000米的林边或疏林中。赣东北武夷山、广丰铜钹山、上饶县灵山、婺源、鄱阳县莲花山等各地山区均有零星分布；多生于海拔200米以上的山谷溪边、林缘及疏林中。

五裂槭除具有较高的观赏价值外，其枝叶还具有清热解毒、理气止痛之效。

国家珍稀濒危保护植物	国家珍贵树种	国家重点保护野生植物	中国主要栽培珍贵树种	江西省重点保护野生植物	江西珍贵稀有濒危树种	江西主要栽培珍贵树种	中国植物红皮书	中国物种红色名录	全国极小种群野生植物
				III					

IV 鸡爪槭

别名：鸡爪枫

Acer palmatum Thunb.

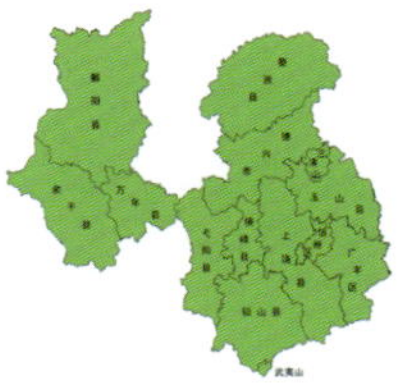

落叶小乔木；树冠伞形；小枝细瘦，当年生枝紫色或淡紫绿色，多年生枝淡灰紫色或深紫色。叶近圆形，基部心形或近心形，5~9 掌状分裂，常 7 深裂，密生尖锯齿。后叶开花；花紫色，杂性，雄花与两性花同株；伞房花序。萼片卵状披针形；花瓣椭圆形或倒卵形。幼果紫红色，熟后褐黄色，果核球形，脉纹显著，两翅成钝角。花期 5 月；果期 9 月。

为弱阳性树种，耐半阴，在阳光直射处孤植，夏季易遭日灼之害；喜温暖湿润气候及肥沃、湿润而排水良好的土壤，耐寒性强，酸性、中性及石灰质土均能适应；生长速度中等偏慢。

产华东、华中至西南等省区；生于低海拔的林边或疏林中。朝鲜和日本也有分布。我国早已引种栽培，其中有红槭和羽毛槭常作园林树种。赣东北各地有广泛栽培，野生资源稀少；主要分布在武夷山、三清山、婺源等地的杂木林中及林缘。

叶形美观，入秋后转为鲜红色，色艳如花，灿烂如霞，为优良的观叶树种；鸡爪槭的枝、叶可以作药用。

【参考文献】

黄可，2012；刘甜田等，2016；罗时芬等，2011；徐峰，2000；游建刚等，2010；郑万钧，2004。

（编写：曹晓平　摄像：吴光喜）

国家珍稀濒危保护植物	国家珍贵树种	国家重点保护野生植物	中国主要栽培珍贵树种	江西省重点保护野生植物	江西珍贵稀有濒危树种	江西主要栽培珍贵树种	中国植物红皮书	中国物种红色名录	全国极小种群野生植物
				III					

082 无患子

无患子科 Sapindaceae　　别名：肥皂树、木患子

Sapindus mukorossi Gaertn.

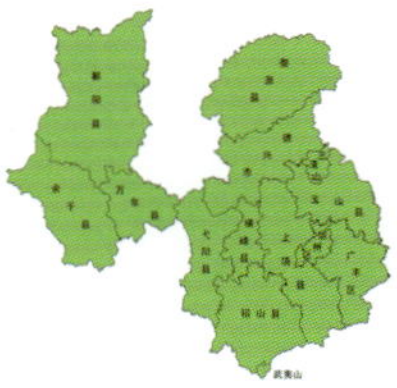

【主要形态与识别特征】

落叶乔木，高可达 20 余米；树皮灰褐色或黑褐色。单回羽状复叶，叶轴上面两侧有直槽；小叶通常近对生，叶片薄纸质，长椭圆状披针形或稍呈镰形；侧脉纤细而密，近平行。花序顶生，圆锥形。核果球形，熟时黄色或棕黄色。种子球形，黑色。花期 6~7 月；果期 9~10 月。

无患子科植物目前开发应用较为广泛的有无患子和栾树，两者也较为相似，主要区别为无患子的果实为核果，一回羽状复叶，具叶柄；栾树为蒴果，一回或部分小叶深裂成不完全二回羽状复叶，无叶柄。

【地理分布与生境】

无患子属约 13 种，分布于美洲、亚洲、大洋洲较温暖地区；各地寺庙、庭院和村边常见栽培。我国 4 种。赣东北 1 种。

无患子产于长江以南，东至台湾，西至湖北西南至四川、贵州，南至广东及海南。浙江金华、兰溪等地区有大量栽培。

【树种特性与受危因素】

喜光，稍耐阴，耐寒能力较强；对土壤要求不严，深根性，抗风力强；不耐水湿，能耐干旱；萌芽力弱，不耐修剪；生长较快，寿命长；对二氧化硫抗性较强。

无患子在医药、日化、水土保持、环保、能源开发等领域均具有良好的开发前景，是优良的园林树种和经济树种。因长期遭受砍伐，现野生资源极为稀少。

【资源现状与典型群落】

赣东北武夷山、广丰铜钹山、德兴、婺源多为零星生长，偶有集中分布。婺源生于石城风景区海拔 519 米的水口林中，树高约 6 米，胸径 36 厘米，树体蘑菇状，生长旺盛；建群种有三角槭、

玉兰、小叶青冈等，无患子处于群落中层。德兴海拔153米山地沟谷两旁杂木林中，土肥深厚，黄壤，带状分布，共21株，平均树高约10米，胸径5~15厘米，与山桐子、小叶青冈等混生，生长良好。现各地广泛栽培。

【主要价值与用途】

观赏价值：冬季，满树叶色金黄，故名黄金树，为彩叶树种之一；秋季，果实累累，橙黄美观，又是绿化的优良观果树种。

生态价值：根深而广，抗逆性强，具有重要的水土保持功能，能有效地固定沙石；抗虫害能力强，还可吸收空气中二氧化硫等有害气体。

药用价值：我国传统的中药材，其根、果可入药，能清热解毒，化痰止咳；花可治疗眼疾；种仁可防口臭；果皮可用于喉痹肿痛、咳喘、食滞等，还可预防头皮屑。近年的药理研究表明，无患子的果实富含皂苷，具有抗菌、抗真菌、抗肿瘤等多种生理活性。

其他价值：无患子的种仁含脂肪、蛋白质，可食用，是极具开发前景的木本生物柴油原料，种仁的油还可用于制作高级润肤剂和润滑油；无患子花味香浓，对蜜蜂具有很大的吸引力，是很好的蜜源植物；无患子的木材含有天然皂素，可自然防虫，亦可用于制作木梳 、雕刻、工艺品等；无患子皂苷对重金属具有广谱的洗脱作用。

【保护与利用建议】

无患子在医药、日化、水土保持、环保、能源等领域均具有很好的开发利用前景，是优良的园林树种和经济树种，人们也已经开始意识到了它的开发价值。

1. 加强良种筛选与快繁研究。将传统的育苗方法与分子生物学等新的技术手段相结合，加快良种培育与快繁技术研究。

2. 深入开展栽培管理技术研究。形成从品种选择、栽培技术、肥水管理、病虫防治等整套系统的规范化、标准化栽培管理技术体系。

3. 注重新产品的研发。重点加强无患子皂苷在化妆品及医药等领域的研发力度。

【参考文献】

黄素梅等，2009；林文荣，2007；刘贵娟等，2013；沈国军等，2009；魏凤玉等，2007；徐启定，2010；张勤等，2012；郑万钧，2004。

（编写：杨森兴　摄像：黄宇潮）

国家珍稀濒危保护植物	国家珍贵树种	国家重点保护野生植物	中国主要栽培珍贵树种	江西省重点保护野生植物	江西珍贵稀有濒危树种	江西主要栽培珍贵树种	中国植物红皮书	中国物种红色名录	全国极小种群野生植物
				II					

083 杜英

杜英科 Elaeocarpaceae　　别名：假杨梅、野橄榄

Elaeocarpus decipiens Hemsl.

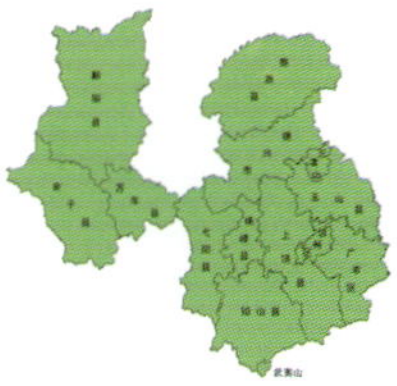

【主要形态与识别特征】

常绿乔木，高可达15米。嫩枝及芽密被微毛。叶革质，披针形或倒披针形，边缘有小钝齿，基部窄而下延，叶片背部脉腋具腺体，叶片上面中脉微凸。总状花序腋生，花序基部无叶片，花梗、花序轴具毛，花白色。果椭圆形，长2~3厘米，无毛，果核具沟纹。花期4~5月。

赣东北共有6种杜英属植物分布，分种检索表如下。

1. 叶柄顶端不膨大：
   2. 嫩枝、芽被毛：
      3. 叶多少为椭圆形，宽3~5厘米，下面被柔毛……………………褐毛杜英 *E. duclouxii*
      3. 叶披针形或倒披针形，宽1.8~3厘米，下面无毛……………………杜英 *E. decipiens*
   2. 嫩枝无毛：
      4. 小枝无条棱；叶柄长1~1.5厘米，叶侧脉5~6对……………山杜英 *E. sylvestris*
      4. 小枝有条棱；叶柄长0.4~0.7厘米，叶侧脉7~8对……秃瓣杜英 *E. glabripetalus*
1. 叶柄顶端膨大：
   5. 叶长6~12厘米，宽3~6厘米，侧脉6~7对，叶柄长2~6厘米………日本杜英 *E. japonicus*
   5. 叶长4~7.5厘米，宽1.3~3厘米，侧脉4~6对，叶柄长1~3厘米………中华杜英 *E. chinensis*

【地理分布与生境】

杜英属约200种，分布于东亚、东南亚及西南太平洋和大洋洲。我国产38种6变种，主要分布于华南及西南地区，分布的最北界到达四川峨眉山，是阔叶常绿林常见的中层乔木。

杜英产于浙江、江西、湖南、福建、台湾、广东、广西、四川、云南；生于海拔400~2000米山区疏林内、灌丛中。日本也有分布。

【树种特性与受危因素】

喜温暖潮湿环境，耐寒性稍差，稍耐阴；根系发达，树干挺直，抗风力强，萌芽力强，耐修剪；喜排水良好、湿润、肥沃的酸性土壤，适生于酸性黄壤和红黄壤山区，生长速度中等偏快；对二氧化硫抗性强。

杜英是一种具有重要经济用途、生态价值又非常适用于园林建设的乡土观赏绿化树种，目前已受到广泛的推广应用。因常遭砍伐采挖，野生资源日趋稀少。

【资源现状与典型群落】

赣东北各地山区均有散生，也有群落分布；多生于山坡、沟谷、山脚和溪旁向阳处，常与木荷、白栎、马尾松、钩锥、栲、甜槠、杨桐、山矾、杜鹃等混生。婺源晓起村后山，山地黄壤，土层深厚，郁闭度 0.9，胸径 65 厘米，树高达 18 米，与樟树、柞树、青冈、冬青组成常绿阔叶林。弋阳朱坑平原山地，共 21 株，平均树高达 17 米，平均胸径约 30 厘米，与竹柏为建群种组成常绿阔叶林群落，灌木层以赤楠为优势种。灵山海拔 260 米村旁风景林，山地黄壤，土层深厚，坡缓，最大胸径达 50 厘米，树高超 20 米，植株总数 50 余株，伴生种有木荷、青冈、苦槠、香椿、梨树等。铜钹山海拔 510 米，双溪口，以典型样地统计，乔木层树种较为丰富，约 20 种，以杜英为优势种，另外还有青冈、红楠、冬青、杨桐、拟赤杨、南酸枣、深山含笑等。

【主要价值与用途】

经济价值：树皮可作染料；木材为栽培香菇的良好段木；果实可食用、药用；种子油可作肥皂和润滑油；根能散瘀消肿，治疗跌打、损伤、瘀肿。

观赏价值：枝叶茂密，树冠圆整，霜后部分叶变红色，红绿相间，颇为美丽；宜于草坪、坡地、林缘、庭前、路口丛植，也可栽作其他花木的背景树，或列植成绿墙起隐蔽遮挡及隔声作用。

生态价值：对二氧化硫抗性较强，也适宜作工厂矿区的绿化树种；对防止尘垢污染，减轻或避免危害都具有明显的作用。

【保护与利用建议】

杜英是近几年开发推广的一种珍贵树种。目前主要应用于园林绿化行业的行道树与庭院树种植，而其药用、材用及生态价值方面的应用研究却显得薄弱，值得关注。

1. 杜英属野生果药用价值的研究。杜英属野生果的利用有悠久的历史，云南当地世居少数民族历来就有生嚼食滇藏杜英、披针叶杜英来治疗口腔溃疡、咽喉肿痛的传统习惯，是一种费用低廉、且无任何毒副作用的治疗方法。据西南林学院(现西南林业大学)林产品分析实验室初步分析，滇藏杜英含较低糖分和一定的脂肪与蛋白，且富含较高维生素 C 和一定的维生素 B_2。

2. 杜英属植物林业用材与生态造林的研究利用。重点研究与多树种混交及丰产栽培与生态防护方面的造林技术，以充分利用空间和营养面积，增强抵御自然灾害的能力，改善立地条件，提高林产品的数量和质量。

3. 关注杜英属野生果的民间特色传统食品与果核工艺品加工的利用研究。

4. 杜英属园艺品种选育及园林应用技术研究，还有广阔的开发利用空间。

国家珍稀濒危保护植物	国家珍贵树种	国家重点保护野生植物	中国主要栽培珍贵树种	江西省重点保护野生植物	江西珍贵稀有濒危树种	江西主要栽培珍贵树种	中国植物红皮书	中国物种红色名录	全国极小种群野生植物
				II					

I 中华杜英

别名：华杜英

Elaeocarpus chinensis（Gardn. et Chanp.）Hook. f. ex Benth.

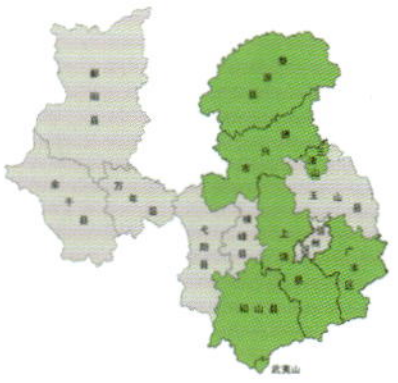

常绿小乔木，高 3~7 米；嫩枝有柔毛，老枝秃净，干后黑褐色。叶薄革质，卵状披针形，先端渐尖，基部圆形，上面绿色有光泽，下面有细小黑腺点，边缘有波状小钝齿；叶柄纤细，顶端膨大。总状花序生于无叶的去年枝条上，长 3~4 厘米，花序轴有微毛；花两性或单性。核果椭圆形，长不到 1 厘米。花期 5~6 月。

为亚热带树种，喜温暖湿润环境，根系发达，树干坚实挺直，抗风力强；在排水良好的酸性黄壤土中生长十分迅速，病虫危害少，被砍伐后，伐根萌芽更生能力极强。

产于广东、广西、浙江、福建、江西、贵州、云南。老挝及越南北部也有分布。赣东北武夷山、广丰铜钹山、三清山、德兴大茅山、婺源等山地阔叶林中有零星分布。德兴低海拔地区的山地林缘及溪边有大树生长；大茅山景区有较大面积的星散分布。

对二氧化硫抗性较强，适宜作工厂矿区的绿化树种；红叶高挂树梢，随风徐徐飘摇，像小鱼群游动般的动感，是值得驻足停留欣赏的植物；适应性强，也可以选择作生态造林的优良树种。

国家珍稀濒危保护植物	国家珍贵树种	国家重点保护野生植物	中国主要栽培珍贵树种	江西省重点保护野生植物	江西珍贵稀有濒危树种	江西主要栽培珍贵树种	中国植物红皮书	中国物种红色名录	全国极小种群野生植物
				II					

II 褐毛杜英

Elaeocarpus duclouxii Gagnep.

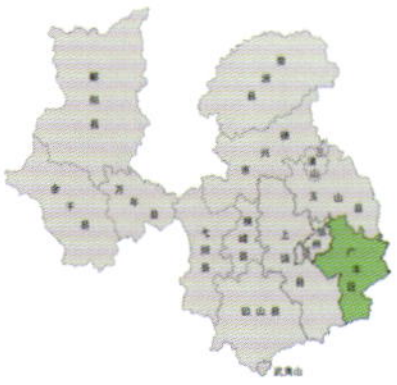

常绿乔木，高 20 米，胸径 50 厘米；嫩枝被褐色茸毛，有稀疏皮孔。叶聚生于枝顶，革质，长圆形，长 6~15 厘米，宽 3~6 厘米，先端急尖，基部楔形，上面深绿色，初时有柔毛，下面被褐色茸毛，侧脉 8~10 对，在上面能见，在下面突起，网脉在上面不明显，在下面稍突起，边缘有小钝齿；叶柄长 1~1.5 厘米，被褐色毛。总状花序常生于无叶的去年枝条上，长 4~7 厘米，纤细，被褐色毛。核果椭圆形，长 2.5~3 厘米，宽 1.7~2 厘米，外果皮秃净无毛，干后变黑色，内果皮坚骨质，厚 3 毫米，表面多沟纹，1 室，种子长 1.4~1.8 厘米。花期 6~7 月。

产于云南、贵州、四川、湖南、广西、广东及江西；生长于海拔 700~950 米的常绿林里。赣东北广丰铜钹山有零星分布，多生于海拔 600~700 米的山地常绿阔叶林缘及路边，以胸径 10 厘米左右的小乔木为主。

褐毛杜英的生物学、生态学习性及价值用途与本属其他杜英种类相似。

国家珍稀濒危保护植物	国家珍贵树种	国家重点保护野生植物	中国主要栽培珍贵树种	江西省重点保护野生植物	江西珍贵稀有濒危树种	江西主要栽培珍贵树种	中国植物红皮书	中国物种红色名录	全国极小种群野生植物
				II					

III 秃瓣杜英

Elaeocarpus glabripetalus Merr. var. *glabripetalus*

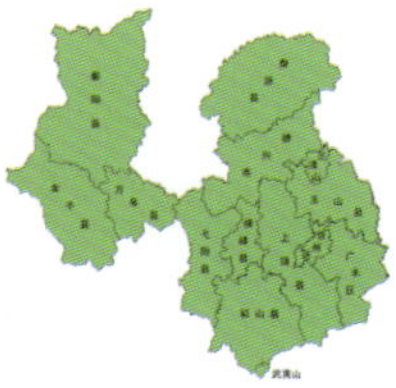

常绿乔木，高可达 12 米；嫩枝秃净无毛，多少有棱，干后红褐色；老枝圆柱形，暗褐色。叶纸质或膜质，倒披针形，长 8~12 厘米，宽 3~4 厘米，先端尖锐，尖头钝，基部变窄而下延，上面干后黄绿色，发亮，侧脉 7~8 对，在下面突起，网脉疏，在上面不明显，在下面略突起，边缘有小钝齿。总状花序常生于无叶的去年枝上，长 5~10 厘米，纤细，花序轴有微毛；花瓣 5 片，白色。核果椭圆形，长 1~1.5 厘米，内果皮薄骨质，表面有浅沟纹。花期 7 月。

中等喜光，深根性，生长迅速；适生于气候温暖、湿润、土层深厚肥沃、排水良好的山坡山脚，中性、微酸性的山地红壤、黄壤上均可生长。

产于广东、广西、江西、福建、浙江、湖南、贵州及云南；生于海拔 400~750 米的常绿阔叶林里。赣东北武夷山、广丰铜钹山、三清山、婺源、横峰有分布。横峰散生于海拔 410 米山谷杂木林缘及林中，西北坡，山地黄壤，多为 10 厘米以下的小乔木，与冬青科、壳斗科及山茶科植物混生。三清山海拔 462 米山地阔叶林中，陡坡，黄红壤，土层深厚，单株，树高 8 米，胸径 12 厘米，与玉兰、厚朴、乳源木莲、木荷、甜槠、杉木、鹿角杜鹃等混生，处于群落中层，生长良好。赣东北各地广泛栽培，主要应用于行道树种植。

木材材质洁白，纹理通直，干燥后易加工，不变形，切面光滑，美观，是家具、胶合板用材；树干端直，冠形美观，是优良的绿化树种，应用很广，苗木市场需求量大；它还是优良的香菇栽培树种。

国家珍稀濒危保护植物	国家珍贵树种	国家重点保护野生植物	中国主要栽培珍贵树种	江西省重点保护野生植物	江西珍贵稀有濒危树种	江西主要栽培珍贵树种	中国植物红皮书	中国物种红色名录	全国极小种群野生植物
				II					

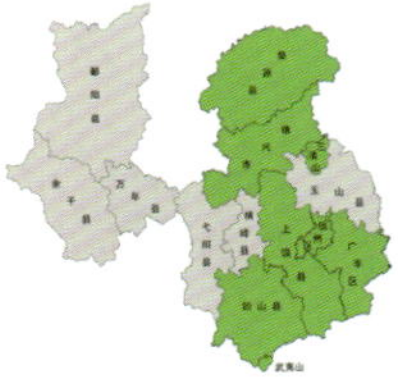

IV 日本杜英

别名：薯豆

Elaeocarpus japonicus Sieb. et Zucc.

常绿乔木，嫩枝秃净无毛；叶芽有发亮绢毛。叶革质，通常卵形，亦有为椭圆形或倒卵形，长6~12厘米，宽3~6厘米，先端尖锐，尖头钝，基部圆形或钝，叶背有多数细小黑腺点，网脉在上下两面均明显；边缘有疏锯齿；叶柄长2~6厘米，顶端膨大。总状花序长3~6厘米，生于当年枝的叶腋内，花序轴有短柔毛；花两性或单性。核果椭圆形，长1~1.3厘米，宽8毫米。花期4~5月。

产于我国长江以南各省区，东起台湾，西至四川及云南最西部，南至海南；生于海拔400~1300米的常绿林中。越南、日本也有分布。长江以南地区有栽培。赣东北武夷山、三清山、广丰铜钹山、上饶县灵山、德兴、婺源有零星分布。灵山海拔800米高山岩石地缝中，树高约10米，胸径为16厘米，生长良好。德兴大茅山海拔300~700米针阔林中，较常见，与甜槠、柯、木荷、杨梅、马尾松、山蜡梅等混生，多为小乔木。

木材纹理直、结构细，木工性能良好，刨面光滑，可供制各种器具；又是放养香菇的理想木材；也宜于草坪、坡地、林缘、庭前、路口丛植，供观赏。

国家珍稀濒危保护植物	国家珍贵树种	国家重点保护野生植物	中国主要栽培珍贵树种	江西省重点保护野生植物	江西珍贵稀有濒危树种	江西主要栽培珍贵树种	中国植物红皮书	中国物种红色名录	全国极小种群野生植物
				II					

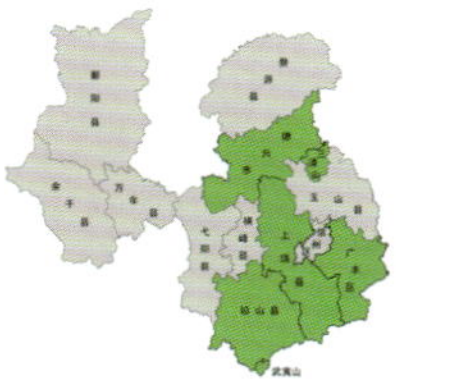

V 山杜英 别名：羊屎树、羊仔树

Elaeocarpus sylvestris（Lour.）Poir.

常绿乔木，最高可达 26 米，胸径 80 厘米；树皮深褐色，平滑不裂；小枝红褐色，幼时疏生短柔毛。叶薄革质，倒卵状长椭圆形，长 4~12 厘米，基部楔形，缘有浅钝齿，脉腋有时具腺体，叶柄长。腋生总状花序，花下垂，花瓣白色。核果椭球形，熟时暗紫色。花期 6~8 月；果 10~12 月成熟。

稍耐阴，喜温暖湿润气候，耐寒性不强，适生于酸性黄壤和红黄壤山区；根系发达，萌芽力强，耐修剪；生长速度中等偏快；对二氧化硫抗性强。

产中国南部，浙江、江西、福建、台湾、湖南、广东、广西及贵州南部均有分布；多生于海拔 1000 米以下的山地杂木林中。赣东北武夷山、广丰铜钹山、三清山、婺源、德兴、玉山等山区有分布。在三清山生于海拔 233 米的常绿阔叶林中，树高达 16 米，胸径为 38 厘米。

枝叶茂密，树冠圆整，树形优美，霜后树叶变红，红绿相间，增添了树态美色，是庭园观赏、四旁绿化、工矿区绿化和防护林优良树种，也是营造生物防火林带和其他水土保持、水源涵养的生态公益林的良好树种；山杜英生长快，材质好，适应性强，繁殖容易，病虫害少，可作为一种速生常绿阔叶商品用材树种；对二氧化硫抗性强，可选作工矿区绿化和防护林带树种；木材暗棕红色，坚实细致，可供建筑、家具及细木工等用材；树皮纤维可造纸，也可提取栲胶；根皮供药用，有散瘀消肿之功效。

【参考文献】

鲍锋，2010；陈家法等，2006；陈碎亮等，2004；李朝智等，2009；廖浩斌等，2012；林洪义，2016；施国良等，2011；温晋强等，2012；杨和健，2007；杨爽等，2012；应叶青等，2009；曾志光等，2003；张德顺等，2004；张学明，2008；张作焕等，2003；郑万钧，1997；周彰仁，2015；朱惜晨等，2001。

（编写：杨森兴　摄像：黄素红）

国家珍稀濒危保护植物	国家珍贵树种	国家重点保护野生植物	中国主要栽培珍贵树种	江西省重点保护野生植物	江西珍贵稀有濒危树种	江西主要栽培珍贵树种	中国植物红皮书	中国物种红色名录	全国极小种群野生植物
				III	III				

084 猴欢喜

杜英科 Elaeocarpaceae　　别名：狗欢喜、破木

Sloanea sinensis（Hance）Hemsl.

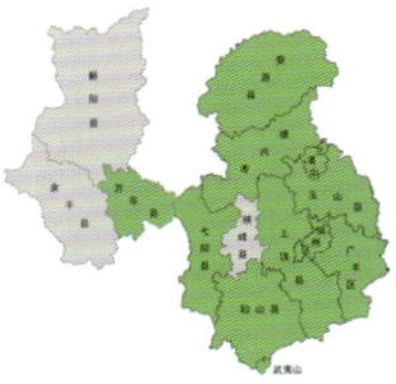

【主要形态与识别特征】

常绿乔木，树冠浓绿，树高可达20米。叶聚生小枝上部，薄革质，形状及大小多变，通常为长圆形或狭窄倒卵形。花单生或数朵生于小枝顶端或叶腋，绿白色，下垂。蒴果木质，外被细长刺毛，卵形，5~6瓣裂，熟时红色，3~7片裂开。种子黑色，有光泽，有黄色假种皮。花期9~11月；果期翌年6~7月。

猴欢喜属与杜英属树种主要区别在于后者为总状花序，核果；前者花单生，簇生叶腋或成顶生圆锥花序，具长梗，蒴果具刺。

【地理分布与生境】

猴欢喜属约120种，分布于热带、亚热带。我国约13种。赣东北仅猴欢喜1种。

猴欢喜产于广东、海南、广西、贵州、湖南、江西、福建、台湾和浙江；生于海拔700~1000米的常绿林里。越南也有分布。

【树种特性与受危因素】

偏阳性树种，不耐干燥，喜温暖湿润气候，在天然林中长居于林冠中下层，在深厚、肥沃排水良好的酸性或偏酸性土壤上生长良好；深根性，侧根发达，萌芽力强。

猴欢喜树姿端正，果形奇特，开裂后鲜艳如花，是珍贵的园林绿化观果、观叶树种；木材坚重，材质优良，也是值得推荐的理想乡土绿化用材树种。因不少地方盲目采挖，现资源缺乏。

【资源现状与典型群落】

赣东北武夷山、广丰铜钹山、婺源、三清山等各地山区有分布；生于海拔1000米以下的沟谷、山坡和溪流两岸地带，多呈星散分布，偶有群落出现。婺源大鄣山景区“叠泉”两侧的陡峭山崖间，生长着数十株大树，其中，最大的一株胸径为30厘米，树高12米，枝繁叶茂，有近百年的树龄。铜钹山自

然保护区猴欢喜林小片状分布于沟谷或避风山坡，立地条件为土壤深厚、肥沃、排水良好的山地黄壤，平均胸径约为25厘米，树高为10~20米，主要伴生种有杜英、刨花润楠、青冈、野含笑、薄叶润楠、野漆树、拟赤杨、南酸枣等。武夷山西坑、大坑有分布，生于海拔900~1200米沟谷两旁及常绿阔叶林中。

【主要价值与用途】

材用价值：生长较快，木材光泽美丽，纹理通直，强韧硬重，耐水湿，是优良的硬阔叶树种。

观赏价值：树形美观，四季常青，尤其红色蒴果，外被长而密的紫红色刺毛，外形近似板栗的具刺壳斗，颜色鲜艳，在绿叶丛中，满树红果，生机盎然，非常可爱，当果实开裂后，则露出具有黄色假种皮的种子，更增添了色彩美，是以观果为主，观叶与观花为辅的常绿观赏树种。

其他价值：树皮和果壳含鞣质，可提取栲胶；种子含油脂；为栽培香菇的优良原料。

【保护与利用建议】

猴欢喜为赣东北重要的珍贵乡土树种，资源丰富，苗木繁殖技术成熟，对其资源的保护利用，应重点加强其应用研究与开发。

1. 加强混交造林技术研究。①有研究证明，猴欢喜林冠下造林成活率高，与马尾松等其他树种混交造林效果好。②可充分利用赣东北丘陵马尾松林面积广的条件，开展混交林试验研究，改善马尾松林的立地，提高森林质量。③可营造作为培育绿化大苗兼用材林为经营目标的混交林。

2. 加快园林观赏价值应用研究与推广。①建立苗木基地，开展大苗培育技术研究，增加资源总量。②结合山上造景工程建设，营造片林或混交景观林。③不断拓宽其他园林应用范围，促进资源的充分利用。

【参考文献】

傅家祥等，2014；江西省上饶地区林业科学研究所，1983；倪味咏等，2003；郑万钧，1983；朱报著等，2005。

（编写：林昌勇　摄像：曹晓平）

国家珍稀濒危保护植物	国家珍贵树种	国家重点保护野生植物	中国主要栽培珍贵树种	江西省重点保护野生植物	江西珍贵稀有濒危树种	江西主要栽培珍贵树种	中国植物红皮书	中国物种红色名录	全国极小种群野生植物
	II								

085 椴树

椴树科 Tiliaceae　别名：千层皮、青科榔

Tilia tuan Szyszyl.

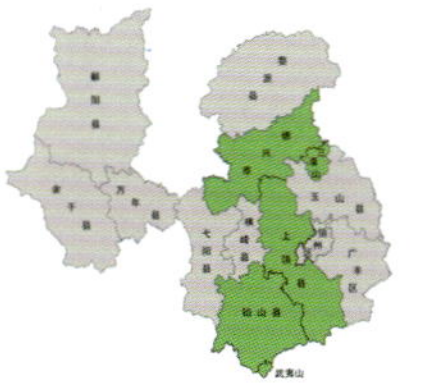

【主要形态与识别特征】

落叶乔木，高 20 米；树皮灰色，直裂；小枝近秃净。叶卵圆形，基部单侧心形或斜截形，边缘上半部有疏而小的齿突。聚伞花序长 8~13 厘米，无毛。果实球形，无棱，有小突起，被星状茸毛。花期 7 月；果熟 10 月。

本种与华东椴等其他椴树的主要区别在于后者叶片具明显锯齿。

【地理分布与生境】

椴树属约 80 种，主要分布于亚热带和北温带。我国有 32 种，主产黄河流域以南，五岭以北广大亚热带地区，只有少数种类到达北回归线以南、华北及东北。赣东北约 6 种。

椴树主产于江苏、浙江、福建、陕西、湖北、四川、云南、贵州、广西、湖南、江西等省区；常散生于阔叶林内。

【树种特性与受危因素】

适生于深厚、肥沃、湿润的土壤，山谷、山坡均可生长；深根性，生长速度中等，萌芽力强；喜光，幼苗、幼树较耐阴，喜温凉湿润气候；椴树对土壤要求严格，喜肥、排水良好的湿润土壤，不耐水湿沼泽地，耐寒，抗毒性强，虫害少。

椴树作为中国的主要蜜源植物，为全国养蜂生产的发展起到了重要作用。从 20 世纪 70 年代开始，在大肆掠夺性采伐过程中，椴树资源受到严重威胁。由于只砍不造、不育，人为地毁掉了宝贵的财富，资源已面临危机。

【资源现状与典型群落】

赣东北武夷山、上饶县灵山、德兴大茅山等地有分布，多生于海拔 1000 米以下的沟谷、山坡和溪流两岸；常与青冈、木荷、大叶冬青、朴树、山槐、拟赤杨、紫楠、浙江柿、厚壳树等混生。灵山海拔 1000 米的山地悬崖处，有小片状分布，

植株多为小乔木状，高为5~12米，胸径5~8厘米，与槲栎、银钟花、粉叶柿、短柄枹栎等混生。梧风洞景区海拔700~900米高山有部分散生；生长于深谷悬崖的两株椴树，胸径分别为15厘米和约60厘米；调查正值挂果季节，果实丰富。

【主要价值与用途】

经济价值：花具蜜腺，芳香，为优良蜜源树种；枝皮纤维可制麻袋、拧绳索、制人造棉，亦可做火药导引线，编织草鞋；花可提取芳香油；材质白而轻软，为优良用材树种，素有“阔叶红松”之称。

药用价值：性味苦、温，具祛风除湿、活血止痛、止咳功效。

观赏价值：树形美观，花朵芳香，对有害气体的抗性强，可作园林绿化树种。

其他价值：椴花蜜色泽晶莹，醇厚甘甜，结晶后凝如脂，白如雪，别有风味，素有白蜜之称；椴花茶是欧洲人经常消费的饮料，它的功能是安神，有助睡眠。

【保护与利用建议】

1. 椴树是国家珍贵树种，也是重要的蜜源经济树种之一，加强现有资源的重点保护，严禁乱砍滥伐是资源开发利用的前提和条件。

2. 加大资源培育，建立育种基地和营造大面积的人工林。①把椴树作为退耕还林、绿化环境与植树造林的主要目的树种进行推广种植。②可开展山地混交造林树种选择与造林技术研究，提高森林质量。

【参考文献】

董会书等，2011；胡清坡等，2012；姜德成，2007；杨玉华，2013；郑万钧，1997。

（编写：曹晓平　摄像：林上明、方宏）

国家珍稀濒危保护植物	国家珍贵树种	国家重点保护野生植物	中国主要栽培珍贵树种	江西省重点保护野生植物	江西珍贵稀有濒危树种	江西主要栽培珍贵树种	中国植物红皮书	中国物种红色名录	全国极小种群野生植物
				III	III				

086 密花梭罗

梧桐科 Sterculiaceae　别名：梭罗树

Reevesia pycnantha Ling

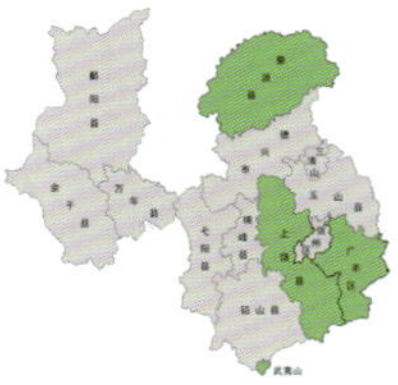

【主要形态与识别特征】

落叶乔木，高 6~10 米；小枝具条纹。叶薄纸质，倒卵状矩圆形，长 8~12 厘米，宽 2.5~5 厘米，顶端急尖或渐尖，基部圆形或不明显的心形，全缘，稀在近基部有小齿牙。聚伞状圆锥花序密生，顶生，长达 5 厘米，有多花，被红褐色星状短柔毛；花瓣 5 片，浅黄色，长匙形。蒴果椭圆状梨形，密被淡黄褐色短柔毛。花期 5~7 月。

密花梭罗与两广梭罗的主要区别在于后者花瓣白色，叶革质，常绿树种。

【地理分布与生境】

梭罗树属约 18 种，主要分布在我国南部、西南部和喜马拉雅山东部地区。我国有 14 种 2 变种，产广东、广西、云南、贵州、四川、湖南、福建、江西和台湾。赣东北 2 种。

密花梭罗主产福建将乐、三明和江西石城；生于海拔 280 米地带杂木林中和林缘。

【树种特性与受危因素】

喜阳光充足和温暖环境，耐半阴，耐湿；土壤需排水良好、肥沃深厚；冬季温度不低于 -8℃。

梭罗树属树种是在南亚和海峡两岸富有神话色彩的树木，素有“仙树”之称；其观赏价值高、有香气、木质硬、韧性强，并具有多种药用功能，是一种开发潜力极大的珍贵树种。因分布范围窄，常遭人为砍伐，现资源贫乏。

【资源现状与典型群落】

赣东北婺源、广丰铜钹山、武夷山等地有分布。婺源分布较为普遍，主要散生于山地阔叶次生林中，以小乔木为主，村旁及风水林中有残存的大树；江湾海拔 180 米村旁后山缓坡山地，土层肥沃、深厚，树高达 18 米，一蔸 2 株，高大乔木，地径 1.3 米，2 株胸径分别为 80 厘米和 60 厘米，枝繁叶茂，大树被络石等藤本寄生，当地已挂牌保护，目前生长状况良好；溪头乡海拔 325 米风水阔叶林缘溪边，平地，沙壤，土层深厚，呈小片状集中分布，共 5 株，最大胸径 35 厘米，树高 16 米，与枫香、苦槠、青冈等混生，长势均良好；其他分布区仅极少数散生。

【主要价值与用途】

观赏价值：桫罗树属树种白色密花盛开时，好似雪盖满树，幽香宜人，具有很高的绿化观赏价值。

药用价值：桫罗树属树种果实、花、叶、树皮富含三萜皂苷（七叶皂苷）类成分，表明其具有显著的生物活性，具有抗炎、抗渗出、消肿的作用，广泛用于治疗血液循环障碍和风湿病等。

【保护与利用建议】

1. 开展引种栽培试验研究。南京中山植物园宾馆旁引种栽培有一株高大的桫罗树乔木，生长得十分旺盛；上海也早有人引种栽培，虽不像南京那样高大，但生长也表现良好；庐山植物园 1978 年就从广东引种栽培密花桫罗，几十年生长发育正常，并于 2004 年已开花结籽。这足以说明桫罗树属树种的适应性较强，引种开发潜力大。

2. 扩大人工种植规模。湖北神农架林区已出台了《全力支持发展桫罗树产业的意见》，林区政府决定打造世界上最大的桫罗树基地。

【参考文献】

徐颂军，2002；虞志军等，2006；郑万钧，1997；中国植物志编辑委员会，1984。

（编写：洪元华　摄像：黄素红）

国家珍稀濒危保护植物	国家珍贵树种	国家重点保护野生植物	中国主要栽培珍贵树种	江西省重点保护野生植物	江西珍贵稀有濒危树种	江西主要栽培珍贵树种	中国植物红皮书	中国物种红色名录	全国极小种群野生植物
					III				

087 中华猕猴桃

猕猴桃科 Actinidiaceae　别名：猕猴桃、阳桃

Actinidia chinensis Planch.

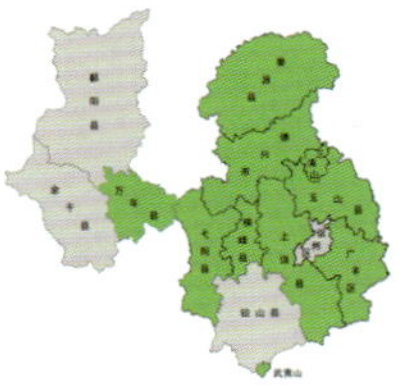

【主要形态与识别特征】

大型落叶藤本；幼枝或厚或薄地被有灰白色茸毛或褐色长硬毛或铁锈色硬毛状刺毛；花枝长短变化大。叶纸质，倒阔卵形至倒卵形或阔卵形至近圆形，顶端截平形并中间凹入或具突尖，边缘具直伸的睫状小齿，腹面深绿色，背面苍绿色，密被灰白色或淡褐色星状绒毛。聚伞花序1~3花，花初放时白色，放后变淡黄色，有香气。果黄褐色，近球形。

本种与长叶猕猴桃较近缘，两者的主要区别为后者枝和叶柄近秃净或被少量刚状硬毛，叶条状长圆形，叶基部圆钝，叶背叶脉完全无毛。

【地理分布与生境】

猕猴桃属54种以上，产亚洲，分布于马来西亚至西伯利亚东部地带。我国是优势主产区，有52种以上，集中产地是秦岭以南和横断山脉以东的大陆地区。赣东北约18种。

中华猕猴桃广泛分布于长江流域，大约在北纬23°~24° 的亚热带山区，如河南、陕西、湖南、江西、四川、福建、广东、广西、台湾等地区；多生于林缘、溪旁、路边潮湿地带。

【树种特性与受危因素】

生长旺盛，叶大而稠，因而对水分及空气湿度要求严格，不耐涝，长期积水会导致萎蔫枯死；喜土层深厚、肥沃、疏松的腐殖质土和冲积土，在酸性及微酸性土壤上生长较好；成年树虽喜阴湿，但又要攀缘于树干高处，接受阳光，方能生长强壮。

中国特有藤本果种，其栽培和利用至少有1200年历史，是一种闻名世界、富含维生素C等营养成分的水果和食品加工原料。因长期遭受民间采挖，资源日渐稀少。

【资源现状与典型群落】

赣东北各地山区均有零星分布。德兴梧风

洞风景区海拔215米路边毛竹林缘，土层湿润、肥沃、深厚，沙质壤土，地径5厘米，高达18米，攀附于一株毛竹顶上，生长十分旺盛。武夷山海拔900~1400米，沟谷溪旁、杂木林缘及林中，分布较常见，生长均良好，果实硕大。

【主要价值与用途】

食用价值：口感甜酸、可口，风味极佳，果实除鲜食外，也可以加工成各种食品和饮料，具有丰富的营养价值，是高级滋补营养品。

药用价值：全身是药。果，调中理气，生津润燥，解热除烦；根、根皮，清热解毒，活血消肿，祛风利湿；枝、叶，清热解毒，散瘀，止血；藤，和中开胃，清热利湿。

【保护与利用建议】

猕猴桃的驯化栽培被认为是近代由野生到人工商品化栽培最成功的植物驯化范例。我国自1978年开展全国猕猴桃植物野生资源普查以来，经过近40年的发展，充分利用自己的资源优势大步追赶世界先进水平，现已成为世界栽培面积第一、产量第二的猕猴桃生产大国。尽管如此，我国猕猴桃产业发展中仍存在着一系列问题。要壮大猕猴桃产业，仍需从以下几方面采取对策。

1. 引进和培育优良品种，改善品种结构。所选择品种具一定的抗性、枝叶旺盛、耐贮藏；品种布局保障早、中、晚熟，果肉丰富，以满足不同需求。

2. 完善产业技术体系，推行标准化，促进猕猴桃健康生产。

3. 壮大龙头企业，推动产业发展。以技术为先导、基地为依托，有选择、有目的地对经济实体进行培养，促使企业、合作社与种植、销售大户成为产业主体，以带动产业发展。

4. 建立新“市场、信息、营销”三体系信息化网络，完善猕猴桃产业服务体系。

5. 加大科技资金投入力度，打造猕猴桃品种品牌。

6. 挖掘猕猴桃产业文化，发展猕猴桃果业生态观光游。

【参考文献】

陈晓晓等，2009；吴永红等，2013；熊文玉等，2016；中国植物志编辑委员会，1984。

（编写：曹晓平　摄像：黄宇潮）

国家珍稀濒危保护植物	国家珍贵树种	国家重点保护野生植物	中国主要栽培珍贵树种	江西省重点保护野生植物	江西珍贵稀有濒危树种	江西主要栽培珍贵树种	中国植物红皮书	中国物种红色名录	全国极小种群野生植物
				III	III				

088 浙江红山茶

山茶科 Theaceae　别名：红花油茶、大茶树

Camellia chekiangoleosa Hu

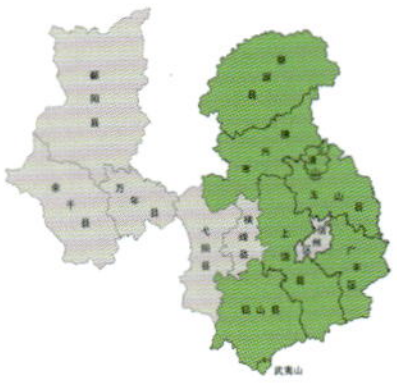

【主要形态与识别特征】

常绿小乔木，树高可达 10 米。叶革质，正面深绿色，有蜡质感且发亮，背面浅绿色，边缘 3/4 具细锯齿。花红色，顶生或腋生单花，无柄。果卵球形，顶有短喙。花期 4 月；果期 8~9 月。

在具有红色、大花的红山茶组里，本种与山茶很接近。浙江红山茶花朵较大，苞及萼片 14~16 片，叶长于 10 厘米；山茶的花朵较小，苞片及萼片只有 9~10 片，叶短于 10 厘米。

【地理分布与生境】

山茶属约 20 组，共 280 种，分布于东亚北回归线两侧。我国有 238 种，以云南、广西、广东及四川最多。赣东北约 10 种。

浙江红山茶产浙江、安徽、江西、福建、湖南；生于海拔 500~1000 米的山地林中或林缘。模式标本采自浙江开化。

【树种特性与受危因素】

为南亚热带树种，性喜温暖多湿，不耐寒冷；对土壤的要求不高，一般肥力中等的酸性土壤，均可生长良好；较能耐旱，可在荒山种植；喜弱光，幼时耐荫庇，大树需充足阳光，才能正常开花结果；生长较慢，30 年生胸径 6~10 厘米，10 年生开始结果；萌芽性强，抗病能力强。

浙江红山茶是重要的木本油料与园林观赏树种，也是我国栽培油茶的主要种群之一和食用、药用、观赏、绿化价值较高的山茶优良品种。因生态环境破坏、分布范围窄、人工培育少，现资源贫乏。

【资源现状与典型群落】

赣东北武夷山、三清山、广丰铜钹山、德兴、婺源等地山区均有分布。三清山海拔 800~1000 米的山地阔叶林中有小片天然林，生于青冈、缺萼枫香（*Liquidambar acalycina*）、南酸枣、红楠、山桐子、水青冈等组成的阔叶林的中

下层，生长良好。婺源红花油茶集中分布于东北各乡镇的高海拔地区，其中江湾大、小敛村的红花油茶与白花油茶混交生长，面积达 2000 余亩，在当地村民长期的精心抚育与管护下，目前树体生长得非常旺盛，产籽量多。武夷山主要生于海拔 1000~1400 米的山谷林缘及阔叶林中，树体高大，产果量较多。德兴十八亩段海拔 700~800 米地带有较大面积的天然林分布，集中分布区面积达万亩，植株多为百年以上的古树和大树，生长十分旺盛；每当鲜花盛开的季节，便成了花的海洋，十分壮观。

【主要价值与用途】

观赏价值：树形优美，叶色深绿，早春开花，红艳美丽，宜在园林中栽培观赏。

经济价值：种子含油量 28%~35%，为产区海拔 600 米以上的重要油料树种；果壳可提制栲胶、制碱及烧制活性炭等；花、叶可提取茶精。

生态价值：抗污染能力强，对二氧化硫抗性强，抗氟化氢和吸氯能力也很强，是碳汇的优良树种。

【保护与利用建议】

赣东北在浙江红山茶开发利用方面做得比较成功的是德兴的红花茶油品牌，目前已得到了地理标志产品的认定。但从整体上来说，资源的保护还未引起足够重视，其人工种植还远未得到推广，树种综合开发利用研究有待加强。

1. 积极开展原生浙江红山茶群落的资源调查、建档、抚育管理及复壮等保护工作。

2. 由于浙江红山茶人工栽培的历史较短，野生性尚较强，开花结实不很稳定，应注重资源收集、良种选育。

3. 浙江红山茶对土壤的要求不高，一般肥力中等的酸性土壤，均可生长良好，较能耐旱，可加强对种植适宜区域的宣传，扩大人工种植规模，结合旅游观光开发，打造地方特色品种与旅游产业。

4. 浙江红山茶须根少，大苗移栽较难成活，可开展园林绿化容器大苗培育等相关技术研究。

【参考文献】

李世成，2008；谢胤等，2017；杨亮源，2004；郑万钧，1997。

（编写：陈慧　摄像：黄宇潮、温强）

国家珍稀濒危保护植物	国家珍贵树种	国家重点保护野生植物	中国主要栽培珍贵树种	江西省重点保护野生植物	江西珍贵稀有濒危树种	江西主要栽培珍贵树种	中国植物红皮书	中国物种红色名录	全国极小种群野生植物
				III					

089 山茶

山茶科 Theaceae　　别名：山茶花、茶花

Camellia japonica L.

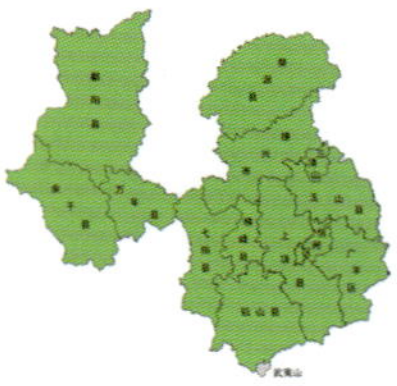

【主要形态与识别特征】

常绿灌木或小乔木，高 9 米；嫩枝无毛。叶革质，椭圆形，长 5~10 厘米，宽 2.5~5 厘米，先端略尖，或急短尖而有钝尖头，基部阔楔形，上面深绿色，下面浅绿色，边缘具细锯齿。花顶生，红色，无柄；苞片及萼片约 10，组成杯状苞被，半圆形至圆形。蒴果球形。花期 1~5 月；果期 9~10 月。

山茶与浙江红山茶的花均为红色，两者较相似，其主要区别可参阅浙江红山茶树种的描述。

【地理分布与生境】

山茶属树种的地理分布，可参阅浙江红山茶树种的描述。

山茶产于山东、江西、四川、广西、广东、福建、台湾。日本也有分布。四川、台湾、山东、江西等地有野生种。

【树种特性与受危因素】

常绿灌木或小乔木，喜半阴、忌烈日，喜温暖气候，略耐寒，一般品种能耐 -10℃的低温；耐暑热，喜空气湿度大，忌干燥，喜肥沃、疏松的微酸性土壤；一年有 2 次枝梢抽生，花期长，多数品种为 1~2 个月，单朵花期一般为 7~15 天，花期 2~4 月。

山茶是世界名贵花木，也是我国传统十大名花之一。原产中国，现各地广泛栽培。因生境破坏，人为乱伐，山茶野生资源极少。

【资源现状与典型群落】

赣东北三清山原石阶路旁的阔叶树林缘有零星野生分布。上饶县华坛山镇位于海拔 300~600 米的山地杂木林中有集中成片分布的天然林，开花季节，满山红花，尽收眼底，主要伴生树种有乌冈栎（*Quercus phillyraeoides*）、山乌桕、青冈、甜槠等。

【主要价值与用途】

观赏价值：树冠多姿，叶色翠绿，花大艳丽，

枝叶繁茂，四季常青，开花于冬末春初万花凋谢之时，尤为难得。

药用价值：以根、花入药，功能主治收敛凉血、止血。

生态价值：山茶花对二氧化硫、硫化氢、氯气、氟化氢、铬酸雾气等有害气体有较强抗性，适用于有害气体污染的工厂区绿化，可起保护环境、净化空气的作用。

其他价值：①山茶鲜花美食。鲜丽的山茶花是山茶树的精华，花瓣中含有丰富的多种维生素、蛋白质、脂肪、淀粉和各种微量的矿物质等营养物质，还含有高效的生物活性物质。②山茶是重要的蜜源植物。中国分布的大量白花油茶、红花油茶和各种山茶花，是冬季、春季主要的蜜源植物，而且具有花期长、蜜质香甜的特点。③山茶是重要的油料植物。它们的种子，几乎都含有丰富的不饱和脂肪油，俗称茶子油，成为中国最重要的木本油料植物之一。

【保护与利用建议】

山茶系我国传统名花，早在唐、宋已有山茶花的栽培，距今已有近千年的历史。经过人们长期培育，积累了丰富的栽培经验，培育了上千个山茶花品种。

赣东北山茶资源十分稀少，由于缺乏系统的资源家底普查，使得山茶资源保护与利用不力，一直处于自生自灭状态，再加上乱砍、滥伐、乱移栽等行为，使珍稀野生山茶资源数量日渐减少，严重威胁着其种质安全。

1. 积极开展山茶资源本底调查，建立资源资料库，划定原生自然保护区域。

2. 严禁采挖移植，保护好野生居群及母树，加强对幼树的抚育管护。

3. 开展引种驯化试验与迁地保护研究，培育具有自主知识产权的山茶花新品种，扩大繁育种植，同时引入植物园、树木园栽培，保存种质。

【参考文献】

李纪元等，2002；林施沉，2004；王奎玲等，2007；张艳芳等，2012；郑万钧，1997。

（编写：陈慧　摄像：曹晓平）

国家珍稀濒危保护植物	国家珍贵树种	国家重点保护野生植物	中国主要栽培珍贵树种	江西省重点保护野生植物	江西珍贵稀有濒危树种	江西主要栽培珍贵树种	中国植物红皮书	中国物种红色名录	全国极小种群野生植物
				III					

090 红淡比

山茶科 Theaceae　　别名：杨桐、红淡

Cleyera japonica Thunb.

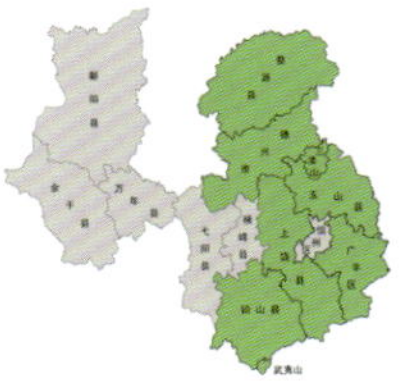

【主要形态与识别特征】

常绿小乔木或灌木，高 2~10 米，全株无毛；顶芽大，长锥形，长 1~1.5 厘米，无毛；嫩枝褐色，略具二棱，小枝灰褐色，圆柱形。叶革质，长圆形或长圆状椭圆形至椭圆形，全缘。花常 2~4 朵腋生；花瓣 5，白色。果实圆球形，成熟时紫黑色。花期 5~6 月；果期 10~11 月。

本种与厚叶红淡比的区别是后者叶下面被红色腺点，叶缘有锯齿，侧脉明显，约 20 对以上；前者叶下面无红色腺点，叶全缘，边缘稍反卷。

【地理分布与生境】

红淡比属约 24 种，分布于亚洲东南部及中美洲的墨西哥和安的列斯群岛等地。中国有 8 种 6 变种，广布于长江流域以南各地，主要分布在广东、广西。赣东北 2 种。

红淡比产于长江以南各地，西至云南，东至台湾；多生于海拔 200~1200 米的山地、沟谷林中或山坡沟谷溪边灌丛中或路旁。朝鲜、日本、印度、缅甸也有分布。

【树种特性与受危因素】

红淡比喜湿耐阴，怕积水，对立地条件要求较高，造林地以选择低山丘陵土壤肥沃、深厚、潮润的山坡、山谷两侧及冲积地为宜。因常遭砍伐与不合理利用，资源日渐稀少。

【资源现状与典型群落】

赣东北武夷山、广丰铜钹山、三清山、德兴、婺源等山区均有零星分布。德兴梧风洞景区海拔 150~650 米的山地黄壤阔叶林中或林缘、路边、溪旁，有较大面积的星散分布，与四照花、厚皮香、中华杜英、尾叶冬青、虎皮楠、红楠、赛山梅、青冈、拟赤杨、甜槠等混生。三清山生于海拔 1000 米以下的常绿阔叶林下或山谷、溪旁。

【主要价值与用途】

柔和的白色和着淡淡绿色的小花散发着阵阵幽香，怡心怡神，极具观赏价值；同时也是很好的蜜源植物。

【保护与利用建议】

红淡比目前还没得到引种开发，相关栽培技术资料和经验也较少，可积极开展苗木繁育试验，扩大种植。

【参考文献】

江西省林木种苗和林场管理局，2011；郑万钧，1997；中国植物志编辑委员会，1998。

（编写：陈慧　摄像：周建荣）

国家珍稀濒危保护植物	国家珍贵树种	国家重点保护野生植物	中国主要栽培珍贵树种	江西省重点保护野生植物	江西珍贵稀有濒危树种	江西主要栽培珍贵树种	中国植物红皮书	中国物种红色名录	全国极小种群野生植物
				III					

091 天目紫茎

山茶科 Theaceae　别名：赤脖树、野茶子

Stewartia gemmata Chien et Cheng

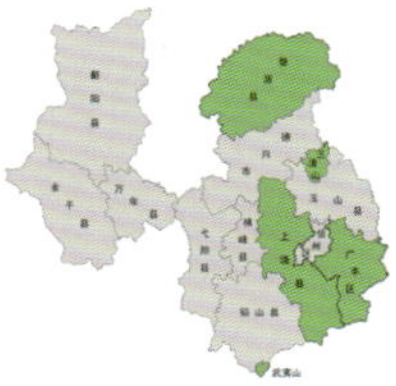

【主要形态与识别特征】

落叶小乔木，树高6~12米；树皮红褐色或黄褐色，平滑，呈片状剥落；嫩枝有柔毛；顶芽长卵形，有苞片5~7片，被茸毛。叶纸质，椭圆形，先端渐尖，基部楔形，下面有稀疏柔毛，中脉密生茸毛，边缘有疏而钝的锯齿。花白色，单生于叶腋，基部与花柄均有长丝毛。蒴果长卵形，被毛，宿存花柱伸长。花期5~6月。

本种一度被归并入紫茎 *S. sinensis* Rehd. et Wils.，其实本种的芽苞5~7片，蒴果长卵形，宽不过1.2~1.5厘米；而后者的芽苞为2~3片，蒴果近球形，宽达2厘米，二者有明显区别。

【地理分布与生境】

紫茎属共有15种，分布于东亚及北美的亚热带。我国有10种，日本及朝鲜3种，北美东部2种。赣东北有紫茎、天目紫茎及长柱紫茎3种。

天目紫茎产于江西、浙江天目山和安徽、湖南等省；生于海拔900~1500米的山地杂木林中。模式标本采自浙江天目山。

【树种特性与受危因素】

中性喜光的深根性树种，要求凉润气候，适宜生长于土层深厚和疏松肥沃的酸性红黄壤或黄壤；树高及胸径的平均生长量，均以前期较大，以后随着树龄增长而缓减，但生长量均衡，变幅小；材积生长，前、中期增长较慢，后期增长快。

天目紫茎作为特殊的观赏树木和优质木材树种，拥有极大的市场。由于植被不断被破坏，加上天然更新力差，繁育速度慢，资源已日益枯竭。

【资源现状与典型群落】

赣东北武夷山、三清山、上饶县灵山、广丰铜钹山、弋阳等地有生长，以星散分布为主，偶有小面积的天然居群。武夷山海拔1100~1600米，零星分布，最大胸径可达50厘米，生于山谷、沟边、山坡腹地，常与水青冈、瘿椒树、苦木、缺萼枫香、

鹅耳枥、交让木、华东山柳（*Clethra barbinervis*）等混生。灵山海拔 1050 米西南坡游步道旁生长着一株奇异的千年古木，共 23 头，形成“一树成林”的奇特景观。三清山巨蟒出山景点附近海拔 1200 米的山谷，有小片天然林群落，最大胸径为 26 厘米。铜钹山海拔 1250 米，上坡，郁闭度为 0.8，乔木层主要优势种为台湾松，平均高约 14 米，伴生种有化香、红枝柴、鹅耳枥、山樱花、木荷、枫香等，灌木层以满山红为优势种。

【主要价值与用途】

观赏价值：树姿灵巧、活泼高雅华丽，树皮片状脱裂，内皮棕黄光洁，斑驳奇丽，花白瓣黄蕊，清秀淡雅，宜与常绿树种配植于厅堂之前，草坪一角，颇为悦目或作行道树行栽，具喜庆气氛。

经济价值：材质坚重，经久耐用，色泽美丽，为制造家具的优良用材；种子榨油可食用或制皂和制润滑油；根、果可入药。

【保护与利用建议】

该种在自然分布点的三清山、灵山、武夷山、铜钹山等地已建立自然保护区或风景名胜区，并已制订管理条例，严密管护区内的珍稀植物。建议当地有关部门采取措施，在加强保护的同时，应积极开展人工繁殖栽培。

1. 采种造林。从壮健母树上采种，种子采集后用湿沙贮藏，次年春天播种；用 2~3 年生实生苗造林；造林地宜选择海拔较高的山区，以东北坡为好。

2. 研究快繁技术。由于天目紫茎的种子繁殖受到较大的制约（采集健壮种子受限，种子发芽率受限），不能快速繁育大批苗木，且培育的实生苗木性状差异大，不适合大面积育林生长，研究高效快繁技术可以选取性状优异，生长速度快的植株作为母株，快速繁育出大量的性状整齐的苗木，解决产业化的瓶颈问题。

国家珍稀濒危保护植物	国家珍贵树种	国家重点保护野生植物	中国主要栽培珍贵树种	江西省重点保护野生植物	江西珍贵稀有濒危树种	江西主要栽培珍贵树种	中国植物红皮书	中国物种红色名录	全国极小种群野生植物
III				III	III		VU	VU	

紫 茎

别名：马骝光、帽兰

Stewartia sinensis Rehd. et Wils.

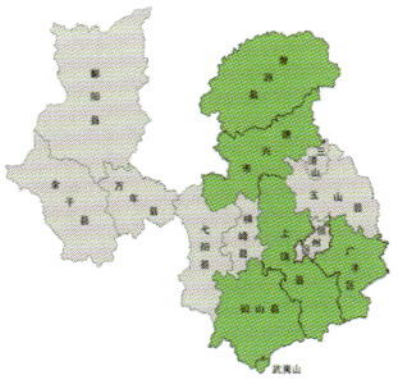

落叶灌木或小乔木，树皮红褐色或黄褐色，平滑，呈片状剥落；嫩枝初时有柔毛，后变无毛，小枝红褐色或灰褐色，顶芽苞片2~3片。叶互生，纸质，椭圆形或长圆状椭圆形，叶柄带紫红色。花单朵腋生，白色。蒴果圆球形或近卵圆形至圆锥形；种子长圆形，亮褐色。花期6~7月；果期9~10月。

分布于河南、安徽、浙江、江西、湖北、湖南、广西、贵州、四川及云南部分地区海拔600~1900米常绿阔叶林或常绿阔叶与落叶阔叶混交林中或林缘。赣东北武夷山、广丰铜钹山有零星分布。紫茎的生物学与生态学特性与天目紫茎相似。

紫茎为我国特有的残遗植物，对研究东亚—北美植物区系有科学意义；木材坚实耐用；根皮、茎入药；种子油可食用或制肥皂及润滑油。

【参考文献】

傅立国，1992；江西省上饶地区林业科学研究所，1983；汪松等，2004；郑万钧，1997。

（编写：曹晓平　摄像：林上明、方宏）

国家珍稀濒危保护植物	国家珍贵树种	国家重点保护野生植物	中国主要栽培珍贵树种	江西省重点保护野生植物	江西珍贵稀有濒危树种	江西主要栽培珍贵树种	中国植物红皮书	中国物种红色名录	全国极小种群野生植物
				III					

092 厚皮香

山茶科 Theaceae　别名：猪血柴

Ternstroemia gymnanthera（Wight et Arn.）Beddome

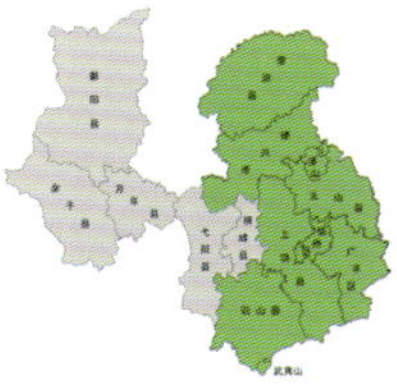

【主要形态与识别特征】

常绿小乔木，高可达 15 米，胸径 40 厘米；树皮灰褐色，平滑；嫩枝浅红褐色或灰褐色。叶革质或薄革质，通常聚生于枝端，叶片椭圆形、椭圆状倒卵形至长圆状倒卵形，边全缘，稀上半部疏生浅疏齿，上面深绿色或绿色，下面浅绿色。花淡黄色。果球形。种子成熟时肉质假种皮红色。花期 5~7 月；果期 8~10 月。

厚皮香与华南厚皮香的主要区别为后者叶片肉质，卵形，叶中脉在上面隆起，网脉清晰，背面具黑色腺点。

【地理分布与生境】

厚皮香属约 90 种，主要分布于南美洲、西南太平洋各岛屿、非洲及亚洲等热带和亚热带地区。我国有 14 种，广布长江以南各省区，多数种类产广东、广西及云南等省区。赣东北产 2 种。

厚皮香产于长江以南各地，广泛分布于安徽、浙江、江西、福建、湖北、湖南、广东、广西、云南、贵州等省区；多生于海拔 200~1400 米的山地林中、林缘路边或近山顶疏林中。

【树种特性与受危因素】

喜温暖、湿润气候，耐庇荫；根系发达，在酸性、中性及微碱性土壤中均能生长；抗风力强，耐 -10℃低温，上海露地可安全越冬；抗空气污染，并能吸收有毒气体。

具有较高的观赏价值，既可观花、观果、观叶、观形，是一种融景观、药用、材用及生态环保功能为一体的多用途珍贵树种。由于人为干扰及环境因素影响，资源受到严重破坏。

【资源现状与典型群落】

赣东北海拔 1500 米以下山地有零星分布，多生于常绿阔叶与落叶阔叶混交林中、林缘、路边或近山顶疏林中。三清山海拔 1400 米游步道旁有星散分布，生于岩石缝间的一株厚皮香高约 3.5 米，胸径为 7 厘米，因受高海拔及生境影响，植株明显矮化，生长一般。德兴大茅山境内，海拔250~680米之间，有多处小片状分布，最大胸径达26厘米，高约12米，植株生长普遍良好，多生于林中及山谷溪边，主要伴生种有青冈、浙江红山茶、红淡比、中华杜英、苦槠、柯、山苍子、南酸枣、尾叶冬青、枫香、胡颓子(*Elaeagnus pungens*)等。武夷山、婺源、广丰铜钹山阔叶林中也有少数散生，多为小乔木。

【主要价值与用途】

经济价值：木材坚硬致密，可供制家具、车辆等用；种子油可制润滑油、油漆、肥皂；树皮可提取栲胶。

药用价值：能清热解毒、消痈肿；花揉烂擦癣可止痒痛。

观赏价值：树冠浑圆，枝平展成层，叶厚光亮，色彩多变，颜色艳丽，姿态优美，花浓香扑鼻。初春，嫩叶在红、橙、黄、绿之间发生渐进变化，呈现出五彩缤纷的景象；初冬部分叶片又由墨绿转绯红，远看疑是红花满枝，分外鲜艳；适宜制作盆景，配置于厅堂、门厅两侧、道路角隅、草坪边缘及在林缘、树丛下成片种植，既能达到丰富色彩，又能增加层次的效果。

生态价值：厚皮香对二氧化碳、氯气、氟化氢等抗性强，并能吸收有毒气体，适应于街坊、厂矿营造环境林和室内盆景装饰。

【保护与利用建议】

1. 加强对现有资源的重点保护，积极开展种子或扦插繁殖，建立优良树种种苗基地，不断壮大苗木培育规模。

2. 加大厚皮香园林观赏性及材用、药用方面的应用研究与开发。①厚皮香价值高，用途广泛。近年来，国内在厚皮香种子贮藏、育苗技术与药理分析等基础性研究领域有相关报道。②可重点加强在材用、药用、景观等方面，特别是室内盆景制作与彩叶树种园林应用方面的技术研究与开发。

【参考文献】

鲍晓红，2015；刘富英，2007；张连全，2008；张衍传等，2015；郑万钧，1997。

（编写：曹晓平　摄像：黄素红）

厚皮香盆景

华南厚皮香

国家珍稀濒危保护植物	国家珍贵树种	国家重点保护野生植物	中国主要栽培珍贵树种	江西省重点保护野生植物	江西珍贵稀有濒危树种	江西主要栽培珍贵树种	中国植物红皮书	中国物种红色名录	全国极小种群野生植物
				III	III				

093 小果石笔木 | 山茶科 Theaceae

Tutcheria microcarpa Dunn

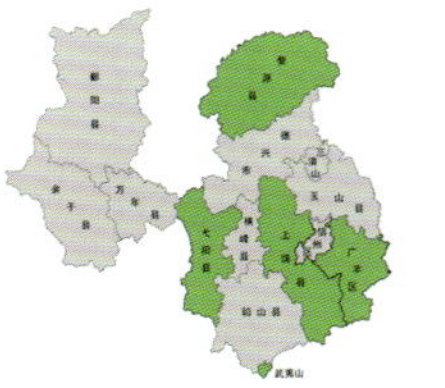

【主要形态与识别特征】

常绿乔木，高达 17 米；嫩枝无毛或初被微毛。叶椭圆形或长圆形，基部楔形，边缘具细锯齿。花细小，白色；花梗极短；苞片 2，卵圆形；萼片 5，圆形。蒴果三角状球形，径 1~2 厘米。花期 6~7 月。

小果石笔木与石笔木主要区别为前者花径 1.5~3 厘米，果径 1~2 厘米，果三角状球形；后者花径 3~7 厘米，果径 2~7 厘米，果球形。

【地理分布与生境】

石笔木属 26 种，我国约 23 种，产长江以南各地，集中分布于广东、广西、云南及贵州。赣东北产小果石笔木与石笔木 2 种。

小果石笔木产于广东、福建、湖南、江西；散生于海拔 500 米左右常绿阔叶林中。

【树种特性与受危因素】

有关小果石笔木的生态学与生物学特性研究，很少见报道。从资源调查生境看，野生小果石笔木喜温暖湿润环境，常生于低海拔的山谷、溪边常绿阔叶林中或林缘。

小果石笔木为一种优良的乡土木本花卉植物，也是一种潜在的生物质能源和极具开发潜力的用材与经济林树种。因资源分布范围窄，受人为干扰破坏严重，现存数量稀少。

【资源现状与典型群落】

赣东北武夷山、婺源、弋阳等山区阔叶林中、林缘，发现有少量零星分布。弋阳生于海拔 180 米山区阔叶林缘，山地黄壤，湿润肥沃地带，胸径为 31 厘米，高达 12 米，枝叶繁茂，长势良好。婺源海拔 380 米山谷溪旁，树高 6 米，胸径 6 厘米，生于青冈、苦槠、冬青等组成的常绿阔叶林中。武夷山分布于东坑海拔 400 米的溪谷杂林下，偶见散生。

【主要价值与用途】

观赏价值：株形美观，叶泽光亮，叶形和花的大小均变化较大，果于枝上生长较密，是一种新优木本花卉植物，可用于庭院、住宅区、广场、公园或街道绿化；小果石笔木花期正值夏初，时值百花凋零之际，唯它繁花怒放，独显娇姿，为大自然增添美色，可谓“花儿不争春，欲唤春再来”，用于打造四季观花园。

经济价值：同属植物石笔木种子含油量高达59.2%；木材结构甚细，均匀，强度中，材质优良；果实富含蛋白质、脂肪、茶多酚、维生素E、维生素C等。小果石笔木是一种潜在的经济价值极高的树种。

【保护与利用建议】

有关石笔木属资源的保护与利用研究，目前国内有少数报道。华南植物园针对种子萌发率低，研究发明了“一种小果石笔木种子萌发及育苗的方法”，并获国家专利；江西省林业科学院肖复明等开展了石笔木扦插繁育技术试验，证明了石笔木扦插繁殖，不仅技术简单，而且成活率高（达90%以上）、繁殖时间短、成本低、效益高；赣州市林木种苗站欧斌等对乡土树种石笔木播种育苗技术进行了研究，得出石笔木实用的、较为系统的播种育苗技术。

石笔木属植物应用前景广阔，鉴于目前的研究现状，建议：①尽快查清该属植物的种质资源本底，研究掌握其生长特性，加强资源培育。②通过引种驯化、育种等手段，培育出观赏性好、抗性强、适应性广的园林绿化品种进行规模化生产，在园林绿化中推广应用。

【参考文献】

欧斌等，2008；肖复明等，2004；郑万钧，1997。

（编写：邹芸　摄像：洪元华）

石笔木

石笔木

国家珍稀濒危保护植物	国家珍贵树种	国家重点保护野生植物	中国主要栽培珍贵树种	江西省重点保护野生植物	江西珍贵稀有濒危树种	江西主要栽培珍贵树种	中国植物红皮书	中国物种红色名录	全国极小种群野生植物
					II				

094 山拐枣 | 大风子科 Flacourtiaceae

Poliothyrsis sinensis Oliv.

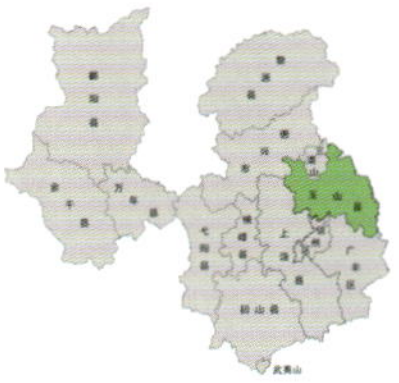

【主要形态与识别特征】

落叶乔木，高 7~15 米；树皮灰褐色，浅裂。小枝圆柱形，性脆，灰白色，幼时有短柔毛。叶厚纸质，卵形至卵状披针形，尖头有的长尾状，基部圆形或心形，有 2~4 个圆形和紫色腺体，掌状脉，近对生。花单性，雌雄同序，雌花在 1/3 的上端，二至四回的圆锥花序，顶生，稀腋生。蒴果长圆形；种子多数，周围有翅，扁平。花期夏初；果期 5~9 月。

本种与南方山拐枣（变种）的区别为后者枝、叶无毛或近无毛(脉上稍有少数粗毛)，叶柄无毛，花序较长，10~30 厘米，有的间有小叶片，蒴果基部不裂，顶端 3 裂，花期 5 月，果期 9 月。

【地理分布与生境】

大风子属仅有 1 种和 1 变种，特产中国秦岭以南的各省区。赣东北 1 种。

山拐枣产陕西和甘肃两省南部及河南、湖北、湖南、江西、安徽、浙江、江苏、福建、广东、贵州、云南（东北部）、四川等省；生于海拔 400~1500 米的山坡、山脚常绿阔叶混交林和落叶阔叶混交林中。模式标本采自湖北房县。

【树种特性与受危因素】

山拐枣的相关研究，目前很少有文献资料记载。根据上饶市林业科学研究所 20 世纪 80 年代在贵溪浪岗林区发现的天然散生单株及解析木数据，其喜生于花岗岩发育的林地腐殖质层较厚、肥沃而湿润的红壤；生长中速；喜光，中度喜温、喜湿、喜混交；适应性较强。

山拐枣为单种属植物，我国特产，林地天然更新不良且多被砍伐利用，在我省现有天然林中已极为稀少，几乎濒临灭绝。

【资源现状与典型群落】

赣东北婺源、广丰铜钹山有分布记载，见于

海拔800米以下的沟谷、山坡；常与青冈、无患子、椴树等混生。玉山怀玉山、原贵溪县浪岗林区和庐山，20世纪80年代均有发现，但数量稀少，只偶尔看到一两株。本次调查均未能找到实物。

【主要价值与用途】

木材结构细密，材质优良，可供制作家具等；花多且具香气，为蜜源植物；树姿优美，是优美的庭园观赏树。

【保护与利用建议】

1. 加强资源调查，尽快找到资源分布点，一经发现应重点保护母树，并积极开展其生态学、生物学及致危机理等相关研究。

2. 山拐枣的利用技术措施，目前缺少人工栽培经验，也很少有资料记载。有资源的地方宜重点研究解决其繁殖技术，借以加快其繁殖速度，建立母树园；用种子育苗，发芽率较高。英国皇家植物园有栽培，生长良好，已开花结果。

【参考文献】

樊国盛，1994；江西省上饶地区林业科学研究所，1983；杨好伟等，1996；郑万钧，1997；中国植物志编辑委员会，1999。

（编写：曹晓平　摄像：叶喜阳）

国家珍稀濒危保护植物	国家珍贵树种	国家重点保护野生植物	中国主要栽培珍贵树种	江西省重点保护野生植物	江西珍贵稀有濒危树种	江西主要栽培珍贵树种	中国植物红皮书	中国物种红色名录	全国极小种群野生植物
				II					

095 紫薇 | 千屈菜科 Lythraceae　别名：无皮树、百日红

Lagerstroemia indica L.

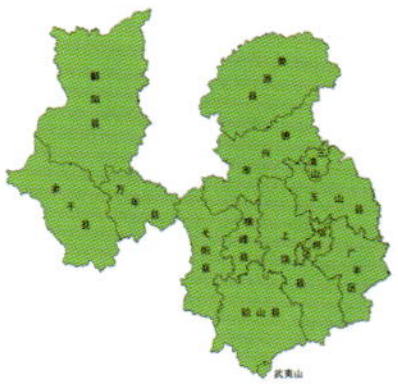

【主要形态与识别特征】

落叶灌木或小乔木，高可达 7 米；树皮平滑，灰色或灰褐色；枝干多扭曲，小枝纤细，具 4 棱，常具窄翅。叶互生或有时对生，纸质，顶端短尖或钝形，有时微凹，基部阔楔形或近圆形；无柄或叶柄很短。花淡红色或紫色、白色。蒴果椭圆状球形或阔椭圆形，成熟时或干燥时呈紫黑色，室背开裂。花期 6~9 月；果期 9~12 月。

紫薇与南紫薇，其主要区别在于南紫薇花萼长不及 5 毫米，蒴果长 6~8 毫米，小枝圆柱形或具不明显四棱，叶顶端渐尖。

【地理分布与生境】

紫薇属约 55 种，分布亚洲东部至南部和澳大利亚北部。我国有 16 种，引入栽培的 2 种，产西南部至台湾，其中紫薇各地常栽培供观赏用。赣东北 2 种。

紫薇在广东、广西、湖南、福建、江西、浙江、江苏、湖北、河南、河北、山东、安徽、陕西、四川、云南、贵州及吉林均有生长或栽培，原产亚洲，广植于热带地区，生于山地林中、林缘及溪旁。

【树种特性与受危因素】

半阴生，也能耐旱，喜生于肥沃湿润的土壤，不论钙质土或酸性土都生长良好；怕涝，喜温暖潮润，对二氧化硫、氟化氢及氯气的抗性强，能吸入有害气体；树姿优美，树干光滑洁净，花色艳丽，开花时正当夏秋少花季节，花期长，故有“百日红”之称，又有“盛夏绿遮眼，此花红满堂”的赞语。

紫薇是中国珍贵的环境保护植物，是观花、观干、观根的优良园林观赏花木，亦是良好的树桩盆景良材。因生境破坏，常遭砍伐，现野生资源稀少。

【资源现状与典型群落】

赣东北各地山区、丘陵山地及路边小溪边均有野生零星分布，多为灌丛。弋阳海拔 160 米山地有

小面积集中分布，生于针阔混交林中及林缘，伴生种为白栎、马尾松、青冈、柃木、檫木、三叶木通、檵木等。灵山脚下海拔170米山地林缘及小溪旁呈带状散生，高为1~3米，胸径3厘米以下，与杨桐、白栎、野漆树、枫香、小山竹混生。现各地广泛栽培供欣赏。

【主要价值与用途】

药用价值：李时珍在《本草纲目》中论述，其皮、木、花有活血通经、止痛、消肿、解毒作用；种子可制农药，有驱杀害虫的功效；叶治白痢；花治产后血崩不止、小儿烂头胎毒；根治痈肿疮毒。

观赏价值：树姿优美，树干光洁，花色艳丽而花期特长，是观花、观干、观根的佳品，既可用作庭院、公园、绿地的美化，也可用来盆栽观赏。

材用价值：木材坚硬、耐腐，可作农具、家具、建筑等用材。

生态价值：对二氧化硫、氟化氢及氯气的抗性强，能吸入有害气体，是城市、工矿绿化最理想的树种。

【保护与利用建议】

有关紫薇植物种质资源、栽培繁殖及资源可持续利用等方面的研究与开发应用，已取得了重大进展，但仍存在较大的研究空间与利用潜力。

1. 紫薇是赣东北主要乡土珍贵树种之一，资源丰富，但仍家底不清。开展系统的资源调查与评价工作，可为资源的开发利用与新品种培育提供优良的种质资源基础。

2. 我国目前紫薇品种相对单一，花色不丰富，朵小，不具芳香，加强优良品种选育，丰富花色花香，是今后开发研究的重点。

3. 紫薇具有重要的药用价值。中国科学院与湖南紫薇集团已成功研制出了紫薇种子油，经证明，紫薇种子油是能补充人体不饱和脂肪酸不足并具有抗癌活性功能的特殊植物保健油。加强紫薇药用成分的开发研究与利用是今后的研究方向。

4. 紫薇有的种类在石灰岩石山可生长成乔木，而且伐后萌蘖力强，是绿化石灰岩石山的良好树种。开展石灰岩石山造林技术与推广研究，可丰富荒山造林树种选择。

5. 加强作为园林观赏树种在街道绿化、园林造景、盆景制作等方面的景观配置、修剪造型及栽植技术等的研究。

国家珍稀濒危保护植物	国家珍贵树种	国家重点保护野生植物	中国主要栽培珍贵树种	江西省重点保护野生植物	江西珍贵稀有濒危树种	江西主要栽培珍贵树种	中国植物红皮书	中国物种红色名录	全国极小种群野生植物
				II					

南紫薇

别名：苞饭花、九荆

Lagerstroemia subcostata Koehne

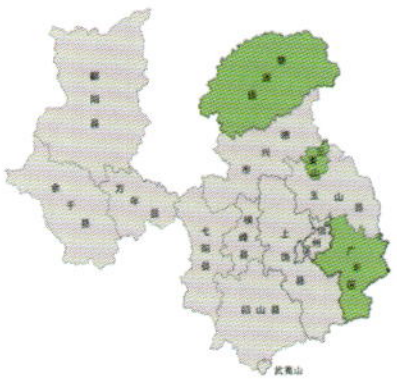

落叶乔木或灌木，高可达 14 米；树皮薄，灰白色或茶褐色。叶膜质，矩圆形，矩圆状披针形，稀卵形，顶端渐尖，基部阔楔形；叶柄短。花小，白色或玫瑰色，组成顶生圆锥花序，具灰褐色微柔毛，花密生。蒴果椭圆形，3~6 瓣裂；种子有翅。花期 6~8 月；果期 7~10 月。

喜暖湿气候，喜光，略耐阴，喜肥，尤喜深厚肥沃的沙质壤土，生于略有湿气之地；亦耐干旱，忌涝，忌种在地下水位高的低湿地方；性喜温暖，能抗寒，萌蘖性强；南紫薇还具有较强的抗污染能力，对二氧化硫、氟化氢及氯气的抗性较强。

产台湾、广东、广西、湖南、湖北、江西、福建、浙江、江苏、安徽、四川及青海等省区。琉球群岛也有分布。赣东北各山区有零星分布，现资源极为稀少。婺源风水林中有大树生长，高达 18 米，胸径 45 厘米，树干通直，生长旺盛，与杭州榆、大果冬青、红楠、小叶青冈等混交成林。

材质坚密，可作家具、细工及建筑用，也可作轻便铁轨枕木；花供药用，有败毒消瘀的功效。

【参考文献】

范文琳等，2007；桂育谦，2004；靳晓翠等，2009；牟少华等，2002；莆昭和，1998；宛成刚等，2002；王富安等，2006；王业社等，2014；王志彦等，2006；许桂芳等，2005；张洁等，2007。

（编写：杜强　摄像：罗贤明）

国家珍稀濒危保护植物	国家珍贵树种	国家重点保护野生植物	中国主要栽培珍贵树种	江西省重点保护野生植物	江西珍贵稀有濒危树种	江西主要栽培珍贵树种	中国植物红皮书	中国物种红色名录	全国极小种群野生植物
		II							✓

096 喜树

蓝果树科 Nyssaceae　别名：旱莲、野芭蕉

Camptotheca acuminata Decne.

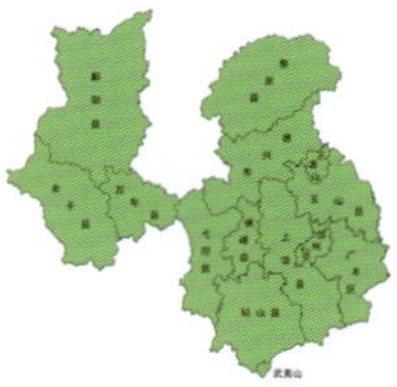

【主要形态与识别特征】

落叶乔木，高达 20 余米；树皮浅纵裂；当年生小枝紫绿色，多年生枝疏生皮孔。叶椭圆状卵形或椭圆形，互生，全缘，叶脉弧状平行，叶柄红色。头状花序近于球形，顶生或腋生；花瓣 5 枚，淡绿色。坚果长圆形，着生于近球形的头状果序上。花期 7 月；果熟期 11 月。

本属与蓝果树属树种的区别为前者坚果，果序头状，雄花为头状花序；后者核果，单生或几个簇生，雄花为伞形花序。

【地理分布与生境】

喜树属仅 1 种，我国特有种。赣东北 1 种。

主产我国长江流域及南方各省区，如江苏南部、浙江、福建、江西、湖北、湖南、四川、贵州、广东、广西、云南等地；常生于海拔 1000 米以下的林边溪旁。

有调查统计，在全国各地胸径为 80~105 厘米，树高达 30~36 米，处在野生状态下的喜树，总数不超过 400 株。全国野生喜树的分布，从 1896 年有记录以来的 91 处下降到现在的 6 处，其中 20 世纪初期，曾是野生喜树主产区的广西、贵州和江西，现在也很难找到野生喜树的踪迹。

【树种特性与受危因素】

速生，喜光，不耐严寒干燥；需土层深厚、湿润而肥沃的土壤，在干旱瘠薄地种植，生长漫长，发育不良；深根性，萌芽力强，较耐水湿，在酸性、中性、微碱性土壤均能生长，在石灰岩风化土及冲积土生长良好。

喜树是中国特有的一种高大落叶乔木，为优良的生态绿化与药用资源树种。长期以来，由于对喜树资源不合理的开发及毁林造田等人为因素的影响，使野生资源大量减少，在总体上处于濒危状态，有的地方甚至灭绝。

【资源现状与典型群落】

赣东北野生喜树资源几乎绝迹，目前在各地山区、谷地、林缘、溪边、路旁及房前屋后呈片状或零星生长的喜树，多为人工引种栽培林及林下更新林木。上饶县五府山海拔600~1000米山区公路两侧，呈带状分布，树高10~15米，胸径15~35厘米，延绵几公里，生长良好，林中还出现大面积片状次生林，据当地林农反映，树种为20世纪七八十年代所植。信州区沙溪、灵溪信江河流域两岸及村旁、路边有普遍栽种，最大胸径达50厘米，生长均表现良好。

【主要价值与用途】

经济价值：木材可制家具及做造纸原料、胶合板、火柴、牙签、包装箱等；果实含脂肪油高，可榨油，供工业用。

观赏价值：树形高耸，树冠宽展，叶浓荫，生长迅速，是我国优良的行道树和庭荫树。

药用价值：喜树全身是宝，其果实、根、树皮、树枝、叶均可入药，主要含有抗肿瘤作用的生物碱。

【保护与利用建议】

1. 作为全国极少数种群野生植物，有必要深入开展野生喜树资源的调查，进一步摸清家底，积极保护。

2. 壮大苗木生产，充分发挥其园林绿化观赏价值功能。①喜树具备了易成活、生长快、根系深、寿命长、适应性强等园林绿化树种选择的大部分条件。②早在20世纪60年代就已经是我国优良的行道树及庭荫树，被专家们称为是我国所有观赏阔叶树中不可多见的珍品。③全国范围内，真正应用到园林绿化方面的实例十分少见。④充分利用其包含吉祥寓意的文化内涵，打造具有浓郁地方乡土特色的苗木绿化产业。

3. 重视药用价值开发。① 20世纪90年代美国利用喜树碱及其衍生产品研制成功抗癌药物，且抗癌作用整体上与紫杉醇相当甚至优于后者。②贵州省将喜树的种植及喜树碱类产品的研究与开发列入了中药现代化科技行动计划。③加强医药、林业与科研部门的合作，引进有实力的企业，通过规模化建立喜树定向培育基地，强化产品研发，实现喜树资源的综合利用。

【参考文献】

孟小华等，2006；印红，2013；张显强等，2004；张宗勤等，2002；郑万钧，1985。

（编写：杨森兴　摄像：黄素红）

国家珍稀濒危保护植物	国家珍贵树种	国家重点保护野生植物	中国主要栽培珍贵树种	江西省重点保护野生植物	江西珍贵稀有濒危树种	江西主要栽培珍贵树种	中国植物红皮书	中国物种红色名录	全国极小种群野生植物
			✓	III	III				

097 蓝果树

蓝果树科 Nyssaceae　　别名：紫树

Nyssa sinensis Oliv.

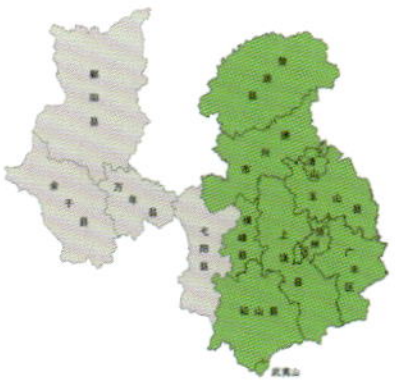

【主要形态与识别特征】

落叶乔木，树高可达 30 米，胸径 1 米以上；树皮灰褐色，浅纵裂。小枝髓心片状分隔，紫褐色，有明显皮孔。叶纸质，椭圆形或卵状椭圆形，边缘全缘或微波状，表面暗绿色，背面脉上有柔毛。聚伞或总状花序腋生，花小，绿白色。核果矩圆形，蓝黑色。种皮坚硬，有 5~7 沟纹。花期 4 月；果期 9 月。

蓝果树属与喜树属树种的区别，可参阅喜树树种的描述。

【地理分布与生境】

蓝果树属约 10 余种，产东亚、北美。我国 7 种。赣东北 1 种。

蓝果树分布于中国长江流域及以南各地；多生于山谷、山坡的一些常绿阔叶林内，常与甜槠、青冈、青钱柳、江南油杉、冬青、杜英、楠木类等树种混生，处于上层林冠。

【树种特性与受危因素】

为阳性树种，天然生长在山沟、山坡的向阳处，耐寒性强，在绝对温度 -18℃时，仍生长旺盛；抗雪压能力强，根系发达，能穿入石缝中生长；根的萌芽能力强，也能耐干旱瘠薄。因生境破坏，人为砍伐严重，资源受到严重威胁。

【资源现状与典型群落】

赣东北各地山区海拔 300~1300 米地带常有零星生长，多生于沟谷、溪边、坡地及山岭，与马尾松、栎类、木荷、枫香、青冈、四照花等混生。三清山、婺源分布较为普遍，不仅多处有大树生长，还有古树群落。三清山海拔 660 米村庄后山群落，缓坡，土层肥厚，占地面积约 10 亩，胸径 50 厘米以上的大树近 50 株，最大胸径为 1 米，树高达 26 米，其中玉兰 15 株，蓝果树 12 株，为群落建群种，其他伴生种有南方红豆杉、锥栗、青冈、小叶青冈、红楠、厚朴、枫香等。婺源海拔 890 米高山黄红壤，村旁风景林，面积约20亩，建群种为蓝果树，共42株，平均胸径40厘米，最高达21米，生长普遍良好，伴生种有枫香、樟树、短柄枹栎、柃木等，目前已挂牌保护。

【主要价值与用途】

观赏价值：树干高大通直，树形美观，树冠宽阔，枝叶茂密，鲜叶嫩红色，入秋后转为紫色，十分鲜艳，是优良的景观绿化彩叶树种，也是我国南方著名的秋色叶树种。

药用价值：树皮可入药，树皮中提取的蓝果碱有抗癌作用。

材用价值：木材坚硬，材质轻软适中，结构致密，变形小，不翘裂，是枕木、建筑、包装、室内装饰及家具的优良用材。

其他价值：果熟后酸甜，不仅人能吃，也是鸟类喜爱的食物，是吸引鸟类的首选树种。

【保护与利用建议】

1. 重视资源的开发利用。蓝果树是集观赏与材用为一体，经济、生态和社会效益显著，开发与利用前景广阔的珍贵乡土树种，特别是作为彩叶树种，值得大力发展。

2. 加强蓝果树种群生态学、呈色机理及季相变化研究，为良种选育奠定基础。①蓝果树作为优良彩叶树种，目前其呈色机理仍是空白。②天然蓝果树引种到城市园林中，其彩叶遗传性状能否得到充分表现仍不清楚。

3. 开展彩叶优良品种的定向选育。①相比美国、荷兰等国家，我国彩叶品种的选育和绿化应用相对滞后，处于探索阶段，目前彩叶品种稀缺、色彩单调。②彩叶树种在调整园林绿化色彩结构、弥补城市季相变化缺乏、优化城市形象中扮演重要角色，优良彩叶树种筛选繁育研究已成为国际风景园林建设的热门课题。

4. 不断探索育苗技术。①扦插和组织培养是蓝果树实现快速繁殖和规模化生产的重要途径。②春秋季扦插和组织诱导培养等技术瓶颈有待突破。③采用何种育苗方法更节约成本，易于推广，仍值得探索。

5. 扩大人工林栽培，为其他价值用途的开发利用提供资源基础。

【参考文献】

胡刚等，2014；胡光平等，2018；黄云鹏等，2015；谢旺生，2012；张建国等，2004；郑万钧，1985。

（编写：沈爱民　摄像：黄素红）

国家珍稀濒危保护植物	国家珍贵树种	国家重点保护野生植物	中国主要栽培珍贵树种	江西省重点保护野生植物	江西珍贵稀有濒危树种	江西主要栽培珍贵树种	中国植物红皮书	中国物种红色名录	全国极小种群野生植物
				III					

098 赤楠

桃金娘科 Myrtaceae　　别名：山乌珠、瓜子草

Syzygium buxifolium Hook. et Arn.

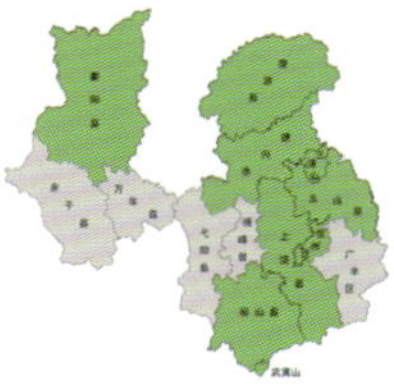

【主要形态与识别特征】

灌木或小乔木，高 1~6 米；茎多分枝；嫩枝有棱，干后黑褐色。叶革质，对生，侧脉多而密，在上面不明显，在下面稍突起，具散生腺点，椭圆形或狭倒卵形，全缘，光滑无毛，形似黄杨。聚伞花序顶生，长约 1 厘米，白色，有花数朵；花瓣 4，分离。果球形，熟时黑褐色，有光泽，故又称“山乌珠”。花期 6~8 月；果期 9~10 月。

赤楠与轮叶蒲桃的区别在于后者叶为窄长圆形或披针形，三叶轮生兼有 2 叶对生。

【地理分布与生境】

蒲桃属约 500 余种，主要分布于亚洲热带，少数在大洋洲和非洲。我国约有 72 种，多见于广东、广西和云南。赣东北 2 种。

赤楠产中国安徽、浙江、台湾、福建、江西、湖南、广东、广西、贵州等省区；生于低山疏林或灌丛。

【树种特性与受危因素】

喜光，也耐阴，耐湿，适宜温暖湿润的气候环境；耐高温，不耐严寒，短期可忍耐 -13℃的极端低温，但稍长时间的 0℃以下低温会使其受到严重冻害，因此在东北、皖北等地，冬季寒潮到来前要采取保温措施，忌干冻；喜酸性、深厚且富含有机质的土壤，忌施浓肥，生长速度较慢。

野生植株或老桩，因具有枝密、叶小、长年碧绿、桩形奇特古怪、千姿百态、枝干交错、根蔸怪趣、适应性广、易管理等优点，而成为制作盆景的佳木良材，因此，也常遭民间的采挖利用，致使资源日趋枯竭。

【资源现状与典型群落】

赣东北各地山区均有分布；主要生于低山马尾松疏林、针阔混交林下或灌丛中，常成片集中生长。婺源海拔 115 米山地针阔混交林下，呈小面积集中分布，乔木层树种主要有马尾松、枫香、青冈、杉木、

苦槠等。弋阳海拔 110 米常绿阔叶林中，有较大面积的成片分布，生于竹柏与杜英混交林下，生长旺盛；圭峰平原地带的村旁杂木林中生长着一株难得见到的大乔木，其株高约 8 米，胸径达 13 厘米，估测树龄超过百年，主要伴生树种有樟树、板栗、枫香、乌桕等，生长健壮。德兴梧风洞景区海拔 500~700 米山谷溪旁，呈带状分布，树体多为高大小乔木，与红淡比、山杜英、厚皮香、甜槠、浙江红山茶混交成林。

【主要价值与用途】

园林价值：赤楠盆景艺术价值高，奇异古老的赤楠桩景更是真价难估。

药用价值：根和树皮可以入药，有平喘化痰功效。

食用价值：果子的外皮可以食用，是乡村比较常见的野果。

材用价值：木材淡红白色，心边材无明显区别，坚硬质密，气干密度 1.008 克 / 立方厘米，供农具、雕刻、工具柄等用材。

【保护与利用建议】

1. 加大野生资源的保护力度，严禁野外采挖赤楠古桩和植株。

2. 积极开展苗木培育技术试验。①进行播种、扦插繁殖技术研究。②探索人工苗木盆景制作与培育技术。

3. 加强新品种的挖掘与培育。江西铜鼓在深山老林中偶尔发现一种奇异的三叶赤楠树种，后经精心培育、养护和一系列的促进改良，成功繁育出了三叶红芽赤楠小苗。

国家珍稀濒危保护植物	国家珍贵树种	国家重点保护野生植物	中国主要栽培珍贵树种	江西省重点保护野生植物	江西珍贵稀有濒危树种	江西主要栽培珍贵树种	中国植物红皮书	中国物种红色名录	全国极小种群野生植物
				III					

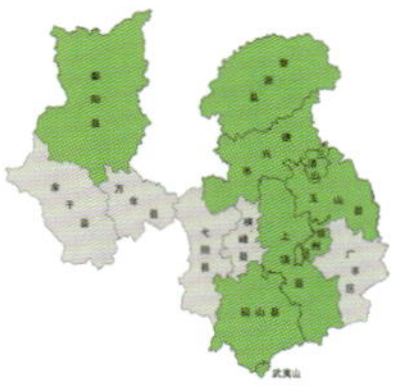

轮叶蒲桃

别名：三叶赤楠

Syzygium grijsii（Hance）Merr. et Perry.

灌木，高不及1.5米；嫩枝纤细，有4棱，干后黑褐色。叶革质，细小，常3叶轮生，狭窄长圆形或狭披针形，长1.5~2厘米，宽5~7毫米，先端钝或略尖，基部楔形，上面干后暗褐色，无光泽，下面稍浅色，多腺点。聚伞花序顶生，长1~1.5厘米，少花；花白色；萼管长2毫米，萼齿极短；花瓣4，分离，近圆形；花柱与雄蕊同长。果实球形，直径4~5毫米。花期5~6月。

分布于浙江、江西、福建、广东、浙江、广西、湖南等省区；原产自江西省铜鼓县深山老林中。赣东北各地林区有普遍分布，常与赤楠混生于杂木林下。

轮叶蒲桃植株较矮小，瓜子型，叶长椭圆形，通常3叶轮生，是盆景制作的上等材料，也是很少同时具备观枝、观叶、观树、观形的优良庭院树种，极具开发利用前景。

【参考文献】

陈邦柏，2004；刘玮等，2009；郑万钧，1997；周法兴等，1998。

（编写：张凤莺　摄像：黄素红）

国家珍稀濒危保护植物	国家珍贵树种	国家重点保护野生植物	中国主要栽培珍贵树种	江西省重点保护野生植物	江西珍贵稀有濒危树种	江西主要栽培珍贵树种	中国植物红皮书	中国物种红色名录	全国极小种群野生植物
	II		✓	II		✓			

099 刺楸 | 五加科 Araliaceae　别名：鸟不宿、钉木树

Kalopanax septemlobus（Thunb.）Koidz.

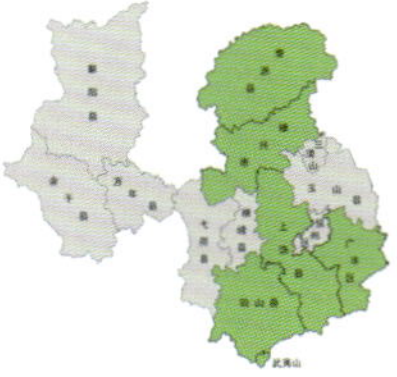

【主要形态与识别特征】

落叶乔木，高可达 30 米；树干灰色，长纵裂，布有粗大硬棘刺。叶在长枝上互生，短枝上簇生；坚纸质；叶片近圆形，直径 7~25 厘米，掌状 5~7 裂，边缘具锯齿。伞形花序合成顶生的圆锥花序，直径 15~25 厘米；花瓣 5，白色。果实近于圆球形，直径约 5 毫米。种子蓝色，扁平。花期 7~8 月；果期 9~10 月。

刺楸与深裂叶刺楸的主要区别为后者裂片深达叶片的中部以下，椭圆状披针形，背面被毛较多。

【地理分布与生境】

刺楸属仅 1 种，分布于亚洲东部。

刺楸天然资源在中国从东北到华南均有分布；生于山地疏林中，呈少量散生分布，很少见有集中成块成片林分。日本、朝鲜半岛也有。

【树种特性与受危因素】

适应性很强，喜阳光充足和湿润环境，稍耐阴，耐寒冷；适宜在含腐殖质丰富、土层深厚、疏松且排水良好的中性或微酸性土壤中生长。

由于长期过度开发，加上天然更新恢复速度慢，刺楸这一珍稀树种已成为稀缺资源，濒于灭绝。

【资源现状与典型群落】

赣东北武夷山、广丰铜钹山、德兴、婺源等地有分布，为残存大树、古树，也有小乔木，资源极为稀少。婺源共发现 2 个分布点共 3 株，分别位于海拔 750 米的高山阔叶林溪边与海拔 285 米的村旁水口林缘，最大株胸径为 70 厘米，树高达 25 米，与苦槠、缺萼枫香、樟树等混生，树龄均在百年以上，生长良好。在铜钹山生于大东坑海拔 1000 米以下的杂木林中，多为 5 厘米以下小乔木，结果量丰富。德兴梧风洞景区有引种栽培，其中景区游步道旁有 2 株胸径 50 厘米以上的大树，为 20 世纪 60 年代栽培，现生长状况良好。

【主要价值与用途】

观赏价值：叶形美观，叶色浓绿，树干通直挺拔，满身的硬刺在诸多园林树木中独树一帜，适合作行道树或园林配植。

材用价值：木质坚硬细腻，花纹明显，是制作高级家具、乐器、工艺雕刻的良好材料。

药用价值：树根、树皮可入药，有清热解毒、消炎祛痰、镇痛等功效。

其他价值：刺楸春季的嫩叶可食用，气味清香、品质极佳，是美味的野菜。

【保护与利用建议】

刺楸在我国分布范围广，开发利用途径多，育苗和人工林培育技术难度不大，耐寒、耐旱、耐盐碱，栽植成活率高。在人工造林条件下，生长速度相对于天然更新潜力大。有资源集中分布的地区，建议通过立法和建立保护小区加大资源的保护，并采取措施恢复和进行产业化开发。

1. 根据不同的利用途径（用材、园林绿化）深入研究相关配套技术，应用于规模化栽培。

2. 开展混交树种选择和混交模式的研究。刺楸与红松、日本落叶松块状、带状混交效果较好，有待进一步研究其他适合与刺楸混交的树种及混交方式。

3. 刺楸优良品种和无性系选育，值得研究与开发。

【参考文献】

杜悦，2013；何利平，2003；赵荣慧等，1991；周长海，2005。

（编写：彭勇　摄像：黄宇潮）

国家珍稀濒危保护植物	国家珍贵树种	国家重点保护野生植物	中国主要栽培珍贵树种	江西省重点保护野生植物	江西珍贵稀有濒危树种	江西主要栽培珍贵树种	中国植物红皮书	中国物种红色名录	全国极小种群野生植物
			✓		III	✓			

100 光皮梾木

山茱萸科 Cornaceae　别名：光皮树

Swida wilsoniana（Wanger.）Sojak

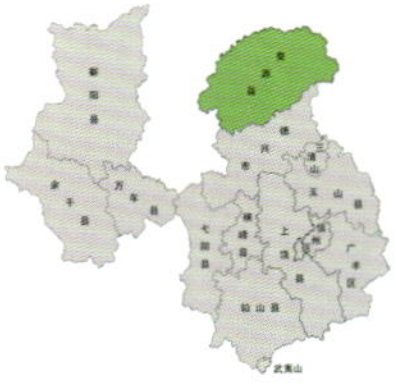

【主要形态与识别特征】

落叶乔木，高 5~18 米，稀达 40 米；树皮灰色至青灰色，块状剥落；幼枝略具 4 棱，小枝具黄褐色长圆形皮孔。叶对生，纸质，椭圆形或卵状椭圆形，先端渐尖或突尖，边缘波状，微反卷，上面深绿色，下面灰绿色，密被白色乳头状突起及平贴短柔毛。侧脉 3~4 对，弓形内弯，在下面微凸起；顶生圆锥状聚伞花序；花小，白色；花瓣 4。核果球形，直径 6~7 毫米，成熟时紫黑色至黑色。花期 5 月；果期 10~11 月。

本种与灯台树的区别在于后者叶为互生，果核顶端有近四角形深孔。

【地理分布与生境】

梾木属约有 42 种，多分布于两半球的北温带至北亚热带，少数分布于热带山区。我国有 25 种和 20 个变种，全国除新疆外，其余各省区均有分布，而以西南地区的种类为多。赣东北约 3 种。

光皮梾木产陕西、甘肃、浙江、江西、福建、河南、湖北、湖南、广东、广西、四川、贵州等省区；生于海拔 130~1130 米的森林中。模式标本采自湖北西部。

【树种特性与受危因素】

较喜光，耐寒，亦耐热；喜生于石灰岩的林间，在排水良好、湿润肥沃的壤土中生长旺盛；深根性，萌芽力强。

光皮梾木是一种理想的多用途油料珍贵树种。因常遭砍伐，培育较少，资源日趋稀少。

【资源现状与典型群落】

赣东北仅在婺源有发现，分布点位于海拔 380~600 米的山地黄壤阔叶林中及林缘，坡度陡，面积约 300 亩，片状分布，最大胸径为 26 厘米，高约 12 米，群落物种十分丰富，主要伴生种有黄连木、化香、珊瑚朴、厚壳树、香椿、香桂、青冈、冬青、黄山紫荆、白栎、枫香、红楠、大叶冬青、椤木石楠等。婺源民间有引种栽培，主要用于庭院观赏，现多被砍伐，仅残存少数大树。

【主要价值与用途】

工业价值：以光皮梾木油为原料生产的生物柴油与0#石化柴油燃烧性能相似，是一种安全、洁净的生物质燃料油。

食用价值：果肉及种子富含油脂，可供食用及药用，是主要的木本油料树种；嫩叶可以做菜吃，口感好、营养高。

材用价值：木材细致均匀，纹理直，坚硬，易干燥，车旋性能好，可供建筑、家具、雕刻、农具及胶合板等用。

观赏价值：枝叶茂密，树姿优美，树冠舒展，干直挺秀，树皮斑斓，叶茂荫浓，初夏满树银花，是理想的行道树、庭荫树。

其他价值：榨油后得到的油饼是良好的生物肥料或饲料，可以帮助农民发展畜牧水产业，促进农林牧副全面发展；光皮梾木还是良好的蜜源植物。

【保护与利用建议】

梾木属植物具有优良的林学特性，是纯林或混交林优良的种质材料，开发潜力大，尤其在我国困难立地植被恢复、退耕还林、天然林保护等工程中，是一种不可多得的生态经济型树种，是极具开发潜力的绿色产业资源，引起了植物学界极大的关注。

目前，我国梾木类的相关研究还较匮乏，基础研究及应用程度远远逊色于欧美等发达国家。比如，观赏梾木存在品种稀少、花色单调，杂交育种涉足较少等问题。建议加强以下方面的利用研究。

1. 加强现有资源的保护，重视种质资源的挖掘、保存与选育，丰富我国梾木类观赏植物的种类。

2. 适度引进国外优良的种质资源，如多花梾木、熊果梾木、互叶梾木等优良种类、品种，丰富我国植物物种多样性。

3. 开展梾木类木本油料植物的品种改良，提高出油率。

4. 加大资源培育及开展相关抗性生理、繁殖栽培、药物提取、油料加工等基础理论研究，为资源的深度开发、持续利用、产业发展奠定基础。

【参考文献】

林军等，2010；郑万钧，1985；中国植物志编辑委员会，1990；朱凌云等，2013。

（编写：杨军　摄像：黄素红）

国家珍稀濒危保护植物	国家珍贵树种	国家重点保护野生植物	中国主要栽培珍贵树种	江西省重点保护野生植物	江西珍贵稀有濒危树种	江西主要栽培珍贵树种	中国植物红皮书	中国物种红色名录	全国极小种群野生植物
				Ⅲ	Ⅲ				

101 云锦杜鹃

杜鹃花科 Ericaceae　　别名：天目杜鹃

Rhododendron fortunei Lindl.

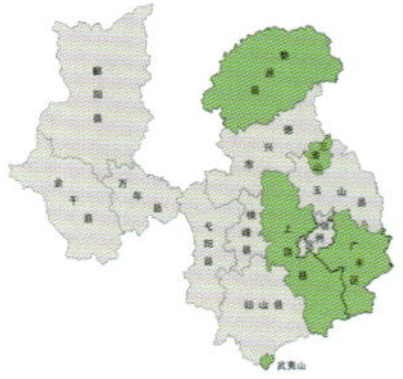

【主要形态与识别特征】

常绿灌木或小乔木，高 3~12 米；主干弯曲，枝叶无毛；顶生冬芽阔卵形，无毛。叶厚革质，长圆形至长圆状椭圆形，上面深绿色，下面淡绿色。顶生总状伞形花序疏松，有花 6~12 朵，有香味；花冠漏斗状钟形，7 裂，粉红色。蒴果长圆状卵形至长圆状椭圆形，有肋纹及腺体残迹。花期 4~5 月；果期 8~10 月。

云锦杜鹃、黄山杜鹃、江西杜鹃及毛果杜鹃已列入了相关珍贵、稀有及保护树种名录，其分种检索表如下。

1. 植物体无糙伏毛；叶革质，常有光泽，长 8 厘米以上；花白色或粉红色，花冠直径 2 厘米以上：
   2. 花叶被鳞片；雄蕊 8~10 枚，灌木……………………………………………江西杜鹃 *R. kiangsiense*
   2. 植物体无鳞片，雄蕊 10~20 枚，常绿大灌木或乔木：
      3. 花冠 7 裂…………………云锦杜鹃 *R. fortunei*
      3. 花冠 5 裂…………… 黄山杜鹃 *R. maculiferum*
1. 植物体常被平扁糙伏毛或柔毛，尤其枝、叶；叶纸质或厚纸质，叶面绝无光泽；花冠粉白色或白色，花冠较小，2 厘米以下……毛果杜鹃 *R. seniavinii*

【地理分布与生境】

杜鹃属约 960 种，广泛分布于欧洲、亚洲、北美洲，主产东亚和东南亚。我国约 542 种，除新疆、宁夏外，各地均有生长，但集中产于西南、华南。赣东北约有 30 种。

云锦杜鹃产于浙江、安徽、江西、湖南、湖北等；生于海拔 1000 米地带山区林中。

【树种特性与受危因素】

原产我国长江流域及华南地区；生于高海拔，喜凉爽、湿润和半阴的环境。耐寒，不耐干旱和高温，生长适温 10~22℃，冬季能耐 -15℃低温；土壤以土层深厚、肥沃、排水良好的酸性腐殖质土为宜，切忌碱性土壤；在气候炎热，日照强烈的地区生长不良。

云锦杜鹃由英国植物学家Robert Fortune于1856年在中国发现，并以其名字命名。云锦杜鹃苍劲的枝干类似松柏，盛放的花朵可比牡丹，又具有抗性强、花大有香味、结实率高等特点，属于杜鹃花中的佼佼者，为中国特有的珍稀名贵花木。因资源分布狭窄、生境破坏、人工培育少，现资源日趋稀少。

【资源现状与典型群落】

赣东北三清山、武夷山、上饶县灵山、婺源等地的高山林间常见，以星散分布为主。在灵山生于海拔800~1100米岩石间空隙地，沿游步道呈带状分布，与猴头杜鹃、冬青、棕脉花楸、甜槠、小叶青冈、黄山木兰等混生。三清山海拔900~1400米山谷两侧的杂木林间也有较大面积的零星分布，常与猴头杜鹃、黄山木兰、华东黄杉、多脉青冈、福建柏等组成针阔混交林。武夷山海拔1300~1800米山地林中及林缘，山地沙壤，小片状分布，与猴头杜鹃、南方铁杉、柳杉、野茉莉（*Styrax japonicus*）、木荷、黄山松、东方古柯、四照花、甜槠等混生，处于群落林缘下层，生长良好。其他高海拔山区也有少数散生。

【主要价值与用途】

观赏价值：株形美观，叶色浓绿，花朵繁茂。盆栽点缀宾馆、小庭园和公共场所，鲜明艳丽、娇媚动人，使人流连忘返；若摆放居室的窗台、阳台或客室，灿烂夺目、异常热闹，增添欢乐气氛。

药用价值：云锦杜鹃花清热解毒、生肌敛疮，主治痈疽疮疡、关节红肿疼痛、咽喉肿痛、水火烫伤、创口久不收、溃疡不愈等症。

【保护与利用建议】

目前我国对云锦杜鹃的研究，几乎涉及植物学的各个领域，这些基础研究的积累，为云锦杜鹃的保护与开发应用研究提供了技术基础。然而这些研究仅针对的是自然条件下和原生态的云锦杜鹃，对栽培的云锦杜鹃几乎是空白。由于云锦杜鹃分布在一定的高海拔地区，传统观点认为高温和低湿是引种到城市等低海拔地区的制约因素。事实上，包括杭州植物园在内的多家单位，在20世纪80年代开展了引种驯化都获得了成功。在庐山植物园的专类园中已形成了一定的规模；在杭州植物园，虽然数量不多，但也年年开花。

1. 加强引种成功后的栽培、繁殖及育种技术等方面的研究，是资源保护与开发利用的重点。云锦杜鹃的繁殖技术一直沿用传统的播种方法，繁殖系数低，制约着工厂化生产，加上露地栽培，管理粗放，缺乏抵御恶劣天气及病虫害的能力，难以在园林中得到广泛应用。

2. 组织培养繁育技术是今后的发展方向；容器化、无土栽培技术研究和应用，将有广阔的发展前景；云锦杜鹃长期适应性驯化，直至在园林上大规模的应用将是追求的目标。

国家珍稀濒危保护植物	国家珍贵树种	国家重点保护野生植物	中国主要栽培珍贵树种	江西省重点保护野生植物	江西珍贵稀有濒危树种	江西主要栽培珍贵树种	中国植物红皮书	中国物种红色名录	全国极小种群野生植物
				III	III				

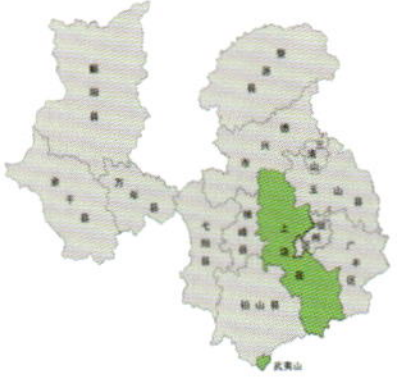

I 江西杜鹃

Rhododendron kiangsiense Fang

灌木，高约 1 米；茎皮灰色、灰褐色或灰黑色；幼枝绿色，圆柱形，被鳞片。叶革质，长圆状椭圆形，顶端钝尖具小短尖头，基部楔形或钝尖，边缘略反卷，上面深色，无鳞片，下面灰色，被鳞片。花序顶生，伞形，有花 2 朵；花萼 5 裂，裂片卵形，边缘波状；花冠宽漏斗形，白色，外面被鳞片。

该种极近百合花杜鹃，但该种叶为长圆状椭圆形，长 4~5 厘米，宽 2~2.5 厘米，较后者小得多，叶柄长仅 3~5 毫米，花也较小，雄蕊仅 8 枚，花柱长仅 3.5 厘米，两者甚有区别。

江西杜鹃为 1954 年中国科学院专家在武功山进行植物考察时发现的新种，目前该种植物分布范围较窄，在武功山风景区内，种群数量不大，植株长势不强，十分珍贵；生于海拔 1100 米的山坡。模式标本采于江西萍乡紫极宫山坡。赣东北在武夷山海拔 1200~1600 米山地杂木林缘及林中，发现有 2 个分布点，资源极其稀少。

国家珍稀濒危保护植物	国家珍贵树种	国家重点保护野生植物	中国主要栽培珍贵树种	江西省重点保护野生植物	江西珍贵稀有濒危树种	江西主要栽培珍贵树种	中国植物红皮书	中国物种红色名录	全国极小种群野生植物
					II				

II 黄山杜鹃

Rhododendron maculiferum Franch. subsp. *anhweiense*（Wils.）Chamb. ex Cullen et Chamb.

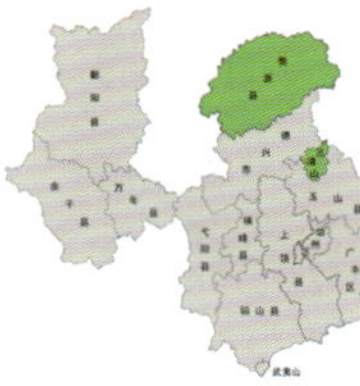

常绿灌木，高 5~15 米。叶卵状披针形或卵状椭圆形；叶互生，全缘，稀有不明显的小齿。花梗较长，近于无毛；花萼和子房近于无毛；花芽被多数形态大小有变异的芽鳞；花显著，通常排列成伞形总状或短总状花序；花冠 5 裂，宿存；花冠钟状、整齐对称。蒴果自顶部向下室间开裂，果瓣木质；种子多数，细小。花期 5~6 月；果期 9~10 月。

产安徽、江西、湖南、广西等地；生于海拔 750~1700 米的林缘、绝壁上以及山谷旁或密林中；主要分布在安徽黄山等地域。模式标本采自安徽黄山。赣东北仅在三清山海拔 1300 米处的阔叶林下发现极少数几株，灌木状。

黄山杜鹃是一个特殊的花种，是安徽省的省花，黄山市市花。该种每个花穗上有 6~10 朵，最多的一个枝头能开十几朵，颜色非常艳丽，有白色、粉色和大红的。黄山杜鹃为美丽的观赏花木。庐山植物园已引种栽培，供观赏。

国家珍稀濒危保护植物	国家珍贵树种	国家重点保护野生植物	中国主要栽培珍贵树种	江西省重点保护野生植物	江西珍贵稀有濒危树种	江西主要栽培珍贵树种	中国植物红皮书	中国物种红色名录	全国极小种群野生植物
					III				

III 毛果杜鹃 | 别名：福建杜鹃

Rhododendron seniavinii Maxim.

半常绿灌木，高达 2 米；分枝多，幼枝圆柱状，密被灰棕色糙伏毛；老枝灰褐色，近于无毛。叶革质，集生枝端，边缘微反卷，被黄褐色糙伏毛，上面深绿色，下面淡黄色，密被黄棕色长糙伏毛。伞形花序顶生，具花 4~10 朵；花梗密被红棕色绢状糙伏毛；花萼极小，密被红棕色绢状糙伏毛；花冠白色。蒴果长卵球形，密被棕褐色糙伏毛。花期 4~5 月；果期 8~11 月。

毛果杜鹃喜光，但又怕强光，属半阴偏阳植物；对土壤要求疏松、呈酸性，pH 值 4~6，在 pH 值大于 7 以上及黏重土壤生长不好。

产江西、福建、湖南、贵州和云南；生于海拔 300~1400 米的丘陵地带。模式标本采自福建西部。赣东北武夷山雷公岭有少量散生。

该物种可植于庭园花坛中、亦可作切花瓶插，有较高的园艺价值；也具化痰止咳药用功效。

【参考文献】

陈烈华等，2011；黄川腾等，2010；林长松，2000；马宏等，2017；宋怀芬等，2014；吴志等，2009；中国植物志编辑委员会，1999；朱春艳，2011。

（编写：曹晓平　摄像：彭辉武、黄宇潮）

国家珍稀濒危保护植物	国家珍贵树种	国家重点保护野生植物	中国主要栽培珍贵树种	江西省重点保护野生植物	江西珍贵稀有濒危树种	江西主要栽培珍贵树种	中国植物红皮书	中国物种红色名录	全国极小种群野生植物
				II					

102 九管血

紫金牛科 Myrsinaceae　别名：血党

Ardisia brevicaulis Diels

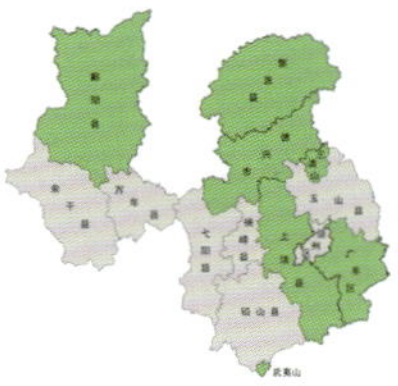

【主要形态与识别特征】

常绿灌木，高 1~2 米；茎幼时被细微柔毛，除侧生特殊花枝外，无分枝。叶互生；叶片革质或近坚纸质，近全缘或具微波状齿，背面被细微柔毛，齿尖具边缘腺点，边缘反卷。伞形花序，单生或稀为复伞形花序，着生于侧生特殊花枝顶端；花瓣白色，椭圆状卵形。果球形，深红色，具疏腺点。花期 5~7 月；果期 10~12 月。

本种与相近种朱砂根（*Ardisia crenata* var. *crenata*）的主要区别在于后者叶两面无毛，叶背绿色或带少量淡红色。

【地理分布与生境】

紫金牛属约 300 种，分布于热带美洲、太平洋诸岛、印度半岛东部及亚洲东部至南部，少数分布于大洋洲，非洲不产。我国 68 种 12 变种，分布于长江流域以南各地。赣东北约 11 种。

九管血分布于浙江、江西、福建、湖南、广东、广西等地；生于海拔 270~1150 米的山谷、山

坡林下阴湿处。

【树种特性与受危因素】

喜温暖、湿润环境，喜荫蔽，忌阳光直射；适宜生长于富含腐殖质、排水良好的土壤。

现代药理学研究表明，该种属植物具有止咳平喘、抗炎抑菌、抗肿瘤、抗生育等作用，是一类具有开发价值的种群。因长期不合理的采挖利用，导致资源日趋减少。

【资源现状与典型群落】

赣东北三清山、广丰铜钹山、武夷山、德兴、婺源等各地山区均有星散分布。婺源分布较为普遍，常生于山地针阔叶混交林下阴湿处。

【主要价值与用途】

药用价值：祛风湿，活血调经，消肿止痛。

观赏价值：花美丽、果鲜红，可供盆栽观赏用；适宜室内长期摆放，生命力极其旺盛，栽培时间越长，观赏价值越高，单株自然寿命可达 20 年以上；亦可作为耐阴的观赏地被植物，植于阴湿的阔叶林下。

【保护与利用建议】

近年来，随着光谱解析技术的提高，从本种属植物中发现越来越多的活性成分，其中皂苷类和苯醌类成分有抗肿瘤作用。这些研究成果都为从天然产物中寻找抗癌和抗艾滋病的药物提供了新思路。我国紫金牛属植物资源丰富，来源广泛，但目前已有过研究的品种仅 10 余种，其中九管血的开发利用就涉及得很少。

1. 重点解决苗木快繁及其配套丰产栽培技术问题。

2. 注重药用活性成分的研究。

3. 加强园林应用技术方面的研究与推广。①盆栽技术研究。②园林绿化林下观赏植被的应用。

【参考文献】

国家中医药管理局《中华本草》编委会，1999；江香梅等，2003；毛世忠等，2012；中国植物志编辑委员会，1979。

（编写：杨森兴　摄像：黄素红）

国家珍稀濒危保护植物	国家珍贵树种	国家重点保护野生植物	中国主要栽培珍贵树种	江西省重点保护野生植物	江西珍贵稀有濒危树种	江西主要栽培珍贵树种	中国植物红皮书	中国物种红色名录	全国极小种群野生植物
						✓			

103 粉叶柿

柿树科 Ebenaceae　　别名：浙江柿

Diospyros glaucifolia Metc.

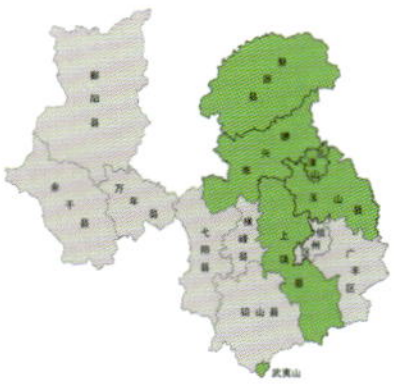

【主要形态与识别特征】

落叶乔木，高达 17 米，胸径达 50 厘米；树皮灰黑色或灰褐色；枝深褐色或黑褐色，散生纵裂的唇形小皮孔。叶革质，宽椭圆形、卵形或卵状披针形，上面深绿色，下面粉绿色，小脉结成不规则的网状，叶柄上面有槽。雌雄异株；雄花集成聚伞花序，通常有 3 朵；花冠壶形；近无花梗。果球形或扁球形，果柄极短，有短硬毛。花期 4~5 月；果期 9~10 月。

本种近似君迁子，但叶片较大，叶基部圆形、截形或浅心形，叶柄远较长，果嫩时绿色至橙黄色，熟时红色，不作蓝黑色，冬芽先端钝，除外面 2 片鳞片外，密被黄褐色绢毛。

【地理分布与生境】

柿属约 500 种，主产热带地区。我国约 57 种，多产于西南部至东南部，少数至温带。赣东北约 10 种。

粉叶柿分布于浙江、江苏、安徽、福建、江西等地；生长于山坡、山谷混交疏林、密林中，或在山谷涧畔。

【树种特性与受危因素】

阳性树种，喜温暖亦耐寒，年平均气温在 9℃以上，绝对低温在 -20℃以内均能适应；耐干旱力较强，对土壤要求不严，酸性、中性、石灰性土壤均能生长，而以排水良好、富含有机质的壤土或黏壤土最适宜，但不喜沙质土；根系发达，萌芽力强，寿命较长。

粉叶柿是一种集多种用途于一身的生长中速用材树种与优良水土保持树种。因常遭砍伐，现资源稀少。

【资源现状与典型群落】

赣东北各山区有零星分布，生于海拔 200~1200 米的沟谷、溪流两岸或坡地，常与甜槠、木荷、虎皮楠、南酸枣、红楠、千年桐、杉木等混生。武夷山海拔 900 米山谷溪边岩石缝中，树高 14 米，胸径 43 厘米，与冬青、小叶青冈、柳杉、大叶冬青等组成针阔混交林，生长良好；海拔 1300 米山谷杂木林缘，树高11米，胸径32厘米，主要伴生种为杜鹃、月季（*Rosa chinensis*）、算盘子（*Glochidion puberum*）、甜槠等。上饶县灵山海拔1100米游步道旁杂木林缘，树高约10米，胸径18厘米，沙壤岩，与四照花、银钟花、短柄枹栎、小叶青冈、吴茱萸五加（*Acanthopanax evodiaefolius*）等组成阔叶混交林。三清山、婺源多散生于风景林中。在玉山怀玉山、广丰铜钹山生于常绿阔叶与落叶阔叶林中及林缘。

【主要价值与用途】

观赏价值：枝繁叶大，广展如伞，秋天叶红似花，果黄如金，是观树、观叶、观果俱佳的树种，在园林中可孤植、群植，也可与常绿乔木、灌木混合种植。

材用价值：木材横断面生长轮欠明，心边材区别不明显，材色淡黄，纹理直，结构细密，质地坚硬，加工容易，刨削面光滑，色纹美观，可供细木工用材及其他镶嵌、美术工艺用材等。

其他价值：粉叶柿可以用作栽培柿树的砧木；未熟果可提取柿漆，是一种良好的胶粘剂，能耐湿、防腐，可用于鞣染鱼网，涂制雨伞与配制油墨等；果蒂可入药；果实经后熟处理可食或制作柿干食用，也可酿酒。

【保护与利用建议】

1. 加大资源培育技术研究。粉叶柿生长适应性强，在不同的立地条件与生境中，生长表现均良好。目前资源相对匮乏及缺乏高效培育技术。

2. 建立绿化大苗培育基地。可选择立地条件好的地类，营造苗、林、景兼用块状纯林。

3. 开展用材林造林技术试验。重点研究混交造林技术，可考虑作伴生树种栽植。

4. 其他价值用途也值得关注。

国家珍稀濒危保护植物	国家珍贵树种	国家重点保护野生植物	中国主要栽培珍贵树种	江西省重点保护野生植物	江西珍贵稀有濒危树种	江西主要栽培珍贵树种	中国植物红皮书	中国物种红色名录	全国极小种群野生植物
			✓						

君迁子

别名：野柿子

Diospyros lotus L.

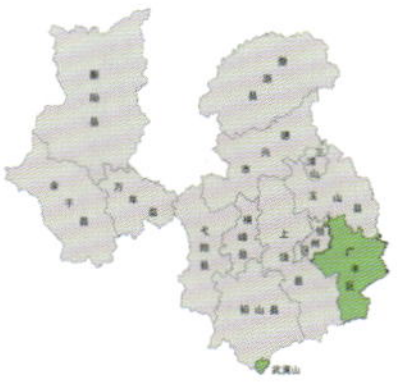

落叶乔木，高可达 30 米，胸径可达 1.3 米；树皮灰黑色或灰褐色；小枝褐色或棕色；嫩枝通常淡灰色，有时带紫色。冬芽带棕色。叶椭圆形至长椭圆形，上面深绿色，有光泽，下面绿色或粉绿色，有柔毛；叶柄有时有短柔毛，上面有沟。雄花腋生；花萼钟形；花冠壶形，带红色或淡黄色。果近球形或椭圆形，熟时为蓝黑色，常被有白色薄蜡层；种子长圆形，褐色，侧扁。花期 5~6 月；果期 10~11 月。

产我国山东、辽宁、河南、河北、山西、陕西、甘肃、江苏、浙江、安徽、江西、湖南、湖北、贵州、四川、云南、西藏等省区；生于海拔 500~2300 米左右的山地、山坡、山谷的灌丛中或林缘。赣东北广丰铜钹山、武夷山有零星散生。

君迁子生性强健，喜光，也耐半阴，较耐寒，既耐旱，也耐水湿；喜肥沃深厚的土壤，较耐瘠薄，对土壤要求不严，有一定的耐盐碱力；寿命较长，浅根系，但根系发达，移栽头三年内生长较慢，三年后则长势迅速；抗二氧化硫的能力较强。

【参考文献】

江西省上饶地区林业科学研究所，1983；刘信中等，2001；彭少麟等，2008；尹昔明等，2014；郑万钧，2004。

（编写：邹芸　摄像：黄素红）

国家珍稀濒危保护植物	国家珍贵树种	国家重点保护野生植物	中国主要栽培珍贵树种	江西省重点保护野生植物	江西珍贵稀有濒危树种	江西主要栽培珍贵树种	中国植物红皮书	中国物种红色名录	全国极小种群野生植物
III				II	II		rare	VU	

104 银钟花

安息香科 Styracaceae　　别名：白灯笼花

Halesia macgregorii Chun

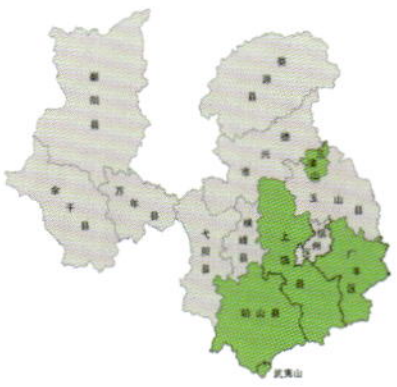

【主要形态与识别特征】

落叶乔木。因其花单生，花萼特别发达，质厚，萼筒下垂，红色雌蕊伸出花筒外，如同一个倒悬垂挂的银色灯笼或银钟，高雅而俊俏得名。树高7~20米；小枝紫红色；冬芽单生或有时数个聚生。叶薄纸质，椭圆状长圆形至椭圆形，先端渐尖至骤渐尖，基部宽楔形，边缘具细锯齿。花白色，2~6朵排成短缩的总状花序，生于去年生小枝叶腋；花冠宽钟状，裂片4。核果椭圆形至倒卵形。花于3~4月与叶同时开放；9~10月果实成熟。

【地理分布与生境】

全世界共有6种，分布美国南部及我国华东、华南和华中各地。我国产1种。

我国的银钟花植物，最早由我国著名植物学家寨仁昆先生在浙江最南部与福建北部交界的泰顺县东北麻平山区发现，接着先后在广东、广西、湖南、福建、江西和浙江等地的山地林中陆续发现，间断星散分布在海拔300米以上山顶瘠薄、空气湿度大的坡地林窗中。

江西省铜鼓县天柱峰龙门崖景区有一全国罕见的银钟花群落；生于景区海拔600~900米处，树高15~20米，直径20~48厘米，共有34株，种群边界清楚。

【树种特性与受危因素】

为中国与北美间断分布种，我国特有。分布区多属中亚热带中山地带，一般气候温和湿润，土壤为黄棕壤、黄壤至赤红壤，pH值4.5~5.5，含有机质较丰富；为中性偏阳树种，幼树能在蔽荫下生长，成年树喜光；根系发达，具抗风、耐旱等特性，喜湿润而光照较充足的生境，在瘠薄陡坡处，常从根基部抽生多枝呈灌木状。

银钟花种子发芽率低，天然更新差，加上过度砍伐林木、修筑山区公路，使分布区森林遭到严重破坏，生境日渐恶化，在自然环境下植株越

来越少，大树更为罕见。

【资源现状与典型群落】

赣东北三清山、武夷山、广丰铜钹山、上饶县灵山有分布。铜钹山自然保护区位于海拔635米的鹅公坑，小片状分布，以银钟花为优势种，最大胸径15厘米，伴生种有细叶青冈、木荷、杉木、香桂、鹿角杜鹃等。灵山风景区分布较为广泛，多生于海拔900~1100米的岩石缝中，胸径为20~28厘米，平均树高约12米，生长良好，伴生树种为粉叶柿、吴茱萸五加、小叶青冈、短柄枹栎、山苍子、黄山木兰等。武夷山大坑、猪母坑、黄岗山有分布，生于海拔1000~1800米林缘沟谷。

【主要价值与用途】

科研价值：银钟花属为中国与北美间断分布的属，本种为我国特有，对研究美洲和亚洲大陆的变迁、植物区系、植物地理均有一定意义。

材用价值：木材灰白色，纹理细，材质轻软，有工艺价值。

观赏价值：树态优美，树叶在入秋后变为红色，花叶同放，花白色，果形奇特，为优美观赏树种。

【保护与利用建议】

1. 加强资源保护。对天然生长的林木，应列为保护对象，加强就地管护；同时积极开展引种繁殖试验，培育苗木，进行迁地保护。

2. 有关银钟花资源的开发利用很少见报道，建议重点加强苗木繁殖技术研究，探索种子休眠与萌发机理，扩大育苗数量，使资源在利用中得到进一步保护。杭州等植物园已引种栽培；云南省热带作物科学研究所已开展了相关引种试验研究。

【参考文献】

陈模舜，2003；傅立国，1992；潘缝兰，2007；史晓华等，2002；万文豪，1987；汪松等，2004；杨晓玲，2008。

（编写：曹晓平　摄像：林上明、方宏）

国家珍稀濒危保护植物	国家珍贵树种	国家重点保护野生植物	中国主要栽培珍贵树种	江西省重点保护野生植物	江西珍贵稀有濒危树种	江西主要栽培珍贵树种	中国植物红皮书	中国物种红色名录	全国极小种群野生植物
				II					

105 木犀

木犀科 Oleaceae　别名：桂花、丹桂

Osmanthus fragrans（Thunb.）Lour.

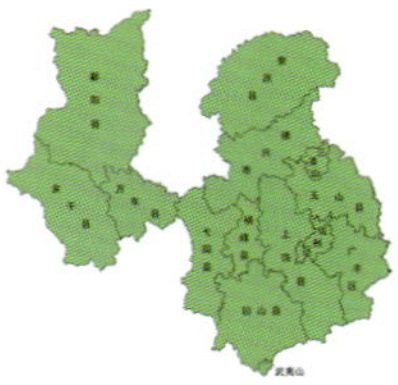

常绿灌木或小乔木，高可达 18 米。叶革质，两面具腺点。聚伞花序簇生于叶腋或近于帚状；花极芳香；花冠黄白色、淡黄色、黄色或橘红色。果歪斜，椭圆形，呈紫黑色。花期 9~10 月上旬；果期翌年 3 月。

桂花栽培品种繁多，最具代表性的有丹桂、银桂、四季桂等，它们的区别是：丹桂生长势强，枝干粗壮，叶较大，叶表粗糙，叶色墨绿，花色橙红；银桂长势中等，叶表光滑，叶缘具锯齿，花呈乳白色，且花朵茂密、香味甜郁；四季桂生长势较强，叶表光滑，叶缘稀疏锯齿或全缘，花呈淡黄色，花朵稀疏，淡香，除秋季 9~10 月与上列品种同时开花外，还可每 2 个月或 3 个月又开一次。

【地理分布与生境】

木犀属约 30 种，分布于亚洲东南部和美洲。我国产 25 种及 3 变种，其中 1 种系栽培，主产南部和西南地区。赣东北约 5 种。

木犀原产中国西南喜马拉雅山东段，印度、尼泊尔、柬埔寨也有分布。中国西南部、四川、陕西、云南、广西、广东、湖南、湖北、江西、安徽、河南等地均有野生桂花生长，现广泛栽种于淮河流域及以南地区。

目前，我国形成了安徽六安、湖北咸宁、湖南桃源、江苏苏州、广西桂林、湖北武汉、浙江杭州和四川成都几大全国有名的桂花商品林生产基地。

【树种特性与受危因素】

喜温暖，抗逆性强，既耐高温，也较耐寒；较喜阳光，亦能耐阴，在全光照下其枝叶生长茂盛，开花繁密，在阴处生长枝叶稀疏，花稀少；性好湿润，切忌积水，但也有一定的耐干旱能力；对土壤的要求不太严，除碱性土和低洼地或过于黏重、排水不畅的土壤外，一般均可生长，但以土层深厚、疏松肥沃、排水良好的微酸性沙质壤土最为适宜。

桂花是中国传统十大名花之一，集绿化、美化、

香化于一体的观赏与实用兼备的优良园林树种，自古就深受中国人的喜爱，被视为传统名花。据文字记载，中国桂花树栽培历史达2500年以上。因长期采挖利用，桂花野生资源，特别是大树资源十分稀缺。

【资源现状与典型群落】

赣东北婺源、三清山、武夷山、广丰铜钹山等地山区有少数野生资源零星分布，以中小乔木为主，伴生于阔叶林中，民间也有较为古老的栽培树种生长。婺源海拔144米东坡上部，山地黄壤，土层深厚，树高11米，胸径25厘米，生于淋漓锥、杜英、甜槠组成的常绿阔叶林中，长势良好。三清山海拔193米村庄附近，共2株，树高分别为21米和11米，胸径分别为75厘米和51厘米，树龄均在200年以上，生长依然旺盛。波阳莲花山海拔353米村旁路边，孤立木，树高18米，地径135厘米，树干共分出11枝，盘绕交错，树冠呈蘑菇云状，估测树龄在500年以上，虽历经沧桑，却依然枝繁叶茂，散发出浓郁的花香。该树因在原有生态环境下自然生长完整，并且满足树龄最老、树木最高、胸径（地径）最粗、冠幅最大、生长状况良好、保护价值最高等6项指标条件，2016年被评为“上饶市十大树王”。

【主要价值与用途】

药用价值：以花、果实及根入药。花可散寒破结、化痰止咳；果可暖胃、平肝、散寒；根可祛风湿、散寒。

生态价值：对氯气、二氧化硫、氟化氢等有害气体都有一定的抗性，还有较强的吸滞粉尘的能力。

食用价值：香气扑鼻，含多种香料物质，可用于食用或提取香料。

观赏价值：终年常绿，枝繁叶茂，秋季开花，芳香四溢，可谓“独占三秋压群芳”，在园林中应用普遍，常作园景树。

材用价值：材质致密，纹理美观，不易炸裂，刨面光洁，是良好的雕刻用材。

【保护与利用建议】

1. 保护古树资源。积极开展桂花种质资源调查与收集工作，严禁移挖桂花野生大树。

2. 加强桂花良种选育研究。培育出生长快、适应性强、生长习性及造型多样、产量高能满足香料生产的优良品种，以适应不同的利用目的和需求。

3. 研究新的繁殖与培育技术。研究适合桂花嫁接的新型砧木，探索无土栽培技术，开展桂花造型技术、盆栽微型化培育方法及植株抗寒性、延长花期技术试验，不断拓展桂花产业化市场。

4. 改进经营模式，壮大商品林基地及专类园建设。①我国生产的桂花系列产品，保持了自己的特色和优势，产品畅销全国各地和海外，产生了明显的经济效益。桂花生产要改变传统的绿化产业结构，进一步扩大种植规模，建立桂花商品林基地，以满足桂花系列产品开发、生产对香花的日益需求。②桂花具有深厚的文化内涵和鲜明的民族特色。通过建设大规模的桂花专类园基地，把赏桂习俗与旅游、节庆活动结合起来，突出桂文化独特的个性，营造高雅、热烈、欢乐、祥和的节日氛围，丰富和活跃人民的生活。

【参考文献】

吉浩等，2003；邝薇等，2008；向其柏等，2004；徐文斌，2009；杨承清，2005；中国植物志编辑委员会，1992。

（编写：曹晓平　摄像：黄宇潮）

国家珍稀濒危保护植物	国家珍贵树种	国家重点保护野生植物	中国主要栽培珍贵树种	江西省重点保护野生植物	江西珍贵稀有濒危树种	江西主要栽培珍贵树种	中国植物红皮书	中国物种红色名录	全国极小种群野生植物
				III					

106 厚壳树

紫草科 Boraginaceae　　别名：大岗茶、松杨

Ehretia thyrsiflora（Sieb. et Zucc.）Nakai

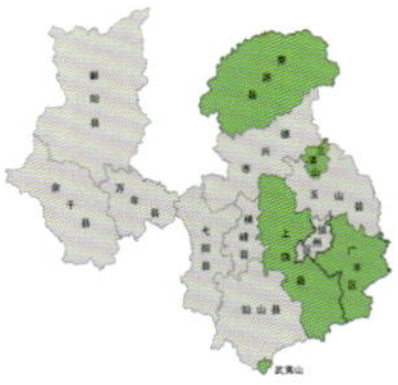

【主要形态与识别特征】

落叶乔木，高达 15 米，干皮灰黑色纵裂；枝黄褐色或赤褐色，无毛，有明显的皮孔。单叶互生，叶厚纸质，长椭圆形，叶表沿脉散生白短毛，背面疏生黄褐毛，脉腋有簇毛，缘具浅细尖锯齿，叶柄短，有纵沟，叶面用指甲划刻可现紫色划痕。花两性，顶生或腋生圆锥花序；花冠白色，有 5 裂片；花萼钟状，5 浅裂，缘具白毛。核果，近球形。花期 4 月；果熟 7 月。

本种与粗糠树的区别在于后者叶上面密生具盘硬毛，下面密生柔毛，锯齿开展，花冠裂片比冠筒短。

【地理分布与生境】

厚壳树属约 50 种，多分布于非洲、亚洲南部，美洲有极少量分布。我国有 12 种 1 变种，主产长江以南各省区。赣东北 1 种。

厚壳树产广西、华南、华东及台湾、山东、河南等省区；生于海拔 100~1700 米丘陵、平原疏林、山坡灌丛及山谷密林中。日本、越南有分布。江苏高邮、江浦、南京及宜兴等市县有栽植。

【树种特性与受危因素】

喜光也稍耐阴，喜温暖湿润的气候和深厚肥沃的土壤；耐寒、较耐瘠薄；根系发达、萌蘖性好、耐修剪。

厚壳树是一种具有观赏、药用等多种开发利用价值的野生乡土树种。由于其具有独特药用价值，当地老百姓祖祖辈辈跌打损伤都砍其枝干煨水熏蒸跌打部位，加上厚壳树种子在自然条件下发芽率低，野生资源更新困难，现存数量十分稀少。

【资源现状与典型群落】

赣东北武夷山、广丰铜钹山、婺源有极少数零星分布。婺源位于海拔 480 米高山杂木林缘，少数散生，小乔木状，其中最大一株胸径 7 厘米、高约 4.5 米，生长良好，群落树种以香椿、光皮梾木、珊瑚朴、山合欢、黄连木、拐枣、冬青为主。铜钹山海拔 556 米阔叶林缘与溪边有小面积星散分布，其中最大胸径为 24 厘米，高约 12 米，与冬青、青冈、猴欢喜、钩锥、刨花润楠、树参等组成阔叶混交林。

【主要价值与用途】

观赏价值：树冠紧凑圆满，枝叶繁茂，春季白花满枝，秋季红果遍树，是美丽的乔木树种，可观花、观果，也可观叶、观形；可作行道树和庭院栽植，也可与其他的树种混栽，形成层次景观。

药用价值：以叶、心材、树枝入药。叶甘、微苦、平；心材甘、咸、平；树枝苦、平；功能主治感冒、偏头痛、跌打损伤肿痛、骨折、痈疮红肿、肠炎腹泻等。

材用价值：木材黄白色，质稍硬，纹理粗，难加工，供建筑、装饰、器具等用。

其他价值：嫩叶可食；幼叶可代茶；树皮可作染料。

【保护与利用建议】

1. 加强资源培育与应用研究。①周威等通过引种野生树种厚壳树，在进行多点试验、研究其生态习性的基础上，总结了厚壳树的繁殖方法、苗木栽植、肥水管理、修剪等技术；李景豹等通过对野生厚壳树生理生态习性的观察、分析，采用扦插育苗方法进行对比实验，提出了该树种引种推广的有效途径。②可加强作为行道树与庭院树种的栽植，也可与其他树种混栽，形成层次景观。

2. 重视药用价值的开发。中国医学科学院对厚壳树干燥叶粗提物的各个部位进行化学成分研究，发现多个提取化合物均为在该种植物中首次得到。

【参考文献】

李景豹等，2008；李丽等，2010；郑万钧，2004；中国植物志编辑委员会，1989；周威等，2012。

（编写：曹晓平　摄像：黄素红）

国家珍稀濒危保护植物	国家珍贵树种	国家重点保护野生植物	中国主要栽培珍贵树种	江西省重点保护野生植物	江西珍贵稀有濒危树种	江西主要栽培珍贵树种	中国植物红皮书	中国物种红色名录	全国极小种群野生植物
			✓						

107 楸

紫葳科 Bignoniaceae　　别名：楸树

Catalpa bungei C. A. Mey.

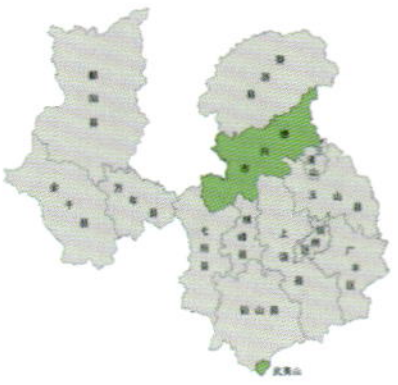

【主要形态与识别特征】

常绿乔木，小乔木，高 8~12 米。叶三角状卵形或卵状长圆形，长 6~15 厘米，宽达 8 厘米，顶端长渐尖，基部截形，阔楔形或心形，有时基部具有 1~2 牙齿，叶面深绿色。顶生伞房状总状花序，有花 2~12 朵；花冠淡红色，内面具有 2 黄色条纹及暗紫色斑点。蒴果线形，长 25~45 厘米，宽约 6 毫米。花期 5~6 月；果期 6~10 月。

楸树与灰楸的区别为后者叶卵形、三角状心形或三角状卵形，花淡红至淡紫色。

【地理分布与生境】

梓属约 13 种，分布于美洲和东亚。我国包括引入种共 5 种及 1 变型，除南部外，各地均有。赣东北 1 种。

楸产河北、河南、山东、山西、陕西、甘肃、江苏、浙江、湖南。广西、贵州、云南有栽培。模式标本采自北京。

【树种特性与受危因素】

喜光，较耐寒，适生于年平均气温 10~15℃，降水量 700~1200 米的环境；喜深厚肥沃湿润的土壤，不耐干旱、积水，忌地下水位过高，稍耐盐碱；萌蘖性强，幼树生长慢，10 年以后生长加快，侧根发达；耐烟尘、抗有害气体能力强；寿命长，自花不孕，往往开花而不结实。

楸是我国特有的珍贵优质用材树种和著名园林观赏树种。由于生境破坏，常遭砍伐，现资源日趋减少。

【资源现状与典型群落】

赣东北武夷山有分布记录，生于海拔 700~800 米的山谷阔叶林缘。德兴梧风洞风景区海拔 500 米的山谷平地沙壤上，共 2 株，树高均约 10 米，胸径分别为 35 厘米和 43 厘米，因人为干扰严重，长势一般。

【主要价值与用途】

材用价值：树干直，节少，材性好，木材纹理通直，花纹美观，质地坚韧致密，坚固耐用，绝缘性能好，耐水湿，耐腐，不易虫蛀，加工容易，切面光滑，钉着力中等，油漆和胶黏力佳，被国家列为重要用材树种，专门用来加工高档商品和特种产品。

观赏价值：枝干挺拔，花淡红素雅，具有较高的观赏价值和绿化效果。

药用价值：叶、树皮、种子均为中草药，有收敛止血，祛湿止痛之效。

生态价值：固土防风能力强，耐寒耐旱，是农田、铁路、公路、沟坎、河道防护的优良树种；楸树冠茂密，对二氧化硫、氯气等有毒气体有较强的抗性，能净化空气，是绿化城市、改善环境的优良树种。

【保护与利用建议】

1. 对现有资源进行就地保护研究，这是当务之急。①采取防护隔离措施，保护其生存环境，严禁破坏。②开展楸生长发育规律、生殖生物学特性、就地保护策略等方面的系统研究。

2. 加强科学研究，突破楸繁殖技术难关。①楸存在自花不孕现象，在自然条件下结实率很低，有关楸自花不孕的机理目前尚不清楚。②楸传统的繁殖方法主要采用根蘖繁殖，繁殖系数低，远不能满足产业化发展的要求。③近年来对楸的扦插繁殖、组织培养、体胚发生等技术开展了系列研究，但硬枝扦插技术基本没有解决；组织培养在外殖体选择、褐变的防止、增殖系数的提高等方面还存在许多技术问题。

【参考文献】

彭方仁等，2011；彭方仁等，2013；张锦等，2003；郑万钧，2004；中国植物志编辑委员会，1990。

（编写：曹晓平　摄像：黄宇湖）

国家珍稀濒危保护植物	国家珍贵树种	国家重点保护野生植物	中国主要栽培珍贵树种	江西省重点保护野生植物	江西珍贵稀有濒危树种	江西主要栽培珍贵树种	中国植物红皮书	中国物种红色名录	全国极小种群野生植物
II	I	II	✓		I	✓	rare	NT	

108 香果树

茜草科 Rubiaceae　　别名：神木、丁木

Emmenopterys henryi Oliv.

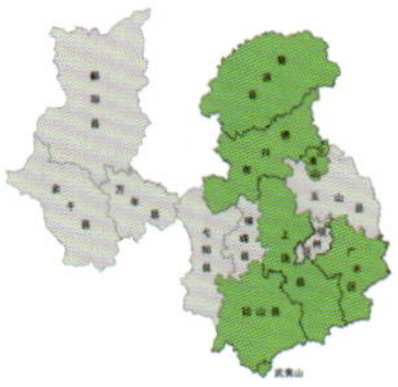

【主要形态与识别特征】

落叶大乔木，高达 30 米，胸径达 1 米；树皮灰褐色，鳞片状；小枝有皮孔，粗壮，扩展。叶纸质或革质，阔椭圆形、阔卵形或卵状椭圆形。圆锥状聚伞花序顶生；花芳香；变态的叶状萼裂片白色、淡红色或淡黄色；花冠漏斗形，白色或黄色。蒴果长圆状卵形或近纺锤形。花期 6~8 月；果期 8~11 月。

【地理分布与生境】

香果树属约 2 种，分布于我国、泰国和缅甸。我国有 1 种。

香果树产于陕西、甘肃、江苏、安徽、浙江、江西、福建、河南、湖北、湖南、广西、四川、贵州、云南东北部至中部；通常散生于常绿阔叶林中，或生于常绿阔叶与落叶阔叶混交林内。模式标本采自湖北巴东县。

在湖北神农架自然保护区海拔 850 米的板仓乡，生长着一株当今世界上最大的香果树，树龄 400 余年，树高 35 米，胸径 2 米，枝下高 4 米，树冠覆盖面积达 2000 平方米。如今，这株大树仍在年年开花，装点着神农架迷人的秋色。

【树种特性与受危因素】

喜温和或凉爽气候和湿润肥沃土壤；偏阳性树种，生长快速，萌芽力强；土壤为山地黄壤或沙质黄棕壤 pH 值 5~6。

我国特有珍稀树种，古老孑遗植物，起源于距今约 1 亿年的中生代白垩纪。英国植物学家威尔逊 (E H Wilson) 在他的《华西植物志》中，把香果树誉为"中国森林中最美丽动人的树"。由于毁林开荒和乱砍滥伐，加上种子萌发率较低，天然更新差，分布范围逐渐缩减，植株日益减少，大树、老树更是罕见。

【资源现状与典型群落】

赣东北武夷山、上饶县灵山、三清山、婺源、

广丰铜钹山等地有零星分布。在三清山生于海拔800米的常绿阔叶与落叶阔叶林中谷地，树高约25米，胸径为55厘米，树干通直，生长良好，主要伴生树有枫香、南酸枣、山樱花、稠李、青冈等。婺源海拔600米山地林缘、溪边，小乔木状，曾遭多次砍伐。武夷山海拔1500米以下有散生，生于沟谷、溪旁、坡地。铜钹山位于海拔550米的沟谷，西北坡，乔木层高度13米，与毛竹、朴树、香港四照花组成优势种，伴生种主要有山蜡梅、阔叶十大功劳（*Mahonia bealei*）、油茶、柃木、连蕊茶（*Camellia cuspidata*）等，植株受毛竹扩张影响严重。灵山海拔1200米山谷岩石缝中，树高约6米，胸径12厘米，与野漆树、蜡瓣花、山苍子、鹿角杜鹃、三叶木通（*Akebia trifoliata*）等混生，生长良好。德兴大茅山阔叶林缘及溪边有小灌丛状香果树散生。

【主要价值与用途】

材用价值：木材横断面生长轮明晰，心、边材无多大区别，材色浅白或心材略现蛋黄，纹理直，结构细，质略轻，加工容易，刨面光滑，色泽美观，材质优良，用途广泛。

工业价值：树皮纤维柔细，可供蜡纸和人造棉原料。

观赏价值：树姿雄伟耸立，叶大花美，是一种很好的庭园观赏树种。

药用价值：香果树的根、树皮，湿中和胃、降逆止呕。

科研价值：香果树是第四纪冰川幸存孑遗植物之一，为中国特有单种属植物，是研究茜草科系统发育、形态演化及中国植物地理区系的重要材料。

【保护与利用建议】

1. 保护好现有资源。①生境破坏是导致本种濒危的主要原因，应保护其生存环境，禁止砍伐。②采取人为干扰的保护措施，重点对其周围的非目的树种，酌情伐除，清理林地，进行人工抚育，留作母树，以供采种，促进天然传播与更新。

2. 进行迁地保存。在相似气候与土壤条件的植物园、种植园内引种保存，并积极开展种源回归试验。

3. 加速建立人工栽培基地。①苗木繁殖是制约资源规模化的技术瓶颈，深入开展苗木快繁技术体系研究。②通过种苗繁殖，建立采种基地，进行营林试验，不断扩大人工林资源。③在大量人工繁殖的基础上，开发其观赏、药用、材用价值，走持续发展道路。

【参考文献】

柴发熹，2003；方元平等，2007；傅立国，1992；胡红泉等，2011；刘军，2003；杨开军等，2007；汪松等，2004。

（编写：曹晓平　摄像：林昌勇）

参考文献

REFERENCE

《中华本草》编辑委员会 .1998. 中华本草（下篇）[M]. 上海：上海科技出版社 .

艾金才 .2000. 紫藤栽培的几种形式 [J]. 花木盆景（花卉园艺）(5)：8.

白成科 .2007. 猫儿屎和三叶木通种子油中脂肪酸成分的 GC-MS 分析 [J]. 西北植物学报（5）：1035-1038.

班荔，肖朝新，罗进坤 .2014. 新型树种猫儿屎的繁殖 [J]. 中国野生植物资源，33（2）：69-71.

鲍锋 .2010. 杜英生物学特性及园林环保应用价值的研究 [J]. 湖南林业科技，37（2）：74-75.

鲍晓红 .2015. 厚皮香育苗方法及采穗圃营建技术研究 [D]. 北京：中国林业科学研究院 .

毕淑峰，倪味咏，李键，等 .2006. 祁门牯牛降自然保护区永瓣藤的调查研究 [J]. 中国农学通报（4）：147-148.

毕淑峰 .2004. 永瓣藤 [J]. 林业实用技术（5）：39.

蔡青云，李学明，陈良生，等 .2009. 华东楠播种育苗与造林技术 [J]. 现代农业科技（2）：46.

蔡玉成，马国骅，王政琦 .1990. 不同地理种源白榆的某些生理特性 [J]. 宁夏农林科技（2）：20-23.

蔡云辉，包哈森高娃，阿茹娜，等 .2015. 通辽地区榆树嫁接技术 [J]. 内蒙古林业（8）：32-33.

蔡卓，马长乐 .2013. 冬青属植物园林应用特征研究 [J]. 现代园艺（8）：163-164.

曹虎 .1995. 古柯的遗憾 [J]. 植物杂志（2）：1.

曹苜，刘刚 .2016. 闽楠研究进展 [J]. 长江大学学报（自科版），13（27）：1-3+27.

曹人智 .2001. 国家珍稀保护植物——竹柏 [J]. 农技服务（12）：19-65.

曹晓平，邹芸，余江林，等 .2017. 赣东北珍稀濒危树种资源及保护与利用策略 [J]. 南方林业科技，45（1）：43-47.

曹展波，曾宪荣 .2013. 紫花含笑嫁接繁殖技术研究 [J]. 江西林业科技（2）：24-25+35.

曾正渝，兰作平 .2007. 肉桂的研究现状及应用进展 [J]. 现代医药卫生（1）：59-60.

曾志光，肖复明，包国华，等 .2003. 山杜英种源苗期性状和木材材性遗传变异的研究 [J]. 江西农业大学学报（6）：815-818.

柴发熹 .2003. 甘肃国家重点保护野生植物资源保护利用研究 [J]. 生态学杂志（5）：94-97.

陈邦柏 .2004. 赤楠盆景的栽培制作和管理 [J]. 湖北省绿化委员会（11）：36.

陈海军，官莉莉，赖建明，等 .2010. 降香黄檀轻基质网袋容器育苗技术 [J]. 湖南林业科技，37（2）：59-61.

陈红锋，张荣京，周劲松，等 .2011. 濒危植物乐东拟单性木兰的分布现状与保护策略 [J]. 植物科学学报，29（4）：452-458.

陈家法，田开慧，余格非，等 .2006. 秃瓣杜英开花与结实物候期的研究 [J]. 湖南林业科技（1）：33-34.

陈澜，黄树军，荣俊冬，等 .2015. 福建柏种源研究进展 [J]. 亚热带农业研究，11（1）：68-72.

陈丽华，邵运峰 .2008. 药用植物资源保护评价研究进展 [J]. 江西中医学院学报，20（1）：96-97

陈莉 .2015. 侧柏苗木繁育技术 [J]. 中国园艺文摘，31（8）：175-176.

陈烈华，王晓荷，刘蕊，等 .2011. 杜鹃属植物种质资源开发利用综述 [J]. 安徽农学通报（下半月刊），17（12）：194-195.

陈模舜 .2003. 珍稀的绿化观赏树种——银钟花 [J]. 植物杂志（6）：20.

陈启发 .2013. 苦槠的经济价值及人工造林技术研究 [J]. 现代农业科技（6）：162-163.

陈霜，王宝宁，包兵，等 .2015. 乡土树种黑壳楠一年生播种苗生长规律观察 [J]. 南方农业，9（31）：21-22.
陈碎亮，王小玲，张作焕 .2004. 华杜英裸根大苗移栽技术初探 [J]. 现代园林（5）：46-47.
陈涛，李良，张静，等 .2016. 中国樱桃种质资源的考察、收集和评价 [J]. 果树学报，33（08）：917-933.
陈文杰 .2013. 重阳木属树种重阳木和秋枫的辨别 [J]. 现代农业科技（16）：162-163.
陈晓晓，杨尚军，白少岩 .2009. 中华猕猴桃根化学成分及药理活性研究进展 [J]. 齐鲁药事，28（11）：677-679.
陈新法，付国勇 .2005. 细柄蕈树优质壮苗培育技术 [J]. 浙江林业科技（2）：39-40+54.
陈信云 .2010. 闽北凹叶厚朴丰产栽培技术的研究 [J]. 海峡药学，22（5）：44-46.
陈雨晴，王瑞江，朱双双，等 .2016. 广州市珍稀濒危植物水松的种群现状与保护策略 [J]. 热带地理，36（6）：944-951.
陈增华，范辉华，邱荣健，等 .2007. 建瓯锥栗地理标志产品无公害生产技术 [J]. 林业科技开发（2）：76-78.
成晓云，成娟，张日清 .2015. 观赏果树在园林景观中的应用研究 [J]. 湖南农业科学（02）：74-76.
程冬生，崔同林 .2010. 珍贵树种红椿的利用价值及培育技术 [J]. 中国林副特产（4）：39-40.
程晓建，黎章矩，戴文圣，等 .2009. 榧树种质资源调查与评价 [J]. 果树学报，26（5）：654-658.
程晓建，黎章矩，喻卫武，等 .2007. 榧树的资源分布与生态习性 [J]. 浙江林学院学报，（4）：383-388.
崔同林，马献良，缪永新 .2005. 青檀培育利用研究进展 [J]. 安徽林业科技（1）：11-12+19.
代邦元 .2003. 乐东拟单性木兰的培育 [J]. 国土绿化（10）：36.
戴宝合 .2003. 野生植物资源学（第二版）[M]. 北京：中国林业出版社
戴振伦，程传宏，马维军，等 .2012. 保康县紫藤资源调研初报 [J]. 北京林业大学学报，34（S1）：228-230.
邓青珊 .2011. 闽楠的现状与保护 [J]. 生命世界（11）：41-49.
丁峰，吴沅沛 .2011. 连香树丰产栽培技术 [J]. 农技服务，28（10）：1515+1540.
董会书，朴文秀 .2011. 椴树苗木的培育 [J]. 特种经济动植物，14（12）：35-36.
董建文，陈慈禄，陈东阳，等 .2001. 光皮桦栽培生物学特性研究 [J]. 江西农业大学学报（2）：220-223.
都红霞 .2013. 侧柏叶活性成分研究进展 [J]. 广东化工，40（20）：150-151.
杜红岩，刘攀峰，孙志强，等 .2012. 我国杜仲产业发展布局探讨 [J]. 经济林研究，30（3）：130-133+144.
杜悦 .2013. 濒危植物刺楸研究现状及保育对策 [J]. 黑龙江农业科学（9）：138-141.
端木 .1995. 我国青冈属资源的综合利用 [J]. 北京林业大学学报（2）：109-110.
兑宝峰 .2007. 加拿大红叶紫荆的栽培与繁殖 [J]. 中国花卉园艺（16）：42-43.
樊国盛 .1994. 山拐枣属的分类与生态地理特点 [J]. 西南林学院学报（1）：1-5.
范辉华 .1998. 闽北锥栗种质资源及其开发利用 [J]. 经济林研究（4）：66-68.
范文琳，朱凌云 .2007. 紫薇的应用设计 [J]. 金陵科技学院学报（1）：86-90.
方成良，丁玉华 .1996. 豫南山区麻栎资源及其开发利用 [J]. 林业科技开发（3）：33.
方建新，程国栋 .2009. 柳叶蜡梅的特性及其在黄山市的分布与开发利用现状 [J]. 安徽农业科学，37（4）：1530-1531+1534.
方琴 .2007. 肉桂的研究进展 [J]. 中药新药与临床药理（3）：249-252.
方升佐，李光友，李同顺 .2001. 经营措施对青檀人工林生物量及檀皮产量的影响 [J]. 植物资源与环境学报（1）：21-24.
方升佐，杨万霞 .2003. 青钱柳的开发利用与资源培育 [J]. 林业科技开发（1）：49-51.
方卫华 .2017. 歙县野生花榈木居群分布现状与保护对策 [J]. 安徽林业科技，43（4）：46-47.
方元平，项俊，胡扬，等 .2007. 鄂东大别山区香果树资源现状及其保护 [J]. 安徽农业科学（6）：1756-1757.
冯显逵，马国骅，宋玉霞，等 .1990. 白榆不同地理种源过氧化物酶同工酶的比较研究 [J]. 宁夏农林科技（1）：24-26.
冯育才，邓小敏 .2006. 亮叶桦育苗栽培技术 [J]. 林业实用技术（10）：22.
傅家祥，刘新宝 .2014. 乡土树种猴欢喜应用前景及培育技术 [J]. 农村经济与科技，25（11）：49+189.
傅立国 .1980. 中国榆属的研究 [J]. 东北林学院学报（3）：1-40.
傅立国 .1991. 中国植物红皮书 [M]. 北京：科学出版社 .

傅立国 .1992. 中国植物红皮书——稀有濒危植物（第一册）[M]. 北京：科学出版社 .
傅瑞树，朱建华 .2003. 福建省南方红豆杉资源保护与可持续利用探讨 [J]. 福建林业科技（1）：53-56.
甘道义 .2013. 十堰城郊发现小叶青冈野生群落 [J]. 国土绿化（8）：35.
高媛，李效文，陈秋夏 .2017. 降香黄檀引种栽培研究进展 [J]. 浙江农业科学，58（1）：52-55+58.
高岳芳，张丽，韩颖，等 .2010. 核桃属植物叶的化学成分及生物活性研究进展 [J]. 西北林学院学报，25（4）：165-169+180.
高政平 .2010. 夏蜡梅研究进展与趋势展望 [J]. 北方园艺（22）：199-201.
龚期绳，龚伟 .2014. 樟树良种繁育及栽培利用研究进展 [J]. 江西林业科技，42（6）：20-21+56.
龚维，夏青，陈红锋，等 .2015. 珍稀濒危植物伯乐树的潜在适生区预测 [J]. 华南农业大学学报，36（4）：98-104.
顾万春，兰彦平，孙翠玲 .2003. 世界皂荚（属）的研究与开发利用 [J]. 林业科学（4）：127-133.
顾万春，刘德安，田玉林 .1987. 白榆种源与家系的选种研究 [J]. 林业科学（4）：415-424.
桂育谦 .2004. 矮生紫薇如何栽培与应用 [J]. 中国花卉园艺（10）：32-33.
郭丹，曾解放，范国荣，等 .2015. 樟树精油的化学成分及生物活性研究进展 [J]. 生物质化学工程，49（1）：53-57.
郭赋英，曾炜，楼浙辉 .2014. 紫花含笑繁育技术研究综述 [J]. 江西林业科技，42（2）：27-29.
郭利勇，周洲，郭毅光 .2008. 河南省栎树资源的综合开发利用 [J]. 安徽农业科学（5）：1830-1831.
郭连金，贺昱，徐卫红 .2012. 三清山濒危植物天女花种群生殖对策研究 [J]. 植物科学学报，30（2）：153-160.
郭微，沈如江，吴金火，等 .2007. 江西三清山华东黄杉群落的组成及结构分析 [J]. 植物资源与环境学报（3）：46-52.
郭文杰，鲁雪华，林勇 .1998. 三尖杉的资源利用与开发 [J]. 亚热带植物科学（1）：23-26.
郭文平，王旭军，周雄 .2014. 大叶榉不同种源抗旱性比较 [J]. 湖南林业科技，41（1）：40-45.
郭向昕，张洁，张成福，等 .2003. 区域和立地条件对麻栎生长的影响 [J]. 吉林林业科技（3）：11-14.
国家林业局、农业部令（第 4 号）.1999 年 9 月 9 日 . 国家重点保护野生植物名录（第一批），1-5.
国家药典委员会 .2010. 中华人民共和国药典 [M]. 北京：中国医药科技出版社 .
国家中医药管理局《中华本草》编委会 .1999. 中华本草 [M]. 上海：上海科学技术出版社 .
韩丽娟，胡玉熹，林金星，等 .1996. 中国特有植物水松的生物学特性及其保护 [J]. 长春师范学院学报（6）：29-32.
郝向春，韩丽君，王志红 .2012. 皂荚研究进展及应用 [J]. 安徽农业科学，40（10）：5989-5991.
郝云庆，王金锡，王启和，等 .2008. 柳杉人工林近自然改造过程中林分空间的结构变化 [J]. 四川农业大学学报（1）：48-52.
何春年，彭勇，肖伟，等 .2012. 多穗柯甜茶的研究进展 [J]. 时珍国医国药，23（5）：1253-1255.
何军 .2016. 柏木栽培技术及其实践应用 [J]. 现代园艺（6）：40-41.
何利平 .2003. 刺楸种子休眠原因及解除休眠的研究 [J]. 山西林业科技（4）：22-24.
何应会，梁瑞龙，蒋燚，等 .2013. 珍贵树种闽楠研究进展及其发展对策 [J]. 广西林业科学，42（4）：365-370.
洪必恭，安树青 .1993. 中国水青冈属植物地理分布初探 [J].Journal of Integrative Plant Biology（3）：229-233.
侯伯鑫，林峰，余格非，等 .2005. 福建柏地理种源试验幼林期综合评价 [J]. 农业网络信息（12）：83-88.
侯嫦英，曾祥谓，方升佐 .2010. 青檀人工林培育技术研究进展 [J]. 林业工程学报，24（5）：1-3.
侯新村，牟洪香，杨士春，等 .2007. 木本能源植物黄连木研究进展 [J]. 安徽农业科学（12）：3524-3525+3534.
呼李柱 .2010. 细叶香桂秋播育苗造林技术 [J]. 林业实用技术（12）：31-32.
胡滨，胡杨 .2013. 树苗木繁育技术 [J]. 现代园艺（21）：45-46.
胡冬南，蒋艳，吴少福，等 .2005. 青钱柳组织培养的初步研究 [J]. 江西农业大学学报（1）：39-41.
胡刚，朱忠荣，王桂萍，等 .2014. 蓝果树组织培养及快速繁殖研究 [J]. 林业实用技术（8）：34-36.
胡光平，王桂萍，韩堂松，等 .2018. 黔中地区蓝果树容器育苗及造林试验研究 [J]. 绿色科技（7）：54-56.
胡红泉，崔同林 .2011. 珍稀树种香果树的利用价值及实用繁殖技术 [J]. 中国林副特产（6）：36-37.
胡清坡，张玲，陈红恩，等 .2012. 椴树及育苗技术要点 [J]. 农业科技通讯（2）：170-171.
胡晓静 .2004. 乡土速生树种细柄阿丁枫栽培特性及造林模式的研究 [D]. 福州：福建农林大学 .
胡友生 .2015. 刨花楠扦插育苗技术研究 [J]. 福建农业（6）：69-70.

黄斌，刘兴剑 .2011. 白楠在南京中山植物园的引种观察 [J]. 北方园艺（17）：112-113.
黄川腾，唐光大，刘乐，等 .2010. 广东天井山云锦杜鹃种群及其所处群落特征 [J]. 西南林学院学报，30（6）：15-19.
黄海明 .2015. 青钱柳育苗、造林及加工利用技术 [J]. 安徽林业科技，41（1）：77-79.
黄河，雷兴华，秦海英，等 .2012. 黄杨叶色特性初步研究 [J]. 南方农业，6（10）：11-13.
黄红兰，梁跃龙，张露 .2010. 毛红椿资源保护和培育的研究现状与对策 [J]. 林业科技开发，24（1）：10-14.
黄金桃，叶功富，田有圳，等 .2003. 凹叶厚朴材药两用林混交造林效果研究 [J]. 西北林学院学报（2）：44-46.
黄可 .2012. 鸡爪槭叶色时序性变化与园林应用研究 [D]. 杭州：浙江农林大学 .
黄孔泽，喻勋林，曹铁如 .2007. 湖南城步金童山亮叶水青冈群落研究 [J]. 湖南林业科技（2）：1-5.
黄铭利，辛维华 .2001. 不同立地类型锥栗栽培试验研究 [J]. 经济林研究（3）：29-30.
黄秋生，刘光华，贾贤，等 .2014. 广东省润楠属植物资源现状与保育对策 [J]. 广东林业科技，30（6）：72-76.
黄树军，黄林青，郭水土，等 .2015. 福建柏自然资源调查研究及建议 [J]. 绿色科技（3）：145-146.
黄素梅，王敬文，杜孟浩，等 .2009. 无患子的研究现状及其开发利用 [J]. 林业科技开发，23（6）：1-5.
黄文标 .2015. 黄杞容器扦插繁殖技术试验研究 [J]. 绿色科技（7）：67-69.
黄晓姣，王小蓉，陈涛，等 .2013. 中国樱桃遗传资源多样性研究进展 [J]. 果树学报，30（03）：470-479+508.
黄新亚，杨丽 .2013. 浅谈青钱柳的开发利用价值 [J]. 绿色科技（9）：143+145.
黄云鹏，范繁荣，苏松锦，等 .2015. 乡土彩叶树种蓝果树树研究进展 [J]. 福建林业科技，42（3）：240-244.
徽州香榧联合调查组 .1992. 徽州地区香榧种质资源调查 [J]. 经济林研究（1）：56-61.
吉浩，周耕峰，詹双侯 .2003. 中国桂花研究进展概述 [J]. 安徽林业科技（4）：2-3.
纪雪，姜卫兵，魏家星，等 .2015. 栎树的综合价值及其在城乡园林绿化中的应用开发 [J]. 黑龙江农业科学（12）：96-101.
贾贤，黄秋生，刘光华，等 .2014. 我国楠木资源的研究现状 [J]. 中国园艺文摘，30（10）：55-59.
江国治 .2013. 育苗技术及苗期生长规律初探 [J]. 安徽林业科技，39（3）：78-79.
江西省林木种苗和林场管理局 .2011. 江西林木种质资源 [M]. 北京：中国林业出版社 .
江西省上饶地区林业科学研究所 .1979. 优良速生珍贵树种 [M]. 南昌：江西人民出版社 .
江西省上饶地区林业科学研究所 .1983. 优良速生珍贵树种（续集）[M]. 南昌：江西人民出版社 .
江西植物志编辑委员会 .1993. 江西植物志（第 I 卷）[M]. 南昌：江西科学技术出版社 .
江险峰 .2004. 黄山木兰育苗及造林技术 [J]. 安徽林业科技（1）：15.
江香梅，肖复明，叶金山，等 .2009. 闽楠天然林与人工林生长特性研究 [J]. 江西农业大学学报，31（6）：1049-1054.
江香梅，俞湘 .2001. 红楠及其研究进展 [J]. 江西农业大学学报（2）：231-235.
姜德成 .2007. 保护椴树资源迫在眉睫 [J]. 中国蜂业（8）：22.
蒋家和 .2014. 鄂南山地特殊开发利用价值的乡土园林树种 [J]. 农村经济与科技，25（5）：108+87.
蒋延生 .2003. 长序榆天然更新调查研究 [J]. 福建林业科技（4）：55-58.
解军波，李萍 .2002. 冬青属植物化学成分及药理活性研究进展 [J]. 中草药（1）：87-90.
靳晓翠，范义荣 .2009. 紫薇种质资源概况及应用现状分析 [J]. 河北农业科学，13（1）：16-17+20.
孔杰 . 1996. 猫儿屎植物的化学成分及其药效学研究 [J]. 西北师范大学学报（自然科学版）(3)：108-111.
邝薇，王浩然，丁贵金，等 .2008. 文献计量分析我国桂花研究现状 [J]. 大众科技（1）：132-133.
赖建明 .2013. 杉木檫树混交林林分结构研究 [J]. 现代农业科技（11）：178-180.
兰彦平，周连第，李淑英，等 .2004. 皂荚（属）研究进展及产业化发展前景 [J]. 世界林业研究（6）：17-21.
郎萍，黄宏文 .1999. 栗属中国特有种居群的遗传多样性及地域差异 [J]. 植物学报（6）：92-98.
黎春花，刘国道 .2008. 豆科植物应用价值综述 [J]. 热带农业科学（4）：75-80+92.
李朝智，王彪 .2009. 中华杜英的苗木培育技术 [J]. 黔东南民族职业技术学院学报（综合版），5（2）：14-15.
李丹，邹双全 .2014. 竹柏苗木繁育技术及其推广价值 [J]. 亚热带农业研究，10（2）：141-144.
李丹丹，将玮，秦岭，等 .2016. 北京常见药用植物资源及其开发利用研究 [J]. 中国农学通报，32（16）：105-109.
李棣华 .2012. 厚朴研究进展 [J]. 辽宁中医药大学学报，14（9）：220-222.

李冬玲，付晖，任全进，等.2003.中国华东地区冬青属药用植物资源调查[J].中国野生植物资源（1）：22-24.
李发根，夏念和.2004.水松地理分布及其濒危原因[J].热带亚热带植物学报（1）：13-20.
李凤辉.2009.茶园套种降香黄檀效应的初步研究[J].福建林业科技，36（2）：273-277.
李改英.2012.水杉的栽培与管护[J].现代农村科技（24）：46-47.
李火根，陈龙，梁呈元，等.2005.鹅掌楸属树种种源试验研究[J].林业科技开发（5）：13-16.
李纪元，谢明初，王心海.2002.大花红山茶种质资源及其多用途利用潜力[J].浙江林业科技（6）：57-59.
李金华，李志辉，王佩兰，等.2014.湖南靖州特色种群赤皮青冈群落的研究[J].中南林业科技大学学报，34（5）：56-58+65.
李景豹，高龙霄，樊莉丽.2008.野生树种厚壳树引种育苗试验与分析[J].河南林业科技，28（4）：8-9.
李俊，张健.2005.毛豹皮樟的研究进展[J].四川农业大学学报（2）：247-252.
李俊.2013.连香树的培育与利用[J].安徽林业科技，39（3）：68-70.
李俊清.1996.中国水青冈种内种间遗传多样性的初步研究[J].生物多样性（2）：3-8.
李克家，王复华.1998.侧柏资源的利用价值与开发前景[J].陕西林业科技（1）：27-29.
李丽，石任兵，乌兰塔娜，等.2010.厚壳树叶化学成分研究[J].中国中药杂志，35（3）：331-332.
李灵敏，吴志桂.2008.华东楠造林技术[J].安徽林业科技（1）：29.
李升科，丁绍刚，张常乐.2011.紫藤的文化意蕴及其在风景园林中的应用[J].安徽农业科学，39（13）：7898-7899.
李世成.2008.云南省腾冲县红花油茶资源调查及利用分析[J].西南林学院学报（3）：11-13+19.
李世广.1989.香椿的经济价值及其发展前景[J].云南林业调查规划（4）：45-46.
李仕裕，木楠，于海玲，等.2015.广西紫荆的园林应用初探[J]，黑龙江农业科学（4）：87-92.
李文巧，刘鹏，吴玉环，等.2010.珍稀濒危植物长序榆研究进展[J].贵州农业科学，38（11）：203-206.
李文清，解孝海，仝伯强，等.2006.山东珍稀濒危树种的初步研究[J].山东林业科技（1）：13-21.
李晓铁，玉伟朝，落远周，等.2008.南方铁杉扦插繁殖技术[J].林业实用技术（6）：21-22.
李延红.2007.红豆杉开发利用的现状研究[J].中国高新技术企业（4）：108+110.
李彦连.2009.新型行道树种——深山含笑及其栽培技术[J].农村实用技术（1）：40.
李玉发，朱小进，陈爱山，等.2014.榉树良种引进与高效培育技术研究[J].现代农业科技（20）：142+160.
李圆圆.2007.果树在园林中的应用[J].南方农业（园林花卉版）（04）：52-55.
李长伟，崔承彬，蔡兵，等.2008.南酸枣的研究进展[J].解放军药学学报（3）：231-234.
李珍，王素娟，刘纯玲，等.2012.紫楠及浙江楠种子萌发特性研究[J].北方园艺（7）：58-60.
李振华，温强，戴小英，等.2007.樟树资源利用现状与展望[J].江西林业科技（6）：30-33+36.
练华窑，沈元寿，吴立福.2014.庆元县野生冬青属植物资源及观赏特性研究[J].现代农业科学（5）：206+208.
梁瑞龙，廖仁雅，戴俊.2011.红椿濒危原因分析及保护策略[J].广西林业科学，40（3）：201-203.
梁瑞龙，韦维.2008.广西桦木属树种资源现状与发展对策[J].广西林业科学（3）：123-127.
梁瑞龙，朱积余.2005.广西栲属植物及其开发利用研究[J].广西林业科学（3）：3-7.
廖浩斌，冯志坚，戴磊，等.2012.广东省11种杜英属植物园林观赏特性评价[J].广东园林，34（3）：66-69.
廖亮，潘长洪，罗优波，等.2016.瓜子黄杨扦插育苗技术[J].林业实用技术（6）：60-61.
廖运程.2004.杉木林下培育乳源木莲绿化大苗新技术[J].林业科技开发（6）：47-49.
林芳，黄梓良，虞祥忠，等.2014.小叶青冈群落主要种群生态位研究[J].北华大学学报（自然科学版）（5）：684-688.
林洪义.2016.山杜英扦插育苗技术及其造林效果[J].安徽农学通报，22（18）：85-86.
林军，李彭生，梁庆，等.2010.粤北地区光皮树种质资源生态调查及其开发利用[J].广东林业科技，26（6）：45-48.
林来官，林有润，张永田.1981.武夷山自然保护区维管束植物名录[J].武夷科学，12（1）：17-69
林立，王运昌，谢金兰，等.2014.浅谈竹柏的价值及栽培技术[J].绿色科技（6）：28-29.
林施沉.2004.山茶花的生态特性及栽培技术[J].林业勘察设计（2）：45-46.
林文荣.2007.无患子开发利用前景[J].林业勘察设计（2）：118-120.
林向平.2012.米槠容器育苗技术初探[J].现代园艺（22）：51.

林秀香，余智城，黄阿凤，等 .2009. 福建野生草珊瑚属植物资源及其繁殖技术 [J]. 福建热作科技，34（2）：15-16.
林赞祥 .2007. 福建柏与萌芽杉木混交林经营效果的调查研究 [J]. 福建林业科技（4）：98-100.
林长松 .2000. 杜鹃花属植物及其保护和利用 [J]. 六盘水师范高等专科学校学报（1）：11-12.
林长松 .2001. 珍稀植物银杏的开发利用与保护 [J]. 六盘水师专学校（1）：8-10.
刘彬彬，楼炉焕，刘广宁，等 .2013. 浙江省小叶青冈生长过程的研究 [J]. 浙江农林大学学报，30（4）：517-522.
刘丹，臧德奎 .2018. 山东省珍稀濒危保护树种的自然分布及特点 [J]. 林业资源管理（1）：155-158
刘登义，沈浩，杨月红，等 .2003. 黄山花楸种群遗传多样性研究 [J]. 应用生态学报（12）：2141-2144.
刘富英 .2007. 新兴的城市绿化树种——井冈山厚皮香 [J]. 现代园艺（6）：8.
刘贵娟，童晨，安琳琳，等 .2013. 无患子在建宁县发展优势分析 [J]. 福建林业科技，40（1）：184-187.
刘桂湘，吴自强 .2009. 黄连木大田育苗技术 [J]. 现代农业科技（2）：43.
刘国武 .2004. 福建永安丘陵地乳源木莲引种造林试验 [J]. 林业科技开发（6）：41-43.
刘海龙，李俊福，覃子海，等 .2015. 大叶榉研究进展 [J]. 广西林业科学，44（3）：271-275.
刘佳，黎永业，梁宏伟 .2018. 猫儿屎的种子生物学特性研究 [J]. 分子植物育种，16（4）：1357-1362.
刘杰，杨松，邵思常 .2008. 黄连木植物资源的研究与开发利用进展 [J]. 阜阳师范学院学报（自然科学版）（1）：43-46.
刘军，姜景民，刘昭息，等 .2012. 乐东拟单性木兰地理种源变异与选择研究 [J]. 林业科学研究，25（5）：564-568.
刘军 .2003. 国家Ⅱ级重点保护植物香果树的保护与利用 [J]. 甘肃科技（10）：151-152.
刘美，童雅賨，黎云祥，等 .2009. 珍稀濒危物种连香树研究进展 [J]. 四川林勘设计（3）：18-22+46.
刘鹏，陈立人 .1996. 浙江天目山自然保护区珍稀濒危植物及其利用与保护 [J]. 山地研究，14（1）：45-50.
刘鹏，何万存，黄小春，等 .2017. 花榈木研究现状及保护对策 [J]. 南方林业科学，45（3）：45-48.
刘仁林，朱恒 .2015. 江西木本及珍稀植物图志 [M]. 北京：中国林业出版社 .
刘仁林 .2011. 华东野核桃（华胡桃）[J]. 江西林业科技（4）：30.
刘世杰，孙子平 .2004. 皂荚的开发与利用 [J]. 特种经济动植物（2）：26.
刘四君，程齐来，李洪亮 .2009. 冬青属药用植物研究进展 [J]. 湖北农业科学，48（10）：2594-2597.
刘甜田，叶喜 .2016. 美丽乡村建设中的乡村景观特色营造探析 [J]. 绿色科技（7）：41-44.
刘彤，孙卫，张冠山，等 .2016. 新疆常用榆属绿化树种疏密度调查分析 [J]. 林业调查规划，41（4）：92-97.
刘玮，谢冰，邓光华 .2009. 盆景特色树种——赤楠研究进展 [J]. 安徽农业科学，37（30）：14678-14679.
刘西俊，王淑燕，周丕振，等 .1991. 蝴蝶树和黑壳楠的抗热和抗旱性能及有关栽培技术的研究 [J]. 西北植物学报(4)：316-322.
刘信中，方福生 .2001. 江西武夷山自然保护区科学考察集 [M]. 北京：中国林业出版社 .
刘学斐，刘运壁 .2011. 岩泉自然保护区香榧调查初报 [J]. 江西林业科技（1）：15-18+45.
刘雪梅，杨传贵，汤巧香 .2005. 榔榆雾插技术的研究 [J]. 山东林业科技（6）：44-45.
刘振西 .1990. 大有可为的栎树资源 [J]. 植物杂志（1）：34-35.
刘正祥 .2006. 省沽油生物学特性及其利用技术基础研究 [D]. 北京：中国林业科学研究院 .
刘正周，沈元勤，黄宛淅，等 .2008. 香椿种源试验研究 [J]. 河南林业科技（1）：22-23+54.
刘志龙，虞木奎，唐罗忠，等 .2009. 麻栎资源研究进展及开发利用对策 [J]. 中国林副特产（6）：93-96.
刘宗媚，杜洪业，张季，等 .2014. 极小种群伯乐树致濒机理及种质资源保存研究进展 [J]. 北方园艺（17）：190-192.
龙双畏，刘济祥，郑伟 .2009. 优良园林绿化树种阿丁枫育苗技术研究 [J]. 北方园艺（5）：199-201.
陆支悦，姜卫兵，翁忙玲 .2009. 重阳木的园林特性及其开发应用 [J]. 江西农业大学学报，21（6）：64-67.
罗建华，陈贰，李孟，等 .2017. 铁冬青特性及栽培技术 [J]. 林业科技通讯（1）：19-20.
罗建勋，孙启武，黄晓江 .2003. 四川野生红豆杉资源的保护与可持续利用 [J]. 四川林业科技（1）：43-47.
罗镭，田景奎，杨世林 .2007. 山胡椒属药用植物化学成分研究进展 [J]. 亚太传统医药（10）：57-60.
罗明永，蔡庆民，黄益江 .1998. 永安市柳杉资源开发的几点建议 [J]. 中国林副特产（1）：38-39.
罗时芬，钱长江，杨帮华 .2011. 贵阳市野生槭树属植物资源及开发利用 [J]. 贵阳林业科技，39（2）：35-38.
吕霞，胡明通，于盱 .2012. 黄杨属植物化学成分的研究进展 [J]. 安徽农业科学，40（24）：12028-12030+12034.

马海泉，江锡兵，龚榜初，等 .2013. 我国锥栗研究进展及发展对策 [J]. 浙江林业科技，33（1）：62-67.
马红岩，庄雪影，彭逸生，等 .2007. 广东南昆山华东润楠群落及优势种群研究 [J]. 广东林业科技，（4）：11-16.
马宏，李太强，刘雄芳，等 .2017. 杜鹃属植物保护生物学研究进展 [J]. 世界林业研究，30（4）：13-17.
毛世忠，邓涛，唐文秀，等 .2012. 广西紫金牛属野生观赏植物的综合评价 [J]. 广西植物，32（4）：501-506.
梅象信，宋宏伟，卢绍辉，等 .2010. 黄连木实生苗培育技术 [J]. 河南林业科技，30（4）：77-78.
孟小华，姜卫兵 .2006. 我国特有树种喜树及其在园林中的应用 [J]. 安徽农业科学（20）：5242-5243.
米建华 .2016. 河南省紫荆品种资源调查 [J]. 河南林业科技，36（2）：27-29.
牟少华，刘庆华，王奎玲 .2002. 紫薇研究进展 [J]. 莱阳农学院学报（4）：276-278.
南京中医药大学 .2006. 中药大辞典 [M]. 上海：上海科技出版社 .
倪味咏，张淼望 .2003. 猴欢喜的繁育和利用 [J]. 安徽林业科技（2）：23+22.
牛锦凤，杨文琴，石森，等 .2011. 宁夏珍稀濒危树种种质资源现状与利用 [J]. 山西林业科技，40（4）：51-53.
牛正田，李涛，訾根柱，等 .2005. 黄连木资源概况、栽培技术及综合利用前景 [J]. 经济林研究（3）：72-75.
欧斌，赖福寿，赖青青 .2008. 乡土树种石笔木播种育苗技术研究 [J]. 中国林副特产（5）：38-39.
欧斌，肖永有，黄家寿 .2009. 椤木石楠田间育苗试验研究 [J]. 中国林副特产（3）：51-52.
欧阳均浩，陈远生，梁荣华，等 .1991. 水松栽培技术和防护效能的研究 [J]. 广东林业科技（3）：1-7+27.
潘标志 .2009. 三尖杉短周期药用林高产栽培技术研究 [J]. 林业科学研究，22（5）：641-646.
潘缝兰 .2007. 银钟花的繁殖与养护 [J]. 新农村（5）：14.
潘健，郭起荣，方乐金，等 .2012. 濒危植物永瓣藤种子休眠与解除 [J]. 种子，31（3）：17-19+22.
潘新建 .2000. 光皮桦资源的开发利用与发展前景 [J]. 资源开发与市场（4）：220-221.
彭方仁，郝明灼，梁有旺，等 .2011. 我国楸树种质资源现状及开发利用策略 [J]. 林业科技开发，25（6）：1-5.
彭方仁，张灵敏，张利华，等 .2013. 连云港云台山楸树资源现状与保护策略 [J]. 江苏林业科技，40（6）：27-30.
彭佼 .2010. 樟科植物在园林中的应用 [J]. 湖南林业科技，37（4）：57-59.
彭少麟，廖文波，王英永，等 .2008. 中国三清山生物多样性综合科学考察 [M]. 北京：科学出版社 .
彭艳 .2013. 论重阳木的园林特性与开发应用 [J]. 现代园艺（14）：169.
莆昭和 .1998. 紫薇长放半年花 [J]. 绿化与生活（2）：33.
祁红艳，金志农，杨清培，等 .2014. 江西武夷山南方铁杉生长规律及更新困难的原因解释 [J]. 江西农业大学学报，36（1）：137-143+208.
钱汝明，汪剑林，林其盛 .2012. 衢江区大源尾野生白豆杉资源保护利用探讨 [J]. 华东森林经理，26（3）：51-52+62.
乔琦，刑福武，陈红峰，等 .2011. 中国特有珍稀植物伯乐树的研究进展和科研方向 [J]. 中国野生植物资源，30（3）：4-8+13.
乔琦，邢福武，陈红锋，等 .2016. 国家一级重点保护野生植物伯乐树的迁地保护技术研究 [J]. 中国野生植物资源，35（5）：63-66.
邱国光 .2016. 半枫荷绿化大苗山地培育关键技术研究 [J]. 林业勘察设计，36（2）：59-62.
染建平 .2001. 广西珍稀濒危树种 [M]. 南宁：广西科学技术出版社 .
任朝辉，王莲辉，田华林，等 .2014. 贵州半枫荷濒危成因分析 [J]. 贵州林业科技，42（2）：34-36.
戎建涛，黄清麟，张晓红 .2014. 择伐经营对天然阔叶米槠林生长的影响 [J]. 中南林业科技大学学报，34（3）：43-48.
茹雷鸣，张燕雯，姜卫兵 .2007. 榉树在园林绿化中的应用 [J]. 广东园林（6）：50-52.
阮兴盛 .2004. 柳杉的生态学特性及栽培技术 [J]. 林业勘察设计（福建）（1）：12-13.
邵春荣，周芳勇，魏斌，等 .2007. 红楠播种育苗试验研究 [J]. 林业科技开发（2）：73-76.
申东，赖飞，姚文化，等 .2001. 多穗石柯茶 [J]. 贵州茶叶（2）：28-29.
沈国军，金阳，张国良，等 .2009. 对无患子提取液洗涤性能的研究 [J]. 中国园艺文，25（1）：47-48.
沈浩 .2002. 黄山花楸的致濒机制及保护的研究 [D]. 芜湖：安徽师范大学 .
沈君子，叶明，舒阿庆，等 .2010. 老鹰茶多酚类化合物的提取纯化及 EGCG 含量测定 [J]. 浙江大学学报（农业与生命科学版），36（3）：329-334.

沈绍南，柳尚贵，蔡焕留 .2009. 珍贵树种花榈木丰产栽培技术 [J]. 现代农业科技（1）：81+84.
沈效东，李永华，秦彬彬 .2009. 节水耐旱园林观赏植物新秀 [J]. 园林（2）：26-27.
施福军，俞建妹，王凌晖 .2011. 降香黄檀扦插繁殖技术研究 [J]. 广东农业科学，38（1）：50-52.
施国良，朱丹，陆华兵，等 .2011. 杜英的特征特性及主要培育技术 [J]. 上海农业科技（4）：89+96.
石钢，杨小铭，陈瑜 .2016. 广西紫荆属植物资源与园林应用 [J]. 低碳世界（17）：237.
史晓华，徐本美，黎念林，等 .2002. 银钟花种子休眠和萌发的初步研究 [J]. 种子（4）：7-9+97.
宋朝枢 .1989. 中国珍稀濒危保护植物 [M]. 北京：中国林业出版社 .
宋怀芬，李志远 .2014. 江西杜鹃的栽培技术 [J]. 农业与技术，34（2）：155.
宋艳，骆晓菁 .2012. 天目山古柳杉衰退原因初探 [J]. 科技资讯（17）：137.
孙鸿有，王鹏飞，方炳法，等 .1992. 香椿地理变异与种源选择 [J]. 浙江林学院学报（3）：4-12.
孙节 .2013. 省沽油园林观赏特性评价与无性繁殖技术研究 [D]. 合肥：安徽农业大学 .
孙秋芽 .2010. 槲栎育苗及造林技术 [J]. 现代园艺（11）：45.
孙玮，战臣祥，刘阳，等 .2016. 银杏种质资源收集保护与利用研究 [J]. 农业与技术，36（16）：186.
谭小梅，周益权，周小舟，等 .2014. 柏木播种与嫁接育苗技术 [J]. 安徽农业科学，42（32）：11358-11359.
汤建安，叶盛清 .2009. 深山含笑育苗造林技术及其开发利用 [J]. 现代农业科技（7）：72+74.
汤艺峰，吴国芳 .1990. 江西三清山（玉京峰）植物区系的研究 [J]. 华东师范大学学报（自然科学版）（1）：104-110.
唐登明，李双全 .2012. 观赏藤本植物在城市园林中的应用与发展研究 [J]. 安徽农业科学，40（26）：12986-12987+13084.
唐缓 .2012. 黄山花楸及繁育技术 [J]. 安徽农学通报（下半月刊），18（22）：66-67.
唐全忠，熊建军 .2010. 光皮桦育苗与造林及管护技术 [J]. 湖南林业科技，37（4）：42-44.
田如英 .2008. 中国含笑属植物繁殖技术及其应用 [J]. 四川林业科技（2）：84-86.
田瑞彪 .2006. 茶中新秀——野甜茶 [J]. 中国林业（5）：49-50.
田淑娟，喻理飞 .2010. 珍稀濒危植物单性木兰（*Kmeria septentrionalis*）胁迫条件下的种子发芽特性研究 [J]. 种子，29（3）：4-8.
田苏奎，焦洁洁，袁位高，等 .2016. 赤皮青冈、闽楠、木荷造林对比试验 [J]. 浙江林业科技，36（3）：53-55.
宛成刚，吴锦华 .2002. 小花紫薇的引种栽培与园林应用 [J]. 中国花卉园艺（22）：22-23.
万文豪 .1987. 中国珍稀濒危保护植物——银钟花 [J]. 生物学杂志（4）：44-45.
汪爱兰 .2012. 黄山木兰的特征特性及育苗技术 [J] 现代农业科技（8）：219+225.
汪桂民 .2010. 糙叶树育苗造林技术 [J]. 林业实用技术（11）：27.
汪丽 .2014. 赤皮青冈快繁技术研究 [D]. 长沙：中南林业科技大学 .
汪丽荣 .2010. 檫木良种壮苗培育简介 [J]. 安徽林业科技（2）：36.
汪树人 .2005. 南酸枣育苗与栽培管理技术 [J]. 林业科技开发（1）：75-76.
汪松，解焱 .2004. 中国物种红色名录（第一卷）[M]. 北京：高等教育出版社 .
王枞祁 .2011. 花榈木根插及大苗培育技术 [J]. 现代农业科技（16）：203+205.
王丛周，刘荣，欧阳明安 .2006. 冬青属植物化学成分研究进展（综述）[J]. 亚热带植物科学（3）：61-69.
王富安，赵阳，颜晓军，等 .2006. 矮生紫薇的引种栽培及推广应用 [J]. 平顶山工学院学报（1）：77-78.
王国晖，肖晓清，胡应祥 .2012. 多穗石柯人工繁育及丰产栽培技术 [J]. 湖南林业科技，39（5）：126-128+131.
王国枢，张建军 .2014. 榔榆育苗及大苗培育技术 [J]. 安徽林业科技，40（1）：78-79.
王金元 .2011. 刨花楠的人工种植 [J]. 中国林业（18）：49.
王奎玲，刘庆华，刘庆超，等 .2007. 耐冬山茶野生资源保护与利用 [J]. 中国城市林业（1）：54-56.
王乐农 .2012. 乐安县古樟资源保护和樟树产业发展的几点建议 [J]. 林业科技情报，44（2）：37-39.
王丽芳 .2008. 黄连木的利用价值与发展建议 [J]. 甘肃农业（9）：74+77.
王鹏飞，马养民，孔阳 .2013. 猫儿屎内生真菌分离鉴定及抑菌活性研究 [J]. 广东农业科学，40（13）：85-87.
王淑华，周兰英，张旭，等 .2010. 木莲属植物濒危现状及保护策略 [J]. 北方园艺（5）：225-228.

王淑燕，孙友信，刘西俊.1986.黑壳楠育苗试验[J].陕西林业科技（1）：15-16.
王希群，马履一，郭保香，等.2005.湖北利川水杉原生种群及其生境1948-2003年间变化分析[J].生态学报（5）：972-977.
王献溥，蒋高明.2001.中国木兰科植物受威胁的状况及其保护措施[J].植物资源环境学报（4）：43-47.
王晓明，宋庆安，蒋丽娟，等.2014.凹叶厚朴优良无性系选育[J].湖南林业科技，41（6）：6-9+30.
王馨，杨淑桂，于芬，等.2015.檫木的研究进展[J].南方林业科技，43（5）：29-33+39.
王艳芬，杨磊.2011.豆科植物在园林中的应用探讨[J].绿色科技（7）：14-16.
王业社，侯伯鑫，杨强发，等.2014.湖南省紫薇种质资源调查及应用前景分析[J].草业学报，23（5）：77-91.
王永奇，宋明明，周辉，等.2012.黄杞属植物的研究概况[J].大连大学学报，33（6）：81-85.
王有生，王献溥.1992.三尖杉属植物资源利用与保护[J].中药材（5）：14-16.
王志彦，张新玲.2006.紫薇在园林绿化中的应用[J].河北林业科技（3）：61-62.
韦晓霞，张艳芳，周丹蓉，等.2013.福建省白栎资源及其开发利用[J].东南园艺，1（2）：55-57.
韦晓霞.2008.福建野生果树资源调查和南酸枣利用的研究[D].福州：福建农林大学.
魏凤玉，余锦城，解辉.2007.天然无患子皂苷的提取分离[J].安徽化工（3）：15-17.
魏文桃，陈芸芸，叶晗，等.2017.猫儿屎的愈伤组织诱导和植株再生[J].分子植物育种，15（4）：1473-1477.
温晋强，温伟中.2012.山杜英的形态特征及栽培技术[J].现代农业科技（20）：169-170.
翁关成，范明香，胡金根.2008.濒危物种连香树的利用价值与繁育技术[J].现代农业科技（21）：118+120.
吴国芳，周秀佳，汤艺峰.1988.江西省三清山的植被类型及其分布[J].华东师范大学出版社（自然科学版）（2）：87-98
吴鲁东，梁小红，李书渊.2012.罗汉松的生药学研究[J].临床医学工程，19（8）：1350-1352.
吴仕振.2017.琅琊榆生理特性及苗木培育技术[J].现代农业科技（8）：157-158.
吴银兴.2011.降香黄檀生物学特性及栽培技术[J].安徽农学通报（上半月刊），17（17）：135-136+143.
吴永红，李辰.2013.基于SWOT比较的中国猕猴桃产业发展现状分析及对策建议[J].农村经济（2）：60-63.
吴征镒.1991.中国种子植物属的分布区类[J].云南植物研究，增刊（Ⅳ）：141-178.
吴志，刘念，王定跃，等.2009.中国野生杜鹃花属景观资源研究进展[J].广东农业科学（9）：183-186.
伍文强.2008.南方红豆杉的开发、利用和保护[J].老区建设（6）：17-19.
夏聪，齐跃强，何世庆，等.2015.罗汉松在园林绿化中的应用及存在问题[J].现代园艺（12）：125.
夏瑞满，吴东平，吴云峰.2008.我国锥栗主产区发展现状与对策[J].中南林业调查规划，27（3）：59-61.
向其柏，刘玉莲.2004.桂花资源的开发与应用现状及发展趋势[J].南京林业大学学报（自然科学版）（S1）：104-108.
项福元.2013.生态经济林良种——苦槠开发利用与造林技术[J].农业开发与装备（5）：4-5.
项宗友，叶佳宽.2009.云和县野生植物资源及其开发利用[J].现代农业科技（3）：87-88.
肖复明，汪维，杜强，等.2004.石笔木扦插育苗技术[J].林业实用技术（11）：44.
肖靖萍.2011.深山含笑人工林培育技术[J].安徽农学通报，17（12）：132-134.
谢春平.2006.濒危植物银鹊树研究进展（综述）[J].亚热带植物科学（4）：71-74.
谢芳.2003.乳源木莲优质干材混交培育的研究[J].林业科技，3（2）：84-90.
谢复旦，计建平.1995.江苏侧柏资源开发利用探讨[J].林业科技开发（3）：11-12.
谢国文，文林.1999.永瓣藤的分布现状及其保护[J].生物多样性（1）：15-19.
谢旺生.2012.乡土树种蓝果树的栽培及其对土壤肥力的影响[J].安徽农学通报，18（16）：110-113.
谢胤，曹永庆，任华东，等.2017.腾冲红花油茶农业系统保护与发展规划[J].林业调查规划，42（5）：64-72.
熊文玉，王洪忠，向桂枝，等.2016.永顺县猕猴桃产业发展现状及对策[J].现代农业科技（13）：126-128.
徐彪，朱怀颖，陶恒心.1996.太和香椿品种资源[J].安徽林业科技（6）：16.
徐峰.2000.观叶植物[M].北京：中国农业大学出版社.
徐海燕.2011.中国柏木属（*Cupressus* L.）四个物种的遗传多样性研究[D].兰州：兰州大学.
徐柳，魏开云.2009.果树在园林植物造景中的应用[J].安徽农学通报（下半月刊），15（8）：152-155.
徐启定.2010.无患子的生态功效和利用价值[J].安徽林业科技（3）：64.

徐颂军 .2002. 梧桐科植物在中国的地理分布 [J]. 广西植物（6）：494-498.
徐卫红，郭连金，徐纷纷，等 .2012. 江西三清山濒危植物天女花种子特性研究 [J]. 亚热带植物科学，41（1）：26-30.
徐文斌 .2009. 福建浦城县桂花品种资源调查及开发利用 [D]. 南京：南京林业大学 .
徐晓婷，杨永，王利松 .2008. 白豆杉的地理分布及潜在分布区估计 [J]. 植物生态学报（5）：1134-1145.
徐晓霞，姜卫兵，翁忙玲 .2007. 蜡梅的文化内涵及园林应用 [J]. 中国农学通报（12）：294-298.
徐艳琴，刘小丽，黄小方，等 .2011. 草珊瑚的研究现状与展望 [J]. 中草药，42（12）：2552-2559.
徐英宝，余醒 .1980. 珠江三角洲的水松生长调查 [J]. 华南农学院学报（4）：107-118.
徐振东，杨曼，胡蝶，等 .2016. 润楠属主要树种的资源状况、研究现状和开发利用前景 [J]. 长江大学学报（自科版），13（3）：13-17+2-3.
许桂芳，吴铁明，吴哲，等 .2005. 紫薇属植物研究进展 [J]. 林业调查规划（5）：50-53.
许惠 .2009. 银鹊树的生物学特性及应用前景 [J]. 安徽林业科技（2）：50-51.
许谨 .2013. 壳斗科植物在我国城市园林绿化中的应用现状及前景 [J]. 现代园艺（17）：37-38.
许凯扬，刘胜祥，叶万辉 .2002. 湖北后河自然保护区水丝梨群落研究 [J]. 武汉植物学研究（5）：359-364.
许凯扬 .2001. 湖北后河国家级自然保护区水丝梨群落生态学研究 [D]. 武汉：华中师范大学 .
薛婧乐，王克，陈小斌 .2011. 野核桃的生长特点与价值分析 [J]. 现代农村科技（7）：33.
鄢和琳 .1988. 滇润楠植物的初步研究 [J]. 中国野生植物（1）：5-8.
闫敏 .2013. 红椿栽培技术及应用 [J]. 现代农村科技（19）：50.
杨承清 .2005. 桂花在园林中的配置 [J]. 安徽农业科学（8）：1435-1436.
杨好伟，朱长山，袁祖丽，等 .1996. 河南种子植物分布新记录 [J]. 河南农业大学学报（4）：26-29.
杨和健 .2007. 秃瓣杜英的播种育苗及行道绿化 [J]. 林业实用技术（9）：41-42.
杨诘，方成武，杨晨，等 .2009. 珍稀濒危植物濒危及其优先保护评价研究现状 [J]. 中国科技纵横（11）：129~132
杨开军，张小平 .2007. 稀有植物香果树的研究进展 [J]. 中国野生植物资源（2）：1-4.
杨亮源 .2004. 腾冲县云华片区红花油茶种群资源亟待保护 [J]. 云南科技管理（4）：61.
杨林冲，谢炎康，吕秀琴 .2003. 香椿生育特性及其矮化密植栽培技术 [J]. 浙江农业科学（2）：36.
杨清，韩蕾，许再富 .2005. 中国植物园保护稀有濒危植物的现状和若干对策 [J]. 农村生态环境，21（1）：62-66.
杨清培，黄声亮，余定坤，等 .2009. 江西齐云山长苞铁杉与福建柏生长规律及种群特征研究 [J]. 江西农业大学学报，31（2）：264-269.
杨爽，江洪，翟秀丽 .2012. 辐射强迫对秃瓣杜英生长和光合生理的影响 [J]. 安徽农业科学，40（16）：9135-9140.
杨献忠 .2002. 省沽油——一种高价值的特色产业树种 [J]. 林业实用技术（9）：43.
杨晓玲 .2008. 引种银钟花年生长习性观察 [J]. 热带农业科技（1）：23-24+38.
杨永生 .2002. 三尖杉繁殖技术研究 [J]. 黔西南民族师范高等专科学校学报（3）：84-87.
杨玉华 .2013. 椴树和椴树蜂蜜 [J]. 中国蜂业，64（19）：48-49.
杨玉珍，陈刚，王国霞，等 .2015. 北美冬青的园林特性及其应用 [J]. 农学学报，5（4）：73-76.
杨玉珍，彭方仁，李洪岩 .2007. 不同种源香椿芽菜营养成分的变化研究 [J]. 河南农业科学（4）：83-85.
杨志玲 .2011. 厚朴种质资源研究 [M]. 北京：中国林业出版社 .
杨众家 .2011. 少叶黄杞不同家系幼龄生长变异及其选择研究 [J]. 现代农业科技（17）：187-189.
姚连芳，李宏瀛 .2005. 濒危植物连香树及其人工繁育 [J]. 林业实用技术（5）：21-22.
叶黎明 .2012. 皖南山区黑壳楠特征特性及播种育苗技术 [J]. 现代农业科技（15）：149+152.
叶钦良 .2011. 石栎容器育苗及造林技术 [J]. 林业与环境科学，27（3）：83-84+86.
叶水冬 .2016. 苦槠开发利用前景与人工造林技术 [J]. 农业开发与装备（8）：161+163.
叶小青，张声梯，范良敏 .2009. 细柄蕈树育苗造林技术 [J]. 现代农业科技（4）：45.
叶新年 .1986. 一点辨正：武夷山的“铁杉”应是“南方铁杉”[J]. 江西林业科技（4）：61.
叶玉娟，叶龙华 .2015. 柳叶蜡梅的研究综述及开发应用前景 [J]. 黄山学院学报，17（5）：68-71.
易官美，邱迎君 .2013. 榧树的研究现状与展望 [J]. 资源开发与市场，29（8）：844-847.

尹娟，汪安涛 .2010. 皂荚在园林绿化中的应用价值分析 [J]. 吉林农业（7）：162+174.
尹昔明，施根国，徐京萍 .2014. 粉叶柿的育苗栽培技术 [J]. 国土绿化（6）：40.
印红 .2013. 中国珍稀濒危植物图鉴 [M]. 北京：中国林业出版社 .
应叶青，潘春霞，吴家胜 .2009. 山杜英种子休眠解除及促进萌发的研究 [J]. 种子，28（11）：80-82.
游建刚，尹风岐 .2010. 五角槭播种育苗技术 [J]. 中国新技术新产品（7）：229.
于海武，刘济祥，王峰，等 .2012. 乐东拟单性木兰绿化苗木繁育技术及生长规律的研究 [J]. 北方园艺（12）：71-73.
于宏，刘国平，徐福华，等 .2014. 少叶黄杞育苗技术 [J]. 林业实用技术（12）：27-28.
于响，邓如意，王训磊 .2013. 彩叶树种水杉的栽培与园林应用 [J]. 现代农村科技（12）：50.
于泽波 .2008. 水杉的繁殖栽培 [J]. 北方园艺（6）：168-169.
余林，叶金山，朱恒，等 .2013.5 种壳斗科树种实生苗年生长规律研究 [J]. 江西农业大学学报，35（3）：486-490.
余启国，王月生 .2006. 淳安柏木资源持续发展和深度利用探讨 [J]. 华东森林经理（3）：42-45.
俞仲辂 .2005. 新优园林植物选编 [M]. 杭州：浙江科学技术出版社 .
虞志军，杜娟，陈仕娟，等 .2006. 密花梭罗在庐山植物园的引种繁育初报 [J]. 现代园艺（9）：14-16.
郁建生，李英伦 .2005. 草珊瑚研究进展 [J]. 安徽农业科学（12）：2390-2392.
袁荣斌，邹思成，兰文军，等 .2012. 江西武夷山国家级自然保护区南方铁杉资源调查初报 [J]. 江西林业科技（4）：37-39+60.
臧敏，卞新民 .2003. 江西三清山珍稀濒危植物考察研究 [J]. 武汉植物学研究，21（6）：515-520.
臧敏，卞新民 .2003. 江西三清山被子植物调查研究 [J]. 亚热带植物科学（3）：38-41+49.
张朝芳 .1984. 一种评价陆地植物资源利用前景的估量方法——以浙江药用蕨类为例 [J]. 植物生态学报（3）：217-221
张德顺，钱又宇 .2004. 强化植物配置季相变化提升城市绿色景观内涵 [J]. 园林科技信息（3）：1-6.
张宏达 .1997. 植物的特有现象与生物多样性 [J]. 生态科学，16（2）：9-17.
张佳平，丁彦芬 .2013. 江苏云台山糙叶树群落调查及植物配置模式研究 [J]. 中国园林，29（4）：18-23.
张建国，何方 .2004. 秋色叶树种在园林造景中的应用 [J]. 湖南环境生物职业技术学院学报（3）：204-210.
张建新，胡伯智，王昌腾 .2005. 大山峰野生观赏植物资源研究 [J]. 浙江林业科技（3）：51-55+74.
张洁，王亮生，张晶晶，等 .2007. 紫薇属植物研究进展 [J]. 园艺学报（1）：251-256.
张锦，田菊芬 .2003. 优良乡土树种楸树种质资源及发展策略 [J]. 安徽农业科学（6）：1012-1013.
张俊钦 .2005. 福建明溪闽楠天然林主要种群生态位研究 [J]. 福建林业科技（3）：31-35.
张丽芳，林昌勇，俞群，等 .2015. 珍稀濒危植物蛛网萼的种子形态及萌发特性 [J]. 江西农业大学学报，37（3）：497-503.
张丽红，傅小霞，刘文，等 .2017. 青皮木的空中分段压条繁殖技术研究 [J]. 安徽农业科学，45（10）：164-165+212.
张连全 .2008. 适生上海的山茶科植物——厚皮香 [J]. 园林（1）：66.
张乃华，汪爱君，黄超钢，等 .2013. 千岛湖畔水杉引种栽培技术 [J]. 现代农业科技（17）：200+204.
张勤，彭求贤，蔡红兵，等 .2012. 无患子的研究进展 [J]. 医药导报，31（9）：1171-1173.
张秋菊 .2014. 花楸组培快繁的研究进展 [J]. 通化师范学院学报，35（6）：11-12+51.
张全来，毛春平，李大银，等 .2009. 河南连香树自然资源现状及保护利用研究 [J]. 河南林业科技，29（2）：89-90.
张汝忠，彭佳龙，王坚娅，等 .2007. 毛红椿播种育苗技术及苗期生长规律研究 [J]. 浙江林业科技（4）：51-53.
张若蕙 .1994. 浙江珍稀濒危植物 [M]. 杭州：浙江科学技术出版社 .
张西强，韩少琼 .2016. 栓皮栎的经营及开发利用探讨 [J]. 中国林副特产（6）：104-106.
张显强，唐金刚，乙引 .2004. 中国喜树资源及可持续开发对策 [J]. 贵州师范大学学报（自然科学版）（1）：36-39.
张晓蔚，蔡新玲 .2016. 省沽油的特性及其园林应用 [J]. 安徽林业科技，42（3）：39-40.
张新华 .2007. 含笑属植物研究进展 [J]. 广西植物（5）：712-719.
张学明 .2008. 关于杜英作为行道树种植的思考 [J]. 现代农业科技（2）：51+54.
张衍传，朱恒，徐福华，等 .2015. 华南厚皮香在园林绿化中的应用 [J]. 南方林业科学，43（2）：60-61.
张艳芳，屈爱桃 .2012. 山茶花的研究进展 [J]. 中国民族医药杂志，18（10）：41-44.

张永杰，王建锋，黄耀坚，等．2002. 4 种裸子植物内生真菌抗肿瘤菌株的筛选 [J]. 厦门大学学报（自然版）,41（6）：804-809.
张玉洁，邓建钦，訾根柱，等 .2001. 省沽油育苗及栽培技术 [J]. 林业科技开发（6）：34-35.
张正香，罗小龙，宋红，等 .1999. 柏树综合利用研究概况 [J]. 林产化工通讯（2）：29-31.
张宗勤，撒文清，张睿，等 .2002. 喜树药用林营造 [J]. 中药材（2）：85-86.
张作焕，钱锋 .2003. 华杜英扦插试验结果初报 [J]. 浙江林业科技（4）：23-25.
赵厚涛，宋培浪，韩国营，等 .2010. 国家Ⅱ级保护植物半枫荷的最新研究进展 [J]. 北方园艺（21）：210-212.
赵荣慧，王贺新，崔文山，等 .1991. 刺楸人工林培育技术的研究 [J]. 辽宁林业科技（6）：10-16+64.
赵昭 .1981. 武夷山自然保护区生物资源丰富的原因探讨 [J]. 武夷科学，12（1）：223-227.
浙江植物志编委会 .1993. 浙江植物志（第三卷）[M]. 杭州：浙江科学技术出版社，452-453.
郑成泽 .2003. 福建武夷山自然保护区珍稀濒危和特有植物及其分布 [J]. 福建林业科技，30（3）：54-58.
郑诚乐，江由 .1998. 闽北锥栗品种资源及其利用前景 [J]. 福建农业大学学报（3）：36-37+39-40.
郑达华 .2015. 马尾松林下套种竹柏技术研究 [J]. 安徽农学通报，21（2）：68-70.
郑东洋 .2012. 香桂栽培技术及效益分析 [J]. 四川林业科技，33（4）：99-100+88.
郑仁华 .2005. 幼龄福建柏种源生长性状的遗传变异和种源选择 [J]. 南京林业大学学报：自然科学类（5）：8-12.
郑万钧 .1983. 中国树木志（第 1 卷）[M]. 北京：中国林业出版社 .
郑万钧 .1985. 中国树木志（第 2 卷）[M]. 北京：中国林业出版社 .
郑万钧 .1997. 中国树木志（第 3 卷）[M]. 北京：中国林业出版社 .
郑万钧 .2004. 中国树木志（第 4 卷）[M]. 北京：中国林业出版社 .
中国环境与发展国际合作委员会生物多样性工作组 .2004. 中国物种红色名录（第一卷）[M]. 北京：北京高等教育出版社：1~244
中国科学院植物研究所 .1994. 中国高等植物图鉴（第一册）[M]. 北京：科学出版社 .
中国森林编辑委员会 .1999. 中国森林 [M]. 北京：中国林业出版社 .
中国植物志编辑委员会 .1974. 中国植物志（第 36 卷）[M]. 北京：科学出版社 .
中国植物志编辑委员会 .1978. 中国植物志（第 7 卷）[M]. 北京：科学出版社 .
中国植物志编辑委员会 .1979. 中国植物志（第 35（2）卷）[M]. 北京：科学出版社 .
中国植物志编辑委员会 .1979. 中国植物志（第 58 卷）[M]. 北京：科学出版社 .
中国植物志编辑委员会 .1980. 中国植物志（第 45（1）卷）[M]. 北京：科学出版社 .
中国植物志编辑委员会 .1981. 中国植物志（第 46 卷）[M]. 北京：科学出版社 .
中国植物志编辑委员会 .1982. 中国植物志（第 31 卷）[M]. 北京：科学出版社 .
中国植物志编辑委员会 .1982. 中国植物志（第 20（1）卷）[M]. 北京：科学出版社 .
中国植物志编辑委员会 .1984. 中国植物志（第 34（1）卷）（手机版）[M]. 北京：科学出版社 .
中国植物志编辑委员会 .1984. 中国植物志（第 49（2）卷）[M]. 北京：科学出版社 .
中国植物志编辑委员会 .1986. 中国植物志（第 38 卷）[M]. 北京：科学出版社 .
中国植物志编辑委员会 .1988. 中国植物志（第 24 卷）[M]. 北京：科学出版社 .
中国植物志编辑委员会 .1988. 中国植物志（第 39 卷）[M]. 北京：科技出版社 .
中国植物志编辑委员会 .1989. 中国植物志（第 64（2）卷）[M]. 北京：科学出版社 .
中国植物志编辑委员会 .1990. 中国植物志（第 69 卷）[M]. 北京：科技出版社 .
中国植物志编辑委员会 .1990. 中国植物志（第 56 卷）[M]. 北京：科学出版社 .
中国植物志编辑委员会 .1992. 中国植物志（第 62 卷）[M]. 北京：科学出版社 .
中国植物志编辑委员会 .1994. 中国植物志（第 40 卷）[M]. 北京：科学出版社 .
中国植物志编辑委员会 .1995. 中国植物志（第 35（1）卷）[M]. 北京：科学出版社 .
中国植物志编辑委员会 .1998. 中国植物志（第 22 卷）[M]. 北京：科学出版社 .
中国植物志编辑委员会 .1998. 中国植物志（第 3 卷）[M]. 北京：科学出版社 .

中国植物志编辑委员会 .1998. 中国植物志（第 43（1）卷）[M]. 北京：科学出版社 .
中国植物志编辑委员会 .1998. 中国植物志(第 50（1）卷）[M]. 北京：科学出版社 .
中国植物志编辑委员会 .1999. 中国植物志（第 52（1）卷）[M]. 北京：科学出版社 .
中国植物志编辑委员会 .1999. 中国植物志（第 57（1）卷）[M]. 北京：科学出版社 .
中国植物志编辑委员会 .2001. 中国植物志（第 29 卷）[M]. 北京：科学出版社 .
钟建军，方水强，吴友军 .2009. 光皮桦的综合利用价值及育苗造林技术 [J]. 安徽农学通报，15（20）：104-105.
钟全林，胡滨，程建华，等 .2008. 粉用刨花楠工业原料林栽培技术研究 [J]. 江西农业大学学报（2）：257-262.
周法兴，梁培瑜，周琦，等 .1998. 赤楠化学成分的研究 [J]. 中国药学会（3）：36-37+64.
周建云，林军，何景峰，等 .2010. 栓皮栎研究进展与未来展望 [J]. 西北林学院学报，25（3）：43-49.
周俊新 .2008. 福建省竹柏资源状况及开发利用前景分析 [J]. 江西林业科技（5）：38-40+52.
周连第 .2005. 板栗种质资源遗传多样性研究 [D]. 北京：中国农业大学 .
周赛霞，高浦新 .2004. 江西省珍稀濒危植物调查研究 [J]. 武汉植物学研究，22（5）：428-432.
周守海，祝清芳 .2007. 马尾松与枫香、麻栎等树种混交林及马尾松纯林生长及效益初探 [J]. 安徽林业科技（3）：13-14.
周素侠，秦飞，郭伟红，等 .2012. 侧柏功能性物质与保健作用研究进展 [J]. 江苏林业科技，39（3）：47-50.
周威，杜国平，胡清坡 .2012. 野生树种厚壳树人工栽培技术 [J]. 林业实用技术（3）：20-21.
周祥凤，牛树奎，宋晓英，等 .2005. 福建罗卜岩保护区闽楠群落生态位的研究 [J]. 三明学院学报（2）：61-63.
周鑫伟，庞统，张斌，等 .2016. 赤皮青冈不同种源幼树生物量及营养分配研究 [J]. 江苏林业科技，43（2）：1-4.
周雁，李晓铁 .2013. 重阳木育苗技术 [J]. 现代农业科技（12）：151+156.
周佑勋，段小平 .2008. 银鹊树种子休眠和萌发特性的研究 [J]. 北京林业大学学报（1）：64-66.
周元 .2001. 云南栎属植物资源及开发利用 [J]. 广西植物（4）：330-334.
周早弘 .2002. 竹柏育苗与栽培技术 [J]. 江西林业科技（5）：17-18.
周彰仁 .2015. 杜英芽苗切根移栽育苗技术 [J]. 现代农业科技（19）：174+177.
周长海 .2005. 刺楸资源的培育及开发利用 [J]. 林业科技开发（2）：57-59.
周佐新，周瑾 .2010. 玉兰的培育、栽植与管理技术 [J]. 中国园艺文摘，26（3）：100-102.
朱报著，胡会先，裘丽珍，等 .2005. 猴欢喜等 5 种优良野生观赏植物观赏特性和苗木培育 [J]. 广东林业科技（4）：27-29.
朱晨钰 .2015. 苦槠的性状、用途及栽培技术 [J]. 现代农业科技（10）：169+178.
朱春艳 .2011. 我国云锦杜鹃的研究现状 [J]. 中国植物园（14）：210-215.
朱慧 .2005. 优良树种南酸枣研究综述 [J]. 广西林业科学（3）：14-18.
朱凌云，刘文静，苑腾腾，等 .2013. 光皮桦木播种育苗技术 [J]. 特种经济动植物，16（8）：37-38.
朱秋生，叶金山 .2010. 孑遗植物鹅掌楸的研究现状与保护对策 [J]. 现代农业科技（9）：202-203+206.
朱惜晨，黄利斌 .2001. 杜英引种育苗与栽植技术 [J]. 江苏林业科技（6）：29-30.
朱小茜，徐忠东，李玲 .2013. 毛豹皮樟的研究进展 [J]. 合肥师范学院学报，31（3）：41-42.
祝中东，陈丕直 .2000. 野生黄杨的挖掘与造型 [J]. 花木盆景（花卉园艺）（8）：29.
宗梅，蔡永萍，范志强，等 .2013. 紫藤不同部位活性成分的研究与应用进展 [J]. 食品工业科技，34（7）：383-386.
邹高顺 .1995. 长序榆福建种群的天然更新与繁殖 [J]. 林业科技开发（1）：2-4.
邹秀红 .2001. 珍贵园林绿化树种——伯乐树 [J]. 植物杂志（2）：18.

附录一　赣东北珍稀濒危树种名录

序号	科名	属名	种 名
1	银杏科 Ginkgoaceae	银杏属 *Ginkgo*	银杏 *Ginkgo biloba* L.
2	松科 Pinaceae	黄杉属 *Pseudotsuga*	华东黄杉 *Pseudotsuga gaussenii* Flous
3	松科 Pinaceae	铁杉属 *Tsuga*	南方铁杉 *Tsuga chinensis*（Franch.）Pritz. var. *tchekiangensis*（Flous）Cheng et L. K. Fu
4	杉科 Taxodiaceae	柳杉属 *Cryptomeria*	柳杉 *Cryptomeria fortunei* Hooibrenk ex Otto et Dietr.
5	杉科 Taxodiaceae	水杉属 *Metasequoia*	水杉 *Metasequoia glyptostroboides* Hu et Cheng
6	杉科 Taxodiaceae	水松属 *Glyptostrobus*	水松 *Glyptostrobus pensilis*（Staunt.）Koch
7	柏科 Cupressaceae	柏木属 *Cupressus*	柏木 *Cupressus funebris* Endl.
8	柏科 Cupressaceae	福建柏属 *Fokienia*	福建柏 *Fokienia hodginsii*（Dunn）Henry et Thomas
9	柏科 Cupressaceae	侧柏属 *Platycladus*	侧柏 *Platycladus orientalis*（L.）Franco
10	罗汉松科 Podocarpaceae	罗汉松属 *Podocarpus*	罗汉松 *Podocarpus macrophyllus*（Thunb.）D. Don
11	罗汉松科 Podocarpaceae	罗汉松属 *Podocarpus*	竹柏 *Podocarpus nagi*（Thunb.）Zoll. et Mor ex Zoll.
12	三尖杉科 Cephalotaxaceae	三尖杉属 *Cephalotaxus.*	三尖杉 *Cephalotaxus fortunei* Hook. f.
13	三尖杉科 Cephalotaxaceae	三尖杉属 *Cephalotaxus*	粗榧 *Cephalotaxus sinensis*（Rehd. et Wils. ）Li
14	红豆杉科 Taxaceae	白豆杉属 *Pseudotaxus*	白豆杉 *Pseudotaxus chienii*（Cheng）Cheng
15	红豆杉科 Taxaceae	红豆杉属 *Taxus*	南方红豆杉 *Taxus chinensis*（Pilger）Rehd. var. *mairei*（Lemee et Levl.）Cheng et L. K. Fu
16	红豆杉科 Taxaceae	红豆杉属 *Taxus*	红豆杉 *Taxus chinensis*（Pilger）Rehd.
17	红豆杉科 Taxaceae	榧树属 *Torreya*	榧树 *Torreya grandis* Fort.
18	金粟兰科 Chloranthaceae	草珊瑚属 *Sarcandra*	草珊瑚 *Sarcandra glabra*（Thunb.）Nakai
19	胡桃科 Juglandaceae	青钱柳属 *Cyclocarya*	青钱柳 *Cyclocarya paliurus*（Batal.）Iljinsk.
20	胡桃科 Juglandaceae	黄杞属 *Engelhardtia*	少叶黄杞 *Engelhardtia fenzlii* Merr.
21	胡桃科 Juglandaceae	胡桃属 *Juglans*	野核桃 *Juglans cathayensis* Dode
22	桦木科 Betulaceae	桦木属 *Betula*	亮叶桦 *Betula luminifera* H. Winkl.
23	壳斗科 Fagaceae	栗属 *Castanea*	锥栗 *Castanea henryi*（Skan）Rehd. et Wils.
24	壳斗科 Fagaceae	锥属 *Castanopsis*	苦槠 *Castanopsis sclerophyll*a（Lindl.）Schott.
25	壳斗科 Fagaceae	锥属 *Castanopsis*	米槠 *Castanopsis carlesii*（Hemsl.）Hay.
26	壳斗科 Fagaceae	锥属 *Castanopsis*	甜槠 *Castanopsis eyrei*（Champ.）Tutch
27	壳斗科 Fagaceae	锥属 *Castanopsis*	栲 *Castanopsis fargesii* Franch.
28	壳斗科 Fagaceae	锥属 *Castanopsis*	毛锥 *Castanopsis fordii* Hance
29	壳斗科 Fagaceae	锥属 *Castanopsis*	钩锥 *Castanopsis tibetana* Hance
30	壳斗科 Fagaceae	青冈属 *Cyclobalanopsis*	赤皮青冈 *Cyclobalanopsis gilva*（Blume）Oerst.
31	壳斗科 Fagaceae	青冈属 *Cyclobalanopsis*	青冈 *Cyclobalanopsis glauca*（Thunb.）Oerst.
32	壳斗科 Fagaceae	青冈属 *Cyclobalanopsis*	大叶青冈 *Cyclobalanopsis jenseniana*（Hand.-Mazz.）Cheng et T. Hong
33	壳斗科 Fagaceae	青冈属 *Cyclobalanopsis*	小叶青冈 *Cyclobalanopsis myrsinifolia*（Blume）Oersted
34	壳斗科 Fagaceae	水青冈属 *Fagus*	水青冈 *Fagus longipetiolata* Seem.
35	壳斗科 Fagaceae	水青冈属 *Fagus*	光叶水青冈 *Fagus lucida* Rehd. et Wils.
36	壳斗科 Fagaceae	柯 *Lithocarpus*	柯 *Lithocarpus glaber*（Thunb.）Nakai
37	壳斗科 Fagaceae	柯属 *Lithocarpus*	木姜叶柯 *Lithocarpus litseifolius*（Hance）Chun
38	壳斗科 Fagaceae	栎属 *Quercus*	麻栎 *Quercus acutissima* Carruth.
39	壳斗科 Fagaceae	栎属 *Quercus*	栓皮栎 *Quercus variabilis* Bl.

（续）

序号	科名	属名	种 名
40	壳斗科 Fagaceae	栎属 *Quercus*	白栎 *Quercus fabri* Hance
41	壳斗科 Fagaceae	栎属 *Quercus*	槲栎 *Quercus aliena* Bl.
42	榆科 Ulmaceae	糙叶树属 *Aphananthe*	糙叶树 *Aphananthe aspera*（Thunb.）Planch.
43	榆科 Ulmaceae	青檀属 *Pteroceltis*	青檀 *Pteroceltis tatarinowii* Maxim.
44	榆科 Ulmaceae	榆属 *Ulmus*	杭州榆 *Ulmus changii* Cheng
45	榆科 Ulmaceae	榆属 *Ulmus*	兴山榆 *Ulmus bergmanniana* Schneid.
46	榆科 Ulmaceae	榆属 *Ulmus*	长序榆 *Ulmus elongata* L. K. Fu et C. S. Ding
47	榆科 Ulmaceae	榆属 *Ulmus*	榔榆 *Ulmus parvifolia* Jacq.
48	榆科 Ulmaceae	榉属 *Zelkova*	大叶榉树 *Zelkova schneideriana* Hand.-Mazz.
49	榆科 Ulmaceae	榉属 *Zelkova*	榉树 *Zelkova serrata*（Thunb.）Makino
50	铁青树科 Olacaceae	青皮木属 *Schoepfia*	青皮木 *Schoepfia jasminodora* Sieb. et. Zucc.
51	连香树科 Cercidiphyllaceae	连香树属 *Cercidiphyllum*	连香树 *Cercidiphyllum japonicum* Sieb. et Zucc.
52	木通科 Lardizabalaceae	猫儿屎属 *Decaisnea*	猫儿屎 *Decaisnea insignis*（Griff.）Hook. f. et Thoms.
53	木兰科 Magnoliaceae	鹅掌楸属 *Liriodendron*	鹅掌楸 *Liriodendron chinense*（Hemsl.）Sargent.
54	木兰科 Magnoliaceae	木兰属 *Magnolia*	黄山木兰 *Magnolia cylindrica* Wils.
55	木兰科 Magnoliaceae	木兰属 *Magnolia*	天目木兰 *Magnolia amoena* Cheng
56	木兰科 Magnoliaceae	木兰属 *Magnolia*	玉兰 *Magnolia denudata* Desr.
57	木兰科 Magnoliaceae	木兰属 *Magnolia*	紫玉兰 *Magnolia liliflora* Desr.
58	木兰科 Magnoliaceae	木兰属 *Magnolia*	凹叶厚朴 *Magnolia officinalis* Rehd. et Wils. subsp. *biloba*（Rehd. et Wils.）Law
59	木兰科 Magnoliaceae	木兰属 *Magnolia*	厚朴 *Magnolia officinalis* Rehd. et Wils.
60	木兰科 Magnoliaceae	木兰属 *Magnolia*	天女木兰 *Magnolia sieboldii* K. Koch
61	木兰科 Magnoliaceae	木莲属 *Manglietia*	乳源木莲 *Manglietia yuyuanensis* Law
62	木兰科 Magnoliaceae	木莲属 *Manglietia*	木莲 *Manglietia fordiana* Oliv
63	木兰科 Magnoliaceae	含笑属 *Michelia*	深山含笑 *Michelia maudiae* Dunn
64	木兰科 Magnoliaceae	含笑属 *Michelia*	乐昌含笑 *Michelia chapensis* Dandy
65	木兰科 Magnoliaceae	含笑属 *Michelia*	紫花含笑 *Michelia crassipes* Law
66	木兰科 Magnoliaceae	含笑属 *Michelia*	含笑花 *Michelia figo*（Lour.）Spreng.
67	木兰科 Magnoliaceae	拟单性木兰属 *Parakmeria*	乐东拟单性木兰 *Parakmeria lotungensis*（Chun et C. Tsoong）Law
68	蜡梅科 Calycanthaceae	蜡梅属 *Chimonanthus*	柳叶蜡梅 *Chimonanthus salicifolius* Hu
69	蜡梅科 Calycanthaceae	蜡梅属 *Chimonanthus*	山蜡梅 *Chimonanthus nitens* Oliv.
70	樟科 Lauraceae	樟属 *Cinnamomum*	樟 *Cinnamomum camphora*（L.）presl
71	樟科 Lauraceae	樟属 *Cinnamomum*	香桂 *Cinnamomum subavenium* Miq.
72	樟科 Lauraceae	樟属 *Cinnamomum*	阴香 *Cinnamomum burmanni*（Nees et T.Nees）Blume
73	樟科 Lauraceae	樟属 *Cinnamomum*	天竺桂 *Cinnamomum japonicum* Sieb.
74	樟科 Lauraceae	木姜子属 *Litsea*	豹皮樟 *Litsea coreana* Levl. var. *sinensis*（Allen）Yang et P. H. Huang
75	樟科 Lauraceae	山胡椒属 *Lindera*	黑壳楠 *Lindera megaphylla* Hemsl.
76	樟科 Lauraceae	润楠属 *Machilus*	红楠 *Machilus thunbergii* Sieb. et Zucc.
77	樟科 Lauraceae	润楠属 *Machilus*	薄叶润楠 *Machilus leptophylla* Hand.-Mazz.
78	樟科 Lauraceae	润楠属 *Machilus*	刨花润楠 *Machilus pauhoi* Kanehira
79	樟科 Lauraceae	楠属 *Phoebe*	闽楠 *Phoebe bournei*（Hemsl.）Yang

（续）

序号	科名	属名	种 名
80	樟科 Lauraceae	楠属 *Phoebe*	浙江楠 *Phoebe chekiangensis* C. B. Shang
81	樟科 Lauraceae	楠属 *Phoebe*	湘楠 *Phoebe hunanensis* Hand.-Mazz.
82	樟科 Lauraceae	楠属 *Phoebe*	白楠 *Phoebe neurantha*（Hemsl.）Gamble
83	樟科 Lauraceae	楠属 *Phoebe*	紫楠 *Phoebe sheareri*（Hemsl.）Gamble
84	樟科 Lauraceae	檫木属 *Sassafras*	檫木 *Sassafras tzumu*（Hemsl.）Hemsl.
85	伯乐树科 Bretschneideraceae	伯乐树属 *Bretschneidera*	伯乐树 *Bretschneidera sinensis* Hemsl.
86	虎耳草科 Saxifragaceae	蛛网萼属 *Platycrater*	蛛网萼 *Platycrater arguta* Sieb. et Zucc.
87	金缕梅科 Hamamelidaceae	蕈树属 *Altingia*	蕈树 *Altingia chinensis*（Champ.）Oliver ex Hance
88	金缕梅科 Hamamelidaceae	蕈树属 *Altingia*	细柄蕈树 *Altingia gracilipes* Hemsl.
89	金缕梅科 Hamamelidaceae	双花木属 *Disanthus*	长柄双花木 *Disanthus cercidifolius* Maxim. var. longipes Chang
90	金缕梅科 Hamamelidaceae	半枫荷属 *Semiliquidambar*	半枫荷 *Semiliquidambar cathayensis* Chang
91	金缕梅科 Hamamelidaceae	水丝梨属 *Sycopsis*	水丝梨 *Sycopsis sinensis* Oliver
92	杜仲科 Eucommiaceae	杜仲属 *Eucommia*	杜仲 *Eucommia ulmoides* Oliver
93	蔷薇科 Rosaceae	樱属 *Cerasus*	樱桃 *Cerasus pseudocerasus*（Lindl.）G. Don
94	蔷薇科 Rosaceae	石楠属 *Photinia*	椤木石楠 *Photinia davidsoniae* Rehd. et Wils.
95	蔷薇科 Rosaceae	花楸属 *Sorbus*	黄山花楸 *Sorbus amabilis* Cheng ex Yu
96	豆科 Leguminosae	紫荆属 *Cercis*	紫荆 *Cercis chinensis* Bunge
97	豆科 Leguminosae	香槐属 *Cladrastis*	香槐 *Cladrastis wilsonii* Takeda
98	豆科 Leguminosae	黄檀属 *Dalbergia*	黄檀 *Dalbergia hupeana* Hance
99	豆科 Leguminosae	皂荚属 *Gleditsia*	皂荚 *Gleditsia sinensis* Lam.
100	豆科 Leguminosae	红豆属 *Ormosia*	花榈木 *Ormosia henryi* Prain
101	豆科 Leguminosae	紫藤属 *Wisteria*	紫藤 *Wisteria sinensis*（Sims）Sweet
102	古柯科 Erythroxylaceae	古柯属 *Erythroxylum*	东方古柯 *Erythroxylum sinensis* C. Y. Wu
103	楝科 Meliaceae	香椿属 *Toona*	毛红椿 *Toona ciliata* Roem. var. *pubescens*（Franch.）Hand.-Mazz.
104	楝科 Meliaceae	香椿属 *Toona*	香椿 *Toona sinensis*（A. Juss.）Roem.
105	大戟科 Euphorbiaceae	秋枫属 *Bischofia*	重阳木 *Bischofia polycarpa*（Levl.）Airy Shaw
106	黄杨科 Buxaceae	黄杨属 *Buxus*	黄杨 *Buxus sinica*（Rehd. et Wils.）Cheng
107	漆树科 Anacardiaceae	南酸枣属 *Choerospondias*	南酸枣 *Choerospondias axillaris*（Roxb.）Burtt et Hill.
108	漆树科 Anacardiaceae	黄连木属 *Pistacia*	黄连木 *Pistacia chinensis* Bunge
109	冬青科 Aquifoliaceae	冬青属 *Ilex*	铁冬青 *Ilex rotunda* Thunb.
110	冬青科 Aquifoliaceae	冬青属 *Ilex*	冬青 *Ilex chinensis* Sims
111	冬青科 Aquifoliaceae	冬青属 *Ilex*	枸骨 *Ilex cornuta* Lindl. et Paxt.
112	冬青科 Aquifoliaceae	冬青属 *Ilex*	大叶冬青 *Ilex latifolia* Thunb.
113	卫矛科 Celastraceae	永瓣藤属 *Monimopetalum*	永瓣藤 *Monimopetalum chinense* Rehd.
114	省沽油科 Staphyleaceae	瘿椒树属 *Tapiscia*	瘿椒树 *Tapiscia sinensis* Oliv.
115	省沽油科 Staphyleaceae	省沽油属 *Staphylea*	省沽油 *Staphylea bumalda* DC.
116	槭树科 Aceraceae	槭属 *Acer*	三角槭 *Acer buergerianum* Miq.
117	槭树科 Aceraceae	槭属 *Acer*	樟叶槭 *Acer cinnamomifolium* Hayata
118	槭树科 Aceraceae	槭属 *Acer*	色木槭 *Acer mono* Maxim.
119	槭树科 Aceraceae	槭属 *Acer*	五裂槭 *Acer oliverianum* Pax

（续）

序号	科名	属名	种 名
120	槭树科 Aceraceae	槭属 *Acer*	鸡爪槭 *Acer palmatum* Thunb.
121	无患子科 Sapindaceae	无患子属 *Sapindus*	无患子 *Sapindus mukorossi* Gaertn.
122	杜英科 Elaeocarpaceae	杜英属 *Elaeocarpus*	杜英 *Elaeocarpus decipiens* Hemsl.
123	杜英科 Elaeocarpaceae	杜英属 *Elaeocarpus*	中华杜英 *Elaeocarpus chinensis*（Gardn. et Chanp.）Hook. f. ex Benth.
124	杜英科 Elaeocarpaceae	杜英属 *Elaeocarpus*	褐毛杜英 *laeocarpus uclouxii* Gagnep
125	杜英科 Elaeocarpaceae	杜英属 *Elaeocarpus*	秃瓣杜英 *Elaeocarpus glabripetalus* Merr. var. *glabripetalus*
126	杜英科 Elaeocarpaceae	杜英属 *Elaeocarpus*	日本杜英 *Elaeocarpus japonicus* Sieb. et Zucc.
127	杜英科 Elaeocarpaceae	杜英属 *Elaeocarpus*	山杜英 *Elaeocarpus sylvestris*（Lour.）Poir.
128	杜英科 Elaeocarpaceae	猴欢喜属 *Sloanea*	猴欢喜 *Sloanea sinensis*（Hance）Hemsl.
129	椴树科 Tiliaceae	椴树属 *Tilia*	椴树 *Tilia tuan* Szyszyl.
130	梧桐科 Sterculiaceae	梭罗树属 *Reevesia*	密花梭罗 *Reevesia pycnantha* Ling
131	猕猴桃科 Actinidiaceae	猕猴桃属 *Actinidia*	中华猕猴桃 *Actinidia chinensis* Planch.
132	山茶科 Theaceae	山茶属 *Camellia*	浙江红山茶 *Camellia chekiangoleosa* Hu
133	山茶科 Theaceae	山茶属 *Camellia*	山茶 *Camellia japonica* L.
134	山茶科 Theaceae	红淡比属 *Cleyera*	红淡比 *Cleyera japonica* Thunb.
135	山茶科 Theaceae	紫茎属 *Stewartia*	天目紫茎 *Stewartia gemmata* Chien et Cheng
136	山茶科 Theaceae	紫茎属 *Stewartia*	紫茎 *Stewartia sinensis* Rehd. et Wils.
137	山茶科 Theaceae	厚皮香属 *Ternstroemia*	厚皮香 *Ternstroemia gymnanthera*（Wight et Arn.）Beddome
138	山茶科 Theaceae	石笔木属 *Tutcheria*	小果石笔木 *Tutcheria microcarpa* Dunn
139	大风子科 Flacourtiaceae	山拐枣属 *Poliothyrsis*	山拐枣 *Poliothyrsis sinensis* Oliv.
140	千屈菜科 Lythraceae	紫薇属 *Lagerstroemia*	紫薇 *Lagerstroemia indica* L.
141	千屈菜科 Lythraceae	紫薇属 *Lagerstroemia*	南紫薇 *Lagerstroemia subcostata* Koehne
142	蓝果树科 Nyssaceae	喜树属 *Camptotheca*	喜树 *Camptotheca acuminata* Decne.
143	蓝果树科 Nyssaceae	蓝果树属 *Nyssa*	蓝果树 *Nyssa sinensis* Oliv.
144	桃金娘科 Myrtaceae	蒲桃属 *Syzygium*	赤楠 *Syzygium buxifolium* Hook. et Arn.
145	桃金娘科 Myrtaceae	蒲桃属 *Syzygium*	轮叶蒲桃 *Syzygium grijsii*（Hance）Merr. et Perry
146	五加科 Araliaceae	刺楸属 *Kalopanax*	刺楸 *Kalopanax septemlobus*（Thunb.）Koidz.
147	山茱萸科 Cornaceae	梾木属 *Swida*	光皮梾木 *Swida wilsoniana*（Wanger.）Sojak
148	杜鹃花科 Ericaceae	杜鹃属 *Rhododendron*	云锦杜鹃 *Rhododendron fortunei* Lindl.
149	杜鹃花科 Ericaceae	杜鹃属 *Rhododendron*	江西杜鹃 *Rhododendron kiangsiense* Fang
150	杜鹃花科 Ericaceae	杜鹃属 *Rhododendron*	黄山杜鹃 *Rhododendron maculiferum* Franch. subsp. *anhweiense*（Wils.）Chamb. ex Cullen et Chamb.
151	杜鹃花科 Ericaceae	杜鹃属 *Rhododendron*	毛果杜鹃 *Rhododendron seniavinii* Maxim.
152	紫金牛科 Myrsinaceae	紫金牛属 *Ardisia*	九管血 *Ardisia brevicaulis* Diels
153	柿科 Ebenaceae	柿属 *Diospyros*	粉叶柿 *Diospyros glaucifolia* Metc.
154	柿科 Ebenaceae	柿属 *Diospyros*	君迁子 *Diospyros lotus* L.
155	安息香科 Styracaceae	银钟花属 *Halesia*	银钟花 *Halesia macgregorii* Chun
156	木犀科 Oleaceae	木犀属 *Osmanthus*	木犀 *Osmanthus fragrans*（Thunb.）Lour.
157	紫草科 Boraginaceae	厚壳树属 *Ehretia*	厚壳树 *Ehretia thyrsiflora*（Sieb. et Zucc.）Nakai
158	紫葳科 Bignoniaceae	梓属 *Catalpa*	楸 *Catalpa bungei* C.A.Mey
159	茜草科 Rubiaceae	香果树属 *Emmenopterys*	香果树 *Emmenopterys henryi* Oliv.

附录二　赣东北《珍稀濒危保护植物名录》树种

种 名	保护级别	种 名	保护级别
(1) 水杉 *Metasequoia glyptostroboides*	一级	(16) 青檀 *Pteroceltis tatarinowii*	三级
(2) 银杏 *Ginkgo biloba*	二级	(17) 长序榆 *Ulmus elongata*	三级
(3) 华东黄杉 *Pseudotsuga gaussenii*	二级	(18) 黄山木兰 *Magnolia cylindrica*	三级
(4) 水松 *Glyptostrobus pensilis*	二级	(19) 天目木兰 *Magnolia amoena*	三级
(5) 福建柏 *Fokienia hodginsii*	二级	(20) 凹叶厚朴 *Magnolia officinalis* subsp. *biloba*	三级
(6) 白豆杉 *Pseudotaxus chienii*	二级	(21) 厚朴 *Magnolia officinalis*	三级
(7) 连香树 *Cercidiphyllum japonicum*	二级	(22) 天女木兰 *Magnolia Sieboldii*	三级
(8) 鹅掌楸 *Liriodendron chinense*	二级	(23) 乐东拟单性木兰 *Parakmeria lotungensis*	三级
(9) 伯乐树 *Bretschneidera sinensis*	二级	(24) 天竺桂 *Cinnamomum japonicum*	三级
(10) 长柄双花木 *Disanthus cercidifolius* var. *longipes*	二级	(25) 闽楠 *Phoebe bournei*	三级
(11) 半枫荷 *Semiliquidambar cathayensis*	二级	(26) 浙江楠 *Phoebe chekiangensis*	三级
(12) 杜仲 *Eucommia ulmoides*	二级	(27) 黄山花楸 *Sorbus amabilis*	三级
(13) 永瓣藤 *Monimopetalum chinense*	二级	(28) 瘿椒树 *Tapiscia sinensis*	三级
(14) 香果树 *Emmenopterys henryi*	二级	(29) 紫茎 *Stewartia sinensis*	三级
(15) 南方铁杉 *Tsuga chinensis* var. *tchekiangensis*	三级	(30) 银钟花 *Halesia macgregorii*	三级

附录三　赣东北《国家珍贵树种名录》树种

种 名	珍贵级别	种 名	珍贵级别
(1) 银杏 *Ginkgo biloba*	一级	(11) 鹅掌楸 *Liriodendron chinense*	二级
(2) 水杉 *Metasequoia glyptostroboides*	一级	(12) 厚朴 *Magnolia officinalis*	二级
(3) 水松 *Glyptostrobus pensilis*	一级	(13) 闽楠 *Phoebe bournei*	二级
(4) 南方红豆杉 *Taxus chinensis* var. *mairei*	一级	(14) 浙江楠 *Phoebe chekiangensis*	二级
(5) 伯乐树 *Bretschneidera sinensis*	一级	(15) 长柄双花木 *Disanthus cercidifolius* var. *longipes*	二级
(6) 香果树 *Emmenopterys henryi*	一级	(16) 杜仲 *Eucommia ulmoides*	二级
(7) 福建柏 *Fokienia hodginsii*	二级	(17) 花榈木 *Ormosia henryi*	二级
(8) 白豆杉 *Pseudotaxus chienii*	二级	(18) 椴树 *Tilia tuan*	二级
(9) 大叶榉树 *Zelkova schneideriana*	二级	(19) 刺楸 *Kalopanax septemlobus*	二级
(10) 连香树 *Cercidiphyllum japonicum*	二级		

附录四　赣东北《国家重点保护野生植物名录》树种

种　名	保护级别	种　名	保护级别
(1) 银杏 *Ginkgo biloba*	一级	(15) 凹叶厚朴 *Magnolia officinalis* subsp. *biloba*	二级
(2) 水杉 *Metasequoia glyptostroboides*	一级	(16) 厚朴 *Magnolia officinalis*	二级
(3) 水松 *Glyptostrobus pensilis*	一级	(17) 樟 *Cinnamomum camphora*	二级
(4) 南方红豆杉 *Taxus chinensis* var. *mairei*	一级	(18) 闽楠 *Phoebe bournei*	二级
(5) 红豆杉 *Taxus chinensis*	一级	(19) 浙江楠 *Phoebe chekiangensis*	二级
(6) 伯乐树 *Bretschneidera sinensis*	一级	(20) 蛛网萼 *Platycrater arguta*	二级
(7) 华东黄杉 *Pseudotsuga gaussenii*	二级	(21) 长柄双花木 *Disanthus cercidifolius* var. *longipes*	二级
(8) 福建柏 *Fokienia hodginsii*	二级	(22) 半枫荷 *Semiliquidambar cathayensis*	二级
(9) 白豆杉 *Pseudotaxus chienii*	二级	(23) 花榈木 *Ormosia henryi*	二级
(10) 榧树 *Torreya grandis*	二级	(24) 毛红椿 *Toona ciliata* var. *pubescens*	二级
(11) 长序榆 *Ulmus elongata*	二级	(25) 永瓣藤 *Monimopetalum chinense*	二级
(12) 大叶榉树 *Zelkova schneideriana*	二级	(26) 喜树 *Camptotheca acuminata*	二级
(13) 连香树 *Cercidiphyllum japonicum*	二级	(27) 香果树 *Emmenopterys henryi*	二级
(14) 鹅掌楸 *Liriodendron chinense*	二级		

附录五　赣东北《中国主要栽培珍贵树种参考名录》树种

种　名	树种分类	种　名	树种分类
(1) 银杏 *Ginkgo biloba*	针叶	(25) 大叶榉树 *Zelkova schneideriana*	落叶硬木
(2) 南方红豆杉 *Taxus chinensis* var. *mairei*	针叶	(26) 榉树 *Zelkova serrata*	落叶硬木
(3) 红豆杉 *Taxus chinensis*	针叶	(27) 连香树 *Cercidiphyllum japonicum*	落叶硬木
(4) 榧树 *Torreya grandis*	针叶	(28) 鹅掌楸 *Liriodendron chinense*	落叶硬木
(5) 青钱柳 *Cyclocarya paliurus*	落叶硬木	(29) 红楠 *Machilus thunbergii*	常绿硬木
(6) 少叶黄杞 *Engelhardtia fenzlii*	落叶硬木	(30) 刨花润楠 *Machilus pauhoi*	常绿硬木
(7) 锥栗 *Castanea henryi*	落叶硬木	(31) 闽楠 *Phoebe bournei*	常绿硬木
(8) 苦槠 *Castanopsis sclerophylla*	常绿硬木	(32) 浙江楠 *Phoebe chekiangensis*	常绿硬木
(9) 米槠 *Castanopsis carlesii*	常绿硬木	(33) 白楠 *Phoebe neurantha*	常绿硬木
(10) 甜槠 *Castanopsis eyrei*	常绿硬木	(34) 檫木 *Sassafras tzumu*	落叶硬木
(11) 栲 *Castanopsis fargesii*	常绿硬木	(35) 伯乐树 *Bretschneidera sinensis*	落叶硬木
(12) 毛锥 *Castanopsis fordii*	常绿硬木	(36) 杜仲 *Eucommia ulmoides*	落叶硬木
(13) 赤皮青冈 *Cyclobalanopsis gilva*	常绿硬木	(37) 椤木石楠 *Photinia davidsoniae*	常绿硬木
(14) 青冈 *Cyclobalanopsis glauca*	常绿硬木	(38) 黄檀 *Dalbergia hupeana*	落叶硬木
(15) 小叶青冈 *Cyclobalanopsis myrsinifolia*	常绿硬木	(39) 花榈木 *Ormosia henryi*	常绿硬木
(16) 水青冈 *Fagus longipetiolata*	落叶硬木	(40) 香椿 *Toona sinensis*	落叶硬木
(17) 光叶水青冈 *Fagus lucida*	常绿硬木	(41) 黄连木 *Pistacia chinensis*	落叶硬木
(18) 麻栎 *Quercus acutissima*	落叶硬木	(42) 色木槭 *Acer mono*	落叶硬木
(19) 栓皮栎 *Quercus variabilis*	落叶硬木	(43) 蓝果树 *Nyssa sinensis*	落叶硬木
(20) 白栎 *Quercus fabric*	落叶硬木	(44) 刺楸 *Kalopanax septemlobus*	落叶硬木
(21) 槲栎 *Quercus aliena*	落叶硬木	(45) 光皮梾木 *Swida wilsoniana*	落叶硬木
(22) 糙叶树 *Aphananthe aspera*	落叶硬木	(46) 君迁子 *Diospyros lotus*	落叶硬木
(23) 兴山榆 *Ulmus bergmanniana*	落叶硬木	(47) 楸 *Catalpa bungei*	落叶硬木
(24) 榔榆 *Ulmus parvifolia*	落叶硬木	(48) 香果树 *Emmenopterys henryi*	落叶硬木

附录六　赣东北《江西省重点保护野生植物名录》树种

种　名	保护级别	种　名	保护级别
(1) 南方铁杉 *Tsuga chinensis* var. *tchekiangensis*	二级	(45) 阴香 *Cinnamomum burmanni*	三级
(2) 罗汉松 *Podocarpus macrophyllus*	二级	(46) 豹皮樟 *Litsea coreana* var. *sinensis*	三级
(3) 乐昌含笑 *Michelia chapensis*	二级	(47) 黑壳楠 *Lindera megaphylla*	三级
(4) 杜仲 *Eucommia ulmoides*	二级	(48) 红楠 *Machilus thunbergii*	三级
(5) 大叶冬青 *Ilex latifolia*	二级	(49) 薄叶润楠 *Machilus leptophylla*	三级
(6) 杜英 *Elaeocarpus decipiens*	二级	(50) 湘楠 *Phoebe hunanensis*	三级
(7) 中华杜英 *Elaeocarpus chinensis*	二级	(51) 蕈树 *Altingia chinensis*	三级
(8) 褐毛杜英 *Elaeocarpus duclouxii*	二级	(52) 细柄蕈树 *Altingia gracilipes*	三级
(9) 秃瓣杜英 *Elaeocarpus glabripetalus*	二级	(53) 水丝梨 *Sycopsis sinensis*	三级
(10) 日本杜英 *Elaeocarpus japonicus*	二级	(54) 黄山花楸 *Sorbus amabilis*	三级
(11) 山杜英 *Elaeocarpus sylvestris*	二级	(55) 紫荆 *Cercis chinensis*	三级
(12) 紫薇 *Lagerstroemia indica*	二级	(56) 香槐 *Cladrastis wilsonii*	三级
(13) 南紫薇 *Lagerstroemia subcostata*	二级	(57) 黄檀 *Dalbergia hupeana*	三级
(14) 刺楸 *Kalopanax septemlobus*	二级	(58) 紫藤 *Wisteria sinensis*	三级
(15) 九管血 *Ardisia brevicaulis*	二级	(59) 东方古柯 *Erythroxylum sinensis*	三级
(16) 银钟花 *Halesia macgregorii*	二级	(60) 重阳木 *Bischofia polycarpa*	三级
(17) 木犀 *Osmanthus fragrans*	二级	(61) 黄杨 *Buxus sinica*	三级
(18) 柳杉 *Cryptomeria fortunei*	三级	(62) 黄连木 *Pistacia chinensis*	三级
(19) 竹柏 *Podocarpus nagi*	三级	(63) 铁冬青 *Ilex rotunda*	三级
(20) 三尖杉 *Cephalotaxus fortunei*	三级	(64) 枸骨 *Ilex cornuta*	三级
(21) 粗榧 *Cephalotaxus sinensis*	三级	(65) 瘿椒树 *Tapiscia sinensis*	三级
(22) 草珊瑚 *Sarcandra glabra*	三级	(66) 省沽油 *Staphylea bumalda*	三级
(23) 青钱柳 *Cyclocarya paliurus*	三级	(67) 三角槭 *Acer buergerianum*	三级
(24) 野核桃 *Juglans cathayensis*	三级	(68) 樟叶槭 *Acer cinnamomifolium*	三级
(25) 亮叶桦 *Betula luminifera*	三级	(69) 色木槭 *Acer mono*	三级
(26) 赤皮青冈 *Cyclobalanopsis gilva*	三级	(70) 五裂槭 *Acer oliverianum*	三级
(27) 大叶青冈 *Cyclobalanopsis jenseniana*	三级	(71) 鸡爪槭 *Acer palmatum*	三级
(28) 木姜叶柯 *Lithocarpus litseifolius*	三级	(72) 无患子 *Sapindus mukorossi*	三级
(29) 青檀 *Pteroceltis tatarinowii*	三级	(73) 猴欢喜 *Sloanea sinensis*	三级
(30) 青皮木 *Schoepfia jasminodora*	三级	(74) 密花梭罗 *Reevesia pycnantha*	三级
(31) 猫儿屎 *Decaisnea insignis*	三级	(75) 浙江红山茶 *Camellia chekiangoleosa*	三级
(32) 黄山木兰 *Magnolia cylindrica*	三级	(76) 山茶 *Camellia japonica*	三级
(33) 天目木兰 *Magnolia amoena*	三级	(77) 红淡比 *Cleyera japonica*	三级
(34) 玉兰 *Magnolia denudate*	三级	(78) 天目紫茎 *Stewartia gemmata*	三级
(35) 紫玉兰 *Magnolia liliiflora*	三级	(79) 紫茎 *Stewartia sinensis*	三级
(36) 天女木兰 *Magnolia Sieboldii*	三级	(80) 厚皮香 *Ternstroemia gymnanthera*	三级
(37) 乳源木莲 *Manglietia yuyuanensis*	三级	(81) 小果石笔木 *Tutcheria microcarpa*	三级
(38) 木莲 *Manglietia fordiana*	三级	(82) 蓝果树 *Nyssa sinensis*	三级
(39) 深山含笑 *Michelia maudiae*	三级	(83) 赤楠 *Syzygium buxifolium*	三级
(40) 紫花含笑 *Michelia crassipes*	三级	(84) 轮叶蒲桃 *Syzygium grijsii*	三级
(41) 含笑花 *Michelia figo*	三级	(85) 云锦杜鹃 *Rhododendron fortunei*	三级
(42) 乐东拟单性木兰 *Parakmeria lotungensis*	三级	(86) 江西杜鹃 *Rhododendron kiangsiense*	三级
(43) 柳叶蜡梅 *Chimonanthus salicifolius*	三级	(87) 厚壳树 *Ehretia thyrsiflora*	三级
(44) 香桂 *Cinnamomum subavenium*	三级		

附录七　赣东北《江西珍贵稀有濒危树种》树种

种名	保护级别
(1) 水松 *Glyptostrobus pensilis*	一级
(2) 福建柏 *Fokienia hodginsii*	一级
(3) 白豆杉 *Pseudotaxus chienii*	一级
(4) 伯乐树 *Bretschneidera sinensis*	一级
(5) 长柄双花木 *Disanthus cercidifolius* var. *longipes*	一级
(6) 花榈木 *Ormosia henryi*	一级
(7) 永瓣藤 *Monimopetalum chinense*	一级
(8) 香果树 *Emmenopterys henryi*	一级
(9) 银杏 *Ginkgo biloba*	二级
(10) 华东黄杉 *Pseudotsuga gaussenii*	二级
(11) 罗汉松 *Podocarpus macrophyllus*	二级
(12) 竹柏 *Podocarpus nagi*	二级
(13) 榧树 *Torreya grandis*	二级
(14) 青钱柳 *Cyclocarya paliurus*	二级
(15) 赤皮青冈 *Cyclobalanopsis gilva*	二级
(16) 青檀 *Pteroceltis tatarinowii*	二级
(17) 连香树 *Cercidiphyllum japonicum*	二级
(18) 鹅掌楸 *Liriodendron chinense*	二级
(19) 天目木兰 *Magnolia amoena*	二级
(20) 紫花含笑 *Michelia crassipes*	二级
(21) 乐东拟单性木兰 *Parakmeria lotungensis*	二级
(22) 蛛网萼 *Platycrater arguta*	二级
(23) 半枫荷 *Semiliquidambar cathayensis*	二级
(24) 杜仲 *Eucommia ulmoides*	二级
(25) 毛红椿 *Toona ciliata* var. *pubescens*	二级
(26) 山拐枣 *Poliothyrsis sinensis*	二级
(27) 黄山杜鹃 *Rhododendron maculiferum*	二级
(28) 银钟花 *Halesia macgregorii*	二级
(29) 南方铁杉 *Tsuga chinensis* var. *tchekiangensis*	三级
(30) 柳杉 *Cryptomeria fortunei*	三级
(31) 三尖杉 *Cephalotaxus fortunei*	三级
(32) 粗榧 *Cephalotaxus sinensis*	三级
(33) 南方红豆杉 *Taxus chinensis* var. *mairei*	三级
(34) 野核桃 *Juglans cathayensis*	三级
(35) 亮叶桦 *Betula luminifera*	三级
(36) 青皮木 *Schoepfia jasminodora*	三级
(37) 猫儿屎 *Decaisnea insignis*	三级
(38) 黄山木兰 *Magnolia cylindrica*	三级
(39) 玉兰 *Magnolia denudate*	三级
(40) 凹叶厚朴 *Magnolia officinalis* subsp. *biloba*	三级
(41) 天女木兰 *Magnolia Sieboldii*	三级
(42) 木莲 *Manglietia fordiana*	三级
(43) 深山含笑 *Michelia maudiae*	三级
(44) 乐昌含笑 *Michelia chapensis*	三级
(45) 柳叶蜡梅 *Chimonanthus salicifolius*	三级
(46) 香桂 *Cinnamomum subavenium*	三级
(48) 阴香 *Cinnamomum burmanni*	三级
(47) 天竺桂 *Cinnamomum japonicum*	三级
(49) 黑壳楠 *Lindera megaphylla*	三级
(50) 红楠 *Machilus thunbergii*	三级
(51) 闽楠 *Phoebe bournei*	三级
(52) 湘楠 *Phoebe hunanensis*	三级
(53) 蕈树 *Altingia chinensis*	三级
(54) 细柄蕈树 *Altingia gracilipes*	三级
(55) 水丝梨 *Sycopsis sinensis*	三级
(56) 紫荆 *Cercis chinensis*	三级
(57) 香槐 *Cladrastis wilsonii*	三级
(58) 东方古柯 *Erythroxylum sinensis*	三级
(59) 黄杨 *Buxus sinica*	三级
(60) 瘿椒树 *Tapiscia sinensis*	三级
(61) 省沽油 *Staphylea bumalda*	三级
(62) 猴欢喜 *Sloanea sinensis*	三级
(63) 密花梭罗 *Reevesia pycnantha*	三级
(64) 中华猕猴桃 *Actinidia chinensis*	三级
(65) 浙江红山茶 *Camellia chekiangoleosa*	三级
(66) 紫茎 *Stewartia sinensis*	三级
(67) 小果石笔木 *Tutcheria microcarpa*	三级
(68) 蓝果树 *Nyssa sinensis*	三级
(69) 光皮梾木 *Swida wilsoniana*	三级
(70) 云锦杜鹃 *Rhododendron fortunei*	三级
(71) 江西杜鹃 *Rhododendron kiangsiense*	三级
(72) 毛果杜鹃 *Rhododendron seniavinii*	三级

附录八　赣东北《江西主要栽培珍贵树种参考名录》树种

种名	树种分类	种名	树种分类
(1) 银杏 *Ginkgo biloba*	落叶硬木	(31) 大叶榉树 *Zelkova schneideriana*	落叶硬木
(2) 柏木 *Cupressus funebris*	常绿硬木	(32) 榉树 *Zelkova serrata*	落叶硬木
(3) 福建柏 *Fokienia hodginsii*	常绿硬木	(33) 连香树 *Cercidiphyllum japonicum*	落叶硬木
(4) 侧柏 *Platycladus orientalis*	常绿硬木	(34) 鹅掌楸 *Liriodendron chinense*	落叶硬木
(5) 竹柏 *Podocarpus nagi*	常绿硬木	(35) 乳源木莲 *Manglietia yuyuanensis*	常绿硬木
(6) 三尖杉 *Cephalotaxus fortunei*	常绿硬木	(36) 乐昌含笑 *Michelia chapensis*	常绿硬木
(7) 南方红豆杉 *Taxus chinensis* var. *mairei*	常绿硬木	(37) 乐东拟单性木兰 *Parakmeria lotungensis*	常绿硬木
(8) 榧树 *Torreya grandis*	常绿硬木	(38) 樟 *Cinnamomum camphora*	常绿硬木
(9) 亮叶桦 *Betula luminifera*	落叶硬木	(39) 红楠 *Machilus thunbergii*	常绿硬木
(10) 锥栗 *Castanea henryi*	落叶硬木	(40) 刨花润楠 *Machilus pauhoi*	常绿硬木
(11) 苦槠 *Castanopsis sclerophylla*	常绿硬木	(41) 闽楠 *Phoebe bournei*	常绿硬木
(12) 米槠 *Castanopsis carlesii*	常绿硬木	(42) 浙江楠 *Phoebe chekiangensis*	常绿硬木
(13) 甜槠 *Castanopsis eyrei*	常绿硬木	(43) 湘楠 *Phoebe hunanensis*	常绿硬木
(14) 栲 *Castanopsis fargesii*	常绿硬木	(44) 白楠 *Phoebe neurantha*	常绿硬木
(15) 毛锥 *Castanopsis fordii*	常绿硬木	(45) 紫楠 *Phoebe sheareri*	常绿硬木
(16) 钩锥 *Castanopsis tibetana*	常绿硬木	(46) 樱桃 *Cerasus pseudocerasus*	落叶硬木
(17) 赤皮青冈 *Cyclobalanopsis gilva*	常绿硬木	(47) 黄檀 *Dalbergia hupeana*	落叶硬木
(18) 青冈 *Cyclobalanopsis glauca*	常绿硬木	(48) 皂荚 *Gleditsia sinensis*	落叶硬木
(19) 水青冈 *Fagus longipetiolata*	落叶硬木	(49) 花榈木 *Ormosia henryi*	常绿硬木
(20) 光叶水青冈 *Fagus lucida*	常绿硬木	(50) 毛红椿 *Toona ciliata* var. *pubescens*	落叶硬木
(21) 柯 *Lithocarpus glaber*	常绿硬木	(51) 香椿 *Toona sinensis*	落叶硬木
(22) 木姜叶柯 *Lithocarpus litseifolius*	常绿硬木	(52) 黄杨 *Buxus sinica*	常绿硬木
(23) 麻栎 *Quercus acutissima*	落叶硬木	(53) 南酸枣 *Choerospondias axillaries*	落叶硬木
(24) 栓皮栎 *Quercus variabilis*	落叶硬木	(54) 黄连木 *Pistacia chinensis*	落叶硬木
(25) 白栎 *Quercus fabri*	落叶硬木	(55) 冬青 *Ilex chinensis*	常绿硬木
(26) 槲栎 *Quercus aliena*	落叶硬木	(56) 刺楸 *Kalopanax septemlobus*	落叶硬木
(27) 青檀 *Pteroceltis tatarinowii*	落叶硬木	(57) 光皮梾木 *Swida wilsoniana*	落叶硬木
(28) 杭州榆 *Ulmus changii*	落叶硬木	(58) 粉叶柿 *Diospyros glaucifolia*	落叶硬木
(29) 兴山榆 *Ulmus bergmanniana*	落叶硬木	(59) 香果树 *Emmenopterys henryi*	落叶硬木
(30) 榔榆 *Ulmus parvifolia*	落叶硬木		

附录九　赣东北《中国植物红皮书》树种

种名	珍稀类别	种名	珍稀类别
(1) 水松 *Glyptostrobus pensilis*	濒危	(16) 瘿椒树 *Tapiscia sinensis*	稀有
(2) 白豆杉 *Pseudotaxus chienii*	濒危	(17) 银钟花 *Halesia macgregorii*	稀有
(3) 长序榆 *Ulmus elongata*	濒危	(18) 香果树 *Emmenopterys henryi*	稀有
(4) 长柄双花木 *Disanthus cercidifolius*	濒危	(19) 华东黄杉 *Pseudotsuga gaussenii*	渐危
(5) 银杏 *Ginkgo biloba*	濒危	(20) 南方铁杉 *Tsuga chinensis* var. *tchekiangensis*	渐危
(6) 水杉 *Metasequoia glyptostroboides*	稀有	(21) 福建柏 *Fokienia hodginsii*	渐危
(7) 青檀 *Pteroceltis tatarinowii*	稀有	(22) 黄山木兰 *Magnolia cylindrica*	渐危
(8) 连香树 *Cercidiphyllum japonicum*	稀有	(23) 天目木兰 *Magnolia amoena*	渐危
(9) 鹅掌楸 *Liriodendron chinense*	稀有	(24) 天女木兰 *Magnolia sieboldii*	渐危
(10) 凹叶厚朴 *Magnolia ofifcinalisofficinalis* subsp. *biloba*	稀有	(25) 乐东拟单性木兰 *Parakmeria lotungensis*	渐危
(11) 伯乐树 *Bretschneidera sinensis*	稀有	(26) 闽楠 *Phoebe bournei*	渐危
(12) 蛛网萼 *Platycrater arguta*	稀有	(27) 浙江楠 *Phoebe chekiangensis*	渐危
(13) 半枫荷 *Semiliquidambar cathayensis*	稀有	(28) 黄山花楸 *Sorbus amabilis*	渐危
(14) 杜仲 *Eucommia ulmoides*	稀有	(29) 紫茎 *Stewartia sinensis*	渐危
(15) 永瓣藤 *Monimopetalum chinense*	稀有		

附录十　赣东北《中国物种红色名录》树种

种名	珍稀类别	种名	珍稀类别
(1) 银杏 *Ginkgo biloba*	濒危	(22) 浙江楠 *Phoebe chekiangensis*	易危
(2) 水杉 *Metasequoia glyptostroboides*	濒危	(23) 蛛网萼 *Platycrater arguta*	易危
(3) 水松 *Glyptostrobus pensilis*	濒危	(24) 半枫荷 *Semiliquidambar cathayensis*	易危
(4) 长序榆 *Ulmus elongata*	濒危	(25) 杜仲 *Eucommia ulmoides*	易危
(5) 伯乐树 *Bretschneidera sinensis*	濒危	(26) 黄山花楸 *Sorbus amabilis*	易危
(6) 长柄双花木 *Disanthus cercidifolius*	濒危	(27) 花榈木 *Ormosia henryi*	易危
(7) 柏木 *Cupressus funebris*	易危	(28) 毛红椿 *Toona ciliata* var. *pubescens*	易危
(8) 福建柏 *Fokienia hodginsii*	易危	(29) 永瓣藤 *Monimopetalum chinense*	易危
(9) 白豆杉 *Pseudotaxus chienii*	易危	(30) 瘿椒树 *Tapiscia sinensis*	易危
(10) 南方红豆杉 *Taxus chinensis* var. *mairei*	易危	(31) 紫茎 *Stewartia sinensis*	易危
(11) 红豆杉 *Taxus chinensis*	易危	(32) 银钟花 *Halesia macgregorii*	易危
(12) 榧树 *Torreya grandis*	易危	(33) 南方铁杉 *Tsuga hinensis* var. *tchekiangensis*	近危
(13) 鹅掌楸 *Liriodendron chinense*	易危	(34) 柳杉 *Cryptomeria fortunei*	近危
(14) 黄山木兰 *Magnolia cylindrica*	易危	(35) 竹柏 *Podocarpus nagi*	近危
(15) 天目木兰 *Magnolia amoena*	易危	(36) 三尖杉 *Cephalotaxus fortunei*	近危
(16) 玉兰 *Magnolia denudate*	易危	(37) 粗榧 *Cephalotaxus sinensis*	近危
(17) 紫玉兰 *Magnolia liliiflora*	易危	(38) 青檀 *Pteroceltis tatarinowii*	近危
(18) 凹叶厚朴 *Magnolia officinalis* subsp. *biloba*	易危	(39) 山蜡梅 *Chimonanthus nitens*	近危
(19) 天女木兰 *Magnolia sieboldii*	易危	(40) 香果树 *Emmenopterys henryi*	近危
(20) 乐东拟单性木兰 *Parakmeria lotungensis*	易危	(41) 侧柏 *Platycladus orientalis*	无危
(21) 闽楠 *Phoebe bournei*	易危		

附录十一　赣东北各分布区珍稀濒危树种分布表

种　名	分布区													
	信州区	上饶县	广丰区	玉山县	德兴市	婺源县	鄱阳县	余干县	万年县	弋阳县	横峰县	铅山县	三清山	武夷山
(1) 银杏 *Ginkgo biloba*	★	★	★	★	★	★	★	★	★	★	★	★	★	★
(2) 华东黄杉 *Pseudotsuga gaussenii*													●	
(3) 南方铁杉 *Tsuga chinensis* var. *tchekiangensis*		●	●										●	●
(4) 柳杉 *Cryptomeria fortunei*	★	●	●	★	★	●	●	★	★	●	●	●	★	●
(5) 水杉 *Metasequoia glyptostroboides*	★	★	★	★	★	★	★	★	★	★	★	★	★	★
(6) 水松 *Glyptostrobus pensilis*		●								●		●		
(7) 柏木 *Cupressus funebris*	★	●	●	★	★	★	★	★	★	★	★	★	●	★
(8) 福建柏 *Fokienia hodginsii*	★		●	●	●	●				●		●	●	●
(9) 侧柏 *Platycladus orientalis*	★	★	★	★	★	★	★	★	★	★	★	★	★	★
(10) 罗汉松 *Podocarpus macrophyllus*	★	★	●	●	●	●	★	★	★	●	★	●	●	●
(11) 竹柏 *Podocarpus nagi*	★			★	●	●				●	★			
(12) 三尖杉 *Cephalotaxus fortunei*		●	●	●	●	●	●			●	●	●	●	●
(13) 粗榧 *Cephalotaxus sinensis*			●										●	●
(14) 白豆杉 *Pseudotaxus chienii*													●	
(15) 南方红豆杉 *Taxus chinensis* var. *mairei*	★	●	●	●	●	●	●	★	★	●	●	●	●	●
(16) 红豆杉 *Taxus chinensis*		●											●	●
(17) 榧树 *Torreya grandis*		●	●	●	●	●			★		●	●	●	●
(18) 草珊瑚 *Sarcandra glabra*		●	●	●	●	●	●			●	●	●	●	●
(19) 青钱柳 *Cyclocarya paliurus*		●	●	●	●	●			★			●	●	●
(20) 少叶黄杞 *Engelhardtia fenzlii*		●	●							●				
(21) 野核桃 *Juglans cathayensis*		●	●	●	●							●	●	●
(22) 亮叶桦 *Betula luminifera*		●	●			●							●	●
(23) 锥栗 *Castanea henryi*		●	●	●	●	●				●		●	●	●
(24) 苦槠 *Castanopsis sclerophylla*	●	●	●	●	●	●	●	●	●	●	●	●	●	●
(25) 米槠 *Castanopsis carlesii*		●	●	●	●	●	●					●	●	●
(26) 甜槠 *Castanopsis eyrei*	●	●	●	●	●	●	●		●	●		●	●	●
(27) 栲 *Castanopsis fargesii*	●	●	●	●	●	●	●		●	●		●	●	●
(28) 毛锥 *Castanopsis fordii*						●							●	●
(29) 钩锥 *Castanopsis tibetana*		●	●	●	●	●				●		●	●	●
(30) 赤皮青冈 *Cyclobalanopsis gilva*						●								
(31) 青冈 *Cyclobalanopsis glauca*	●	●	●	●	●	●	●	●	●	●	●	●	●	●
(32) 大叶青冈 *Cyclobalanopsis jenseniana*		●	●											●
(33) 小叶青冈 *Cyclobalanopsis myrsinifolia*	●	●	●	●	●	●	●			●		●	●	●
(34) 水青冈 *Fagus longipetiolata*		●	●			●						●	●	●
(35) 光叶水青冈 *Fagus lucida*			●											●
(36) 柯 *Lithocarpus glaber*		●	●	●	●	●	●		●	●		●	●	●
(37) 木姜叶柯 *Lithocarpus litseifolius*		●	●	●	●	●				●	●	●	●	●
(38) 麻栎 *Quercus acutissima*		●	●	●	●	●						●	●	●
(39) 栓皮栎 *Quercus variabilis*					●	●							●	●
(40) 白栎 *Quercus fabri*	●	●	●	●	●	●	●	●	●	●	●	●	●	●
(41) 槲栎 *Quercus aliena*		●										●	●	●

种名	分布区													
	信州区	上饶县	广丰区	玉山县	德兴市	婺源县	鄱阳县	余干县	万年县	弋阳县	横峰县	铅山县	三清山	武夷山
（42）糙叶树 *Aphananthe aspera*	●	●	●	●	●	●	●	●	●	●	●	●	●	●
（43）青檀 *Pteroceltis tatarinowii*														●
（44）杭州榆 *Ulmus changii*		●	●	●		●							●	●
（45）兴山榆 *Ulmus bergmanniana*						●								●
（46）长序榆 *Ulmus elongata*			●		●									
（47）榔榆 *Ulmus parvifolia*	●	●	●	●	●	●	●	●	●	●	●	●	●	●
（48）大叶榉树 *Zelkova schneideriana*	★	★	★	●	●	★						★	●	●
（49）榉树 *Zelkova serrata*						●							●	
（50）青皮木 *Schoepfia jasminodora*		●	●		●	●					●	●	●	●
（51）连香树 *Cercidiphyllum japonicum*						●								●
（52）猫儿屎 *Decaisnea insignis*		●										●	●	●
（53）鹅掌楸 *Liriodendron chinense*	★	●	★	★	●	●	★	★	★	★	★	●	●	●
（54）黄山木兰 *Magnolia cylindrica*		●	●	●	●	●						●	●	●
（55）天目木兰 *Magnolia amoena*		●			●							●	●	●
（56）玉兰 *Magnolia denudate*	★	●	●	●	●	●	●	★	★	★	●	●	●	●
（57）紫玉兰 *Magnolia liliiflora*	★	★	★	★	★	★	★	★	★	★	★	●	★	●
（58）凹叶厚朴 *Magnolia officinalis* subsp. *biloba*		●	●	★	★	●	★		★	★		●	●	●
（59）厚朴 *Magnolia officinalis*		★		★	★		★		★	★		●	★	●
（60）天女木兰 *Magnolia Sieboldii*						●							●	●
（61）乳源木莲 *Manglietia yuyuanensis*		●	●	●	●	●						●	●	●
（62）木莲 *Manglietia fordiana*					●	●						●		●
（63）深山含笑 *Michelia maudiae*		●	●	★	★	●								●
（64）乐昌含笑 *Michelia chapensis*	★	★	★	★	●	★	★	★	★	★	★	★	●	●
（65）紫花含笑 *Michelia crassipes*					●									
（66）含笑花 *Michelia figo*	★	★	●	★	★	★	★	★	★	★	★	★	★	
（67）乐东拟单性木兰 *Parakmeria lotungensis*													●	
（68）柳叶蜡梅 *Chimonanthus salicifolius*		●	●	●	●	●	●					●	●	●
（69）山蜡梅 *Chimonanthus nitens*		●	●	●	●	●	●					●	●	●
（70）樟 *Cinnamomum camphora*	●	●	●	●	●	●	●	●	●	●	●	●	●	●
（71）香桂 *Cinnamomum subavenium*		●	●	●	●	●				●	●	●	●	●
（72）阴香 *Cinnamomum burmanni*					●									
（73）天竺桂 *Cinnamomum japonicum*						●							●	
（74）豹皮樟 *Litsea coreana* var. *sinensis*	●	●	●	●	●	●	●			●	●	●	●	●
（75）黑壳楠 *Lindera megaphylla*		●		●	●	●						●	●	●
（76）红楠 *Machilus thunbergii*		●	●	●	●	●	●					●	●	●
（77）薄叶润楠 *Machilus leptophylla*		●	●	●	●	●	●			●	●	●	●	●
（78）刨花润楠 *Machilus pauhoi*	●	●	●	●	●	●			★	●		●	●	●
（79）闽楠 *Phoebe bournei*	★	★	●		●	●					●		●	
（80）浙江楠 *Phoebe chekiangensis*		●	●		●	●								●
（81）湘楠 *Phoebe hunanensis*			●			●								

（续）

种　名	分布区													
	信州区	上饶县	广丰区	玉山县	德兴市	婺源县	鄱阳县	余干县	万年县	弋阳县	横峰县	铅山县	三清山	武夷山
（82）白楠 *Phoebe neurantha*			●			●								
（83）紫楠 *Phoebe sheareri*		●	●	●	●	●	●			●	●	●	●	●
（84）檫木 *Sassafras tzumu*	●	●	●	★	●	●	★	★	★	★	★	●	★	●
（85）伯乐树 *Bretschneidera sinensis*		●	●									●		●
（86）蛛网萼 *Platycrater arguta*		●	●											●
（87）蕈树 *Altingia chinensis*												●		●
（88）细柄蕈树 *Altingia gracilipes*		●												●
（89）长柄双花木 *Disanthus cercidifolius* var. *longipes*													●	●
（90）半枫荷 *Semiliquidambar cathayensis*			●											●
（91）水丝梨 *Sycopsis sinensis*						●							●	●
（92）杜仲 *Eucommia ulmoides*	★	●	●	★	●	●	★				★	●	★	●
（93）樱桃 *Cerasus pseudocerasus*		●	●	●		●					●	●	●	●
（94）椤木石楠 *Photinia davidsoniae*		●	●	●	●	●				●		●	●	●
（95）黄山花楸 *Sorbus amabilis*			●										●	●
（96）紫荆 *Cercis chinensis*	★	★	★	★	●	●	●	★	★	★	★	★	★	●
（97）香槐 *Cladrastis wilsonii*		●				●							●	●
（98）黄檀 *Dalbergia hupeana*	●	●	●	●	●	●	●	●	●	●	●	●	●	●
（99）皂荚 *Gleditsia sinensis*						●							●	●
（100）花榈木 *Ormosia henryi*		●	●	●	●	●			●	●			●	●
（101）紫藤 *Wisteria sinensis*		●		●	●	●	●					●	●	●
（102）东方古柯 *Erythroxylum sinensis*			●		●									●
（103）毛红椿 *Toona ciliata* var. *pubescens*		●	●									●		●
（104）香椿 *Toona sinensis*	●	●	●	●	●	●	●	★	★	★	●	●	●	●
（105）重阳木 *Bischofia polycarpa*	★				★	●			★	★	●	●		●
（106）黄杨 *Buxus sinica*	★	★	★	★	●	●	★	★	★	★	★	●	★	●
（107）南酸枣 *Choerospondias axillaris*		●	●	●	●	●	●		●	●		●	●	●
（108）黄连木 *Pistacia chinensis*	●	●	●	●	●	●	●	●	●	●	●	●	●	●
（109）铁冬青 *Ilex rotunda*		●	●	●	●	●		★				●	●	●
（110）冬青 *Ilex chinensis*		●	●	●	●	●	●		●	●	●	●	●	●
（111）枸骨 *Ilex cornuta*	●	●	●	●	●	●	●	●	●	●	●	●	●	●
（112）大叶冬青 *Ilex latifolia*		●	●	●	●	●			●	●		●	●	●
（113）永瓣藤 *Monimopetalum chinense*					●	●								
（114）瘿椒树 *Tapiscia sinensis*		●												●
（115）省沽油 *Staphylea bumalda*		●											●	●
（116）三角槭 *Acer buergerianum*	★	●	●	●	●	●						●	●	
（117）樟叶槭 *Acer cinnamomifolium*						★								●
（118）色木槭 *Acer mono*						●								●
（119）五裂槭 *Acer oliverianum*		●	●	●	●	●	●							●
（120）鸡爪槭 *Acer palmatum*	★	★	★	★	★	●	★	★	★	★	★	●	●	●
（121）无患子 *Sapindus mukorossi*	★	●	●	★	●	●	★	★	★	●	★	●	●	●
（122）杜英 *Elaeocarpus decipiens*	★	●	●	●	●	●	★	★	★	●	★	●	●	●

（续）

种名	分布区													
	信州区	上饶县	广丰区	玉山县	德兴市	婺源县	鄱阳县	余干县	万年县	弋阳县	横峰县	铅山县	三清山	武夷山
（123）中华杜英 *Elaeocarpus chinensis*		●	●		●	●						●	●	●
（124）褐毛杜英 *Elaeocarpus duclouxii*			●											
（125）秃瓣杜英 *Elaeocarpus glabripetalus*	★	●	●	●	●	●	★	★	★	★	●	●	●	●
（126）日本杜英 *Elaeocarpus japonicus*	★	●	●		●	●						●	●	●
（127）山杜英 *Elaeocarpus sylvestris*		●	●		●							●	●	●
（128）猴欢喜 *Sloanea sinensis*	★	●	●	●	●	●			★	●		●	●	●
（129）椴树 *Tilia tuan*		●			●							●	●	●
（130）密花梭罗 *Reevesia pycnantha*		●	●			●								●
（131）中华猕猴桃 *Actinidia chinensis*		●	●	●	●	●			●	●	●		●	●
（132）浙江红山茶 *Camellia chekiangoleosa*		●	●	●	●	●						●	●	●
（133）山茶 *Camellia japonica*	★	●	★	★	★	★	★	★	★	★	★	★	●	
（134）红淡比 *Cleyera japonica*		●	●	●	●	●						●	●	●
（135）天目紫茎 *Stewartia gemmata*		●	●			●							●	●
（136）紫茎 *Stewartia sinensis*		●	●		●	●						●		●
（137）厚皮香 *Ternstroemia gymnanthera*	★	●	●	●	●	●						●	●	●
（138）小果石笔木 *Tutcheria microcarpa*		●	●			●				●				●
（139）山拐枣 *Poliothyrsis sinensis*				●										
（140）紫薇 *Lagerstroemia indica*	●	●	●	●	●	●	★	●	●	●	★	●	★	●
（141）南紫薇 *Lagerstroemia subcostata*			●			●							●	
（142）喜树 *Camptotheca acuminata*	★	★	★	★	★	★	★	★	★	★	★	★	★	●
（143）蓝果树 *Nyssa sinensis*	★	●	●	●	●	●					●	●	●	●
（144）赤楠 *Syzygium buxifolium*	●	●		●	●	●	●					●	●	●
（145）轮叶蒲桃 *Syzygium grijsii*	●	●		●	●	●	●					●	●	●
（146）刺楸 *Kalopanax septemlobus*		●	●		★	●						●		●
（147）光皮梾木 *Swida wilsoniana*						●								
（148）云锦杜鹃 *Rhododendron fortunei*		●	●			●							●	●
（149）江西杜鹃 *Rhododendron kiangsiense*		●												●
（150）黄山杜鹃 *Rhododendron maculiferum*						●							●	
（151）毛果杜鹃 *Rhododendron seniavinii*														●
（152）九管血 *Ardisia brevicaulis*		●	●		●	●	●						●	●
（153）粉叶柿 *Diospyros glaucifolia*		●		●	●	●							●	●
（154）君迁子 *Diospyros lotus*			●											●
（155）银钟花 *Halesia macgregorii*		●	●									●	●	●
（156）木犀 *Osmanthus fragrans*	★	★	●	★	●	●	★	★	★	●	★	●	●	●
（157）厚壳树 *Ehretia thyrsiflora*		●	●			●							●	●
（158）楸 *Catalpa bungei*					●									●
（159）香果树 *Emmenopterys henryi*		●	●		●	●						●	●	●

说明：①●为野生种，★为栽培种。

②三清山为三清山风景名胜区管委会，武夷山为江西武夷山国家级自然保护区管理局。

附录十二　赣东北珍稀濒危树种用途表

种　名	用材林	经济林					防护林	环境保护林	观赏林			
		食用油料林	果品林	工业原料林	药材林	其他经济林			观花	观叶	观果	观形
(1) 银杏 *Ginkgo biloba*	●		●		●		●	●		●	●	●
(2) 华东黄杉 *Pseudotsuga gaussenii*	●											●
(3) 南方铁杉 *Tsuga chinensis* var. *tchekiangensis*	●			●								●
(4) 柳杉 *Cryptomeria fortunei*	●				●			●				●
(5) 水杉 *Metasequoia glyptostroboides*	●						●	●				●
(6) 水松 *Glyptostrobus pensilis*	●			●	●		●					●
(7) 柏木 *Cupressus funebris*	●			●	●	●						●
(8) 福建柏 *Fokienia hodginsii*	●			●	●		●			●		●
(9) 侧柏 *Platycladus orientalis*	●				●							●
(10) 罗汉松 *Podocarpus macrophyllus*	●				●			●		●	●	●
(11) 竹柏 *Podocarpus nagi*	●	●		●	●			●		●		●
(12) 三尖杉 *Cephalotaxus fortunei*	●			●	●					●		●
(13) 粗榧 *Cephalotaxus sinensis*	●			●	●			●		●		●
(14) 白豆杉 *Pseudotaxus chienii*					●					●	●	●
(15) 南方红豆杉 *Taxus chinensis* var. *mairei*	●		●		●			●		●	●	●
(16) 红豆杉 *Taxus chinensis*	●		●		●			●		●	●	●
(17) 榧树 *Torreya grandis*	●	●	●		●	●					●	●
(18) 草珊瑚 *Sarcandra glabra*					●				●		●	●
(19) 青钱柳 *Cyclocarya paliurus*	●			●	●	●					●	●
(20) 少叶黄杞 *Engelhardtia fenzlii*	●			●	●	●						
(21) 野核桃 *Juglans cathayensis*	●	●	●	●	●							
(22) 亮叶桦 *Betula luminifera*	●			●					●			●
(23) 锥栗 *Castanea henryi*	●		●	●	●							
(24) 苦槠 *Castanopsis sclerophylla*	●				●	●	●					●
(25) 米槠 *Castanopsis carlesii*	●					●	●	●				●
(26) 甜槠 *Castanopsis eyrei*	●			●		●	●					●
(27) 栲 *Castanopsis fargesii*	●					●	●					●
(28) 毛锥 *Castanopsis fordii*	●					●						
(29) 钩锥 *Castanopsis tibetana*	●			●	●	●						●
(30) 赤皮青冈 *Cyclobalanopsis gilva*	●			●		●	●					●
(31) 青冈 *Cyclobalanopsis glauca*	●					●	●					●
(32) 大叶青冈 *Cyclobalanopsis jenseniana*	●			●		●						
(33) 小叶青冈 *Cyclobalanopsis myrsinifolia*	●			●		●						●
(34) 水青冈 *Fagus longipetiolata*	●	●		●								
(35) 光叶水青冈 *Fagus lucida*	●						●					
(36) 柯 *Lithocarpus glaber*	●			●		●						●
(37) 木姜叶柯 *Lithocarpus litseifolius*	●				●	●						
(38) 麻栎 *Quercus acutissima*	●	●		●	●	●	●	●		●		●
(39) 栓皮栎 *Quercus variabilis*	●	●		●	●	●	●	●				●

（续）

种　名	用材林	经济林					防护林	环境保护林	观赏林			
		食用油料林	果品林	工业原料林	药材林	其他经济林			观花	观叶	观果	观形
（40）白栎 *Quercus fabri*	●				●	●	●	●		●		
（41）槲栎 *Quercus aliena*	●	●				●				●		
（42）糙叶树 *Aphananthe aspera*	●				●	●						●
（43）青檀 *Pteroceltis tatarinowii*	●				●	●				●		●
（44）杭州榆 *Ulmus changii*	●	●		●		●						●
（45）兴山榆 *Ulmus bergmanniana*	●											
（46）长序榆 *Ulmus elongata*	●			●		●						
（47）榔榆 *Ulmus parvifolia*	●				●	●				●		●
（48）大叶榉树 *Zelkova schneideriana*	●				●		●	●		●		●
（49）榉树 *Zelkova serrata*	●				●		●	●		●		●
（50）青皮木 *Schoepfia jasminodora*					●					●	●	●
（51）连香树 *Cercidiphyllum japonicum*	●			●	●					●		●
（52）猫儿屎 *Decaisnea insignis*		●	●	●	●	●						
（53）鹅掌楸 *Liriodendron chinense*	●				●			●	●	●		●
（54）黄山木兰 *Magnolia cylindrica*	●			●	●				●			●
（55）天目木兰 *Magnolia amoena*	●				●				●			●
（56）玉兰 *Magnolia denudate*	●			●	●	●		●	●			●
（57）紫玉兰 *Magnolia liliiflora*					●	●			●			●
（58）凹叶厚朴 *Magnolia officinalis* subsp. *biloba*	●			●	●				●	●		
（59）厚朴 *Magnolia officinalis*	●			●	●				●	●		
（60）天女木兰 *Magnolia Sieboldii*	●			●		●			●			●
（61）乳源木莲 *Manglietia yuyuanensis*	●				●	●			●			●
（62）木莲 *Manglietia fordiana*	●				●				●		●	●
（63）深山含笑 *Michelia maudiae*	●				●	●			●	●		●
（64）乐昌含笑 *Michelia chapensis*	●					●			●			●
（65）紫花含笑 *Michelia crassipes*	●				●	●			●			
（66）含笑花 *Michelia figo*					●	●			●			
（67）乐东拟单性木兰 *Parakmeria lotungensis*	●							●	●	●	●	●
（68）柳叶蜡梅 *Chimonanthus salicifolius*					●	●			●	●		●
（69）山蜡梅 *Chimonanthus nitens*					●	●			●	●		●
（70）樟 *Cinnamomum camphora*	●			●		●	●	●				●
（71）香桂 *Cinnamomum subavenium*				●	●	●						●
（72）阴香 *Cinnamomum burmanni*	●				●	●		●				●
（73）天竺桂 *Cinnamomum japonicum*	●				●	●	●	●				
（74）豹皮樟 *Litsea coreana* var. *sinensis*	●				●							●
（75）黑壳楠 *Lindera megaphylla*	●			●	●	●		●				●
（76）红楠 *Machilus thunbergii*	●			●	●		●			●	●	●
（77）薄叶润楠 *Machilus leptophylla*	●			●			●					●
（78）刨花润楠 *Machilus pauhoi*	●			●	●	●	●			●		●
（79）闽楠 *Phoebe bournei*	●										●	●

种　名	用材林	经济林					防护林	环境保护林	观赏林			
		食用油料林	果品林	工业原料林	药材林	其他经济林			观花	观叶	观果	观形
(80) 浙江楠 *Phoebe chekiangensis*	●											●
(81) 湘楠 *Phoebe hunanensis*	●											●
(82) 白楠 *Phoebe neurantha*	●											
(83) 紫楠 *Phoebe sheareri*	●			●			●					●
(84) 檫木 *Sassafras tzumu*	●			●	●				●	●		●
(85) 伯乐树 *Bretschneidera sinensis*	●				●				●			●
(86) 蛛网萼 *Platycrater arguta*									●			
(87) 蕈树 *Altingia chinensis*	●			●		●	●					●
(88) 细柄蕈树 *Altingia gracilipes*	●			●		●	●					●
(89) 长柄双花木 *Disanthus cercidifolius* var. *longipes*										●		
(90) 半枫荷 *Semiliquidambar cathayensis*	●				●					●		●
(91) 水丝梨 *Sycopsis sinensis*	●					●			●			●
(92) 杜仲 *Eucommia ulmoides*	●			●	●	●				●		●
(93) 樱桃 *Cerasus pseudocerasus*			●		●				●		●	●
(94) 椤木石楠 *Photinia davidsoniae*	●				●			●	●	●	●	●
(95) 黄山花楸 *Sorbus amabilis*	●			●	●				●		●	●
(96) 紫荆 *Cercis chinensis*					●			●	●			●
(97) 香槐 *Cladrastis wilsonii*	●				●				●			●
(98) 黄檀 *Dalbergia hupeana*	●				●	●	●		●			●
(99) 皂荚 *Gleditsia sinensis*	●			●	●	●	●	●				●
(100) 花榈木 *Ormosia henryi*	●				●	●			●		●	●
(101) 紫藤 *Wisteria sinensis*					●	●		●	●			●
(102) 东方古柯 *Erythroxylum sinensis*					●	●				●	●	
(103) 毛红椿 *Toona ciliata* var. *pubescens*	●				●	●						●
(104) 香椿 *Toona sinensis*	●				●	●						●
(105) 重阳木 *Bischofia polycarpa*	●	●		●	●		●	●		●		●
(106) 黄杨 *Buxus sinica*	●				●					●		●
(107) 南酸枣 *Choerospondias axillaris*	●		●	●	●	●	●					●
(108) 黄连木 *Pistacia chinensis*	●	●		●	●		●		●	●		●
(109) 铁冬青 *Ilex rotunda*	●				●	●	●				●	
(110) 冬青 *Ilex chinensis*	●				●	●	●				●	
(111) 枸骨 *Ilex cornuta*	●			●	●				●	●	●	
(112) 大叶冬青 *Ilex latifolia*	●			●		●			●	●	●	
(113) 永瓣藤 *Monimopetalum chinense*					●				●	●		
(114) 瘿椒树 *Tapiscia sinensis*	●								●	●	●	
(115) 省沽油 *Staphylea bumalda*		●			●	●	●		●		●	●
(116) 三角槭 *Acer buergerianum*	●				●					●	●	●
(117) 樟叶槭 *Acer cinnamomifolium*										●	●	●
(118) 色木槭 *Acer mono*	●									●	●	●
(119) 五裂槭 *Acer oliverianum*					●					●	●	●

（续）

种名	用材林	经济林					防护林	环境保护林	观赏林			
		食用油料林	果品林	工业原料林	药材林	其他经济林			观花	观叶	观果	观形
（120）鸡爪槭 *Acer palmatum*					●					●	●	●
（121）无患子 *Sapindus mukorossi*	●		●	●	●	●	●	●		●	●	
（122）杜英 *Elaeocarpus decipiens*	●		●	●	●		●	●		●		●
（123）中华杜英 *Elaeocarpus chinensis*	●						●	●		●		●
（124）褐毛杜英 *Elaeocarpus duclouxii*	●						●	●		●		●
（125）秃瓣杜英 *Elaeocarpus glabripetalus*	●						●	●		●		●
（126）日本杜英 *Elaeocarpus japonicus*	●						●	●		●		●
（127）山杜英 *Elaeocarpus sylvestris*	●			●	●		●	●		●		●
（128）猴欢喜 *Sloanea sinensis*	●			●		●					●	●
（129）椴树 *Tilia tuan*	●				●	●		●	●			●
（130）密花梭罗 *Reevesia pycnantha*					●				●			
（131）中华猕猴桃 *Actinidia chinensis*			●		●							
（132）浙江红山茶 *Camellia chekiangoleosa*		●		●				●	●	●	●	●
（133）山茶 *Camellia japonica*		●			●	●		●	●	●		●
（134）红淡比 *Cleyera japonica*						●			●			
（135）天目紫茎 *Stewartia gemmata*	●	●		●	●				●			●
（136）紫茎 *Stewartia sinensis*	●	●		●	●				●			●
（137）厚皮香 *Ternstroemia gymnanthera*	●			●	●			●	●	●	●	●
（138）小果石笔木 *Tutcheria microcarpa*	●	●							●	●		●
（139）山拐枣 *Poliothyrsis sinensis*	●					●			●			●
（140）紫薇 *Lagerstroemia indica*	●				●			●	●			●
（141）南紫薇 *Lagerstroemia subcostata*	●				●			●	●			●
（142）喜树 *Camptotheca acuminata*	●			●	●						●	●
（143）蓝果树 *Nyssa sinensis*	●		●		●					●		●
（144）赤楠 *Syzygium buxifolium*	●		●		●				●	●	●	●
（145）轮叶蒲桃 *Syzygium grijsii*	●		●		●				●	●	●	●
（146）刺楸 *Kalopanax septemlobus*	●				●	●			●	●		●
（147）光皮梾木 *Swida wilsoniana*	●	●		●	●	●			●			●
（148）云锦杜鹃 *Rhododendron fortunei*					●				●			●
（149）江西杜鹃 *Rhododendron kiangsiense*									●			
（150）黄山杜鹃 *Rhododendron maculiferum*									●			
（151）毛果杜鹃 *Rhododendron seniavinii*					●				●			
（152）九管血 *Ardisia brevicaulis*					●				●		●	
（153）粉叶柿 *Diospyros glaucifolia*	●		●	●	●					●	●	●
（154）君迁子 *Diospyros lotus*	●		●	●	●			●		●	●	●
（155）银钟花 *Halesia macgregorii*	●								●		●	●
（156）木犀 *Osmanthus fragrans*	●				●	●		●	●			●
（157）厚壳树 *Ehretia thyrsiflora*	●				●	●			●	●	●	●
（158）楸 *Catalpa bungei*	●				●		●	●	●	●	●	●
（159）香果树 *Emmenopterys henryi*	●			●	●				●	●		●

附录十三　利用潜力不大应重点保存种质的赣东北珍稀濒危树种名录

种　名	综合评价得分	种　名	综合评价得分
(1) 青皮木 *Schoepfia jasminodora*	8	(19) 光叶水青冈 *Fagus lucida*	9
(2) 猫儿屎 *Decaisnea insignis*	8	(20) 长序榆 *Ulmus elongata*	9
(3) 白豆杉 *Pseudotaxus chienii*	8	(21) 天目木兰 *Magnolia amoena*	9
(4) 湘楠 *Phoebe hunanensis*	8	(22) 紫花含笑 *Michelia crassipes*	9
(5) 白楠 *Phoebe neurantha*	8	(23) 天竺桂 *Cinnamomum japonicum*	9
(6) 水丝梨 *Sycopsis sinensis*	8	(24) 蛛网萼 *Platycrater arguta*	9
(7) 东方古柯 *Erythroxylum sinensis*	8	(25) 长柄双花木 *Disanthus cercidifolius*	9
(8) 永瓣藤 *Monimopetalum chinense*	8	(26) 半枫荷 *Semiliquidambar cathayensis*	9
(9) 山拐枣 *Poliothyrsis sinensis*	8	(27) 樱桃 *Cerasus pseudocerasus*	9
(10) 江西杜鹃 *Rhododendron kiangsiense*	8	(28) 黄山花楸 *Sorbus amabilis*	9
(11) 黄山杜鹃 *Rhododendron maculiferum*	8	(29) 香槐 *Cladrastis wilsonii*	9
(12) 毛果杜鹃 *Rhododendron seniavinii*	8	(30) 大叶冬青 *Ilex latifolia*	9
(13) 华东黄杉 *Pseudotsuga gaussenii*	9	(31) 瘿椒树 *Tapiscia sinensis*	9
(14) 南方铁杉 *Tsuga chinensis* var. *tchekiangensis*	9	(32) 山茶 *Camellia japonica*	9
(15) 粗榧 *Cephalotaxus sinensis*	9	(33) 红淡比 *Cleyera japonica*	9
(16) 红豆杉 *Taxus chinensis*	9	(34) 南紫薇 *Lagerstroemia subcostata*	9
(17) 野核桃 *Juglans cathayensis*	9	(35) 九管血 *Ardisia brevicaulis*	9
(18) 水青冈 *Fagus longipetiolata*	9		

附录十四　具有一定利用潜力需适当关注的赣东北珍稀濒危树种名录

种　名	综合评价得分	种　名	综合评价得分
(1) 竹柏 *Podocarpus nagi*	10	(24) 蕈树 *Altingia chinensis*	10
(2) 三尖杉 *Cephalotaxus fortunei*	10	(25) 细柄蕈树 *Altingia gracilipes*	10
(3) 榧树 *Torreya grandis*	10	(26) 紫荆 *Cercis chinensis*	10
(4) 少叶黄杞 *Engelhardtia fenzlii*	10	(27) 皂荚 *Gleditsia sinensis*	10
(5) 钩锥 *Castanopsis tibetana*	10	(28) 毛红椿 *Toona ciliate* var. *pubescens*	10
(6) 大叶青冈 *Cyclobalanopsis jenseniana*	10	(29) 樟叶槭 *Acer cinnamomifolium*	10
(7) 麻栎 *Quercus acutissima*	10	(30) 色木槭 *Acer mono*	10
(8) 栓皮栎 *Quercus variabilis*	10	(31) 五裂槭 *Acer oliverianum*	10
(9) 槲栎 *Quercus aliena*	10	(32) 鸡爪槭 *Acer palmatum*	10
(10) 青檀 *Pteroceltis tatarinowii*	10	(33) 无患子 *Sapindus mukorossi*	10
(11) 杭州榆 *Ulmus changii*	10	(34) 椴树 *Tilia tuan*	10
(12) 兴山榆 *Ulmus bergmanniana*	10	(35) 密花梭罗 *Reevesia pycnantha*	10
(13) 连香树 *Cercidiphyllum japonicum*	10	(36) 天目紫茎 *Stewartia gemmata*	10
(14) 黄山木兰 *Magnolia cylindrica*	10	(37) 紫茎 *Stewartia sinensis*	10
(15) 紫玉兰 *Magnolia liliiflora*	10	(38) 紫薇 *Lagerstroemia indica*	10
(16) 天女木 *Magnolia Sieboldii*	10	(39) 银钟花 *Halesia macgregorii*	10
(17) 木莲 *Manglietia fordiana*	10	(40) 楸 *Catalpa bungei*	10
(18) 深山含笑 *Michelia maudiae*	10	(41) 香果树 *Emmenopterys henryi*	10
(19) 乐昌含笑 *Michelia chapensis*	10	(42) 银杏 *Ginkgo biloba*	11
(20) 乐东拟单性木兰 *Parakmeria lotungensis*	10	(43) 柳杉 *Cryptomeria fortunei*	11
(21) 阴香 *Cinnamomum burmanni*	10	(44) 水杉 *Metasequoia glyptostroboides*	11
(22) 薄叶润楠 *Machilus leptophylla*	10	(45) 柏木 *Cupressus funebris*	11
(23) 红楠 *Machilus thunbergii*	10	(46) 福建柏 *Fokienia hodginsii*	11

（续）

种　名	综合评价得分	种　名	综合评价得分
(47) 侧柏 *Platycladus orientalis*	11	(62) 中华杜英 *Elaeocarpus chinensis*	11
(48) 罗汉松 *Podocarpus macrophyllus*	11	(63) 中华猕猴桃 *Actinidia chinensis*	11
(49) 青钱柳 *Cyclocarya paliurus*	11	(64) 小果石笔木 *Tutcheria microcarpa*	11
(50) 毛锥 *Castanopsis fordii*	11	(65) 赤楠 *Syzygium buxifolium*	11
(51) 榔榆 *Ulmus parvifolia*	11	(66) 轮叶蒲桃 *Syzygium grijsii*	11
(52) 玉兰 *Magnolia denudate*	11	(67) 刺楸 *Kalopanax septemlobus*	11
(53) 含笑花 *Michelia figo*	11	(68) 云锦杜鹃 *Rhododendron fortunei*	11
(54) 香桂 *Cinnamomum subavenium*	11	(69) 君迁子 *Diospyros lotus*	11
(55) 黑壳楠 *Lindera megaphylla*	11	(70) 木犀 *Osmanthus fragrans*	11
(56) 紫楠 *Phoebe sheareri*	11	(71) 厚壳树 *Ehretia thyrsiflora*	11
(57) 椤木石楠 *Photinia davidsoniae*	11	(72) 褐毛杜英 *Elaeocarpus duclouxii*	11
(58) 黄杨 *Buxus sinica*	11	(73) 秃瓣杜英 *Elaeocarpus glabripetalus*	11
(59) 枸骨 *Ilex cornuta*	11	(74) 日本杜英 *Elaeocarpus japonicus*	11
(60) 省沽油 *Staphylea bumalda*	11	(75) 山杜英 *Elaeocarpus sylvestris*	11
(61) 杜英 *Elaeocarpus decipiens*	11	(76) 猴欢喜 *Sloanea sinensis*	11

附录十五　赣东北重点开发利用的珍稀濒危树种名录（第一批）

种　名	综合评价得分	种　名	综合评价得分
(1) 青冈 *Cyclobalanopsis glauca*	14	(11) 乳源木莲 *Manglietia yuyuanensis*	13
(2) 水松 *Glyptostrobus pensilis*	13	(12) 樟 *Cinnamomum camphora*	13
(3) 苦槠 *Castanopsis sclerophylla*	13	(13) 红楠 *Machilus thunbergii*	13
(4) 米槠 *Castanopsis carlesii*	13	(14) 闽楠 *Phoebe bournei*	13
(5) 甜槠 *Castanopsis eyrei*	13	(15) 伯乐树 *Bretschneidera sinensis*	13
(6) 赤皮青冈 *Cyclobalanopsis gilva*	13	(16) 花榈木 *Ormosia henryi*	13
(7) 小叶青冈 *Cyclobalanopsis jenseniana*	13	(17) 香椿 *Toona sinensis*	13
(8) 柯 *Lithocarpus glaber*	13	(18) 厚皮香 *Ternstroemia gymnanthera*	13
(9) 木姜叶柯 *Lithocarpus litseifolius*	13	(19) 蓝果树 *Nyssa sinensis*	13
(10) 麻栎 *Quercus acutissima*	13	(20) 光皮梾木 *Swida wilsoniana*	13

附录十六　赣东北重点开发利用的珍稀濒危树种名录（第二批）

种　名	综合评价得分	种　名	综合评价得分
(1) 亮叶桦 *Betula luminifera*	12	(15) 鹅掌楸 *Liriodendron chinense*	12
(2) 锥栗 *Castanea henryi*	12	(16) 凹叶厚朴 *Magnolia officinalis* subsp. *biloba*	12
(3) 檫木 *Sassafras tzumu*	12	(17) 厚朴 *Magnolia officinalis*	12
(4) 杜仲 *Eucommia ulmoides*	12	(18) 柳叶蜡梅 *Chimonanthus salicifolius*	12
(5) 黄檀 *Dalbergia hupeana*	12	(19) 山蜡梅 *Chimonanthus nitens*	12
(6) 紫藤 *Wisteria sinensis*	12	(20) 豹皮樟 *Litsea coreana* var. *sinensis*	12
(7) 重阳木 *Bischofia polycarpa*	12	(21) 刨花润楠 *Machilus pauhoi*	12
(8) 三角槭 *Acer buergerianum*	12	(22) 南酸枣 *Choerospondias axillaris*	12
(9) 南方红豆杉 *Taxus chinensis* var. *mairei*	12	(23) 黄连木 *Pistacia chinensis*	12
(10) 草珊瑚 *Sarcandra glabra*	12	(24) 铁冬青 *Ilex rotunda*	12
(11) 栲 *Castanopsis fargesii*	12	(25) 冬青 *Ilex chinensis*	12
(12) 糙叶树 *Aphananthe aspera*	12	(26) 浙江红山茶 *Camellia chekiangoleosa*	12
(13) 大叶榉树 *Zelkova schneideriana*	12	(27) 喜树 *Camptotheca acuminata*	12
(14) 榉树 *Zelkova serrata*	12	(28) 粉叶柿 *Diospyros glaucifolia*	12

附录十七　赣东北优先保护（一类）珍稀濒危树种名录

种　名	总估价值	种　名	总估价值
(1) 水松 *Glyptostrobus pensilis*	23	(41) 喜树 *Camptotheca acuminata*	19
(2) 杜仲 *Eucommia ulmoides*	22	(42) 赤楠 *Syzygium buxifolium*	19
(3) 天女木兰 *Magnolia Sieboldii*	21	(43) 轮叶蒲桃 *Syzygium grijsii*	19
(4) 永瓣藤 *Monimopetalum chinense*	21	(44) 刺楸 *Kalopanax septemlobus*	19
(5) 红豆杉 *Taxus chinensis*	20	(45) 光皮梾木 *Swida wilsoniana*	19
(6) 榧树 *Torreya grandis*	20	(46) 银钟花 *Halesia macgregorii*	19
(7) 大叶榉树 *Zelkova schneideriana*	20	(47) 楸 *Catalpa bungei*	19
(8) 榉树 *Zelkova serrata*	20	(48) 华东黄杉 *Pseudotsuga gaussenii*	18
(9) 凹叶厚朴 *Magnolia officinalis* subsp. *biloba*	20	(49) 罗汉松 *Podocarpus macrophyllus*	18
(10) 厚朴 *Magnolia officinalis*	20	(50) 南方红豆杉 *Taxus chinensis* var. *mairei*	18
(11) 密花梭罗 *Reevesia pycnantha*	20	(51) 草珊瑚 *Sarcandra glabra*	18
(12) 九管血 *Ardisia brevicaulis*	20	(52) 野核桃 *Juglans cathayensis*	18
(13) 柏木 *Cupressus funebris*	19	(53) 锥栗 *Castanea henryi*	18
(14) 福建柏 *Fokienia hodginsii*	19	(54) 木姜叶柯 *Lithocarpus litseifolius*	18
(15) 竹柏 *Podocarpus nagi*	19	(55) 杭州榆 *Ulmus changii*	18
(16) 三尖杉 *Cephalotaxus fortunei*	19	(56) 兴山榆 *Ulmus bergmanniana*	18
(17) 粗榧 *Cephalotaxus sinensis*	19	(57) 榔榆 *Ulmus parvifolia*	18
(18) 白豆杉 *Pseudotaxus chienii*	19	(58) 连香树 *Cercidiphyllum japonicum*	18
(19) 青钱柳 *Cyclocarya paliurus*	19	(59) 紫花含笑 *Michelia crassipes*	18
(20) 亮叶桦 *Betula luminifera*	19	(60) 天竺桂 *Cinnamomum japonicum*	18
(21) 赤皮青冈 *Cyclobalanopsis gilva*	19	(61) 阴香 *Cinnamomum burmanni*	18
(22) 青檀 *Pteroceltis tatarinowii*	19	(62) 伯乐树 *Bretschneidera sinensis*	18
(23) 鹅掌楸 *Liriodendron chinense*	19	(63) 黄檀 *Dalbergia hupeana*	18
(24) 黄山木兰 *Magnolia cylindrica*	19	(64) 花榈木 *Ormosia henryi*	18
(25) 天目木兰 *Magnolia amoena*	19	(65) 铁冬青 *Ilex rotunda*	18
(26) 乐东拟单性木兰 *Parakmeria lotungensis*	19	(66) 大叶冬青 *Ilex latifolia*	18
(27) 柳叶蜡梅 *Chimonanthus salicifolius*	19	(67) 省沽油 *Staphylea bumalda*	18
(28) 山蜡梅 *Chimonanthus nitens*	19	(68) 三角槭 *Acer buergerianum*	18
(29) 闽楠 *Phoebe bournei*	19	(69) 樟叶槭 *Acer cinnamomifolium*	18
(30) 浙江楠 *Phoebe chekiangensis*	19	(70) 色木槭 *Acer mono*	18
(31) 蛛网萼 *Platycrater arguta*	19	(71) 五裂槭 *Acer oliverianum*	18
(32) 长柄双花木 *Disanthus cercidifolius* var. *longipes*	19	(72) 褐毛杜英 *Elaeocarpus duclouxii*	18
(33) 半枫荷 *Semiliquidambar cathayensis*	19	(73) 山茶 *Camellia japonica*	18
(34) 黄山花楸 *Sorbus amabilis*	19	(74) 小果石笔木 *Tutcheria microcarpa*	18
(35) 毛红椿 *Toona ciliata* var. *pubescens*	19	(75) 江西杜鹃 *Rhododendron kiangsiense*	18
(36) 瘿椒树 *Tapiscia sinensis*	19	(76) 黄山杜鹃 *Rhododendron maculiferum*	18
(37) 天目紫茎 *Stewartia gemmata*	19	(77) 毛果杜鹃 *Rhododendron seniavinii*	18
(38) 紫茎 *Stewartia sinensis*	19	(78) 粉叶柿 *Diospyros glaucifolia*	18
(39) 山拐枣 *Poliothyrsis sinensis*	19	(79) 厚壳树 *Ehretia thyrsiflora*	18
(40) 南紫薇 *Lagerstroemia subcostata*	19	(80) 香果树 *Emmenopterys henryi*	18

附录十八 赣东北优先保护（二类）珍稀濒危树种名录

种 名	总估价值	种 名	总估价值
（1）侧柏 *Platycladus orientalis*	17	（41）青皮木 *Schoepfia jasminodora*	16
（2）毛锥 *Castanopsis fordii*	17	（42）猫儿屎 *Decaisnea insignis*	16
（3）大叶青冈 *Cyclobalanopsis jenseniana*	17	（43）玉兰 *Magnolia denudate*	16
（4）麻栎 *Quercus acutissima*	17	（44）含笑花 *Michelia figo*	16
（5）栓皮栎 *Quercus variabilis*	17	（45）香桂 *Cinnamomum subavenium*	16
（6）槲栎 *Quercus aliena*	17	（46）红楠 *Machilus thunbergii*	16
（7）长序榆 *Ulmus elongata*	17	（47）薄叶润楠 *Machilus leptophylla*	16
（8）紫玉兰 *Magnolia liliiflora*	17	（48）刨花润楠 *Machilus pauhoi*	16
（9）乳源木莲 *Manglietia yuyuanensis*	17	（49）白楠 *Phoebe neurantha*	16
（10）木莲 *Manglietia fordiana*	17	（50）紫楠 *Phoebe sheareri*	16
（11）深山含笑 *Michelia maudiae*	17	（51）蕈树 *Altingia chinensis*	16
（12）乐昌含笑 *Michelia chapensis*	17	（52）细柄蕈树 *Altingia gracilipes*	16
（13）黑壳楠 *Lindera megaphylla*	17	（53）樱桃 *Cerasus pseudocerasus*	16
（14）湘楠 *Phoebe hunanensis*	17	（54）椤木石楠 *Photinia davidsoniae*	16
（15）水丝梨 *Sycopsis sinensis*	17	（55）日本杜英 *Elaeocarpus japonicus*	16
（16）紫荆 *Cercis chinensis*	17	（56）山杜英 *Elaeocarpus sylvestris*	16
（17）香槐 *Cladrastis wilsonii*	17	（57）猴欢喜 *Sloanea sinensis*	16
（18）皂荚 *Gleditsia sinensis*	17	（58）蓝果树 *Nyssa sinensis*	16
（19）紫藤 *Wisteria sinensis*	17	（59）木犀 *Osmanthus fragrans*	16
（20）东方古柯 *Erythroxylum sinensis*	17	（60）柳杉 *Cryptomeria fortunei*	15
（21）香椿 *Toona sinensis*	17	（61）水杉 *Metasequoia glyptostroboides*	15
（22）重阳木 *Bischofia polycarpa*	17	（62）少叶黄杞 *Engekhardtia fenzlii*	15
（23）黄连木 *Pistacia chinensis*	17	（63）钩锥 *Castanopsis tibetana*	15
（24）冬青 *Ilex chinensis*	17	（64）水青冈 *Fagus longipetiolata*	15
（25）枸骨 *Ilex cornuta*	17	（65）光叶水青冈 *Fagus lucida*	15
（26）鸡爪槭 *Acer palmatum*	17	（66）柯 *Lithocarpus glaber*	15
（27）无患子 *Sapindus mukorossi*	17	（67）樟 *Cinnamomum camphora*	15
（28）中华杜英 *Elaeocarpus chinensis*	17	（68）檫木 *Sassafras tzumu*	15
（29）椴树 *Tilia tuan*	17	（69）黄杨 *Buxus sinica*	15
（30）中华猕猴桃 *Actinidia chinensis*	17	（70）杜英 *Elaeocarpus decipiens*	15
（31）浙江红山茶 *Camellia chekiangoleosa*	17	（71）苦槠 *Castanopsis sclerophylla*	14
（32）红淡比 *Cleyera japonica*	17	（72）米槠 *Castanopsis carlesii*	14
（33）厚皮香 *Ternstroemia gymnanthera*	17	（73）甜槠 *Castanopsis eyrei*	14
（34）紫薇 *Lagerstroemia indica*	17	（74）栲 *Castanopsis fargesii*	14
（35）云锦杜鹃 *Rhododendron fortunei*	17	（75）青冈 *Cyclobalanopsis glauca*	14
（36）君迁子 *Diospyros lotus*	17	（76）小叶青冈 *Cyclobalanopsis yrsinifolia*	14
（37）银杏 *Ginkgo biloba*	16	（77）豹皮樟 *Litsea coreana* var. *sinensis*	14
（38）南方铁杉 *Tsuga chinensis var. tchekiangensis*	16	（78）南酸枣 *Choerospondias axillaris*	14
（39）白栎 *Quercus fabri*	16	（79）秃瓣杜英 *Elaeocarpus glabripetalus*	14
（40）糙叶树 *Aphananthe aspera*	16		

中文名称索引

拉丁学名索引